실험결과의 수학적 해석

실험결과의 수학적 해석

조광수 지음

경북대학교출판부

지은이 **조광수**

학력 및 주요 경력
서울대학교 섬유공학과 공학사(1989. 2.)
서울대학교 섬유공학과 공학석사(1991. 2.)
서울대학교 재료공학부 공학박사(2000. 8.)
제일모직 연구원(1991. 2.~1997. 2.)
미국 Rensselear Polytechnic Institute 재료공학과 박사후 연수(2001)
경북대학교 고분자공학과 교수(2005. 2.~현재)

연구분야 및 업적
Stress decomposition theory for large amplitude oscillatory shear
Numerical algorithms for viscoelastic identification
Irreversible thermodynamic theory for rheology and transport phenomena
Theory of non-equilibrium statistical mechanics for rheology and transport phenomena

저서 및 논문
Viscoelasticity of polymers, Springer, 2016.
80편의 유변학과 섬유공학 관련 SCI 논문(2025 현재)

실험결과의 수학적 해석

초판 1쇄 2025년 2월 14일 | **초판 2쇄** 2025년 12월 13일
지은이 조광수 | **펴낸이** 허영우 | **펴낸 곳** 경북대학교출판부
출판등록 1973년 10월 10일 ㉑97호 | **주소** 대구광역시 북구 대학로 80
전화 053-950-3830 | **팩스** 053-953-4692 | **E-mail** press@knu.ac.kr
Homepage http://knupress.com
ISBN 978-89-7180-652-4 93400

정가는 뒤표지에 있습니다.
잘못 만들어진 책은 바꾸어 드립니다.

머리말

텔레비전의 예능 프로그램에서는 가끔 답을 내기 어려운 문제를 낸다. 예를 들어서 인간성이 나쁜데 일은 잘하는 사람과 인간성은 좋은데 일을 못하는 사람 중에서 누구와 같이 일하겠는가와 같은 문제이다. 이 문제에 답하기 어려운 이유는 인간성이 얼마나 좋거나 나쁜지 혹은 일을 얼마나 잘하거나 못하는지에 대한 계량화가 없으며 대답하는 사람이 어느 수준의 인간성까지 참을 수 있고 어느 수준의 일머리가 최소수준인지를 정할 수 없기 때문이다. 즉 계량화가 안된 주제에 대해서 어떤 선택을 하라고 하면 현실적으로는 결정을 할 수 없는 것이다. 계량화가 될 수 있을 때는 수학을 사용할 수 있고 그러면 최적의 선택이 다수 인지 아니면 유일한지를 알 수 있다.

사칙연산과 같은 기초적인 것을 제외하고 수학이 살아가는데 있어 별로 유용하지 못하다고 하는 사람은 수학이 무엇인지 모르거나 적용하는 방법을 모르거나 수학이 사용되는 사례에 대한 경험 없는 사람이라고 할 수 있다. 일반인이나 대학에서 인문계를 전공한 사람들 중에 이러한 사람들이 많다. 이공계 박사학위자라고 해도 연구에 수학을 거의 사용하지 않아 일반인과 같은 성향을 가지는 사람도 있다. 이러한 이공계 전공자는 보통 실험적인 방법으로 연구하는 사람들이다. 물론 실험연구자라고 해도 물리학이나 물리학을 주로 응용하는 공학 및 자연과학 계열의 실험연구자들은 그렇지 않겠지만.

특별한 경우가 아니면 대부분의 실험은 잘 제어된 실험조건에서 어떤 물리량을 측정하는 것이다. 화학자라고 해도 온도와 압력이 일정한 조건에서 반응물의 함량을 조절하며 그에 따라서 생성물이 얼마나 합성되는지를 고찰한다. 이 경우 반응물의 함량과 생성물의 분자수 사이의 함수적 관계를 실험으로 규명하고자 하는 것이 연구의 목적이 된다. 즉 실험은 제어할 수 있는 변량과 측정할 수 있는 변량 사이의 대응규칙을 찾는 것이라고 할 수 있다. 물론 이론적인 연구가 바로 이러한 대응규칙을 제안하는 것이다. 하지만 아무리 훌륭한 아이디어로 개발한 이론이라고 해도 실험으로 증명되지 않는다면 인정받기 어려울 것이다.

그러면 실험결과만으로 대응규칙을 찾을 수 있는가라는 질문을 할 수 있을 것이다. 모든 실험은 그 바탕에 최소한의 이론을 포함하고 있다. 최초의 온도계나 최초의 시계 같은 것은 사실 오로지 실험만으로 만들 수 없는 것이다. 따라서 실험과 이론은 서로 보완적인 것이지만 이론을 새로이 만드는 것보다는 실험결과를 내는 것이 더 짧은 시간이 걸릴 뿐만 아니라 성공율이 더 높다. 그렇기 때문에 실험결과만으로 제어변수와 측정변수 사이의 대응규칙을 찾을 수 있는가라는 질문을 하게 되는 것이다. 특히 산업계의 연구원들은 높은 성공율과 짧은 연구기간을 중시한다. 제어변수와 측정변수 사이의 대응규칙을 알게 되면 제품의 품질이나 성능 또는 생산성의 최적화를 쉽게 이룰 수 있기 때문이다.

이 책은 공대 2학년 수준의 수학으로 다양한 실험결과에 대해서 경험적인 대응규칙을 효율적으로 찾는 방법에 관한 책이다. 따라서 실험위주의 연구자들이나 대학원생에게 매우 유용할 것으로 예상한다. 이 책의 대부분의 내용은 저자가 경북대학교 고분자공학과 3학년 과정에서 강의한 것으로 이루어져 있다. 데이터를 다루어야 하기 때문에 파이선이나 C와 같은 프로그래밍 언어에 어느정도는 익숙하여야 이 책의 내용을 활용할 수 있을 것이다. 저자는 Sigmaplot™의 transform 기능에 익숙하기 때문에 그리고 여기 사용하는 데이터 처리 프로그램들은 그렇게 복잡한 것들이 아니기 때문에 일반적인 프로그래밍 언어 대신에 과학 그래프용 소프트 웨어인 Sigmaplot™을 사용하는 방식을 취했다. 물론 이와 유사한 소프트 웨어인 Origin™이나 Matlab™등으로 이 책의 내용을 응용할 수 있다.

연습문제 중의 일부는 학부생이 다른 도움없이 풀 수 있는 문제들이지만 나머지 중에는 학부생이 혼자만의 힘으로 풀 수 없는 것도 있다. 어려운 연습문제는 인터넷 검색이나 대화형 AI로 풀 수 있을 것이다. 어려운 문제를 포함한 이유는 졸업하면 가르쳐 줄 수 있는 사람이 없고 스스로 지식을 찾아 습득해야 하기 때문이다. 수학적인 지식은 검색어만 잘 선정하면 Google이나 Wikipedia를 이용하여 쉽게 찾을 수 있다. 어려운 연습문제의 대부분은 이러한 검색으로 해결될 수 있기 때문에 포함한 것이다.

이 책을 출간하는데 있어 저자의 대학원 제자인 배정은 박사와 박근우 박사의 제안이 많은 도움이 되었기에 감사를 표하고 싶다. 특히 배정은 박사는 박사 수료후 이 책의 내용으로 저자를 대신해서 학부강의를 한 경험과 기업 연구소의 동료 연구원(실험 연구원)의 질문에 답한 경험을 저자에게 전달해 주어 책의 효용성을 더 높여주었다. 끝으로 출판에 많은 수고를 해주신 경북대학교 출판부의 김용훈 실장님을 비롯한 직원분들께도 감사를 드린다.

2024년 조광수

차례

제1장
실험과 작도

이 장에서는 실험 데이터를 그래프로 표현하는 방법과 그래프의 곡선을 나타내는 수학적 표현 즉, 경험식을 도출하는 방법에 대한 다양한 방법론에 대해서 배운다.

1. 실험이란?

요즘 승용차에는 타이어의 공기압력을 표시해주는 장치가 있고 기압이 기준보다 낮아지면 경고를 해준다. 가을까지는 경고가 없었는데 겨울이 되니 공기압력이 낮다는 경고가 나타났다. 그래서 정비업소를 방문했더니 기온이 내려가면 타이어에 손상이 없더라도 기압이 내려간다고 정비사가 말해준다. 아마도 이공계 학부 1학년을 마친 사람의 대부분은 기체의 상태방정식에 대해서 배운 바가 있으므로 그 이유를 알 것이다. 그런데 이런 지식은 없지만 궁금증이 많은 철수는 실천력도 좋아서 스스로 그 이유를 규명하고 싶어져 실험을 하기로 했다.

그런데 철수는 과학을 체계적으로 공부한 적이 없는 사람이므로 압력이 단위면적당 힘이라는 것을 몰랐다고 하자. 축구공에 공기를 많이 넣어주면 탱탱한 느낌이 드니까 손으로 눌러보았을 때 축구공의 변형이 적다면 압력이 높은 것이고 물컹하게 변형이 쉽게 일어나면 압력이 낮은 것으로 철수는 간주했을 것이다. 압력은 숫자로 표시할 수 있지만 철수는 아직 압력을 수로 구분하는게 익숙하지 않다. 다만 압력을 시각과 촉감으로 얻는 계량화되지 않은 정보로 인식할 뿐이다. 그러다 문득 자동차 계기판에 타이어의 공기압력이 숫자로 표시된다는 것을 생각하고 압력을 측정해 줄 수 있는 장비가 인터넷 쇼핑몰에서 판매된다는 것을 알게 되었다. 그래서 기압측정기를 구매하고 축구공의 기압을 상온에서 측정하고 냉장고에 넣은 다음에 차가워진 축구공의 기압을 측정했다. 정비사가 말한대로 차가워진 축구공의 기압이 더 낮은 것을 확인하게 되었고 철수는 온도가 낮으면 압력이 낮아진다고 결론지으며 타이어의 압력이 낮아진 이유를 알았다고 생각했다.

과연 철수는 온도가 감소하면 기압도 감소하는 이유를 알게 된 것인가? 아니다. 다만 정비사의 경험지식을 타이어 대신 축구공으로 확인했을 뿐이다. 하지만 철수는 더 이상 질문을 하지 않았다. 자신의 궁금증을 스스로 해결했기에 뿌듯했고 이를 자랑하고 싶었다. 그래서 옆집에 사는 철학자에게 자신이 한 일을 자랑했다. 그랬더니 까칠한 철학자가 물었다.

"그러면 타이어에서의 현상과 축구공에서의 현상은 같은 것인가?"

이 질문을 받고 철수는 자신이 대학을 나오지 않은 사람이라고 철학자가 자신의 업적을 폄하한다고 생각했다. 축구공에도 바람을 넣고 타이어에도 바람을 넣는데 두 경우가 같은 것은 너무도 당연한 것이 아니냐며 철수는 철학자는 멍청하다고 생각했다.

철수는 짜증이 밀려오는 것을 참고 아래층에 사는 수학자를 찾아갔다. 철수는 자신보다 공부를 많이 한 이웃들 중에 적어도 한명은 이 빛나는 업적을 인정해 줄 것으로 생각했다. 이 수학자 역시 칭찬 대신에 다음과 같은 질문을 해 주었다.

> "압력과 온도 모두는 실수이므로 이 두 실수 집합 사이에는 함수관계가 있고 그 함수관계는 연속함수일텐데 오로지 단 두 개의 온도에 대해서 압력을 측정하고 온도와 압력사이에 비례관계가 있다고 할 수 있는가? 만약 상온과 냉장고의 온도 중간의 온도에서 두 온도에서보다 더 높은 압력이 측정될 수도 있는데 어떻게 단 두 온도의 측정치로 압력이 온도의 증가함수라고 말할 수 있는가?"

철학자보다도 더 긴 질문에 철수는 당혹했지만, 철수 아들이 뛰어다니며 층간소음을 일으켰는데도 관대했던 수학자가 자신을 무시하지는 않았을 것이라고 생각하고 그의 질문에 답하기 위한 실험을 하기로 했다.

먼저 축구공을 원하는 온도로 유지하며 압력을 측정할 수 있는 장치를 추가로 구매했다. 이 장치는 섭씨 영하 20도에서 섭씨 80도까지의 범위에서 아무 온도나 섭씨 ±0.2도의 오차로 유지할 수 있는 것이다. 하지만 철수는 온도제어의 오차범위가 무슨 의미인지 생각하지 못했다. 실험결과는 표1.1과 같았다.

표1.1. 온도에 따른 축구공의 공기압력의 1차 측정결과

온도(°C)	−10	5	20	35	50
압력(kPa)	90.9	96.1	101	106	112

표1.1은 온도가 증가함에 따라서 압력이 증가하는 것을 명확하게 보여준다. 하지만 여전히 수학자의 질문을 완전하게 답하는 자료는 아닌 것같다. 만약 5°C와 20°C의 중간온도인 10°C에서 측정한 압력이 96.1 kPa보다 낮게 나온다면 온도에 따라서

압력이 증가한다는 가정이 틀릴 수 있기 때문이다. 그래서 철수는 5°C에서 20°C까지 3°C간격으로 온도를 바꾸어가며 압력을 다시 측정해 보았다.

표1.2. 온도에 따른 축구공의 공기압력의 2차 측정결과

온도(°C)	5	8	11	14	17	20
압력(kPa)	96.2	97.2	98.2	99.2	100	101

1차 측정에 비해서 5°C와 20°C의 압력이 약간 다르게 나왔지만 그 차이는 매우 작은 것같아 무시할 수 있을 것같다. 다행히도 2차 실험의 결과도 역시 온도가 증가함에 따라서 압력이 증가한다는 것을 다시 확인할 수 있었다.

철수는 실험결과가 매우 흡족했지만 그 것도 잠시였고 스스로 의문이 생겼다. 그러면 20°C와 35°C 사이에서 측정하여도 가정과 같은 결과가 나올까? 그래서 또 실험을 했고 역시 흡족한 결과가 나왔다. 하지만 "그러면 모든 온도 범위에 대해서도 가정이 성립할까?"란 질문을 하게 되니 이를 증명하는 것이 막막해 보였다. 도대체 얼마나 많이 실험을 해야 할까? 그럼에도 불구하고 철수는 온도간격을 0.1°C까지로도 좁혀 보았는데 놀랍게도 어떤 온도 범위에서는 국부적으로 압력이 온도 증가에도 감소하는 경향이 발견되었다. 하지만 넓은 온도범위에서 데이터를 관찰하면 전체적으로는 압력이 온도에 따라서 증가하는 것은 알 수 있었다. 많은 실험으로 지치고 지금까지와는 다른 엉뚱한 측정결과가 나오니까 철수는 윗집의 물리학자를 찾았다.

지금까지 일을 알게 된 물리학자는 철수에게 이상기체 상태방정식에 대해서 설명해주었다. 이상기체 상태방정식은 아주 높지 않은 압력범위 또는 너무 낮지 않은 온도범위 또는 너무 높지 않은 밀도범위에서 모든 기체는 다음과 같은 관계식을 따른다는 것이다.

$$p = \frac{nRT}{V}. \tag{1.1}$$

여기서 p는 압력, T는 절대온도, V는 기체의 부피, R은 기체상수로 약 8.314 J/K인 보편적인 상수이며, n은 기체의 몰수(mole number)이고 1몰은 대략 6.02×10^{23} 개

의 분자를 나타내는 양이다. 물리학자는 식 (1)이 많은 실험 결과로부터 도출한 것이지만 순수한 분자이론으로도 유도된다고 알려주었다. 게다가 예외적인 측정결과가 발생하는 이유는 온도조절기의 오차범위가 ±0.2℃이므로 온도간격 0.1℃로 실험을 하면 30.1℃와 30.2℃는 구분이 안될 수도 있고 게다가 이렇게 작은 온도차는 압력차이도 작게 만들기 때문에 압력 측정장치의 오차에도 영향을 받기 때문이라고 한다. 물리학자의 설명을 들은 후에 철수는 한편으로는 자기의 실험결과가 올바르다는 생각으로 기뻤지만 다른 한편으로는 미리 이상기체 상태방정식에 대해서 알았다면 이런 고생은 안했을 텐데하는 후회도 했다.

지금까지 철수의 이야기를 살펴보면 실험의 몇가지 특징을 깨닫을 수 있다. [1] 실험의 목적 중의 하나는 실험조건을 대표하는 제어할 수 있는 변수(제어변수)와 측정할 수 있는 변수(측정변수) 사이의 함수관계를 찾는 것이다. [2] 실험은 단지 유한한 개수의 제어변수에 대하여 측정변수만을 얻을 수 있기 때문에 실험결과만으로 수학적으로 명확하게 함수관계를 확정할 수 없다. [3] 제어변수와 측정변수 모두는 어느 정도의 불확실성을 가지고 있다.

이 책은 [1]의 실험목적에 대해서 실험결과만으로 함수관계를 찾아내는 방법에 대해서 집중할 것이다. 특징 [2]를 선언했듯이 이론없이 함수관계를 확정할 수가 없는데 실험만으로 함수관계를 찾겠다는 것은 모순같아 보이지만 이론이 어떻게 개발되는지에 대해서 생각해 보면 모순되지 않는것을 알게 될 것이다. 이론은 현상에 대해서 어떤 가정을 하고 그 가정으로부터 수학적 논리와 기존의 지식을 결합하여 실험과 비교할 수 있는 결과를 도출하는 것이다. 만약 이론의 결과와 실험이 일치한다면 그 가정은 타당한 것이라고 할 수 있다. 하지만 이는 실험결과와 이론적 결과의 일치가 오로지 그 가정만으로 얻어질 수 있는 것이라고 할 수는 없다. 다른 가정으로부터 실험결과와 일치성이 있는 결론을 얻을 수도 있다는 것을 배제할 수 없기 때문이다. 사실 모든 과학적 지식은 귀납법적인 추론의 결과이기 때문에 이러한 한계가 존재하게 된다. 그러면 실험은 아무런 가정없이 가능한가? 실험의 이론적재성(theory-ladenness of observation)은 어쩔 수 없이 모든 실험에는 어떤 이론을 가정하고 있다는 과학철학이론이다 [장하석, 2015]. 실험을 이론과 비교하면 실험연구는 이론에서의 가정으로부터 결론을 도출하는 추론과정에 해당한다고 할 수 있다. 그렇다면 어떤 가정을 하여 실험결과로부터 그런대로 믿을 수 있는 함수관계를 도출할 수 있는 것은 아닌가? 이렇게 얻은 함수식을 경험식(empirical equation)이라고 부른다. 그런대로 믿을 수 있다는 말은 더 엄밀한 기준으로 얻은 결과가 나온다면 폐기될 수도 있다는 것을 의미한다. 이러한 불확실성은 실험연구뿐만 아니라 모든 과학에서 피할 수 없는 한계이다. 함축적으로 말하면 귀납적 지식의 한계라고도 할 수 있다.

제어변수를 정의구역으로 하고 공변역을 측정변수로 하는 함수관계는 자연법칙의 수학적 표현이라고 할 수 있다. 하지만 철수의 이야기에서 알수 있듯이 제어변수는 장치의 한계로 생각했던대로 발생되지 않을 수 있고 측정값도 알 수 없는 여러 가지 이유로 참값이 아니다. 제어변수와 측정변수의 참값과 실제값 사이의 차이를 각각 제어오차와 측정오차라고 할 수 있다. 이 두 오차가 참값에 비해서 크다면 의미없는 실험이 될 것이다. 의미있는 실험이라면 두 오차의 비중이 상당히 낮다고 할 수 있다. 그러면 실험의 유의미를 보장할 수 있는 오차의 수준은 무엇인가? 그리고 이 오차의 존재에도 불구하고 참값을 추정할 수 있는 방법은 있는가? 이 책에서는 특징 [3]을 해결할 수 있는 다양한 방법을 소개할 것이다.

연습문제 1

[1] 뉴튼의 만유인력의 법칙(law of universal gravitation)은 그 당시에 관찰할 수 있었던 몇 개의 태양계 행성들의 운동에 대한 데이터 만으로 입증된 것이라고 할 수 있다. 현대의 관측기술은 수천만 광년 떨어져 있는 천체의 운동도 관찰하고 있고 그 관찰결과를 보아도 만유인력의 법칙은 올바른 것으로 확인되고 있다. 그러면 만유인력은 증명된 것인가?

[2] 앞에서 철수는 철학자의 질문을 무시했다. 타이어의 팽창과 축구공의 팽창을 같다고 볼 수 있는 이유는 무엇일까? 더 일반화해서 두 개의 대상이 같은 것이라고 판단할 수 있는 근거는 무엇이겠는가?

[3] 절대온도를 정확하게 측정할 수 있는 온도계, 압력과 부피를 측정할 수 있는 장치와 온도, 압력 부피를 모두 원하는 값으로 정할 수 있는 제어장치를 갖추었다

고 하자. 기체상수 R의 존재를 밝힐 수 있는 실험을 기획해 보자. 식 (1.1)의 이상기체 상태방정식은 모르지만 이상기체 상태방정식과 일치하는 실험 데이터를 얻을 수 있다고 가정하고 문제를 풀어보길 바란다.

2. 오차에 대한 수학적 고찰

실험조건들은 대개 제어 가능한 변수들로 대표될 수 있다. 실험이란 제어된 변수들에 대해서 관심의 대상이 되는 물성을 측정하는 것이라고 할 수 있다. 실험조건에 대한 변수를 제어변수라고 하고, 그 실험조건에 대해서 측정되는 변수를 측정변수라고 하면 실험결과의 해석이란 제어변수에서 측정변수로의 함수관계를 찾는 것이라고 할 수 있을 것이다. 더 일반적으로는 제어변수들의 집합을 정의구역으로 하고 측정변수들의 집합을 공변역으로 하는 사상(寫像, mapping)을 규명하는 것이라고 할 수 있다. 이런 수학적 관계는 이론적 연구의 결과로 얻어지는 것이 일반적인데, 연구대상이 되는 현상에 대한 이론이 부족할 때 경험적인 수식을 적용하여 성공적인 결과를 얻는 경우가 많다. 이 책의 주제는 작도법과 몇 가지 기본적이면서 간단한 과학원리나 수학원리를 이용하여 이론에 의존하지 않고 실험결과만으로 제어변수와 측정변수 사이의 수학적 관계를 얻어내는 체계적인 방법에 대한 것이다. 이렇게 경험적으로 얻은 수학적 관계를 경험식(empirical equation)이라고 하지만, 제어변수에서 측정변수로의 사상이라는 점을 강조하기 위해서 경험사상(empirical mapping)이라고 부르자.

실험조건과 측정량이 모두 정적인 변수로 간주될 경우 경험사상은 함수가 되겠지만, 가령 실험조건이 시간의 함수(function)로 주어지고 측정량도 시간의 함수로 측정되는 경우 경험사상은 범함수(functional)가 된다. 이 장에서는 경험사상이 함수인 경우만을 고려하기로 한다.

먼저 가장 간단한 경우로 제어변수와 측정변수가 각각 하나씩인 경우를 생각하자. 제어변수를 x, 측정변수를 y라고 할 때 경험사상은 $y = f(x)$로 표시할 수 있을 것이고, 이 함수는 전이현상(phenomenon of transition)과 같은 특별한 경우가 아니라면 연속함수라고 가정할 수 있을 것이다. 경험사상은 연속함수 일지라도 측정되는 실험결과는 이산적이다. 즉, N개의 실험 데이터가 얻어진다면 실험결과는

$$S_{\exp} \equiv \{(x_i, y_i) | i = 1, 2, \cdots, N\} \tag{2.1}$$

이라고 표시할 수 있을 것이다. 제어변수의 간격 $\Delta x_i \equiv x_{i+1} - x_i$ 이 임의적이고 N 이 아무리 크더라도 유한하면 식 (1)을 만족하는 연속함수는 무수히 많을 수 있다. 따라서 의미 있는 경험사상을 얻으려면 식 (1)의 데이터 이외에 다른 추가적인 정보가 필요하다. 예를 들면 측정변수는 제어변수의 값에 상관없이 항상 양이어야 한다든지 경험사상은 원점을 지나야 한다든지($f(0) = 0$)와 같은 추가적인 정보가 있어야 할 것이다. 하지만 그러한 추가적인 정보가 유일한 함수 형태를 규정할 수 있는 것이 아니라면 실험결과만으로 유일하게 경험사상을 결정할 수 없을 것이다. 이것이 경험식의 한계이다. 실험범위가 $x_{\min} \le x_i \le x_{\max}$ 이라고 할 때 유한한 구간에서 진정한 함수관계(참함수) $f(x)$ 에 가까운 어림함수(approximate function) $\phi(x) \approx f(x)$ 는 구할 수 있을 것으로 예상된다. 따라서 어떠한 체계적인 방법을 사용하더라도 실험결과로 구하는 경험사상은 진정한 사상에 대한 어림일 뿐이다.

앞에서 언급했듯이 완벽하게 참함수를 결정할 수 없는 수학적인 이유이외에 실험에서 발생하는 오차에 의해서 참함수를 파악하기 어려워진다. 즉, 제어오차와 측정오차로 인하여 실험만으로 자연현상의 본 모습을 보기 어렵다.

제어오차와 측정오차와 같은 실험오차가 어떻게 우리의 목적을 방해 하는지를 다루기 전에 먼저 실험오차가 미미하다면 어떻게 어림함수를 구할 수 있을까? 이 책에서는 실험 데이터의 그래프로부터 어림함수를 찾는 방법을 소개할 것이나. 그 전에 독자들의 이해를 돕기 위해서 먼저 함수의 어림에 대한 수학적 원리에 대해서 소개할 필요가 있다.

2.1. 어림함수에 대한 수학적 원리

학부 1학년의 수학시간에 테일러 급수전개(Taylor series expansion)에 대해서 배운 바가 있을 것이다. 어떤 연속함수 $f(x)$ 가 원하는 만큼 여러 번 미분할 수 있고 어떤 폐구간 $[a, b]$ 에서 정의될 수 있다면 다음의 항등식이 성립된다.

$$f(b)=f(a)+\sum_{n=1}^{N-1}\frac{f^{(n)}(a)}{n!}(b-a)^n+R_N,\quad R_N=\int_a^b\frac{(b-t)^{N-1}}{(n-1)!}f^{(N)}(t)\mathrm{d}t. \tag{2.2}$$

여기서 $f^{(n)}(x)=d^n f/dx^n$ 을 의미한다. 만약 $f^{(0)}(x)=f(x)$로 정의하면 식 (2)는

$$f(b)=T_{N-1}(b-a,a)+R_N,\quad T_{N-1}(x,a)=\sum_{n=0}^{N-1}\frac{f^{(n)}(a)}{n!}x^n \tag{2.3}$$

로 표시할 수 있다. 여기서 R_N 을 잔류항(remainder)라고 부른다. Lang, 1968에 의하면 부분적분(integration by parts)을 이용하여 식 (2)를 유도할 수 있다. Lang, 1968은 너무 오래된 교과서라서 구하기 어려울 수 있어서 부록 A에 유도과정을 소개해 놓았다. 식 (2)의 잔류항은 평균값 정리를 이용하여

$$R_N=\frac{f^{(N)}(c)}{N!}(b-a)^N \tag{2.4}$$

로 계산할 수 있다. 여기서 c는 a와 b 사이의 어떤 수이다. 만약에 $0<b-a<R_c$ 에 대해서

$$\lim_{N\to\infty}R_N=0 \tag{2.5}$$

가 성립된다면 식 (2)는 다시 다음과 같이 쓸 수 있다.

$$f(b)=\sum_{n=0}^{\infty}\frac{f^{(n)}(a)}{n!}(b-a)^n. \tag{2.6}$$

여기서 R_c 를 수렴반경(radius of convergence)이라고 한다. 즉 식 (6)은 $|b-a|$ 이 R_c 보다 작을 때 정확하게 성립된다. 지수함수와 같은 몇 가지 함수들은 무한대의 수렴반경을 가지고 있다.

식 (2)에서 b를 x로 바꾸면

$$f(x)=\sum_{n=0}^{\infty}\frac{f^{(n)}(a)}{n!}(x-a)^n \tag{2.7}$$

이 된다는 것을 알 수 있다. 이 식은 $a-R_c<x<a+R_c$ 인 구간에서 함수 $f(x)$의 좋은 근사가 되며 근사의 오차는

$$R_N(x,a)=\int_a^x \frac{(x-t)^{N-1}}{(n-1)!}f^{(N)}(t)\,\mathrm{d}t \tag{2.8}$$

이 된다.

삼각함수 $\sin x$ 와 $\cos x$, 그리고 지수함수 e^x 는 수렴반경이 무한대인 것으로 알려져 있으므로 $a=0$ 으로 두면 다음이 성립된다.

$$\sin x=\sum_{n=0}^{\infty}\frac{(-1)^n}{(2n+1)!}x^{2n+1};\quad \cos x=\sum_{n=0}^{\infty}\frac{(-1)^n}{(2n)!}x^{2n};\quad e^x=\sum_{n=0}^{\infty}\frac{x^n}{n!}. \tag{2.9}$$

하지만 $f(x)=\log(1+x)$ 이면 $x^2<1$ 과 $x=1$ 에 대해서만

$$\log(1+x)=x-\frac{x^2}{2}+\frac{x^3}{3}-\frac{x^4}{4}+\frac{x^5}{5}-\cdots \tag{2.10}$$

이 성립된다.

따라서 연속이고 무한번 미분이 가능한 함수에 대해서는 다음과 같이 어림함수를 구할 수 있다.

$$f(x)\approx\phi(x)\equiv\sum_{n=0}^{N}\frac{f^{(n)}(a)}{n!}(x-a)^n. \tag{2.11}$$

다항식의 차수 N이 커질수록 더 정확한 어림함수가 된다. 그런데 만약 실험에서 참함수가 연속이기는 하지만 무한하게 미분가능한 함수가 아니라면 어떻게 할까? 이 질문에 대한 답은 바이에스트라스 정리(Weierstrass theorem)으로 얻을 수 있다 [Atkinson and Han, 2009].

바이에스트라스 정리에 의하면 임의의 폐구간 $[a,b]$ 에서 정의되는 연속인 함수 $f(x)$ 에 대해서 항상 다음을 만족하는 다항함수(polynomial function) $p_N(x)$ 이 존재한다는 것이다.

$$\max\left|f(x)-p_N(x)\right|<\Delta_\infty,\quad x\in[a,b] \tag{2.12}$$

여기서 $\Delta_\infty>0$ 은 임의로 선정할 수 있는 양의 실수이고 $p_N(x)$ 의 차수 N과 계수들은 Δ_∞ 에 따라서 달라질 수 있다. 게다가 매우 작은 Δ_∞ 을 선정했다고 해도 식 (12)의 다항식은 테일러 전개의 다항식은 아닐 수 있고 Δ_∞ 이 작아지면 일반적으

로 자연수 N은 커진다.

실험에서 제어변수의 범위는 항상 유한한 크기의 폐구간이다. 따라서 바이에스트라스 정리는 제어변수의 폐구간에서 정의되는 참함수의 어림함수를 다항함수로 항상 구할 수 있다는 것을 의미한다.

식 (12)의 좌변은 두 함수가 얼마나 가까운지를 나타내는 척도 중의 하나이다. 폐구간 $[a,b]$에 속하는 모든 x에 대한 $|f(x)-p_N(x)|$의 최대값이 어떤 수(Δ_∞)보다 작게 되면 두 함수의 차이는 항상 $-\Delta_\infty$와 Δ_∞ 사이에 있게 된다. 이는 두 함수의 거리라고 간주할 수 있고 식 (12)의 좌변을 $\|f(x)-p_N(x)\|_\infty$로 표시한다. 두 함수의 거리를 나타내는 척도는 $\|f(x)-p_N(x)\|_\infty$만 있는 것은 아니다. 더 빈번하게 사용하는 거리로

$$\|f(x)-p_N(x)\|_2 \equiv \sqrt{\int_a^b [f(x)-p_N(x)]^2 \,\mathrm{d}x} \tag{2.13}$$

이 있다. 함수의 크기, 거리, 내적 등의 개념은 범함수해석(functional analysis)이란 수학과목의 주요개념으로 이에 대해서는 Atkinson and Han, 2009이나 Reddy, 1987을 읽기 바란다.

식 (12)와 (13)의 함수간 거리는 두 함수가 얼마나 가까운지를 나타내므로 어림오차의 척도라고 할 수 있다. 실험의 주요목적은 실험 데이터로부터 어림 오차가 적은 어림함수를 찾는 것이라고 할 수 있다. 불행히도 참함수는 실험 데이터로부터만 간접적으로 파악할 수 있는데 게다가 측정 및 제어과정에서 발생되는 실험오차가 최적의 어림함수를 찾는 것을 방해한다. 건널목 저편을 보아야 하는데 기차는 지나가고 게다가 옅은 안개마저 낀 경우에 어떻게 건널목 저편의 물체를 확인하는가가 이책의 주제인 것이다. 수학이 이러한 문제를 해결해 준다는 것을 지금부터 공부하기로 하자.

2.2. 실험오차와 어림오차의 관계

제어장치와 계측장치가 물리법칙에 따라 작동하는 장치이기에 양자역학적 상황을 무시한다면 제어오차와 측정오차 모두는 사실 결정적인 수치(deterministic quantity)이어야 할 것이다. 야구 연습 장비인 피칭 머신을 생각해 보자. 두 개의 바퀴가 원

하는 방향과 속력으로 회전하고 있고 야구공이 레일을 따라 중력으로 내려가서 두 바퀴 사이로 들어가면 바퀴의 회전력이 야구공에 병진 운동 에너지와 회전 운동 에너지를 부가하는 장치이다. 역학원리에 따라서 레일을 따라 미끄러져 가는 야구공의 투입 속도를 알수 있고 마찰력 등으로 야구공의 운동 에너지가 어떻게 증가하게 되는지를 알 수 있으므로 피칭 머신을 떠나는 야구공의 속도(y)는 회전하는 바퀴의 회전력(x)의 함수 $f(x)$ 일 것이며 역학원리로 계산할 수 있을 것이다. 그런데 실험을 하면 $y = f(x)$ 를 만족할 것으로 예상하지만 같은 야구공 으로 실험을 해도 장비에 회전력이 특정한 값 x_i 가 되도록 설정을 해두었어도 회전력 측정장치로 측정을 해 보면 x_i 와 다소 차이가 나는 값 x_i' 이 얻어진다. 게다가 토출되는 야구공의 속도도 $f(x_i')$ 가 아니라 다른 값을 가진다. 두 바퀴를 회전시키는 모터의 출력이 일정한 값에서 아주 작은 진폭으로 흔들린다는 것을 알게 되었다고 하자. 그러면 그 원인은 무엇인지를 조사했더니 공급되는 전압이 일정하지 않았기 때문인 것을 알았고 더 깊이 조사했더니 바퀴의 회전에 따른 진동으로 전원 연결부의 접촉이 일정하지 않은 것도 알게 되었다. 조사로 알게 된 것들을 수정하였지만 $x_i - x_i'$ 의 진폭은 줄었지만 완전히 없어지지는 않았다. 더 조사를 하면 변동의 원인을 더 찾을 수 있을지 모르지만 변동의 특징 중의 한 가지는 무작위성이다. 측정변수인 야구공의 속도도 마찬가지이다. 야구공이 토출될 때의 진동, 외부의 바람 등 수없이 많은 예상치 못한 요인들이 야구공의 속도에 영향을 줄 것이고 측정장치의 구조와 원리를 고찰하면 더 많은 측정오차의 요인들이 존재할 것이다. 하지만 우리는 변동의 모든 원인을 다 알지는 못한다.

알수 없는 무수히 많은 요인들의 결합으로 일어나는 변동을 다루는 가장 전통적인 방법은 변동을 확률변수로 간주하는 것이다. 확률변수와 확률 개념에 대해서는 Hogg and Craig, 1978과 Van Kampen, 1992를 읽기 바란다.

완벽한 측정이란 있을 수 없으며 또한 실험조건을 완벽하게 제어할 수 있지도 않을 것이다. 진정한 관계가 $y = f(x)$ 라고 하자. 제어변수를 x_i 값으로 설정하고 실험을 한다면 제어장치가 완벽하지 않기 때문에 실험 대상에는 설정한 값 x_i 가 적용되지 않고 $\hat{x}_i = x_i + \delta_i$ 의 값이 적용된다. 여기서 δ_i 는 제어오차이다. 따라서 x_i 는 알고 있는 값이지만 실제로 적용되는 제어변수 값인 $\hat{x}_i$ 는 무엇인지 모른다. 반면에 x_i를 설정했을 때 측정되는 측정변수의 값 y_i는 $\hat{x}_i$에 대응되는 $f(\hat{x}_i)$가 아니라 측정오차 ε_i가 씌어진 값이다. 이를 정리하면

$$\hat{x}_i = x_i + \delta_i; \quad y_i = \hat{y}_i + \varepsilon_i \tag{2.14}$$

이다. 물론 여기서 x_i와 y_i는 알고 있는 값이지만 $\hat{x}_i$와 $\hat{y}_i$는 오차 때문에 알 수 없는 값이고

$$\hat{y}_i = f(\hat{x}_i) = f(x_i + \delta_i) \tag{2.15}$$

이다. 식 (14)와 (15)에서 알 수 없는 수치에 대해서는 기호 ‘ ^ ’를 문자 위에 올렸다는 점을 유의하기 바란다.

제어오차 δ_i와 측정오차 ε_i는 평균이 영인 확률변수라고 볼 수 있다. 평균이 영인 확률변수라고 함은 M번을 시행했을 때

$$\lim_{M\to\infty} \frac{1}{M}\sum_{i=1}^{M}\delta_i = \lim_{M\to\infty}\frac{1}{M}\sum_{i=1}^{M}\varepsilon_i = 0 \tag{2.16}$$

이 성립된다는 것을 의미한다. 수학적으로 보면 δ_i와 ε_i는 각각 어떤 확률분포로부터 시행된 결과 값이므로 각각의 확률분포를 $\psi_\delta(\delta)$, $\psi_\varepsilon(\varepsilon)$라고 할 때

$$\int_{-\infty}^{\infty}\psi_\delta(\delta_i)\,d\delta_i = \int_{-\infty}^{\infty}\psi_\varepsilon(\varepsilon_i)\,d\varepsilon_i = 1; \quad \int_{-\infty}^{\infty}\delta_i\psi_\delta(\delta_i)\,d\delta_i = \int_{-\infty}^{\infty}\varepsilon_i\psi_\varepsilon(\varepsilon_i)\,d\varepsilon_i = 0 \tag{2.17}$$

이 된다는 것을 의미한다. 실험오차의 통계적 특성에 대한 더 자세한 내용은 부록 B에서 소개한다.

식 (16)의 의미를 살펴보면 δ_i와 ε_i 모두는 음이거나 양의 값을 가지기 때문에 M개의 합은 절대값이 매우 작은 값이 되고 M이 매우 크게되면 0으로 수렴하게 된다는 것을 알 수 있다. 만약 δ_i와 ε_i가 영이 아닌 어떤 특정한 값 $\bar{\delta}$와 $\bar{\varepsilon}$을 중심으로 진동하고 있다면

$$\sum_{i=1}^{M}\delta_i \approx M\bar{\delta}; \quad \sum_{i=1}^{M}\varepsilon_i \approx M\bar{\varepsilon} \tag{2.18}$$

이 되어 식 (16)이 성립되지 못한다.

잘 설계된 제어장치와 측정장치로 시행한 실험에 대해서는 식 (16)이 성립되기 때문에 제어변수를 x로 설정하고 M번 측정을 시행하게 되면 측정값도 어떤 값 $\hat{y}$

를 중심으로 변동하게 되므로 $x_i = x + \delta_i$, $y_i = \hat{y} + \varepsilon_i$ 라고 할 수 있으며 이 때 제어오차와 측정오차는 식 (16)을 만족하게 될 것이다. 그러면

$$\bar{x}_M \equiv \frac{1}{M}\sum_{i=1}^{M} x_i \approx x; \quad \bar{y}_M \equiv \frac{1}{M}\sum_{i=1}^{M} y_i \approx \hat{y} \tag{2.19}$$

가 성립되고 정확도는 M이 증가할수록 증가하게 된다[Hogg and Craig, 1978]. 식 (19)의 $\bar{x}_M$ 과 $\bar{y}_M$ 을 표본평균(sample average)이라고 한다. 만약에 M이 증가함에 따라서

$$\lim_{M\to\infty} \frac{1}{M}\sum_{i=1}^{M}\left(x_i - \bar{x}_M\right) = 0; \quad \lim_{M\to\infty} \frac{1}{M}\sum_{i=1}^{M}\left(y_i - \bar{y}_M\right) = 0 \tag{2.20}$$

이 아니라면 제어장치나 측정장치에 체계적인 오차를 발생시키는 오류나 고장이 있다는 것을 의미한다.

오차의 크기는 다음과 같이 정의되는 표본분산(sample variance)으로 추정할 수 있다.

$$\sigma^2_{\delta, M} \equiv \frac{1}{M}\sum_{i=1}^{M}\left(x_i - \bar{x}_M\right)^2; \quad \sigma^2_{\varepsilon, M} \equiv \frac{1}{M}\sum_{i=1}^{M}\left(y_i - \bar{y}_M\right)^2. \tag{2.21}$$

이론적으로는 확률분포함수로부터 다음이 성립된다.

$$\sigma^2_{\delta, N} \approx \int_{-\infty}^{\infty} \delta^2 \psi_\delta(\delta)\,d\delta; \quad \sigma^2_{\varepsilon, N} \approx \int_{-\infty}^{\infty} \varepsilon^2 \psi_\varepsilon(\varepsilon)\,d\varepsilon. \tag{2.22}$$

표본분산의 양의 제곱근인 표준편차(σ_δ 와 σ_ε)는 실험오차의 변동폭이라고 할 수 있으므로 실험 데이터가

$$\bar{x}_M - \sigma_\delta < x_i < \bar{x}_M + \sigma_\delta; \quad \bar{y}_M - \sigma_\varepsilon < y_i < \bar{y}_M + \sigma_\varepsilon \tag{2.23}$$

의 범위에 있을 확률이 매우 높다는 것을 의미한다. 만약 확률분포가 정규분포라고 하면 식 (23)의 범위에서 실험 데이터가 발생될 확률은 대략 0.683 정도가 된다.

지금까지의 논의를 종합하면 측정변수를 고정된 제어변수 x를 M번 입력해서 M개의 측정치 y_i를 얻고 식 (19)$_2$를 사용하면 참값 $\hat{y}$를 얻을 수 있을 것 같아 보인다. 입력을 x로 주었다고 해서 i번째 시행에서의 제어변수 값이 $x_i = x$ 가 된다면 그럴 것이다. 하지만 제어장치가 완벽하지 않기 때문에 i번째 시행에서 제어장치에서 출력되는 제이변수의 값은 $x_i = x + \delta_i$ 일 것이다. 제어장치가 치우치지 않은 장

치(unbiased device)라면 물론 표본평균 $\overline{x}_M$ 은 M이 커질수록 x에 수렴하겠지만 약간의 치우침(biases) 있다면 x와 다른 값으로 수렴하게 될 것이다. 따라서 실험장치를 만든다면 반드시 입력치 x를 설정했을 때 제어장치가 어떤 값을 주는지를 측정해야 할 것이다. 이 측정장치를 제어장치의 측정장치라고 하면 측정행위가 측정오차를 유발할 것이다. 제어장치에서 바로 나오는 수치는 알 수가 없다. 다만 제어변수 측정장치를 통과해서 나오는 $x_i^{(\mathrm{meas})} = x + \delta_i + \varepsilon_i$ 만을 관측할 수 있을 뿐이다(그림 2.1을 참조). 여기서 제어 오차 δ_i 는 i번째 시행에서 발생되는 제어오차로 i번째 출력인 x_i와 설정치 x의 차이다.

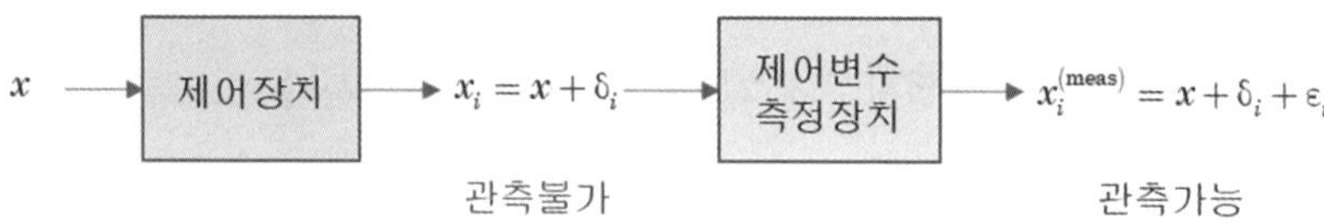

그림 2.1. 제어장치의 설정치와 관측치 사이의 관계에 대한 모식도.

제어장치는 치우침이 없는 것이라고 해도 실험에 항상 제어변수 측정장치를 구비할 수도 없다. 제어변수 측정장치를 추가하게 되면 측정변수 y_i에 제어변수 측정에 의한 측정오차가 추가되므로 실험의 정밀도가 감소하게 되기 때문이다.

제어장치에 대한 점검을 충분히 한 후에 제어변수 측정장치 없이 실험을 하게 되면 식 $(14)_1$에서 x_i를 설정치라고 할 수 있지만 측정하고자 하는 실험대상에 작용하는 제어변수의 값은 $\hat{x}_i = x_i + \delta_i$ 가 된다. 그러면 제어변수와 측정변수 사이의 관계가 참함수 $f(x)$ 라면 식 (14)와 (15)로부터

$$y_i = f(\hat{x}_i) + \varepsilon_i \tag{2.24}$$

가 된다. 그런데 제어변수의 설정치는 x_i이므로 식 (24)는 다시 다음이 된다.

$$y_i = f(x_i + \delta_i) + \varepsilon_i. \tag{2.25}$$

측정오차 ε_i 가 앞에서 말한 특징을 가지는 확률변수이므로 같은 설정치 x_i 에 대해서 M 번 측정을 한 다음 평균을 낸 값을 $\overline{y}_i$ 라고 하자. 그러면 식 (25)로부터 다음이 얻어진다.

$$\bar{y}_i \approx \frac{1}{M}\sum_{\alpha=1}^{M} f\left(x_i + \delta_i^{(\alpha)}\right). \tag{2.26}$$

여기서 식 $(16)_2$을 이용하였다. 좋은 제어장치를 가졌다면 $\left|\delta_i^{(\alpha)}\right| \ll x_i$ 일 것이므로 테일러 전개를 하면 식 (26)으로부터 다음의 어림식이 얻어진다.

$$\begin{aligned}\bar{y}_i &\approx \frac{1}{M}\sum_{\alpha=1}^{M}\left[f(x_i) + \sum_{n=1}^{\infty}\frac{f^{(n)}(x_i)}{n!}\delta_i^{(\alpha)}\right] \\ &= f(x_i) + \frac{f^{(1)}(x_i)}{M}\sum_{\alpha=1}^{M}\delta_i^{(\alpha)} + \frac{f^{(2)}(x_i)}{2M}\sum_{\alpha=1}^{M}\left[\delta_i^{(\alpha)}\right]^2 + \cdots \\ &= f(x_i) + \frac{f^{(2)}(x_i)}{2}\sigma_\delta^2 + \frac{f^{(4)}(x_i)}{4!}\left\langle \delta_i^4 \right\rangle_M + \cdots. \end{aligned} \tag{2.27}$$

물론 여기서 $f^{(n)}(x) = d^n f/dx^n$ 이고 $\left\langle \delta_i^4 \right\rangle_M$ 은 M개의 표본에 대한 네제곱 평균을 의미한다. 확률분포가 정규분포와 같이 평균을 중심으로 대칭인 경우 홀수 제곱의 평균은 영이 된다. 반복회수 M이 무한대가 되면 $\bar{y}_i$는 $\hat{y}_i$로 수렴할 것이다. 하지만 여러 번의 반복된 측정에도 불구하고 측정치의 평균은 제어오차의 영향을 벗어날 수 없음을 보여준다. 식 (27)은 2차까지의 테일러 전개를 사용하였지만 고차의 테일러 전개를 사용하면 제어오차의 영향력은 더 커지게 된다. 하지만 만약 참함수가 일차함수 $f(x) = ax + b$ 라면 모든 제어변수에 대해서 참함수의 2차 이상의 도함수가 영이므로 $\bar{y}_i \approx f(\hat{x}_i) = a\hat{x}_i + b$ 가 얻어진다.

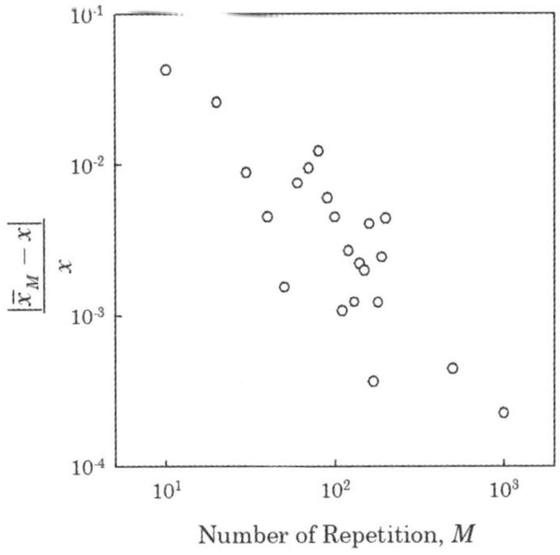

그림 2.2. 반복회수에 따른 상대오차의 감소경향

중복된 측정은 측정오차의 영향을 대폭 줄여주고 제어오차의 영향도 식 (27) 정도로 줄여줄 수 있을 것이다. 그러면 M은 도대체 얼마나 커야할까? 간단한 예로 입력치를 $x=1$로 하고 여기에 평균 0, 표준편차 0.1인 정규확률분포로부터 발생시킨 무작위수(random number)를 더한 데이터를 컴퓨터로 M개 발생시키고 표본평균을 구해서 $\delta_{\text{rel}} \equiv |\bar{x}_M - x|/x$을 M의 함수로 그림 2.2에 나타냈다. 그림에서 알 수 있듯이 $\delta_{\text{rel}} < 0.01\,(1\%)$ 이하가 되기 위해서는 $M > 30$은 되어야 하고 $M > 50$에서 δ_{rel}은 M의 단조감소함수는 아닌 것으로 보인다.

만약 N개의 서로 다른 설정값 x_i에 대해서 $M=30$의 반복실험을 한다면 $N=5$일 때 총실험회수는 150회가 된다. 실험에는 비용과 시간이 소요되는데 이것은 너무 비효율적이라고 할 수 있다. 게다가 식 (27)의 우변에는 참함수 $f(x)$에 대한 정보가 필요한데 참함수에 대한 근사함수는 제시할 수 있지만 참함수 자체를 실험 데이터만으로 유일하게 결정할 수는 없다. 오차분석은 참함수보다는 어림함수를 이용해서 표현되는 수식으로 다루어져야 할 것이다.

어림함수 후보를 $\phi(x)$라고 하고 제어장치에 치우침이 없다고 하자. 그러면 제어변수의 설정값이 x_i일 때 실험대상에 작용되는 제어변수의 값은 $\hat{x}_i = x_i + \delta_i$가 되는 점을 유의하기 바란다. 라고 하면 실험 데이터로부터 겉보기 값인 x_i와 y_i 사이에

$$y_i = \phi(x_i) + e_i \tag{2.28}$$

가 성립할 것이라고 근사 함수 $\phi(x)$를 추정해 보자. 여기서 e_i는 참함수 $f(x)$와 어림함수 $\phi(x)$의 차이와 측정오차가 조합된 복합오차(composite error)이다. 식 (24)는 엄밀하게는 알 수 없는 참함수 $f(x)$와 $\hat{x}_i$로 구성되어 있지만 식 (28)은 설정할 수 있는 어림함수 $\phi(x)$와 제어변수 설정값 x_i로 이루어져 있다.

식 (24)와 (28)을 연합하면

$$\phi(x_i) + e_i = f(x_i + \delta_i) + \varepsilon_i \tag{2.29}$$

가 성립된다. 자연현상은 전이현상만 아니라면 연속적이고 매끄러운 관계로 이루어지므로 $f(x)$는 몇번이고 미분가능한 함수라고 간주할 수 있을 것이다. 그러면 테일러 전개를 사용해서

$$e_i = \Delta_i + \sum_{n=1}^{\infty} \frac{f^{(n)}(x_i)}{n!} \delta_i^n + \varepsilon_i, \quad \Delta_i \equiv f(x_i) - \phi(x_i) \tag{2.30}$$

가 얻어진다. 실험의 목적은 실험 데이터로부터 참함수 $f(x)$ 를 구하는 것이므로 식 (12)에 착안해서

$$\hat{\chi} \equiv \sum_{i=1}^{N} \Delta_i^2 \tag{2.31}$$

을 최소화하는 것으로 목적을 달성할 수 있을 것이다. 하지만 $\hat{\chi}$ 는 참함수를 모르기 때문에 최소화할 수 없다. 이를 해결하기 위해서 식 (30)의 좌변은 식 (28)로부터 $e_i = y_i - \phi(x_i)$ 이므로 실험결과와 어림함수로부터 계산할 수 있는 양이라는 점을 이용한다. 만약 제어오차와 측정오차가 없다면 식 (30)은 $e_i = \Delta_i$ 를 의미하므로

$$\chi \equiv \sum_{i=1}^{N} e_i^2 = \sum_{i=1}^{N} \left[y_i - \phi(x_i) \right]^2 \tag{2.32}$$

를 최소화하는 것은 $\hat{\chi}$ 의 최소화를 간접적으로 실현하는 것이라고 할 수 있다.

식 (30)의 우변의 마지막 두 항은 모두 제어오차와 측정오차에 의존하는 항이다. 따라서 실험오차가 존재하는 한 아무리 어림함수를 잘 찾아서 모든 x_i 에 대해서 $\Delta_i = 0$ 이 되도록 하였다고 해도 $\chi > 0$ 이 된다. 제어오차와 측정오차가 통계적으로 독립인 것을 이용하면 $\langle \chi \rangle$ 는 다음이 된다.

$$\begin{aligned}
\langle \chi \rangle &= \left\langle \sum_{i=1}^{N} \left[\Delta_i + \sum_{n=1}^{\infty} \frac{f^{(n)}(x_i)}{n!} \delta_i^n + \varepsilon_i \right]^2 \right\rangle \\
&= \hat{\chi} + \sum_{i=1}^{N} \langle \varepsilon_i^2 \rangle + \sum_{i=1}^{N} \left[\sum_{p=1}^{\infty} \sum_{q=1}^{\infty} \frac{f^{(p)}(x_i) f^{(q)}(x_i)}{p!q!} \langle \delta_i^{p+q} \rangle \right] \\
&\quad + 2 \sum_{i=1}^{N} \sum_{n=2}^{\infty} \frac{f^{(n)}(x_i)}{n!} \Delta_i \langle \delta_i^n \rangle.
\end{aligned} \tag{2.33}$$

따라서 $\langle \chi \rangle \geq \hat{\chi}$ 가 된다는 것을 알 수 있다. 식 (33)에서 알 수 있듯이 우변의 $\hat{\chi}$ 를 제외한 모든 항은 실험오차의 확률분포에 의해서 결정되는 것이므로 어림함수의 선정과는 무관한 양이다. 회귀분석에서 χ 를 오차 제곱합(sum of square error)이라고 부른다.

만약에 참함수가 $f(x) = \hat{a}x + \hat{b}$ 의 일차함수라고 하면 식 (33)은 다음과 같이 간단해 진다.

$$\langle \chi \rangle = \hat{\chi} + N\left(\sigma_\varepsilon^2 + \hat{a}^2\sigma_\delta^2\right). \tag{2.34}$$

식 (33)에서는 의외로 측정오차의 $\langle \chi \rangle$ 에 대한 기여보다 제어오차의 기여가 상당히 커 보이는 반면에 식 (34)에서는 두 오차의 기여가 크게 차이나지 않아보인다.

어림함수가 N_p 차 다항함수라고 하면 어림함수 $\phi(x)$ 는 다음과 같이 $N_p + 1$ 개의 계수를 가진다.

$$\phi(x) = c_0 + c_1 x + c_2 x^2 + \cdots + c_{N_p} x^{N_p}. \tag{2.35}$$

이미 N개의 (x_i, y_i) 를 알고 있으니 오차 제곱합은 다음과 같이 계수 $\{c_k\}$ 의 함수가 된다.

$$\chi(\{c_k\}) = \sum_{i=0}^{N}\left(y_i - \sum_{k=0}^{N_p} c_k x^k\right)^2. \tag{2.36}$$

다항식의 계수를 함수의 매개변수(parameter)라고 부르자. 따라서 χ의 최소화란 어떤 매개변수 값들을 선정해야 하느냐의 문제이다. 다음절에서는 미지의 매개변수 $\{c_k\}$ 를 결정하는 수학적인 방법에 대해서 다루겠다.

회귀분석을 사용하면 앞에서 사용한 반복실험보다 더 적은 회수의 실험으로 어림함수를 결정할 수 있다는 것을 독자는 쉽게 알아챘을 것이다.

폐구간에서 정의되는 모든 연속함수는 다항함수로 근사할 수 있다는 바이에스트라스 정리가 있으니 어림함수를 결정하는 방법은 해결된 것같아 보이지만 만약에 $\log y_i$ 를 x_i에 대해서 그린 그래프가 거의 직선처럼 보인다면

$$\log f(x) \approx ax + b \tag{2.37}$$

라는 추정을 할 것이다. 이는

$$f(x) \approx Be^{ax} \equiv \phi(x) \tag{2.38}$$

라는 것을 의미하게 된다. 어림함수의 결정은 따라서 두 개의 매개변수를 결정하는 문제가 된다. 물론 여기서 $B = e^b$ 이다. 그런데

$$Be^{ax} = B\sum_{k=0}^{\infty}\frac{(ax)^k}{k!} \tag{2.39}$$

이다. 만약에 어떤 연구자가 $\log y - x$ 작도를 그려보지 않고 단지 다항식으로 이 문제를 결정하려고 한다고 해보자. 그러면 제어변수의 범위가 제법 길다면 5차나 6차 다항함수를 사용하려고 할 것이다. 그러면 매개변수의 개수는 6개나 7개가 된다. 데이터의 개수를 N이라고 하고 채택하려는 다항함수의 차수를 N_p 라고 할 때 만약 $N = N_p + 1$ 이면 결정한 다항함수는 N개의 데이터 점 (x_i, y_i) 를 통과하는 곡선을 표현하게 된다. 우리가 원하는 어림함수는 $(x_i, \hat{y}_i)$ 를 정확하게 통과하는 곡선이지 오차를 포함하는 (x_i, y_i) 를 정확하게 통과하는 곡선이 아니다. 따라서 다항함수를 사용할 때는

$$N_p < N - 1 \tag{2.40}$$

을 만족해야 할 것이고 $N_p \ll N - 1$ 일 때 좋은 결과가 나와야 더 의미가 있다고 할수 있다.

그러면 좋은 회귀분석결과란 어떻게 계량화할 수 있을까? 오차 제곱합의 정의에서 알 수 있듯이 χ의 값은 데이터의 개수 N이 커지면 커지게 되어 있고 어림함수의 종류에 따라서도 달라진다. 같은 실험 데이터에 대해서 두 어림함수를 후보로 생각할 때 어떤 어림함수가 더 좋은지를 판별할 수 있는 척도가 필요하다. 다음절에서 이러한 척도로 결정계수(coefficient of determination)를 소개할 것이다. 그러면 만약 다항함수와 지수함수를 비교했더니 거의 같은 결정계수가 나왔다고 하자. 그러면 어떤 어림함수가 더 좋은 것인가? 당연히 매개변수의 개수가 더 적은 어림함수일 것이라고 생각할 수 있다. 또 어떤 사람은 매개변수의 개수를 더 많이 도입해서 정밀도를 더 높일 수 있다면 그러한 어림함수를 선택하기도 한다. 물리적인 개념이나 수학적 간결성보다는 더 정확한 설계를 하고 싶은 공학자들이 이러한 선택을 하기도 한다. 순수과학을 추구하는 사람들은 물리적 직관을 대변할 수 있는 어림함수를 더 선호할 것이다.

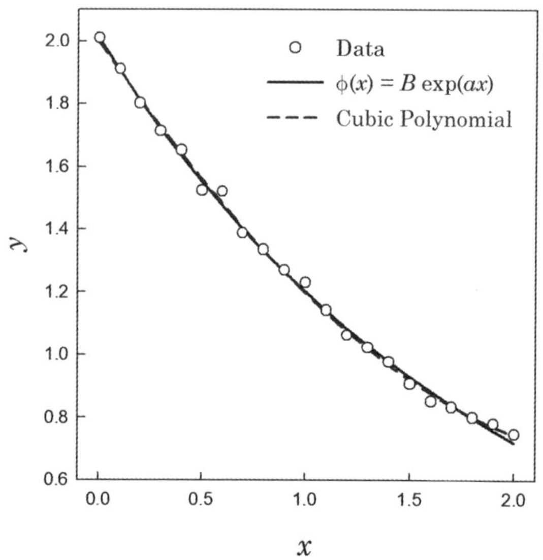

그림 2.3. 오차를 포함한 데이터를 지수함수와 3차 다항함수로 회귀분석한 결과의 비교. 데이터는 참함수를 $f(x) = 2e^{-x/2}$로 하고 평균 0, 표준편차 0.02인 정규분포에서 발생시킨 무작위수를 더해서 만든 것이다.

지수함수로 근사할 수 있는 오차가 있는 데이터를 식 (38)의 지수함수와 3차 다항함수로 회귀분석한 결과를 그림 2.3에 그렸다. 나중에 어떻게 두 어림함수의 매개변수를 결정했는지를 배우겠지만 여기서는 그 결과만을 비교해 보자. 지수함수의 매개변수는 $a = -0.5130$, $B = 2.008$ 이 얻어졌다. 이 값은 참함수의 매개변수가 $\hat{a} = -1/2$, $\hat{B} = 2$ 인 것과 유사하다. 참함수의 테일러 전개를 3차까지 하면

$$\hat{c}_0 = 2, \quad \hat{c}_1 = -1, \quad \hat{c}_2 = \frac{1}{4}, \quad \hat{c}_3 = -\frac{1}{24} \tag{2.41}$$

인 것에 비해서 3차 함수로 회귀분석한 결과는

$$c_0 = 1.997, \quad c_1 = -0.9305, \quad c_2 = 0.1114, \quad c_3 = 0.02026 \tag{2.42}$$

가 얻어졌다. c_0와 c_1은 참값과 유사하지만 c_2는 $\hat{c}_2 = 0.25$ 보다 상당히 작은 값이고 심지어 c_3는 $\hat{c}_3$와 절대값도 차이가 날뿐만 아니라 부호도 반대이다. 이는 테일러 전개의 짤린 급수(truncated series)는 폐구간 $0 \le x \le 2$ 에서 최적의 근사가 아니기 때문이다. 오히려 회귀분석으로 구한 식 (42)의 계수들이 실험결과와 더 잘 일치하는 계수들인 것이다.

그러면 어떻게 실험 데이터만으로 매개변수가 더 적은 효율적인 어림함수를 찾을 수 있을까? 사실 어림함수를 효율적으로 찾는 체계화된 방법은 없다. 그러나 지금까지의 여러 연구결과의 경험을 통해서 몇 가지를 소개할 수 있다. 회귀분석 에 대해서 §3에서 공부한 다음에 경험적인 방법들을 정리해서 배우기로 한다.

연습문제 2

[1] 함수 $f(x)=e^x$ 의 테일러 급수는 $p_2(x)=1+x+\frac{1}{2}x^2$ 이다. 구간 $0\le x\le 1$에 대해서 식 (2.13)을 이용하여 e^x 와 $p_2(x)$ 사이의 거리의 제곱을 구하라.

[2] 구간 $0\le x\le 1$에 대해서 $f(x)=e^x$ 와의 거리가 최소인 이차함수를 구하라. 거리의 제곱이 최소이면 거리도 최소가 된다는 점을 이용하는 것이 편리할 것이다. 이 이차함수를 $\phi_2(x)$ 라고 표시하기로 하자.

[3] 구간 $a\le x\le b$ 에서 정의되는 임의의 두 함수 $f(x)$와 $g(x)$에 대해서 거리를

$$d(f,g)\equiv\sqrt{\int_a^b\left[f(x)-g(x)\right]^2 w(x)\,\mathrm{d}x} \tag{2.a}$$

라고 정의하자. 여기서 구간 $a\le x\le b$ 에 대해서 $w(x)\ge 0$ 이고 $w(x)$ 는 영 함수는 아니다. 그러면 임의의 세 함수 $f(x)$, $g(x)$, $h(x)$ 에 대해서 다음이 성립함을 보여라.

$$d(f,g)+d(g,h)\ge d(f,h). \tag{2.b}$$

[4] 임의의 두 벡터 $\mathbf{u}$ 와 $\mathbf{v}$를 직교좌표계에서 성분으로 표시하면

$$\mathbf{u}=(u_1,u_2,u_3),\quad \mathbf{v}=(v_1,v_2,v_3) \tag{2.c}$$

로 표시할 수 있고 이 두 벡터의 내적(inner product)은

$$\mathbf{u}\cdot\mathbf{v}=u_1v_1+u_2v_2+u_3v_3=\sum_{k=1}^{3}u_kv_k \tag{2.d}$$

가 된다는 것을 고등학교 수학에서도 배운 바 있다. 성분이 세개 필요하므로 식 (2.c)의 벡터들을 3차원 벡터라고 한다. 그러면 임의의 자연수 N에 대해서

$$\mathbf{u} = (u_1, u_2, \cdots, u_N), \quad \mathbf{v} = (v_1, v_2, \cdots, v_N) \tag{2.e}$$

로 벡터의 개념을 확장시키고 이들을 N차원 벡터라고 정의할 수 있을 것이다. 여기에서 한발 더 나아가서 두 벡터의 내적을 다음과 같이 정의할 수도 있을 것이다.

$$\mathbf{u}\cdot\mathbf{v} = \sum_{k=1}^{N} u_k v_k \,. \tag{2.f}$$

원래 물리학에서 두 벡터의 내적은 각각의 크기와 두 벡터 사잇각의 코사인의 곱 $\mathbf{u}\cdot\mathbf{v} = \|\mathbf{u}\|\|\mathbf{v}\|\cos\theta$로 정의하였지만 식 (2.f)는 물리학에서의 내적의 성질

$$\mathbf{u}\cdot\mathbf{v} = \mathbf{v}\cdot\mathbf{u}, \quad \mathbf{u}\cdot\mathbf{u} \ge 0, \quad (\alpha\mathbf{u} + \beta\mathbf{v})\cdot\mathbf{w} = \alpha\mathbf{u}\cdot\mathbf{w} + \beta\mathbf{v}\cdot\mathbf{w} \tag{2.g}$$

을 만족한다. 그러면 두 임의의 적분가능한 함수 $f(x)$ 와 $g(x)$ 에 대해서 다음 같이 정의되는 연산도 식 (2.g)의 조건을 만족함을 보여라.

$$\langle f(x), g(x)\rangle \equiv \int_a^b f(x)g(x)w(x)\,\mathrm{d}x, \quad w(x) > 0 \text{ for } a < x < b. \tag{2.h}$$

[5] 식 (2.h)를 함수의 내적으로 정의한다면 $a = -1$, $b = 1$, $w(x) = 1$ 에 대해서

$$\langle 1, p_N(x)\rangle = 0; \quad \langle x, p_N(x)\rangle = 0 \tag{2.i}$$

를 만족하는 N차 다항식 $p_N \; x$ 중에서 $p_2 \; x$ 를 구하라. 그런데

$$\langle p_2(x), p_2(x)\rangle = 1 \tag{2.j}$$

라고 한다.

[6] 만약 $p_0(x) = \frac{1}{2}$, $p_1(x) = \frac{\sqrt{6}}{2}x$ 그리고 $p_2(x)$는 문제 [5]에서 구한 것으로 정하였을 때 다음을 최소화하는 계수 c_k를 구하라.

$$\chi = \int_{-1}^{1}\left[e^x - \sum_{k=0}^{2} c_k p_k(x)\right]^2 \mathrm{d}x. \tag{2.k}$$

3. 회귀분석

N개의 데이터 (x_α, y_α) 가 주어지고 그 데이터에 적당한 어림함수가 $N_p < N$ 개의 매개변수를 가진 $\phi(x|\{q_k\})$ 라고 하자. 예를 들면 $\phi(x) = q_0 + q_1 x$ 를 생각할 수 있다. 그러면 실험 데이터로부터 어떻게 매개변수 q_0 와 q_1 을 구할 수 있을까? 아마도 $y_\alpha \approx \phi(x_\alpha|\{q_k\})$ 일 테니 모든 (x_α, y_α) 에 대해서 y_α 와 $\phi(x_\alpha|\{q_k\})$ 의 차이가 최소화되도록 매개변수를 설정해야 하지 않을까? 사실 이 차이는 식 (2.30)에서 정의한 오차 e_α 로 경우에 따라서는 음일 수도 양일 수도 있다. 따라서 수학적으로 다루기 편한 식 (2.32)의 오차 제곱합이 최소가 되게 하는 매개변수로 결정하는 것이 좋을 것 같다. 이렇게 가정한 어림함수의 매개변수를 결정하는 수학적 또는 통계학적 방법을 회귀분석(regression analysis)라고 한다.

회귀분석에는 오차 제곱화를 최소화하는 최소 제곱법(least square method) 외에도 다른 방법이 있다. 이에 대해서는 박성현, 2007을 참조하기 바란다. 이 책에서는 개념적으로 간단한 최소 제곱법을 이용한 회귀분석만을 고려한다.

그러면 오차 제곱합은 다음과 같이 N_p 개의 변수를 가진 함수가 된다.

$$\chi\left(q_1, q_2, \cdots, q_{N_p}\right) = \sum_{\alpha=1}^{N}\left[y_\alpha - \phi\left(x_\alpha \middle| q_1, q_2, \cdots, q_{N_p}\right)\right]^2. \tag{3.1}$$

당연히 $\chi \geq 0$ 이고 식 (1)은 $\{q_k\}$ 의 비선형함수이다. 회귀분석의 목적은 χ가 최소가 되게하는 $\{q_k\}$ 를 찾는 것이므로 이는 최적화(optimization) 문제이다. 이는 결코 쉬운 수학문제가 아니므로 여기서는 이 문제를 푸는 다양한 방법에 대해서 자세히 다루지 않을 것이다. 이런 수학에 관심이 있는 독자는 Edgar and Himmelblau, 1987을 참조하기를 바라며 회귀분석의 통계적인 내용에 관심있는 독자는 박성현, 2007을 읽기바란다.

Sigmaplot™이나 Origin™과 같은 과학 그래프 프로그램은 실험 데이터의 회귀분석 기능을 가지고 있어 어림함수를 기입해주면 그 매개변수를 바로 구해준다. 저자는 Sigmaplot™을 주로 사용하는데 이 상업화된 소프트웨어는 레벤버그-마퀴드 알고리즘(Levenberg-Marquardt algorithm)을 사용하고 있다. 이 알고리즘은 경사하강법(gradient descent method)을 기반으로 하는 것이므로 매개변수의 초기값을 어떻게 선정하느냐에 따라서 바람직하지 않은 결과가 나올 수 있거나 심한 경우 어림의 정밀도가 매우 낮은 결과도 나올 수 있다. 물론 다항함수를 어림함수로 선정하는 경우에는 오차 제곱합이 전역적인 최소(global minimum)를 가지기 때문에 차수가 지나치게 높지만 않다면 좋은 결과를 빠르게 내놓기도 한다. 따라서 대부분의 비선형 회귀분석의 문제를 이 프로그램은 쉽게 풀어준다. 하지만 매개변수들의 크기가 로그 스케일로 차이가 많이 날 경우에는 약간의 수학적 처리를 해주면 문제없이 이 프로그램을 활용할 수 있다[Cho, 2016]. 이 책은 수학적 배경이 강력하지 않은 실험연구자를 위한 것이므로 어려운 수학이 필요한 내용은 3장에서 수치해석을 공부할 때 더 심화해서 다루기로 한다.

3.1. 선형 회귀분석

데이터를 그래프로 작도하였을 때 데이터의 산포가 직선처럼 보인다면 누구나 어림함수는

$$\phi(x) = ax + b \tag{3.2}$$

가 될 것으로 생각할 것이다. 이는 데이터로부터 실험식을 구할 수 있는 가장 간단한 예이다. 식 (2)의 어림함수의 매개변수를 실험 데이터로부터 구하는 문제를 선형 회귀(linear regression)라고 한다.

그러면 매개변수 a와 b를 어떻게 효과적으로 구하는가 하는 문제를 직면하게 된다. 앞에서의 논의에 따라서 $\chi(a, b)$ 가 최소화되는 a와 b를 생각하게 될 것이다. 식 (2.32) 로부터 오차 제곱합은 다음이 된다.

$$\chi(a, b) = \sum_{\alpha=1}^{N} (y_\alpha - ax_\alpha - b)^2 \tag{3.3}$$

그런데 χ는 a와 b에 대한 2차 함수이며 완전제곱의 형태를 가진다. 따라서 χ는 a와 b에 대한 전역최소(global minimum)를 가진다. 따라서

$$\frac{\partial \chi}{\partial a} = 0; \quad \frac{\partial \chi}{\partial b} = 0 \tag{3.4}$$

를 만족하는 a와 b가 전역최소점이다. 식 (4)를 계산하면

$$a\sum_{\alpha=1}^{N}x_\alpha^2+b\sum_{\alpha=1}^{N}x_\alpha=\sum_{\alpha=1}^{N}x_\alpha y_\alpha$$
$$a\sum_{\alpha=1}^{N}x_\alpha+Nb=\sum_{\alpha=1}^{N}y_\alpha \tag{3.5}$$

가 얻어지고 이는 a와 b를 미지수로 하는 선형 연립방정식이다. 식 (4)로부터 유도된 방정식 식 (5)를 정규방정식(normal equation)이라고 부른다.

이 연립방정식의 해를 구하는 것은 중학교 수학 정도를 필요로 하는 것으로 그 해를 $\hat{a}$와 $\hat{b}$로 표시하면 다음이 된다.

$$\hat{a}=\frac{\sum_{\alpha=1}^{N}y_\alpha-Nb}{\sum_{\alpha=1}^{N}x_\alpha};$$
$$\hat{b}=\frac{\left(\sum_{\alpha=1}^{N}x_\alpha y_\alpha\right)\left(\sum_{\alpha=1}^{N}x_\alpha\right)-\left(\sum_{\alpha=1}^{N}y_\alpha\right)\left(\sum_{\alpha=1}^{N}x_\alpha^2\right)}{\left(\sum_{\alpha=1}^{N}x_\alpha\right)^2-N\left(\sum_{\alpha=1}^{N}x_\alpha^2\right)}. \tag{3.6}$$

이를 보기 편한 다음과 같은 식으로 바꿀 수 있다.

$$\hat{a}=\frac{\sum_{k=1}^{N}\left(x_k-\bar{x}_N\right)\left(y_k-\bar{y}_N\right)}{\sum_{k=1}^{N}\left(x_k-\bar{x}_N\right)^2};\quad \hat{b}=\bar{y}_N-a\bar{x}_N. \tag{3.7}$$

여기서

$$\bar{x}_N\equiv\frac{1}{N}\sum_{\alpha=1}^{N}x_\alpha;\quad \bar{y}_N\equiv\frac{1}{N}\sum_{\alpha=1}^{N}y_\alpha \tag{3.8}$$

이다. 식 $(7)_1$의 분모와 분자에 N을 나누어주고 보면 분자는 제어변수와 측정 변수의 각각의 평균으로부터의 편차의 곱을 평균한 것이고 분모는 제어변수의 평균으로부터의 편차의 제곱에 평균을 한 것 즉, 제어변수의 분산이라는 것을 알 수 있다. 분자는 제어변수와 측정변수의 공분산이라고 할 수 있고 분모는 제어변수의 분산이며 두 변수 사이의 관계함수의 기울기 a는 두 분산의 비율이 된다.

만약 제어변수와 측정변수 사이의 관계가 영점을 지나는 비례관계 즉, 물리적으로 절편 b가 영이되는 관계, $f(x)=ax$ 를 가진다면 오차 제곱합은

$$\chi = \sum_{\alpha=1}^{N} \left(y_\alpha - ax_\alpha\right)^2 \tag{3.9}$$

가 된다. 따라서 정규방정식은

$$\left(\sum_{\alpha=1}^{N} x_\alpha^2\right) a = \sum_{\alpha=1}^{N} x_\alpha y_\alpha \tag{3.10}$$

이 된다. 양변에 N으로 나누어주도 등식이 변하지 않으므로

$$\hat{a} = \frac{\langle xy \rangle_N}{\langle x^2 \rangle_N}, \quad \langle x^m y^n \rangle_N \equiv \frac{1}{N} \sum_{\alpha=1}^{N} x_\alpha y_\alpha. \tag{3.11}$$

이 된다. 이런 실험 대상에 대해서는 $-A \le x_\alpha \le A$ 의 범위에 대해서 $x_\alpha = 0$ 을 중심으로 균등하게 제어변수를 설정하게 되면 $\bar{x}_N = 0$ 이 정확하게 성립되고 측정오차를 고려해도 $\bar{y}_N \approx 0$ 이 되므로 식 $(11)_1$은 식 $(7)_1$과 같게 된다. 그러면 식 $(7)_2$는 $b = 0$ 을 의미하게 된다.

변수변환

선형 회귀분석은 매우 기초적이지만 많은 분야에 적용할 수 있는 매우 유용한 지식이다. 예를 들어 측정변수와 제어변수 사이의 관계가 $y = f(x)$ 인 것 중에는

$$\tilde{x} = \xi(x, y); \quad \tilde{y} = \psi(x, y) \tag{3.12}$$

의 변환으로

$$\tilde{y} = \tilde{\phi}(\tilde{x}) \equiv \tilde{a}\tilde{x} + \tilde{b} \tag{3.13}$$

을 만족하게 되는 경우가 많이 있기 때문이다. 물론 여기서 $\tilde{a}$와 $\tilde{b}$는 상수이다. 공학이나 자연과학에서 자주 나오는 몇 가지 예는 다음과 같다.

$$y = be^{ax}; \quad \tilde{x} = x; \quad \tilde{y} = \log y; \quad \tilde{y} = a\tilde{x} + \log b, \quad (b > 0). \tag{3.14}$$

$$y = be^{a/x}; \quad \tilde{x} = \frac{1}{x}; \quad \tilde{y} = \log y; \quad \tilde{y} = a\tilde{x} + \log b, \quad (b > 0). \tag{3.15}$$

$$y = bx^a; \quad \tilde{x} = \log x; \quad \tilde{y} = \log y; \quad \tilde{y} = a\tilde{x} + \log b, \quad (b > 0). \tag{3.16}$$

$$y = bxe^{ax}; \quad \tilde{x} = x; \quad \tilde{y} = \log\frac{y}{x}; \quad \tilde{y} = a\tilde{x} + \log b, \quad (b > 0). \tag{3.17}$$

$$y = e^{bx/(x+a)}; \quad \tilde{x} = x; \quad \tilde{y} = \frac{x}{\log y}; \quad \tilde{y} = \frac{1}{b}\tilde{x} + a. \tag{3.18}$$

식 (14)는 $a<0$인 경우 방사선 동위원소의 붕괴와 같은 1차 반응에서 나타나는 함수관계이고[Silbey, Alberty and Bawendi, 2005], 식 (15)는 화학반응 속도상수, 뉴튼 유체 점도의 온도 의존성, 확산계수의 온도의존성 등에서 많이 알려진 함수관계이고[Silbey, Alberty and Bawendi, 2005], 식 (16)은 동물의 체중과 산소 흡수속도와의 관계[Barenblatt, 2003], 고분자 사슬의 분자량과 평균적인 수력학적 지름 사의의 관계[Rubinstein and Colby, 2003] 등에서 발견되는 함수관계이고 식 (17)은 식 (14)의 변형이고 식 (18)은 점탄성의 시간-온도 중첩원리에서 수평이동인자에 대한 WLF 방정식이다[Cho, 2016].

이 책의 목표는 다양한 실험결과에 대해서 실험사상을 구하는 것으로 실험 데이터의 작도로부터 어림함수 $y \approx \phi(x)$ 를 추정하는 것이라고 할 수 있다. 먼저 간단한 예로부터 시작하기 전에 논의를 간단히 하기 위해서 제어오차와 측정오차는 무시하기로 하자. 간단한 예로 표3.1과 같은 데이터를 생각해 보자.

표 3.1. 두 개의 실험 데이터

제어변수 x	1	3	7	10	20
측정변수 1, y	1.030	1.394×10–1	2.553×10–3	1.271×10–4	5.771×10–9
측정변수 2, z	1.000	1.111×10–1	2.041×10–2	1.000×10–2	2.500×10–3

두 측정변수들을 그래프로 그려보면 그림 3.1과 같은 결과가 나온다. 이 결과를 보면 두 측정변수는 거의 같은 함수관계를 가지는 것처럼 보인다. 둘 모두 감소함수이며 제어변수가 커지면서 영으로 수렴하는 것 같다. 두 데이터의 차이는 마치 측정오차에 기인한 것처럼 보이기도 한다. 표3.1의 수치 데이터를 보면 측정변수1인 y가 측정변수2인 z보다 더 빠르게 감소하는 것을 알 수 있지만 그림 3.1은 그런 차이를 반영하고 있지 않다. 그림 3.1과 같이 제어변수와 측정변수를 모두 있는 그대로의 값으로 작도하는 것을 선형작도법(linear plot)이라고 하는데 선형 작도법은 아

주 작은 값과 아주 큰 값을 표현하는데 적당하지 않다. 측정값이 1정도의 크기에 비해서 매우 작은 값을 보이는 경우 그 변화과정을 시각적으로 잘 표현하려면 로그(log)로 표현하는 것이 좋다.

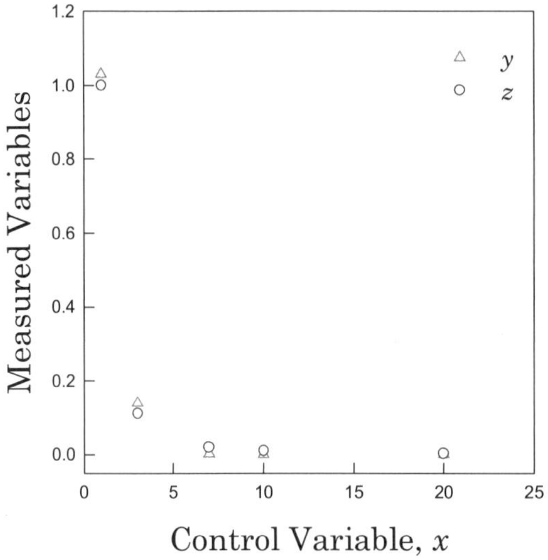

그림 3.1. 표 3.1 데이터의 선형작도(linear plot)

그림 3.2는 측정변수를 로그 값을 대체하여 그린 반대수 작도(半對數 作圖, semi-log plot)이다[요즘 학생들은 한자어에 익숙하지 않아 반대수 작도란 말이 어색할 것이다. 수학에서 log를 對數라고 하고 대수학은 숫자 대신에 기호(x나 y같은)로 수식을 표현하기 때문에 代數學이라고 한다]. 놀랍게도 측정변수1인 y는 직선으로 나타나지만 측정변수2인 z는 여전히 곡선으로 나타나 있다. 이 결과를 보면 측정변수1과 2는 전혀 다른 함수를 따른다는 것이 확실하다. 세로축이 y의 상용로그이므로 그림 3.2는 즉각적으로 측정변수1이 다음과 같이 수식화된다는 것을 의미한다. 즉

$$\log_{10} y = \alpha x + \beta \tag{3.19}$$

이다. 식 (19)는 자연 로그를 사용하면

$$y = \exp(ax + b) \tag{3.20}$$

가 된다는 것을 의미한다. 따라서 최종적으로 어림함수 $\phi(x)$ 는 지수함수라는 것을

알 수 있다. 물론 $a = \alpha \log 10$ 이고 $b = \beta \log 10$ 임은 자명하다. 만약 상용 로그 대신에 자연 로그를 사용하게 되면 식 (19)의 α가 바로 식 (20)의 a와 같다는 것을 알 수 있다.

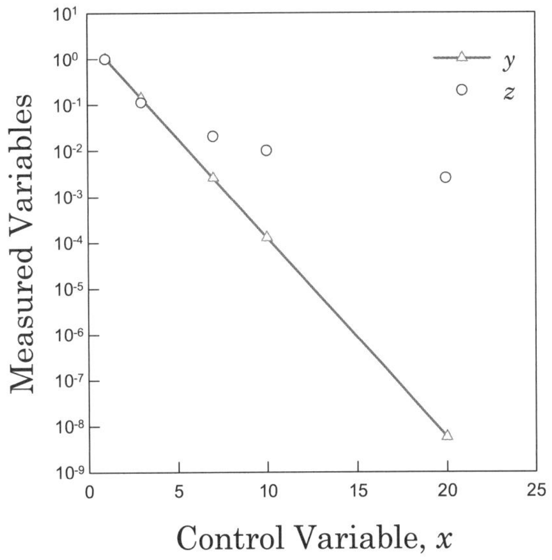

그림 3.2. 표 3.1 데이터의 반대수 작도(semi-log plot).

그림 3.3은 가로축마저 로그로 변환한 경우이다. 이번에는 측정변수 1이 직선이 아닌 곡선이 되지만 측정변수2는 직선이 됨을 알 수 있다. 따라서 이는 다음과 같이 수식화할 수 있다.

$$\log_{10} z - \alpha \log_{10} x + \beta \tag{3.21}$$

이 식은 다시 정리하면 다음이 된다.

$$z = Kx^{\alpha} \tag{3.22}$$

여기서 $K = 10^{\beta}$ 이다. 지수 α는 그림 3.3의 직선의 기울기이며 이 기울기는 상용 로그를 사용하건 자연 로그를 사용하건 불변임을 주의하기 바란다.

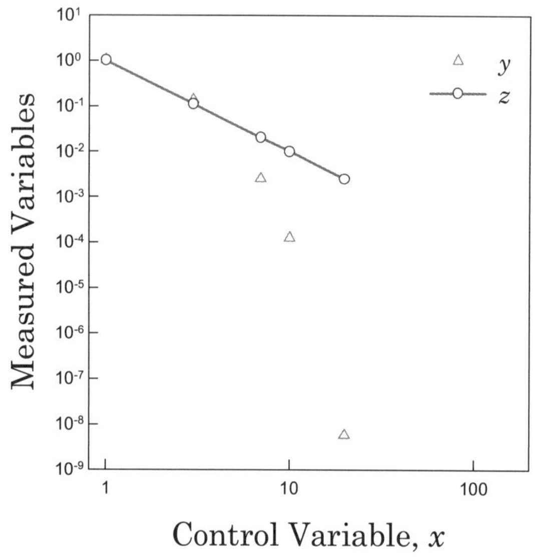

그림 3.3. 표 3.1 데이터의 이중 대수 작도(double-log plot).

회귀분석의 정밀도

추정된 어림함수로 얻어지는 $\phi(x_\alpha) = \hat{a}x_\alpha + \hat{b}_\alpha$ 를 $\hat{y}_\alpha$ 라고 하면

$$y_\alpha - \overline{y}_N = y_\alpha - \hat{y}_\alpha + \hat{y}_\alpha - \overline{y}_N \tag{3.23}$$

이 되므로 측정값들에 대한 총편차 $y_\alpha - \overline{y}_N$ 의 제곱합을 총변동(total variation)이라고 하고 SST로 표시하면 식 (23)으로부터 다음이 얻어진다.

$$\begin{aligned} SST &= \sum_{\alpha=1}^{N}(y_\alpha - \overline{y}_N)^2 \\ &= \sum_{\alpha=1}^{N}(y_\alpha - \hat{y}_\alpha)^2 + \sum_{\alpha=1}^{N}(\hat{y}_\alpha - \overline{y}_N)^2 + 2\sum_{\alpha=1}^{N}(y_\alpha - \hat{y}_\alpha)(\hat{y}_\alpha - \overline{y}_N). \end{aligned} \tag{3.24}$$

그런데 마지막 항은

$$\sum_{\alpha=1}^{N}(y_\alpha - \hat{y}_\alpha)(\hat{y}_\alpha - \overline{y}_N) = \sum_{\alpha=1}^{N} e_\alpha(\hat{y}_\alpha - \overline{y}_N) = \sum_{\alpha=1}^{N} e_\alpha \hat{y}_\alpha - \overline{y}_N \sum_{\alpha=1}^{N} e_\alpha \tag{3.25}$$

가 된다. 그런데

$$\sum_{\alpha=1}^{N} e_\alpha = \sum_{\alpha=1}^{N}(y_\alpha - \hat{a}x_\alpha - \hat{b}) = \sum_{\alpha=1}^{N} y_\alpha - \hat{a}\sum_{\alpha=1}^{N} x_\alpha - N\hat{b} = 0 \tag{3.26}$$

이 된다. 이는 식 $(5)_2$로부터 당연하다. 그러면 식 $(5)_1$로부터 다음도 성립된다.

$$\sum_{\alpha=1}^{N} x_\alpha e_\alpha = \sum_{\alpha=1}^{N} x_\alpha y_\alpha - \hat{b}\sum_{\alpha=1}^{N} x_\alpha - \hat{a}\sum_{\alpha=1}^{N} x_\alpha^2 = 0. \tag{3.27}$$

식 (26)과 식 (27)을 이용하면

$$\sum_{\alpha=1}^{N} e_\alpha \hat{y}_\alpha = \hat{a}\sum_{\alpha=1}^{N} x_\alpha e_\alpha + b\sum_{\alpha=1}^{N} e_\alpha = 0 \tag{3.28}$$

이 얻어진다. 그러면 식 (25)는 영이 되므로 SST를 다음과 같이 표현할 수 있게 된다.

$$SST = SSE + SSR. \tag{3.29}$$

여기서

$$\begin{aligned} SSE &\equiv \sum_{\alpha=1}^{N}\left(y_\alpha - \hat{y}_\alpha\right)^2 = \sum_{\alpha=1}^{N}\left[y_\alpha - \phi\left(x_\alpha\right)\right]^2; \\ SSR &\equiv \sum_{\alpha=1}^{N}\left(\hat{y}_\alpha - \overline{y}_N\right)^2 = \sum_{\alpha=1}^{N}\left[\phi\left(x_\alpha\right) - \overline{y}_N\right]^2 \end{aligned} \tag{3.30}$$

이다. SSE는 복합오차의 제곱합으로 회귀분석에서는 잔차에 의한 제곱합(Sum of Squres due to residual Errors)라고 부르며 SSR은 회귀에 의한 제곱합(Sum of Squares due to Regression)이라고 부른다. SST, SSE, SSR 모두가 음이 아니므로 식 (29)의 양변을 SST로 나누어 다음과 같은 제곱합들의 비율인 결정계수(coefficient of determination) r^2 을 정의힐 수 있다

$$r^2 \equiv \frac{SSR}{SST} = 1 - \frac{SSE}{SST}. \tag{3.31}$$

만약 복합오차가 모든 x_α 에 대해서 영이라면 $SSE = 0$ 이 되고 이 때가 가장 정밀한 회귀분석 결과가 된다. 하지만 SSE는 데이터의 개수 N에 의존하고 측정변수들의 크기에도 좌우되므로 표준화된 정밀도라고 할 수 없다. 그러나 식 (31)의 결정계수는 최고의 정밀도에서는 1이되고 항상 영보다 큰 실수이며 정의에서 알 수 있듯이 제곱합들의 비율이므로 데이터의 개수에 대한 의존성이 없고 측정변수들의 크기에도 의존하지 않게 되므로 표준화된 정밀도라고 할 수 있다. 따라서 선형회귀의 정밀도를 결정계수를 이용하여 표현할 수 있게 된다.

3.2. 비선형 회귀분석

비선형 회귀분석은 어림함수가 일차함수가 아닌 경우의 회귀분석을 의미한다. 어림함수가 매개변수를 N_p 개 가지고 있다고 하고 이를

$$y_\alpha = \phi\left(x_\alpha \mid q_1, q_2, \cdots, q_{N_p}\right) + e_\alpha \tag{3.32}$$

로 표시하자. 그러면 오차 제곱합은 다음이 된다.

$$\chi\left(q_1, q_2, \cdots, q_{N_p}\right) = \sum_{\alpha=1}^{N}\left[y_\alpha - \phi\left(x_\alpha \mid q_1, q_2, \cdots, q_{N_p}\right)\right]^2. \tag{3.33}$$

어림함수가 일차함수가 아니기 때문에 오차 제곱합은 매개변수의 이차함수가 아닌 비선형 함수가 된다. 따라서 전역최소가 유일하게 존재하지 않을 수 있다. 극점 중에 최소점이 존재할 것이므로 χ의 $\left(q_1, q_2, \cdots, q_{N_p}\right)$에 대한 그래디언트 (gradient)가 영이 되는 극점을 구하는 정규방정식은 다음이 된다.

$$\frac{\partial \chi}{\partial q_i} = 0, \quad i = 1, 2, \cdots, N_p \tag{3.34}$$

이는 N_p 개의 미지수로 이루어진 N_p 개의 비선형 방정식이기에 근이 하나이지 않을 가능성이 높다. 식 (34)를 만족하는 해 $\left(\hat{q}_1, \hat{q}_2, \cdots, \hat{q}_{N_p}\right)$를 얻었을 때 이 해가 극소인지 극대인지 아니면 변곡점인지를 확인하려면 오차 제곱합의 이차 편미분으로 이루어진 다음의 헤시안 행렬(Hessian matrix) $\mathbf{H}$를 구해야 한다.

$$\mathbf{H} = \begin{bmatrix} \dfrac{\partial^2 \chi}{\partial q_1^2} & \dfrac{\partial^2 \chi}{\partial q_1 \partial q_2} & \dfrac{\partial^2 \chi}{\partial q_1 \partial q_3} & \cdots & \dfrac{\partial^2 \chi}{\partial q_1 \partial q_{N_p}} \\ \dfrac{\partial^2 \chi}{\partial q_2 \partial q_1} & \dfrac{\partial^2 \chi}{\partial q_2^2} & \dfrac{\partial^2 \chi}{\partial q_2 \partial q_3} & \cdots & \dfrac{\partial^2 \chi}{\partial q_2 \partial q_{N_p}} \\ \dfrac{\partial^2 \chi}{\partial q_3 \partial q_1} & \dfrac{\partial^2 \chi}{\partial q_3 \partial q_2} & \dfrac{\partial^2 \chi}{\partial q_3^2} & \cdots & \dfrac{\partial^2 \chi}{\partial q_3 \partial q_{N_p}} \\ \vdots & \vdots & \vdots & \ddots & \vdots \\ \dfrac{\partial^2 \chi}{\partial q_{N_p} \partial q_1} & \dfrac{\partial^2 \chi}{\partial q_{N_p} \partial q_2} & \dfrac{\partial^2 \chi}{\partial q_{N_p} \partial q_3} & \cdots & \dfrac{\partial^2 \chi}{\partial q_{N_p}^2} \end{bmatrix}. \tag{3.35}$$

오차 제곱합이 매개변수에 대해서 2차 미분까지 연속이라면

$$H_{ik} \equiv \frac{\partial^2 \chi}{\partial q_i \partial q_k} = \frac{\partial^2 \chi}{\partial q_k \partial q_i} = H_{ki} \tag{3.36}$$

이므로 헤시안 행렬은 대칭행렬이다. 부록 A에서 보인 대로 영이 아닌 임의의 실수 $z_k \quad k = 1, 2, \cdots, N_p$ 에 대해서 $\left(\hat{q}_1, \hat{q}_2, \cdots, \hat{q}_{N_p}\right)$에서의 H_{ik} 가

$$\sum_{i=1}^{N_p} \sum_{k=1}^{N_p} H_{ik} z_i z_k > 0 \tag{3.37}$$

를 만족한다면 $\left(\hat{q}_1, \hat{q}_2, \cdots, \hat{q}_{N_p}\right)$ 에서 극소가 된다. 그러면 극소가 되는 $\left(\hat{q}_1, \hat{q}_2, \cdots, \hat{q}_{N_p}\right)$ 중에서 χ가 최소가 되는 것을 최적의 매개변수로 결정할 수 있을 것이다. 물론 매개변수가 어떤 범위 안에 있어야 한다면 범위의 경계에서의 χ값도 포함해서 최소인 것을 찾아야 할 것이다.

식 (34)의 해석해를 구할 수 있는 경우는 매우 드물기 때문에 수치해석적인 방법을 사용하여야 한다. 앞에서 언급한 Sigmaplot™등은 경사하강법에 기초한 알고리즘을 사용하는데 먼저 적당하게 매개변수의 초기값 $\left(q_1^{(0)}, q_2^{(0)}, \cdots, q_{N_p}^{(0)}\right)$ 을 입력해 주어야 한다. 그러면 초기값으로부터 $\left(q_1^{(1)}, q_2^{(1)}, \cdots, q_{N_p}^{(1)}\right)$ 을 구하고 구해진 $\left(q_1^{(1)}, q_2^{(1)}, \cdots, q_{N_p}^{(1)}\right)$로부터 $\left(q_1^{(2)}, q_2^{(2)}, \cdots, q_{N_p}^{(2)}\right)$를 구하는 방식으로 반복계산을 한다. 그러면 $\left(q_1^{(n)}, q_2^{(n)}, \cdots, q_{N_p}^{(n)}\right)$에서 *SSE*가 어느 허용치 이하가 되면 $\left(q_1^{(n)}, q_2^{(n)}, \cdots, q_{N_p}^{(n)}\right)$를 적정한 매개변수값으로 출력하게 된다. 그런데 만약 정규방정식의 해가 여러 개가 되면 $\left(q_1^{(0)}, q_2^{(0)}, \cdots, q_{N_p}^{(0)}\right)$ 을 어떻게 선정하느냐에 따라서 다른 출력이 얻어진다. 따라서 얻어진 결과치가 높은 결정계수($r^2 \approx 1$)를 보여주면 선택하는 것이 최선의 방법이다.

그런데 아무리 초기값을 바꾸어 주어도 바람직한 결정계수가 얻어지지 않거나 계산된 매개변수 중에서 물리적으로 허용되지 않는 값이 출력되는 경우가 있다. 이런 경우는 어림함수가 데이터를 반영할 수 없을 가능성이 높다. 또는 허용치가 너무 높아서 그럴 수도 있으므로 반복회수를 증가해 볼 필요도 있다.

대부분의 경우 매개변수는 음이 아니게 어림함수를 정의할 수 있다. 그런데 만약 q_1 은 1보다 매우 작은 수(예를 들어 $\sim 10^{-3}$)인 반면에 q_2 는 1보다 매우 큰 수($\sim 10^3$)이라고 하면 $\left|q_1^{(n+1)} - q_1^{(n)}\right|$과 $\left|q_2^{(n+1)} - q_2^{(n)}\right|$을 동일한 변동 Δq 로 통합하기 어려우므로 부정확한 결과를 주기도 한다. 이런 경우가 고분자 관련 실험에서 자주

발견된다[Cho, 2016]. 모든 q_k 가 음이 아니게 어림함수를 선정할 수 있는 문제라면 이 경우의 해법은

$$q_k = e^{\theta_k} \tag{3.38}$$

을 이용하여 q_k 대신에 θ_k 를 활용하는 것이다. 즉, $\phi\left(x \middle| q_1, q_2, \cdots, q_{N_p}\right)$ 대신에

$$\psi\left(x \middle| \theta_1, \theta_2, \cdots, \theta_{N_p}\right) \equiv \phi\left(x \middle| e^{\theta_1}, e^{\theta_2}, \cdots, e^{\theta_{N_p}}\right) \tag{3.39}$$

를 사용하는 것이다. 그러면 $q_k > 0$ 의 제한식을 프로그램에 입력하지 않더라도 더 좋은 결과가 얻어진다. 대신에 식 (38)을 사용하여 θ_k 로부터 q_k 를 계산해야 한다.

만약에 측정치가 항상 음이 아니지만 1보다 매우 작은 값에서부터 1보다 매우 큰 값까지 측정되었다면 식 (33)의 오차 제곱합은 $y_\alpha < 1$ 인 영역에서 좋은 회귀분석 결과를 주지 못하는 경우가 많다. 이 때는 식 (33) 대신에 다음의 오차 제곱합을 사용하는 것이 더 좋다.

$$\chi_{\text{rel}} \equiv \sum_{\alpha=1}^{N}\left[1 - \frac{\phi\left(x_\alpha \middle| q_1, \cdots, q_{N_p}\right)}{y_\alpha}\right]^2; \quad \chi_{\log} \equiv \sum_{\alpha=1}^{N}\left[\log \frac{\phi\left(x_\alpha \middle| q_1, \cdots, q_{N_p}\right)}{y_\alpha}\right]^2. \tag{3.40}$$

두 오차 제곱합은 비슷한 결과를 주지만 식 $(40)_1$은 Sigmaplot™의 회귀분석 프로그램에 적용할 수 없으므로 식 $(40)_2$를 선택하는 것이 좋을 것이다.

비선형 회귀분석을 Sigmaplot™으로 수행하는 몇 가지 예를 소개하겠다. 그림 3.4는 Sigmaplot™을 켜고 열5에 제어변수 x, 열6에 측정변수 y의 데이터를 올려 놓은 것과 그 데이터로 그래프를 그린 것이다. [Sigmaplot™을 어떻게 작동시키고 데이터를 올리는지(upload)에 대해서는 제품 매뉴얼을 참조하기 바란다 왼편의 데이터는 $0 \le x \le 5$까지 이지만 오른편의 그래프는 $0 \le x \le 3$까지만 그렸다. Sigmaplot™은 변수의 범위를 자동 선정해서 그려주지만 경우에 따라서는 이를 조정할 필요가 있다.] 여기서는 Sigmaplot™ 의 Regression Wizard 메뉴를 사용하여 그래프 상에 표시된 측정변수의 추세를 나타낼 수 있는 함수의 매개변수를 결정할 수 있는 방법을 소개할 것이다. 이를 회귀분석이라고 한다. 이후에 나오는 예제들에서 앞에서 서술한 여러가지 기법들을 가상의 데이터를 활용해 설명할 것이다.

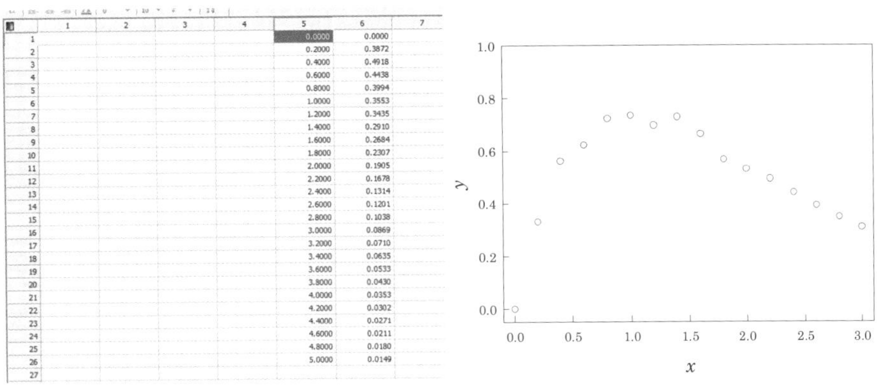

그림 3.4. Sigmaplot™의 데이터 창과 그 데이터로 그린 그래프.

데이터 창(엑셀과 같이 열과 행으로 이루어진 work spread)에서 F10 키를 누르면 그림 **3.5**의 왼편에 있는 팝업이 나타난다. 이미 만들어 높은 파일을 편집해서 사용하려면 'Equation Category'를 눌러 'User-Defined'를 선택하고 'Equation Name'에서 파일을 찾고 'Edit Code' 단추를 클릭한다. 처음 작업이면 바로 'New...' 단추를 클릭한다. 그러면 우측과 같은 팝업이 나타난다.

이 파업에는 데이터를 어느 열에서 가져와야 하는지를 입력하는 'Variables'란 구역이 우측 상단에 있다. 이미 x 데이터가 열 5에 있으니 x = col(5)라고 입력했다.

그림 3.5의 우측에 있는 팝업창의 좌측 상단에는 어림함수를 기입힐 수 있는 'Equation'이란 구역이 있으며 어림함수를

$$\phi(x) = ax^m e^{b(x-c)} \tag{3.41}$$

로 선정하였기 때문에 f=a*x^m*exp(a*(x-c))라고 썼다. 함수 f를 어떤 변수에 맞추어 회귀분석을 할지를 프로그램에 알려주기 위해서 fit f to y라는 문구를 반드시 적어넣어야 한다.

우측 상단은 변수들을 지정하는 구역이다. 즉, x=col(5)는 x변수의 데이터가 데이터 창의 5번째 열(column)에 있다는 것을 의미하고 y=col(6)는 y변수의 데이터가 6번째 열에 있다는 것을 의미한다. 이를 잘못 지정하면 엉뚱한 결과가 나온다. 또한

대소문자를 구별하므로 만약 X=col(5)라고 쓰면 오류 메시지가 나올 것이다. 왜냐하면 Equation에 소문자로 x를 사용했기 때문이다.

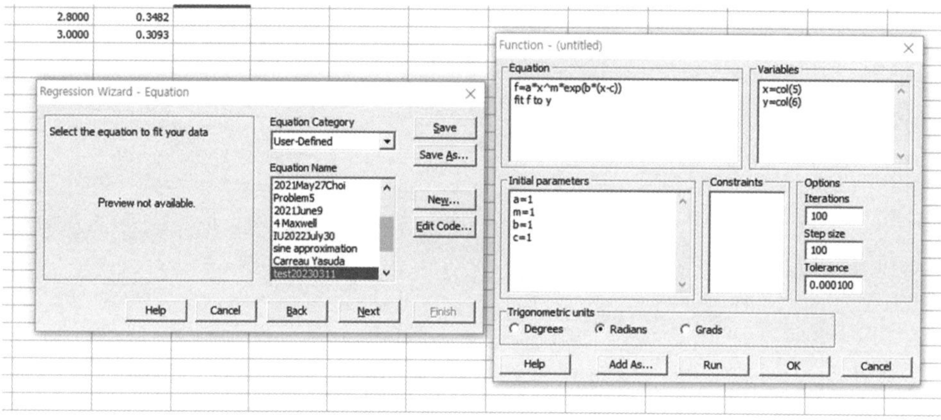

그림 3.5. F10을 누른 후에 나타나는 팝업 창.

좌측 하단에 있는 'Initial parameters'에 매개변수들의 초기값을 적는다. 모든 매개변수의 초기값을 1로 두었는데 그림 3.4의 우측 그래프를 보면 데이터는 x가 큰 구역에서는 감소함수이므로 좋은 결과가 나오지 않을 수가 있다. 이런 일이 발생하면 $b=-1$ 을 초기값으로 사용하기 바란다.

중앙 하단의 'Constraints'에는 매개변수 a가 양수여야 한다면 a>0이라고 적는다. 하지만 이 문제에서는 아무런 제약식을 사용하지 않아도 원하는 결과가 나올 것이므로 아무런 제약식을 기입하지 않았다. 우측 하단에는 'Options'라는 구역이 있는데 굳이 여기의 숫자들을 바꾸지 않아도 좋은 결과가 나올 수 있다. 그대로 둔다.

'Run'을 누르면 처음인 경우 'Equation Name'을 적으라는 창이 열릴 것이고 원하는 이름으로 저장하면 다음에 간단한 수정으로 함수식을 다시 사용할 수 있어 유용하다. 프로그램이 작동된 후 계산이 끝나면 그림 **3.6**의 위에 나타낸 팝업 창이 뜬다. 매개변수들의 값이 적힌 구역 위에 'Rsqr =0.991084'라고 쓰여있는데 이는 $r^2=0.991084$ 를 의미한다. 회귀분석이 만족스러우므로 식 (41)의 어림함수는 바람직한 것으로 판단된다.

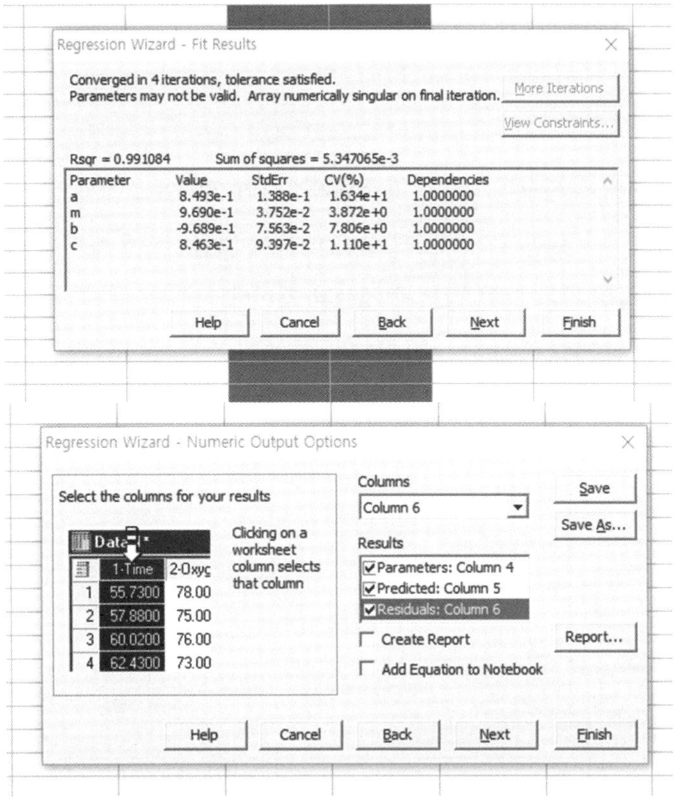

그림 3.6. 회귀분석 결과를 보여주는 팝업 창(위)과 결과를 저장하기 위한 팝업 창(아래).

이제 매개변수의 값을 저장해야 한다. 위에 있는 팝업 창의 우측 하단에 있는 'Finish'를 누르면 그림 3.6의 아래에 있는 팝업 창이 뜬다. 'Parameter: column4'를 체크하고(파란색 반전) 위에 있는 'Columns'의 field에 있는 'column6'를 'First empty'로 바꾼다. 그러면 데이터 창의 빈 열 중에서 가장 첫 번째 열에 매개변수 값을 저장하게 된다. "Predicted: column 5'를 파란 배경으로 반전하게 클릭하고 다시 'Columns'의 field에 있는 내용을 원하는 열이나 'First empty'로 설정한다. 그러면 어림함수로 계산한 $\hat{y}_\alpha$ 값이 지정된 열에 저장된다. 'Residuals: column6'로 된 것의 앞에 있는 네모 상자에 '√'를 클릭하면 Residulas를 저장하지 않는다. 이는 측정변수 y_α 와 어림함수로 계산한 값 $\hat{y}_\alpha$ 의 차이를 저장할지를 선택하는 것이다. 중요하다고 생각되지 않으면 선택하지 않는다.

최종적으로 회귀분석한 결과를 그린 것이 그림 3.7 이다. 기호로 나타낸 것이 데이터이고 어림함수를 그린 것이 실선이다. 여기에 사용된 데이터는

$$f(x) = xe^{-(x-1)} \tag{3.42}$$

로 생성한 데이터에 평균이 0이고 표준편차가 1인 정규분포에서 만들어낸 무작위수를 0.01배로 해서 오염시킨 데이터이다. 따라서 그림 3.6에 표기된 매개변수값은 참함수의 매개변수 값과 약간 다르게 계산된 것이다.

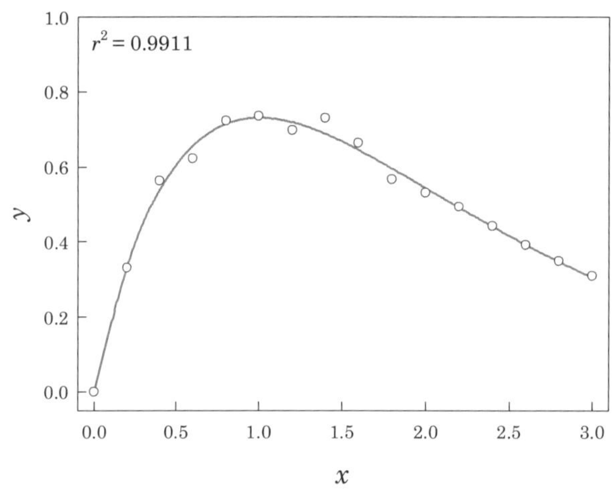

그림 3.7. 데이터와 회귀곡선의 비교. 결정계수는 0.9911이다.

예제 3-1

그림 3.7의 데이터를 다음의 어림함수들로 Sigmaplot™의 Regression Wizard를 이용하여 회귀분석해 보자.

$$\begin{aligned} p_3(x) &= a_0 + a_1 x + a_2 x^2 + a_3 x^3; \\ p_4(x) &= a_1 x + a_2 x^2 + a_3 x^3 + a_4 x^4; \\ \rho(x) &= \frac{a_1 x + a_2 x^2}{1 + a_3 x + a_4 x^2}; \\ \phi(x) &= a_1 x^{a_2} e^{-a_3(x-a_4)}. \end{aligned} \tag{3.43}$$

어림함수 $p_3(x)$ 는 3차 다항함수이지만 $p_3(0)=0$ 을 고려하지 않은 것인데 4차 다항함수 $p_4(x)$ 는 $p_4(0)=0$ 을 만족하도록 설정한 것이다. 물론 2차 함수를 2차

함수로 나눈 형태의 $\rho(x)$와 식 (41)과 같은 $\phi(x)$는 모두 영점을 지나는 함수이다. 식 (43)의 네 어림함수는 모두 4개의 매개변수를 가지고 있다[$N_p = 4$]. 이 네 함수에 대한 결정계수는 $p_3(x)$의 경우 $r^2 = 0.9728$, $p_4(x)$의 경우 $r^2 = 0.9897$, $\rho(x)$ 의 경우 $r^2 = 0.9904$, 어림함수를 참함수와 같게 선정한 $\phi(x)$ 의 경우 $r^2 = 0.9911$ 이다. 어림함수와 참함수를 같게 놓아도 데이터에 오차가 포함되었기 때문에 $r^2 = 1$ 이 얻어질 수 없다. 다항함수 $p_3(x)$와 $p_4(x)$를 비교하면 매개변수의 개수는 같지만 $p_3(x)$는 $a_0 = 0.05297$ 로 원점을 통과하지 않는 결과가 나오지만 가상의 실험데이터는 $x_1 = 0$ 일 때 $y_1 = 0$ 이므로 $p_4(x)$의 결정계수가 더 높게 나왔다고 할 수 있다. 그런데 분수함수인 $\rho(x)$ 는 다항함수보다 더 높은 결정계수를 보이고 있다. 이러한 이유는 다음과 같이 설명할 수 있다. 분수

$$\frac{11}{31} = \frac{1\times10^0 + 1\times10^1}{1\times10^0 + 3\times10^1}$$

은 분자와 분모에 각각 두자리 정수만을 가지고 있지만 이를 십진수 체계(decimal number system)로 표현하면 0.3548387096774194…으로 만약에 유효숫자 네자리로 표현한다면

$$0.3548 = 3\times10^{-1} + 5\times10^{-2} + 4\times10^{-3} + 8\times10^{-4}$$

로 부정확해지는 것으로 설명가능하다. 따라서 다항함수보다 분수함수(rational function)가 더 적은 수의 매개변수로 더 정확한 어림함수가 될 수 있다는 것을 보여준다.

예제 3-2

다음과 같은 참함수에 오차를 무작위 수로 발생시켜 더한 가상의 데이터를 생각해 보자.

$$f(x) = \sum_{n=1}^{6} \hat{c}_n e^{-x/\hat{\lambda}_n}. \tag{3.44}$$

여기서 매개변수의 값은 다음과 같다.

n	1	2	3	4	5	6
$\hat{\lambda}_n$	1/100	1/5	3	50	100	800
$\hat{c}_n$	5	2	1	1/2	2	7

Sigmaplot™을 이용한 회귀분석을

$$\chi(\{\lambda_n\},\{c_n\}) \equiv \sum_{\alpha=1}^{N}[y_\alpha - \phi(x_\alpha)], \quad \phi(x) = \sum_{n=1}^{6} c_n e^{-x/\lambda_n} \tag{3.45}$$

를 이용한 것을 원래의 매개변수로 한 회귀분석이라고 하고 이를 original parameter 라고 표기하자. 식 (45) 대신에

$$\chi_{\log}(\{q_n\},\{p_n\}) \equiv \sum_{\alpha=1}^{N}[y_\alpha - \log\psi(x_\alpha)]^2, \quad \psi(x) = \sum_{n=1}^{6} e^{p_n} \exp\left(-\frac{x}{e^{q_n}}\right) \tag{3.46}$$

을 이용한 것을 로그-스케일 매개변수로 한 회귀분석이라고 하고 이를 log-scale parameter라고 표기하자. 식 (45)와 (46)을 비교하면

$$\lambda_n \sim e^{q_n}, \quad c_n \sim e^{p_n} \tag{3.47}$$

의 대응관계가 있다는 것을 알 수 있다.

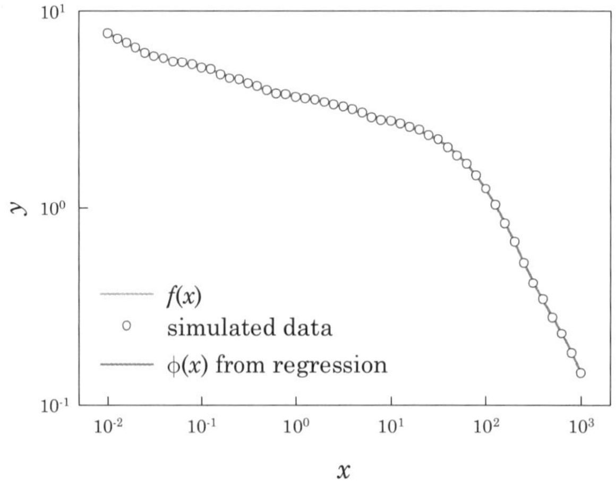

그림 3.8. 원래의 매개변수(original parameter)와 이를 로그 형식으로 바꾸어(log-scale parameter) 회귀분석한 결과.

그림 3.8에 첫 번째 방법으로 회귀분석한 결과와 참함수 그리고 생성된 데이터를 비교했다.

참함수의 그래프는 회귀분석한 결과와 겹쳐져 보이지 않고 있다. 이 회귀분석의 결정계수는 0.9994로 매우 높기 때문이다. 두 번째 회귀분석은 결정계수 0.9999를 보여주기 때문에 그림 3.8에는 그리지 않았지만 다른 곡선들과 구별이 안될 것이다. 그러면 두 회귀분석 방법으로 결정한 매개변수들은 위의 표의 참함수의 매개변수와 일치할까?

그림 3.9는 가로축을 참함수의 매개변수 값으로 세로축을 두 가지 회귀분석으로 구한 매개변수값으로 그린 그래프이다. 매개변수 λ_n 에 대한 그래프(좌측)는 모든 n에 대해서 참함수의 매개변수값과 매우 유사한 결과를 얻었지만 불행하게도 두 회귀분석으로 구한 c_n 값들은 참함수의 매개변수 값들과 많은 차이를 보이는 것을 확인할 수 있다. 매개변수를 로그 스케일로 변환하고 작은 y_α 에 대한 오차의 효과도 동등하게 반영하기 위해서 오차 제곱합도 로그 스케일로 변환했는데도 불구하고 결정계수는 다소 높아지지만 왜 매개변수를 제대로 예측하지 못하는가?

그림 3.9와 같은 결과가 나온 이유는 식 (45)의 오차 제곱합을 사용하건 식 (46)의 오차 제곱합을 사용하건 오차 제곱합은 유일한 전역적인 최소가 존재하지 않고 여러 개의 극소점들이 매개변수로 이루어진 공간에 존재한다는 것을 의미한다. 매개변수의 공간이란 $\{\lambda_n\}$, $\{c_n\}$ 을 좌표로 하는 12차원의 가상적인 공간을 의미한다. 오차 제곱합이 12개의 매개변수의 비선형함수이기에 이런 일이 일어나며 식 (44)와 같은 포로니 급수(Porony series)가 이러한 문제의 대표적인 예일 뿐이다[Cho, 2016]. 포로니 급수로 이루어진 함수는 화학반응속도론이나 유변학의 이산완화시간 분포의 결정에서 많이 사용된다. 포로니 급수에 대한 비선형 회귀분석을 효과적으로 할 수 있는 방법중의 하나는 담금질 기법(simulated annealing algorithm)이다[Jensen, 2002]. 담금질 기법은 무작위 수를 발생시켜 계산하는 일종의 몬테카를로 기법(Monte Carlo method)로서 이를 더 단순화한 것도 거의 같은 정밀도의 비선형 회귀분석을 수행할 수 있다[Kim et al, 2018].

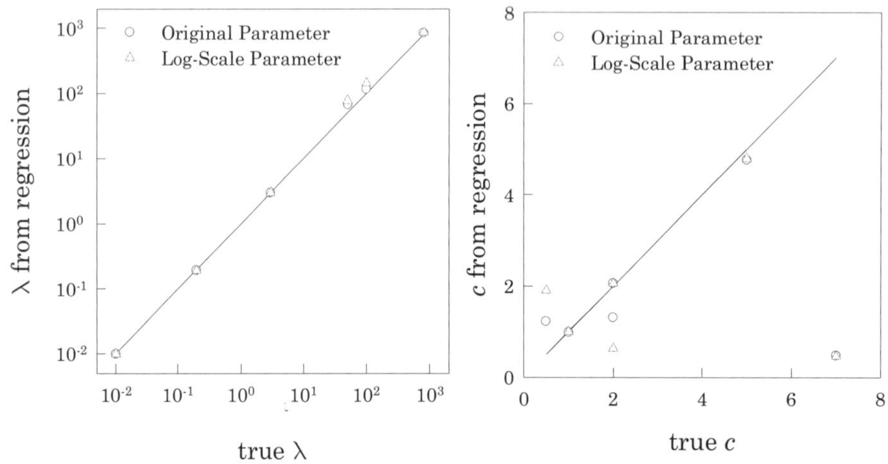

그림 3.9. 회귀분석으로 구한 매개변수 값과 참함수 매개변수 값의 비교.

연습문제 3

[1] 식 (1)과 같은 실험데이터에 측정오차 ε_i 와 제어오차 δ_i 를 고려할 때 물리량 $g_i = y_i/x_i$ 는 $g_i = \phi(x_i) + e_i$ 의 관계를 가질 것으로 생각된다. 그러면 g_i 에 대한 오차 e_i 는 ε_i 보다 증폭될까 아니면 축소될까?

[2] 만약에 식 (1)과 같은 데이터가 $y_i = ax_i + \varepsilon_i$ 로 추정된다면 측정오차의 제곱합이 기울기 a에 대해서 최소화되는 조건으로 기울기를 결정한다면 다음이 됨을 유도하라.

$$a \approx \frac{\sum_{i=1}^{N} x_i y_i}{\sum_{i=1}^{N} x_i^2} \tag{3.a}$$

[3]식 (a)로 구한 기울기와 식 (7)로 구한 기울기를 가상의 데이터를 만들어 비교하라.

[4] 식 (7)을 유도하라.

[5] 어떤 데이터에 대해서 $y_i = ax_i^2 + b + \varepsilon_i$ 라면 매개변수 a 와 b 를 데이터로 구하는 방법을 기술하라.

[6] 측정변수가 절대 음이 안 되는 경우에 대해서 $y_i = be^{ax_i} + \varepsilon_i$ 의 관계를 가지는 것으로 알려졌다고 한다. 이 경우 $Y_i \equiv \log y_i$ 로 변수변환을 해서

$$a = \frac{\sum_{k=1}^{N}\left(x_k - \bar{x}\right)\left(Y_k - \bar{Y}\right)}{\sum_{k=1}^{N}\left(x_k - \bar{x}\right)^2}; \quad \log b = \bar{Y} - a\bar{x} . \tag{3.b}$$

로 매개변수를 구한 경우와 비선형 회귀분석으로 구한 경우 중에서 식 (b)로 구한 매개변수가 더 정확했다면 그 이유는 무엇일까? 비선형 회귀분석은

$$\chi \equiv \sum_{i=1}^{N}\left(y_i - be^{ax_i}\right)^2 \tag{3.c}$$

를 a와 b에 대해서 편미분을 하고 얻어지는 정규방정식을 수치해법으로 풀어서 a와 b를 구하는 방법이다.

[7] 어떤 데이터가 다음과 같은 함수관계를 가질 것으로 추정된다. 매개변수를 선형 회귀분석으로 구할 수 있게 변수변환을 하라.

$$y = \exp\left(-\frac{ax}{x+b}\right) \tag{3.d}$$

[8] 다음과 같은 함수관계가 주어졌다. 선형회귀분석만으로 매개변수를 구할 수 있다고 한다. 그 방법을 생각하라.

$$x = a\left(\frac{1}{y} - 1\right) + b\log\frac{c}{y} \tag{3.e}$$

4. 일변수 어림함수의 추정

이 절에서는 제어변수와 측성변수 모두가 하나씩인 일변수 함수로 대표되는 경험사상을 구하는 사례들에 대해서 공부하겠다. 즉, 어림함수를 실험 데이터의 그래프로부터 추정하는 기법에 대해서 배운다.

4.1. 점근거동

흡착이나 확산 실험을 하게 되면 제어변수는 시간이 되고 측정변수는 시료의 질량(또는 농도)이 된다. 따라서 오랜 시간이 지나게 되면 측정변수인 시료의 질량은

일정한 값으로 수렴되는 경우가 많다. 고분자 재료의 경우, 분자량이 증가함에 따라서 물성이 증가하다가 일정한 분자량 이상이 되면 물성은 그에 해당하는 일정한 값으로 포화되는 현상이 자주 관찰된다. 점탄성 유체의 크립 거동은 시간이 증가함에 따라서 시간에 비례하는 경향을 보인다. 이러한 실험 데이터의 경향을 점근거동(asymptotic behavior)이라고 부른다.

점근거동을 수학적으로 표현하여 보자. 제어변수가 x, 측정변수가 y일 때 참함수가 $y=f(x)$라고 하자. 제어변수가 무한대로 커짐에 따라서 $f(x)$가 어떤 쉽게 알 수 있는 함수 $\phi_\infty(x)$로 수렴하는 것을 점근가동이라고 한다. 매우 큰 x에 대해서 $\phi_\infty(x)\neq 0$이라면 점근거동은 다음의 극한식으로 표현된다.

$$\lim_{x\to\infty}\frac{f(x)}{\phi_\infty(x)}=1. \tag{4.1}$$

확산이나 흡착의 경우 $\phi_\infty(x)=y_\infty$로 상수함수인 경우이며 점탄성 유체의 크립인 경우에는 $\phi_\infty(t)=at+b$의 형태를 가지는 것이다.

그림 4.1은 점근적인 특성을 보이는 사례를 분석한 결과이다. 선형작도로 그렸을 때가 그림 4.1 [a]인데 어떤 점근적 특성이 있는지 알 수가 없다. 하지만 그림 4.1[b]와 같이 이중 로그로 작도를 하면 제어변수가 커감에 따라서 직선적인 거동으로 접근한다는 것을 알 수 있다. 식 (3.16)에서 알 수 있듯이 이중 로그 작도에서 직선성을 보이면 그 기울기를 a일 때 $y\propto x^a$를 나타냄을 배웠다. 그림 4.1[b]의 점근선의 기울기가 1/2이므로 측정변수 y를 $\sqrt{x}$에 대해서 그려보면 그림 4.1[c]에서 알 수 있듯이 직선관계가 나온다. 즉,

$$y=\alpha\sqrt{x}+\beta \tag{4.2}$$

가 성립된다는 것을 알 수 있다. 이 사례에서 점근거동을 파악하기 위해서 이중 로그 작도를 사용한 것을 유의하기 바란다. 점근거동이 제어변수가 매우 커갈 때 일어나는 것이므로 큰 수에 대한 거동을 파악하기에는 로그 작도법이 유용하다는 교훈을 얻게 된다. 점근함수(asymptotic function) $\phi_\infty(x)\propto\sqrt{x}$라는 정보를 얻게 되는 경우 측정변수를 점근함수에 대해서 작도하게 되면 운이 좋을 경우 직선관계를 얻을 수 있다는 교훈도 중요하다.

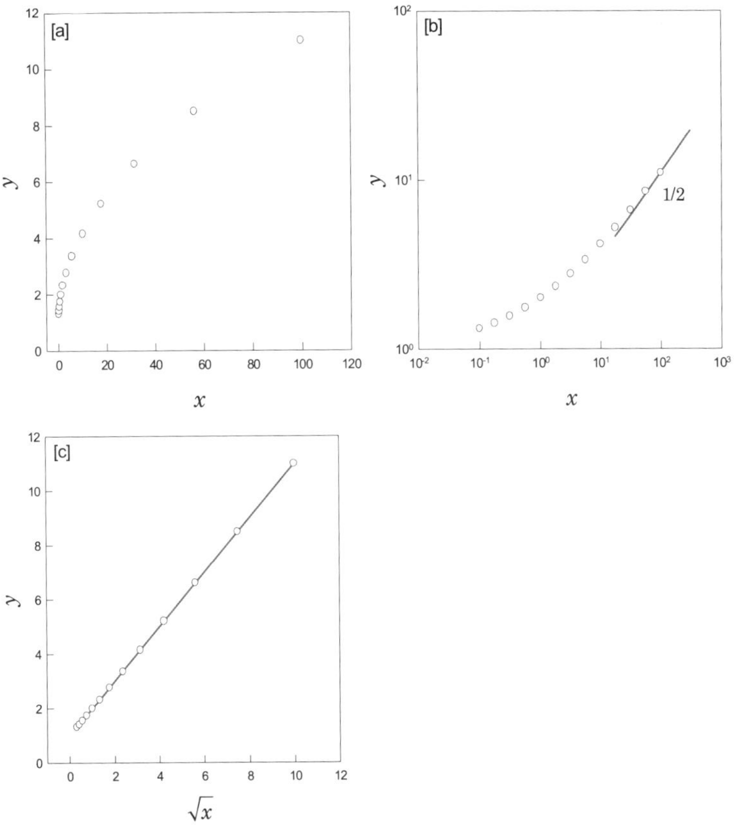

그림 4.1. 점근거동으로부터의 어림함수 도출

확산이나 흡착과 같은 데이터는 점근함수가 상수인 경우에 해당한다. 그림 4.2는 일차원 확산으로 흡착된 질량을 측정변수로 시간을 제어변수로 얻은 가상의 실험결과를 분석한 결과이다. 먼저 그림 4.2[a]를 보면 y는 x가 무한대로 증가하면 최대치 $y_{\mathrm{m}} = 1$로 포화되는 것을 알 수 있다. 따라서 $y_{\mathrm{m}} - y$을 반 로그 작도로 그리면 그림 4.2[b]와 같이 직선형태가 얻어진다. 따라서

$$y_{\mathrm{m}} - y \approx \exp(\alpha x + \beta) \tag{4.3}$$

으로 근사할 수 있을 것이다. 그런데 x가 시간이므로 $x = 0$에서 흡착된 질량은 0이어야 하므로 식 (3)은 다시 다음과 같이 간단히 표현 가능하다.

$$y \approx \phi(x) \equiv y_{\mathrm{m}}\left(1 - be^{-ax}\right). \tag{4.4}$$

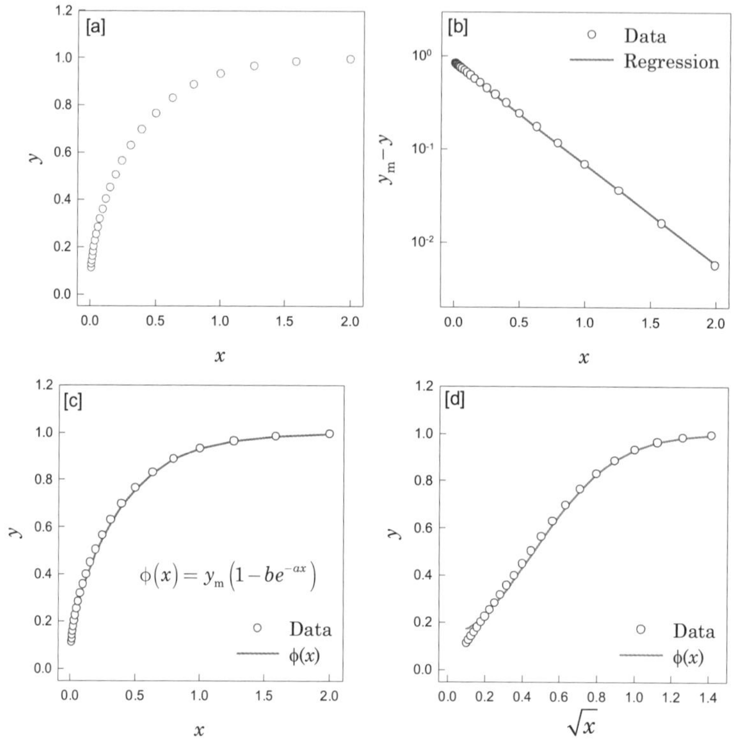

그림 4.2. 확산 데이터로부터의 어림함수 도출

그림 4.2[c]는 데이터와 식 (4)의 어림함수가 얼마나 일치하는지를 보여준다. 전반적으로 데이터와 근사식이 잘 일치하지만 제어변수가 매우 작은 영역에서는 다소의 차이가 보이는 것 같다. 이를 확인하기 위해서 제어변수가 매우 작은 초기의 다섯 데이터를 뽑아서 이중 로그 그래프를 그리게 되면 $y \propto \sqrt{x}$ 의 거동이 관찰된다. 그래서 가로축을 $\sqrt{x}$ 로 해서 그린 것이 그림 4.2[d]이다. 데이터는 $\sqrt{x} \leq 0.5$ 인 경우 직선성을 보이지만 식 (4)의 어림함수는 그렇지 못하는 것을 확인할 수 있다.

더 정확한 어림함수를 얻기 위해서 어떻게 해야 할까? 초기거동이 $y \propto \sqrt{x}$ 를 따른다는 것은 사실 일차원 확산에서 시편에 흡착된 질량이 다음과 같다는 수학적 결과로부터 알려져 있다[Crank, 1975].

$$\frac{M(t)}{M_\infty} = 1 - \sum_{n=0}^{\infty} \frac{8}{(2n+1)^2 \pi^2} \exp\left[-\frac{D(2n+1)^2 \pi^2 t}{4L^2}\right] \tag{4.5}$$

여기서 M_∞ 는 $t \to \infty$ 일 때의 질량이고 D는 확산계수이며 L은 시편의 두께이다. 식 (5)로부터 $Dt/L^2 \ll 1$ 일 때 $M(t) \propto \sqrt{t}$ 가 되는 것을 유도할 수 있다. 이론이 없다면 그림 4.2의 초기거동이 $y \propto \sqrt{x}$ 라는 것을 데이터의 관찰만으로 찾는 것은 매우 어려운 일일 것이다. 사실 그림 4.2의 데이터는 $y = M(t)/M_\infty$, $x = Dt/L^2$ 으로 하여 식 (5)로 계산한 결과이다.

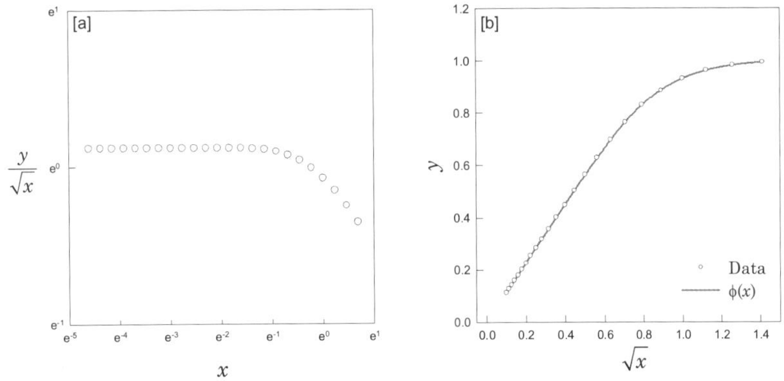

그림 4.3. 확산 데이터의 점근거동을 이용한 보다 정확한 어림함수.

관찰력이 매우 좋건 아니면 이론을 잘 알건 일단 초기거동을 파악했다면 $y/\sqrt{x}$ 를 이중 로그 작도로 그려볼 필요가 있다. 그림 4.3[a]를 보면 초기 부분에는 $y/\sqrt{x}$ 가 상수로 있다가 x가 커지면 $y \propto x^{-\nu}$ 의 점근거동을 보인다. 이러한 함수 형태는 고분자 용융체의 점도를 전단속도(shear rate)로 그렸을 때와 일치한다. 까루 모델(Carreau model)은 고분자 용융체 점노의 이러한 거동을 잘 기술하는 것으로 알려져 있다[Bird ct al., 1987]. 즉, 그림 4.3[a]의 함수형태는 다음과 같은 어림함수로 잘 묘사된다.

$$\frac{y}{\sqrt{x}} \approx \frac{a}{\left(1 + bx^{\nu}\right)^{\mu}}. \tag{4.6}$$

그림 4.3[b]는 따라서 다음과 같은 어림함수로 회귀분석한 결과를 데이터와 비교한 것이다.

$$y \approx \phi(x) \equiv \frac{a\sqrt{x}}{\left(1+bx^{\nu}\right)^{\mu}}. \tag{4.7}$$

식 (7)이 얼마나 정확한 것인지를 강조하기 위해서 그림 4.3[b]의 기호를 다른 그래프보다 작게 그렸다. 식 (7)의 점근거동이 $x \to \infty$ 에 따라 $y \to y_{\mathrm{m}}$ 이 되어야 하므로 $y_{\mathrm{m}} = a/b^{\mu}$ 가 되고 $\nu\mu = \frac{1}{2}$ 가 되어야 할 것이다.

식 (7)은 네 개의 매개변수를 가지고 있다. 하지만 $\nu\mu = \frac{1}{2}$ 이므로 궁극적으로 세 개의 매개변수를 가진 것이다. 충분히 큰 x에 대한 데이터를 가지고 있어서 y_{m} 을 정확하게 결정할 수 있다고 한다면 $y_{\mathrm{m}} = a/b^{\mu}$ 를 이용하여 매개변수의 개수를 하나 더 줄일 수 있다. 하지만 측정오차를 가진 데이터에 대해서는 이 방법이 유용하지 않을 수도 있다. 따라서 세 개의 매개변수를 결정하여야 그림 4.3[b]를 그릴 수 있다. 이러한 매개변수의 결정은 비선형 회귀분석(nonlinear regression analysis)으로 가능하다.

그림 4.2와 그림 4.3의 데이터는 측정오차를 고려하지 않은 것들이다. 그런데 만약에 측정오차가 관여되었다면 식 (4)와 (7) 중 어떤 것이 실험 데이터와 더 일치하는지 알 수 있을까? 확산실험이기 때문에 정밀한 실험이라면 $M(t) \propto \sqrt{t}$ 의 결과가 실험 데이터인 경우에도 잘 관찰된다. 하지만 식 (5)의 무한급수 형태의 함수는 실험 데이터의 분석만으로는 절대 알아낼 수 없는 결과이다.

4.2. 다항함수와 분수함수

여기서는 예제 3.1에서 다루었던 분수함수가 다항함수와 어떤 관계를 가지 는지를 다시 다른 각도에서 다루기로 한다.

폐구간 $[x_{\min}, x_{\max}]$ 에 대해서 정의된 임의의 연속함수는 다음과 같은 N차 다항식으로 근사가 가능하다는 것이 알려져 있다. 이를 바이에스트라스 정리(Weierstrass theorem)이라고 한다[Atkinson and Han, 2009]. 즉 어림함수를

$$\phi_N(x) \equiv \sum_{k=0}^{N} c_k x^k \tag{4.8}$$

라고 하고 진정한 함수를 $f(x)$ 라고 할 때 두 함수 사이의 거리를

$$\mathcal{D}_{\phi_N} \equiv \int_{x_{\min}}^{x_{\max}} \left[f(x) - \phi_N(x)\right]^2 \mathrm{d}x \tag{4.9}$$

라고 하면 $N \to \infty$에 따라서 $D_{\phi_N} \to 0$으로 수렴하게 된다는 것이다. 따라서 충분히 큰 N을 선택하면 대부분의 경우 식 (8)로 실험결과를 잘 묘사할 수 있을 것이다. 하지만 이러한 방법은 너무 많은 수의 매개변수를 필요하게 될 수 있다. 식 (8)의 매개변수는 c_k로 모두 $N+1$개가 있다.

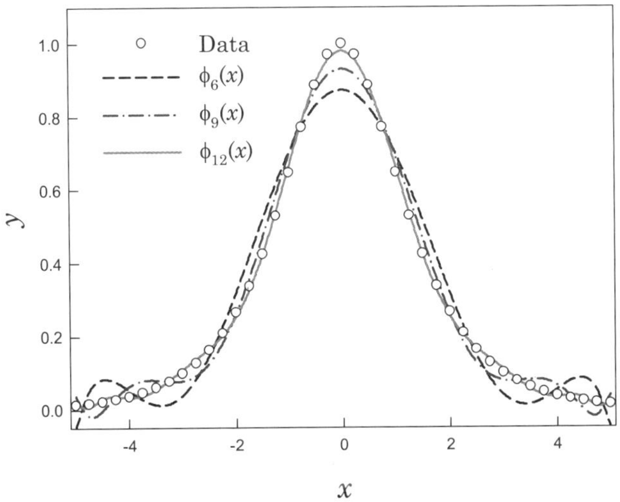

그림 4.4. 봉우리 함수에 대한 다양한 어림함수의 비교.

다항함수를 어림함수로 사용하는 것은 많은 매개변수가 필요한 단점뿐만 아니라 운이 나쁠 경우 수렴이 느린 문제가 발생할 수 있다는 것이다. 그림 4.4는 $y = \mathrm{sech}\,x$로 발생시킨 데이터이다. 적어도 $N \geq 12$가 되어야 겨우 받아들일 수 있는 결과가 나온다. 특히 데이터가 봉우리(peak) 모양을 보이는 경우 그림 4.4와 같이 수렴이 느리게 된다. 게다가 직교 다항식을 이용하지 않으면 N이 클 경우 회귀분석이 제대로 작동되지 않을 수 있다. SigmaPlot™과 같은 상용 프로그램은 비선형 회귀분석에 레벤버그-마쿼르트 알고리즘(Leven-berg-Marquardt algorithm)을 사용하고 있는데 이 알고리즘은 일반적인 비선형 회귀분석에서는 매우 강력한 수렴성을 보여주는 그래디언트 방법(gradient method)이지만 다항식 회귀에서는 $N > 12$만 되어도 제대로 된 결과를 주지 못하는 경우도 있다.

다항식 근사의 단점 중의 하나인 매개변수의 개수를 줄이기 위해서 다음과 같은 분수함수를 사용하는 것이다. 예를 들어 $f(x)=\arctan x$ 를 생각해 보자. 이는 홀함수(odd function)이므로 다항식 근사로

$$f(x)\approx\phi_5(x)\equiv c_1x+c_3x^3+c_5x^5 \tag{4.10}$$

를 생각할 수 있을 것이다. 그런데 다음과 같은 분수함수(rational function)를 생각해 보자.

$$\rho_{3/2}(x)\equiv\frac{a_1x+a_3x^3}{1+b_2x^2}. \tag{4.11}$$

홀함수 조건을 위해서 분자는 3차의 홀함수인 다항식을 사용하였고 분모는 2차의 다항식을 사용하였다. 만약 $\rho_{3/2}(x)\approx\phi_5(x)$라고 한다면

$$\frac{a_1x+a_3x^3}{1+b_2x^2}\approx c_1x+c_3x^3+c_5x^5 \tag{4.12}$$

가 되어야 할 것이다. 식 (12)의 양변에 분자를 곱하고 정리하면 다음이 된다.

$$a_1x+a_3x^3\approx c_1x+(c_3+b_2c_1)x^3+(c_5+b_2c_3)x^5+b_2c_5x^7 \tag{4.13}$$

여기에 항등식의 조건을 적용하면

$$a_1=c_1;\quad a_3=c_3+b_2c_1;\quad c_5+b_2c_3=0;\quad b_2c_5=0 \tag{4.14}$$

가 얻어진다. 이미 c_k들을 알고 이로부터 a_k 와 b_k를 구한다고 한다면 식 (14)로부터 다음이 얻어진다.

$$b_2=-\frac{c_5}{c_3};\quad a_1=c_1;\quad a_3=c_3-\frac{c_1c_5}{c_3}. \tag{4.15}$$

이렇게 다항식으로부터 분수식을 얻어내는 방법을 파데 근사(Padé approxi-mation)이라고 한다. 만약에 식 (10)의 근사가 테일러 급수 전개(Taylor series expansion)라고 하면

$$\phi_5(x)=x-\frac{x^3}{3}+\frac{x^5}{5};\quad \rho_{3/2}(x)=\frac{x+\frac{4}{15}x^3}{1+\frac{3}{5}x^2} \tag{4.16}$$

이 된다.

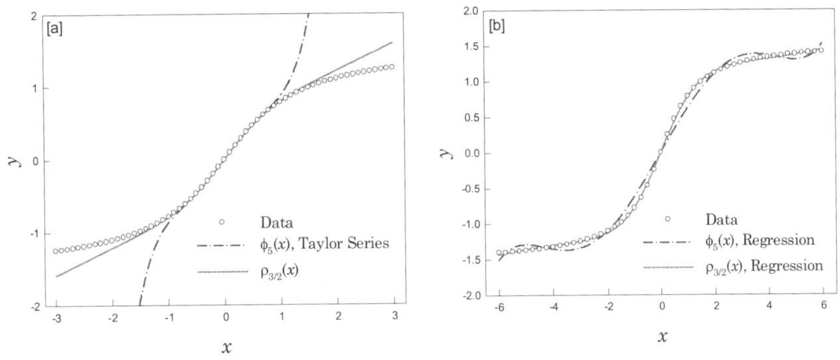

그림 4.5. 테일러 전개와 다항함수, 분수함수의 회귀분석결과 비교.

그림 4.5[a]는 $f(x) = \arctan x$ 로부터 $[-3,3]$ 의 범위에서 생성한 데이터와 식 (16)을 비교한 것이다. 파데 근사가 훨씬 좋은 결과를 준다는 것을 알 수 있다. 그림 4.5[b]는 보다 넓은 범위인 $[-6,6]$ 에 대해서 생성한 데이터에 식 (10)과 (11)의 계수들을 회귀분석으로 구해서 비교한 것이다. 같은 개수의 매개변수로 분수식이 월등히 좋은 근사가 된다는 것을 알 수 있다. 이 범위의 데이터에 대해서 높은 정밀도의 다항식 근사를 회귀분석으로 얻으려고 한다면 분명히 다항식의 차수는 5차보다 훨씬 높아야 할 것이다. 따라서 분수식 근사가 더 적은 매개변수로 데이터를 근사할 수 있나고 할 수 있다. 그 이유에 대해서는 이미 예제 3.1에서 다룬 바 있다.

다항함수 근사는 만약에 항상 $y \geq 0$ 인 데이터에 대해서는 다음과 같이 응용될 수 있다.

$$\phi(x) = \exp\left(\sum_{k=0}^{N} c_k x^k\right) \tag{4.17}$$

식 (17)에서 x의 범위는 음수이어도 좋다. 그런데 만약 $y \geq 0$ 뿐만 아니라 제어변수도 $x \geq 0$ 을 만족하여야 한다면 그리고 $0 \leq x \ll 1$ 에서의 변화와 $x \gg 1$ 에서의 변화도 중요할 경우, 즉 제어변수의 이 범위들에 대해서 정밀한 데이터가 얻어지고 의미가 있다면 식 (17)은 매우 많은 매개변수를 필요로 하게 된다. 즉, N이 매우 커져야 실험결과와 일치하는 어림함수를 구할 수 있게 된다. 따라서 $x \geq 0$ 의 조건에 따라서 다음과 같은 이중 로그 급수함수(double logarithmic power series)를 생각할 수 있다.

$$\phi(x) = \exp\left[\sum_{k=0}^{N} c_k (\log x)^k\right] \tag{4.18}$$

식 (18)을 사용하게 되면 식 (17)보다 작은 N으로도 데이터를 묘사할 수 있게 된다.

4.3. 봉우리 함수

확률밀도함수(probability density function)나 여러 분석장치에서 얻어지는 데이터들은 봉우리 형태(peak shape)의 그래프를 보여주는 경우가 많다. 적외선 분광법으로 얻어지는 데이터는 물질이 흡수하는 적외선의 주파수(또는 파장)가 제어변수가 되고 흡광비율이 측정변수가 되는 것이다. 일반적으로 봉우리 함수로 표현되는 물리량들은 혼합물의 분석과 관련되는 경우가 많다.

봉우리 형태의 함수는 봉우리 중심이라고 할 수 있는 제어변수 값(x_c)에서 최대를 보이며 제어변수가 x_c 보다 커가거나 작아짐에 따라서 그 함수 값이 급격히 감소하고 $|x - x_c| \to \infty$ 의 극한에서는 $|f(x)| \to 0$ 의 극한거동을 보이는 함수라고 할 수 있다. 따라서 봉우리 함수는 세 개의 특성수치로 파악될 수 있다. 즉, 봉우리의 높이 $p_{\max} > 0$, 봉우리의 중심 x_c 및 봉우리의 폭 w이다. 봉우리의 높이는 봉우리 함수의 최대치이며 봉우리 함수는 유일한 최대치를 가진다고 정의할 수 있다. 그러면 봉우리의 중심을 제어 변수가 최대치를 가지는 제어변수의 값 $x_{\max}$ 로 정의할 수도 있고 또는 다음을 만족하는 값으로 정의할 수도 있다.

$$\int_{-\infty}^{\infty} (x - x_c) f(x) \mathrm{d}x = 0 . \tag{4.19}$$

여기서는 식 (19)를 만족하는 제어변수 값을 봉우리의 중심으로 정의하고자 한다. 일반적으로는 $x_c \neq x_{\max}$ 일 수 있다. 하지만 봉우리 함수가 봉우리 중심에 대해서 대칭인 형태를 가지면 $x_c = x_{\max}$ 를 만족하게 된다. 봉우리 함수를 질량 분포(밀도)라고 생각하면 봉우리 중심이 질량중심(center of mass)이 된다.

어떤 함수 $f(x)$ 가 봉우리 함수라면 봉우리의 폭 w를 정의하는 방법은 여러 가지가 있는데 그 중의 하나는 다음과 같이 정의되는 제곱평균 제곱근 폭(root mean square width: RMSW)이다.

$$w^2 \equiv \frac{\int_{-\infty}^{\infty} (x - x_c)^2 f(x) \mathrm{d}x}{\int_{-\infty}^{\infty} f(x) \mathrm{d}x}. \tag{4.20}$$

식 (20)이 성립되기 위해서는

$$0 < \int_{-\infty}^{\infty} f(x) \mathrm{d}x \equiv A < \infty; \quad 0 < \int_{-\infty}^{\infty} (x - x_c)^2 f(x) \mathrm{d}x < \infty \tag{4.21}$$

을 만족하여야만 한다. 여기서 A를 봉우리의 면적이라고 부르자. 식 (21)의 두 번째 조건을 만족하지 않는 봉우리 함수들은 거의 없거나 관심의 대상이 되지 않지만 두 번째 조건을 만족하지 않는 봉우리 함수들 사용되기도 한다. 대표적인 것이 코쉬-로렌츠 분포함수(Cauchy-Lorentz distribution function)이다. 이러한 봉우리 함수들에 대해서는 봉우리 높이의 절반이 되는 함수 값을 가지는 두 제어변수를 x_1과 x_2 라고 할 때 $w \equiv |x_1 - x_2|$ 로 정의하는 것이다. 이렇게 정의된 폭을 반값너비(full width at half maximum: FWHM)라고 부른다. 두 폭을 구분하기 위해서 RMSW는 w_R 로 표기하고 FWHM은 w_H 로 표시하기로 하자. 대부분의 경우 $w_R \approx w_H$ 를 확인할 수 있다. 따라서 봉우리의 폭 w는 봉우리의 중심으로 $x_{\max}$ 를 사용하게 되면 $|(x - x_c)/w| \gg 1$ 이면 $|f(x)|/p_{\max} \ll 1$ 이 된다는 것을 의미하는 규모인자(scale factor)이다.

대표적인 봉우리 함수들은 통계학의 확률밀도함수 모델에 해당하는 다음과 같은 것들이다.

$$f_G(x) = \frac{A}{\sqrt{2\pi w^2}} \exp\left[-\frac{(x - x_c)^2}{2w^2}\right] \tag{4.22}$$

$$f_{CL}(x) = \frac{A}{\pi w}\left[1 + \left(\frac{x - x_c}{w}\right)^2\right]^{-1} \tag{4.23}$$

$$f_H(x) = \frac{A}{2w} \operatorname{sech} \frac{\pi(x - x_c)}{2w} \tag{4.24}$$

식 (22)는 가우스 분포함수(Gauss distribution function)이고 식 (23)은 코쉬-로렌츠 분포함수(Cauchy-Lorentz distribution function)이며 식 (24)는 쌍곡 시컨트 분포함수(hyperbolic secant distribution function)이다.

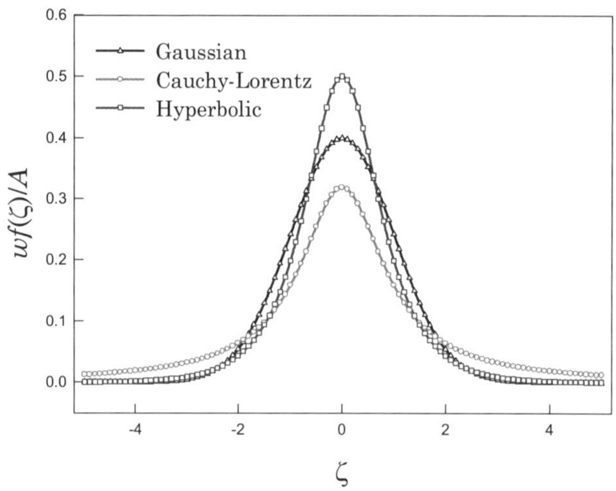

그림 4.6. 세 가지 봉우리함수의 형태 비교.

그림 4.6은 $\tilde{f}(x) \equiv wf(x)/A$ 를 $\zeta \equiv (x - x_c)/w$ 의 함수로 그린 결과이다. 그림에서 알 수 있듯이, 코쉬-로렌츠 분포함수가 가장 폭이 넓은 봉우리를 보여주고 쌍곡-시컨트 분포함수가 가장 폭이 좁은 봉우리를 보여준다는 것을 알 수 있다.

일반적으로 실험결과가 여러 봉우리 함수들의 다음과 같은 합으로 나타나는 경우가 많다.

$$y = \sum_{i=1}^{N} f_i(x), \tag{4.25}$$

여기서 $f_i(x)$는 봉우리의 면적, 폭, 중심이 각각 A_i, w_i, ξ_i 인 봉우리 함수들이다. 만약 $f_i(x)$ 들이 같은 물리적 이유로 기인한다면 모든 $f_i(x)$ 들은 다음과 같은 스케일링 조건(scaling condition)을 모든 x에 대해서 만족하여야 한다.

$$f_i(x) = \frac{A_i}{w_i} p\left(\frac{x - \xi_i}{w_i}\right) \tag{4.26}$$

여기서 함수 $p(x)$는 모든 $f_i(x)$가 식 (19), (20), (21)을 만족하기 위해서 다음의 성질을 만족해야 한다.

$$\int_{-\infty}^{\infty} p(x)\mathrm{d}x = 1; \quad \int_{-\infty}^{\infty} xp(x)\mathrm{d}x = 0; \quad \int_{-\infty}^{\infty} x^2 p(x)\mathrm{d}x = 1 . \tag{4.27}$$

식 (22)와 (24)를 보면 $p(x)$는 $w = 1$, $x_c = 0$, $A = 1$ 인 경우에 해당한다. 기준이 되는 이 봉우리 함수 $p(x)$를 표준 봉우리 함수라고 하자. 따라서 같은 메커니즘의 봉우리 함수들의 합으로 나타나는 현상들은 일반적으로 다음과 같이 표현될 것이다.

$$y = \sum_{k=1}^{N} c_k h_k p\left(\frac{x - \xi_k}{w_k}\right). \tag{4.28}$$

적외선 흡광도(IR spectrum)를 예로 들면 ξ_k는 그 물질 안에 있는 k번째 관능기(functional group)의 특성 주파수이고 w_k는 k번째 관능기가 주변의 다른 관능기들과의 상호작용에 의한 간섭효과와 적외선과 관응기 사이의 특성에 좌우되는 봉우리의 폭이 되며 h_k는 k번째 관능기에 대한 일종의 규모인자이고 c_k는 관능기의 특성 및 함량에 의해 좌우되는 양이 된다. GPC(Gel Permeation Chromatography)를 예로 들면 ξ_k는 k번째 고분자 사슬의 전개시간(elution time)이고 w_k는 k번째 고분자사슬과 같은 분자량을 가지는 표준시료의 polydisperse index와 관련이 되는 봉우리의 폭이며 c_k는 k번째 고분자 사슬의 함량에 해당하게 된다. 두 경우 모두 w_k는 해당되는 물리현상과 측정장치 사이의 상호작용에 의한 영향도 포함하는 것이 일반적이다.

사실 물리현상과 측정장치 사이의 상호작용에 의한 효과는 대부분 표준 봉우리 함수의 수학적 형태를 결정한다. 아주 이상적인 측정장치라면 표준 봉우리함수는 디랙 델타 함수(Dirac delta function) $\delta(x)$가 되어야 할 것이다. 하지만 이는 지나친 이상적 모델이고 현실적인 이상적 모델은 식 (22)~(24)가 될 것이다.

어떤 측정장치의 물리현상이 모든 구성성분에 대해서 항상 같은 폭 w를 가지며 같은 scale factor $h = 1$을 가지는 봉우리 함수들로 다음과 같이 표현된다고 하자.

$$y = \sum_{k=1}^{N} c_k p\left(\frac{x - \xi_k}{w}\right). \tag{4.29}$$

그러면 계수 c_k 의 물리적 의미는 구성성분의 함량일 가능성이 높다. 즉, 구성성분의 질량분율 ω_k 와 관련된다면 식 (29)로부터

$$\omega_i = \frac{c_i}{\sum_{k=1}^{N} c_k} \tag{4.30}$$

이 얻어진다. 만약 물리량 y가 몰(mole) 비율과 관련된다면 식 (30)의 좌변은 몰 분율이 될 것이다. 따라서 ξ_k 들을 모두 알 경우, 다양한 제어변수에 대해서 측정변수를 측정하게 되면 계수 c_i 들을 모두 구하게 되고 따라서 식 (30)으로부터 성분비도 결정할 수 있게 된다. 여기에서 기본 가정은 표준 봉우리 함수 $p(x)$ 의 함수적 형태를 알고 있다는 것이다. 만약에 표준 봉우리 함수가 $\delta(x)$ 처럼 폭이 극단적으로 좁다면 그래프를 그렸을 때 각각의 봉우리의 높이가 거의 $c_i p(0)$ 가 될 것이므로 각 성분의 함량을 결정된 c_i 들로부터 구할 수 있게 된다.

만약에 봉우리의 중심을 정확하게 알 수 없을 경우 식 (30)을 따르는 실험 데이터에 대해서는 비선형 회귀분석으로 c_i, ξ_i 및 w_i 를 구할 수 있을 것이다. 하지만 그래디언트에 기초한 대부분의 비선형 알고리즘들은 매개변수를 추정하는 초기 값에 크게 의존하기 때문에 대략적인 초기 값을 모른다면 의미 있는 결과를 주지 못하는 경우가 많다. 특히 식 (30)과 같은 $3N$ 개의 매개변수를 가지는 경우처럼 매개변수의 개수가 많은 경우 그러하다. 다양한 비선형 회귀분석 알고리즘에 대해서는 나중에 자세히 배울 것이므로 표준 봉우리 함수가 식 (26)와 같이 주어지는 경우에 대해서 몇 가지 수학적 분석을 하고자 한다.

논의를 간단히 하기 위해서 데이터는 $\{(x_\alpha, y_\alpha) | \alpha = 1, 2, \cdots, M\}$ 이고 모든 $1 \le \alpha \le M-1$ 에 대해서 $x_{\alpha+1} - x_\alpha = \Delta x > 0$ 로 제어변수의 간격이 일정하다고 가정하자. 두 개의 봉우리 함수의 다음과 같은 합성을 생각해 본다.

$$\phi(x) = c_1 p\left(\frac{x-\xi_1}{w_1}\right) + c_2 p\left(\frac{x-\xi_2}{w_2}\right) \tag{4.31}$$

일반성의 위배 없이 $\xi_1 < \xi_2$ 라고 하자. 식 (31)의 그래프가 두 개의 봉우리를 보여준다면 $\phi'(x) \equiv \mathrm{d}\phi/\mathrm{d}x = 0$ 을 만족하는 제어변수가 적어도 세 개는 있어야 한다. 그 중에 두 개는 ξ_1과 ξ_2에 가까운 극대점이며 $\xi_1 < \xi_m < \xi_2$ 를 만족하는 ξ_m 은 극소점이어야 한다. 왜냐하면

$$\phi'(x) = \frac{c_1}{w_1} p'\left(\frac{x-\xi_1}{w_1}\right) + \frac{c_2}{w_2} p'\left(\frac{x-\xi_2}{w_2}\right) \tag{4.32}$$

에서 만약에 $p'(0)=0$ 이라면 두 극대점은 절대 ξ_1 과 ξ_2 가 아니기 때문이다. 하지만 $w_2 > |\xi_1 - \xi_2|$ 라고 하면 식 (32)의 우변의 두 번째 항은 $p'(0)=0$ 이기 때문에 매우 작은 값을 가지게 되어 $\phi'(\xi_1) \approx 0$ 이 된다. 반대로 $x=\xi_2$ 인 경우를 생각해 보면 $w_1 > |\xi_1 - \xi_2|$ 라면 같은 이유로 $\phi'(\xi_2) \approx 0$ 가 된다. 만약에 표준 봉우리 함수가 대칭형태를 보인다면 즉, $p(-x) = p(x)$ 인 짝함수라면 극소점은 $\xi_m = \frac{1}{2}(\xi_1 + \xi_2)$ 가 될 것이다. 따라서 $x \approx \xi_1$ 이나 $x \approx \xi_2$ 에서 식 (31)은 극대를 보인다. 이는 만약 두 봉우리 함수의 폭이 다음의 조건을 만족하지 못하게 되면 데이터로부터 봉우리의 흔적을 볼 수 없거나 극대점이 $x \approx \xi_1$ 이나 $x \approx \xi_2$ 의 근사를 만족하지 못하게 된다는 것이다.

$$|\xi_1 - \xi_2| < \frac{w_1 + w_2}{2}. \tag{4.33}$$

식 (33)을 만족하지 못하게 되어 봉우리의 흔적을 데이터에서 알아볼 수 없게 되는 경우 일반적인 ξ_1 과 ξ_2 의 근사치를 추정하기 어려워지게 되고 그렇게 되면 그래디언트에 기초한 비선형회귀분석 알고리즘은 경우에 따라서 바람직한 결과를 주지 못한다. 이러한 단점을 극복할 수 있는 비선형 회귀분석 알고리즘에 대해서는 나중에 논의하기로 하고 단일한 봉우리 함수가 식 (22)~(24) 중 어떤 것에 가까운지 작도법으로 확인 하는 방법에 대해서 배워 보기로 하자. 이를 위해서 세 봉우리 함수가 모두 대칭인 함수이므로 $x > 0$ 인 데이터 만을 사용한다. 그래야 이중 로그 작도법도 사용할 수 있다.

먼저 코쉬-로렌츠 분포함수는 $\zeta \equiv (x - x_c)/w \gg 1$ 이 되면 $f_{CL} \propto \zeta^{-2}$ 의 점근거동을 보이므로 그림 4.7[a]에서 볼 수 있듯이 이중 로그 작도에서 기울기 –2의 직선성을 보여주고 있다. 반면에 가우스 분포함수는 $\log f_G \propto \zeta^2$ 의 거동을 보이므로 그림 4.7[b]에서 알 수 있듯이 반 로그 작도를 하게 되면 전체 영역에서 직선성을 보여준다. 가로축을 ζ^2 으로 그린 점을 유의하기 바란다. 마지막으로 쌍곡-시컨트 분포함수는 $\zeta \gg 1$ 에 대해서

$$\operatorname{sech}\zeta = \frac{2}{e^{\zeta}+e^{-\zeta}} \approx 2e^{-\zeta} \tag{4.34}$$

이므로 $\zeta \gg 1$ 에 대해서 쌍곡-시컨트 분포함수는 그림 4.7[c]에서 알 수 있듯이 반로그 작도로 그리면 직선성을 보인다.

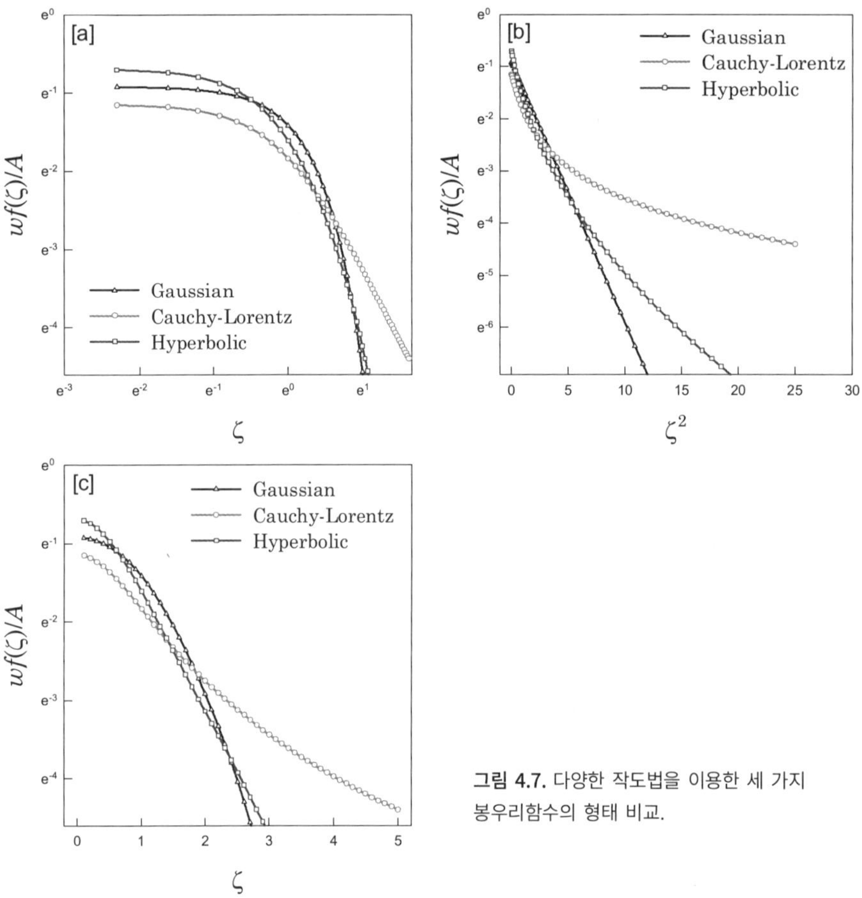

그림 4.7. 다양한 작도법을 이용한 세 가지 봉우리함수의 형태 비교.

4.4. S자형 함수

제어변수가 작을 때는 측정변수가 일정한 값을 가지다가 점차 제어변수가 일정수준 이상으로 커지면 측정변수가 증가하다가 다시 더 큰 특성치에 제어변수가 가까워지면 처음의 일정한 측정변수의 값보다 더 큰 값으로 측정변수가 포화되는 현상을 자주 만나게 된다. 그런데 이러한 측정변수의 전이가 급격하게 일어나는 것이 아니라 마치 S자 형태로 두리뭉실하게 일어날 때 S자형 함수(Sigmoid function)로 계량화할 수 있다. S자형 함수는 $y_{\min} < f(x) < y_{\max}$ 으로 공변역이 한정된 순증가함수이다.

예를 들면 다음과 같은 함수들이 S자형 함수에 속한다.

$$F(x) = \frac{1}{1+e^{-x}}; \quad f(x) \equiv \frac{\mathrm{d}F}{\mathrm{d}x} = \frac{e^{-x}}{\left(1+e^{-x}\right)^2} \tag{4.35a}$$

$$F(x) = \arctan x; \quad f(x) = \frac{1}{1+x^2} \tag{4.35b}$$

$$F(x) = \tanh x; \quad f(x) = \mathrm{sech}^2\, x \tag{4.35c}$$

$$F(x) = \int_0^x \mathrm{sech}\, t\, \mathrm{d}t; \quad f(x) = \mathrm{sech}\, x \tag{4.35d}$$

$$F(x) = \mathrm{erf}(x) \equiv \frac{2}{\sqrt{\pi}} \int_0^x e^{-t^2} \mathrm{d}t; \quad f(x) = \frac{2}{\sqrt{\pi}} e^{-x^2} \tag{4.35e}$$

$$F(x) = \frac{x}{\sqrt{1+x^2}}; \quad f(x) = \frac{1}{\left(1+x^2\right)^{3/2}} \tag{4.35f}$$

식 (35a)의 함수는 로지스틱 함수(logistic function)라는 이름을 가지고 있는데 인구의 증가현상, 기계학습(machine learning), 종양의 성장, 자기촉매 화학 반응(autocatalytic chemical reaction), 통계역학의 페르미온(fermion)의 에너지 분포 등에 응용되어 왔다. 식 (35e)의 함수도 오차함수(error function)라는 이름을 가지고 있다. 이는 가우스 확률밀도함수의 누적확률분포함수에 해당한다. 식 (35)를 보면 S자형 함수의 미분은 봉우리 함수라는 것을 쉽게 알 수 있다. 그림 4.8에 식 (35a)와 (35b)를 나타냈었다. 두 함수들의 최대치와 최소치가 다르기 때문에 각 함수의 최대치로 정규화하였다.

위의 S자형 함수들은 다음과 같이 정규화할 수 있다.

$$\sigma(x) \equiv \frac{F(x) - \frac{1}{2}\left(y_{\max} + y_{\min}\right)}{\frac{1}{2}\left(y_{\max} - y_{\min}\right)} \tag{4.36}$$

그러면 $-1 < \sigma(x) < 1$ 이 된다는 것을 쉽게 알 수 있다. 식 (35)의 함수들은 또한 $F(0) = \frac{1}{2}\left(y_{\max} + y_{\min}\right)$ 의 성질을 만족하므로 $\sigma(0) = 0$ 이 됨을 알 수 있다. 게다가

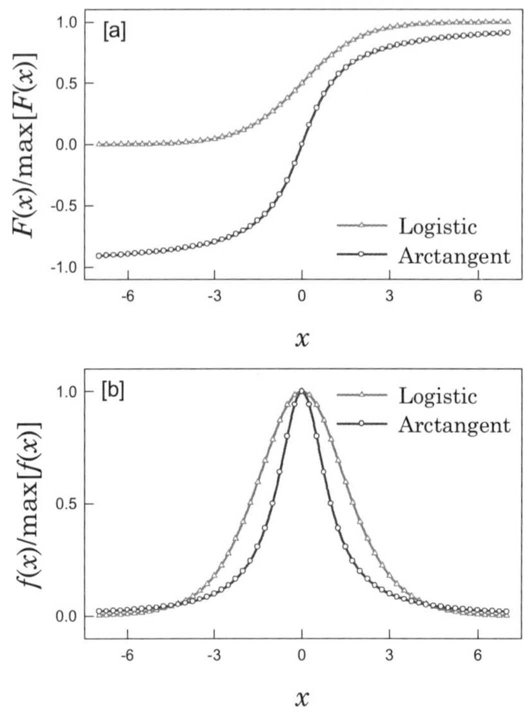

그림 4.8. S자형 함수와 도함수.

$\sigma'(x)$ 는 봉우리 함수이며 $x=0$ 에서 최대값을 가진다. 그러면 $\sigma(x)$ 의 증가하는 제어변수의 영역은 다음과 같이 정의되는 폭으로 그 너비를 특성 지울 수 있다.

$$w \equiv x_{(+)} - x_{(-)} = \frac{2}{\sigma'(0)} \tag{4.37}$$

여기서 $x_{(\pm)} \equiv \pm 1/\sigma'(0)$ 이다. 식 (37)의 기하학적 의미를 그림 4.9에 나타내었다. 즉, $x = 0$ 에서 접선과 두 포화 값과의 교점 사이의 수평거리이다. 앞으로 w를 전이 폭(transition width)라고 부르자.

식 (35)의 함수들은 $x = 0$ 에서 미분이 최대가 되는 함수들이다. 그러나 일반적인 실험결과들은 미분이 최대가 되는 점이 반드시 $x = 0$ 이지는 않다. 미분이 최대가 되는 제어변수의 값을 $x_{\max}$ 라고 하면 임의의 S자형 데이터를 다음과 같이 근사할 수 있다.

$$y \approx \phi(x) = \frac{1}{2}\left[(y_{\max} - y_{\min})\sigma\left(\frac{x - x_{\max}}{\mathcal{W}}\right) + y_{\max} + y_{\min}\right] \tag{4.38}$$

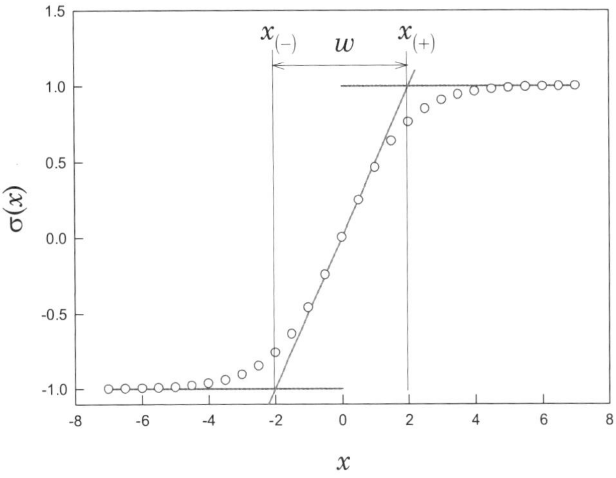

그림 4.9. S자형 함수의 기하학적 특성값.

여기서 W는 전이 폭을 임의의 값이 되도록 도입한 매개변수이다. 데이터에 따라서 식 (35)의 S자형 함수 중 하나를 선택해서 데이터를 수식화할 수 있을 것이다. 그러면 문제는 S자형 데이터가 식 (35)의 함수들 중에 어떤 것과 잘 맞을지를 어떻게 알아내느냐이다.

앞에서 데이터로부터 함수식을 찾는데 반 로그 작도와 이중 로그 작도가 사용되었었다. 따라서 이번에도 식 (35)의 함수들의 차이를 찾는데 같은 방법을 사용하고자 한다. 그렇게 하기 위해서 $x > 0$ 인 데이터만 취해서 점근거동을 고찰하고자 한다. 제어변수가 양수일 때 제어변수가 커감에 따라서 $F(x) \to y_{\max}$ 이고 정규회한 S자형 함수는 $\sigma(x) \to 1$ 이 된다. 따라서 $\psi(x) \equiv 1 - \sigma(x) > 0$ 이나 $1/[1 - \sigma(x)] > 0$ 의 점근거동은 x^{μ} 이거나 $e^{\beta x}$ 를 따를 것으로 예상된다. 먼저 수식적으로 $\psi(x)$ 의 점근거동을 해석해 보자.

식 (35a)를 정규화하면 $\sigma(x) = 2F(x) - 1$ 이 되므로 다음이 얻어진다.

$$\psi(x) \equiv 1 - \sigma(x) = \frac{2e^{-x}}{1 + e^{-x}} = \frac{2}{1 + e^{x}} \tag{4.39}$$

그런데 $x \gg 1$ 이 되면 $1 + e^{x} \approx e^{x}$ 이므로

$$\psi(x) \approx 2e^{-x} \tag{4.40}$$

이 됨을 알 수 있다. 따라서 로지스틱 함수의 경우 $\psi(x)$ 를 빈 로그 작도로 그리게

되면 $x \gg 1$ 인 영역에서 직선성을 보이게 된다.

식 (35b)의 경우에는 정규화로부터

$$\psi(x) = 1 - \frac{2}{\pi}\arctan x = \frac{2}{\pi}\left(\frac{\pi}{2} - \arctan x\right) \tag{4.41}$$

이 됨을 알 수 있다. 그런데

$$\arctan x = \int_0^x \frac{dt}{1+t^2}; \quad \frac{\pi}{2} = \int_0^\infty \frac{dt}{1+t^2} \tag{4.42}$$

이므로 식 (42)를 식 (41)에 적용하면 다음이 얻어진다.

$$\psi(x) = \frac{2}{\pi}\int_x^\infty \frac{dt}{1+t^2} \tag{4.43}$$

그런데 식 (43)에서 $x \gg 1$ 이면 피적분 함수는 $\left(1+t^2\right)^{-1} \approx t^{-2}$ 로 근사할 수 있으므로 적분은 다음과 같이 근사될 수 있다.

$$\psi(x) \approx \frac{2}{\pi}\int_x^\infty \frac{dt}{t^2} = \frac{2}{\pi x} \tag{4.44}$$

따라서 이 경우 점근거동은 x^{-1} 이 되므로 이중 로그작도를 사용하면 $x \gg 1$ 에서 $\psi(x)$는 기울기 –1의 직선을 보여주게 된다.

식 (35c)의 쌍곡-탄젠트 함수는 상용성이 없는 두 유체의 계면에서의 농도 분포를 나타내는 것을 알려져 있다[Cahn-Hilliard theory, Cahn and Hilliard (1958)]. 이 함수에 대한 수학적 분석은 로지스틱 함수와 유사하므로 생략하겠다. 식 (35d)도 마찬가지이므로 역시 생략하겠다.

식 (35e)의 $F(x)$ 는 오차함수(error function)라 부르며 $-1 < \mathrm{erf}(x) < 1$ 을 만족하므로

$$\psi(x) \equiv 1 - \sigma(x) = \mathrm{erfc}(x) \equiv \frac{2}{\sqrt{\pi}}\int_x^\infty e^{-t^2}\,dt \tag{4.45}$$

이다. 따라서 $x \gg 1$ 에 대한 점근거동을 파악하기 위해서 다음과 같은 부분적분을 이용한다.

$$\begin{aligned}\psi(x) &= \frac{2}{\sqrt{\pi}}\int_x^\infty \frac{1}{t} te^{-t^2}\mathrm{d}t = -\frac{1}{\sqrt{\pi}}\int_x^\infty \frac{1}{t}\frac{\mathrm{d}e^{-t^2}}{\mathrm{d}t}\mathrm{d}t \\ &= -\frac{1}{\sqrt{\pi}}\left[\frac{e^{-t^2}}{t}\right]_{t=x}^{t=\infty} - \frac{1}{\sqrt{\pi}}\int_x^\infty \frac{e^{-t^2}}{t^2}\mathrm{d}t \\ &= \frac{1}{\sqrt{\pi}}\left(\frac{e^{-t^2}}{t} - \int_x^\infty \frac{e^{-t^2}}{t}\mathrm{d}t\right).\end{aligned} \tag{4.46}$$

이러한 부분적분을 n번 계속하게 되면

$$\frac{\sqrt{\pi}}{2}\mathrm{erfc}(x) = \frac{1}{2}e^{-x^2}\left[\frac{1}{x} - \frac{1}{2x^3} + \frac{1\times 3}{2^2 x^5} - \cdots + (-1)^{n-1}\frac{1\times 3\times\cdots\times(2n-3)}{2^{n-1}x^{2n-1}}\right] + (-1)^n \frac{1\times 3\times\cdots\times(2n-1)}{2^n}\int_x^\infty \frac{e^{-t^2}}{t^{2n}}\mathrm{d}t \tag{4.47}$$

가 얻어진다. 그런데 $n>1$, $x>0$에 대해서 우변의 적분은 다음을 만족한다.

$$\int_x^\infty \frac{e^{-t^2}}{t^{2n}}\mathrm{d}t < e^{-x^2}\int_x^\infty \frac{\mathrm{d}t}{t^{2n}} = \frac{e^{-x^2}}{(2n-1)x^{2n-1}} \tag{4.48}$$

따라서 식 (47)의 적분항의 절대값은 n번째 항보다 작게 된다. 따라서 다음과 같은 점근 근사식을 얻을 수 있다.

$$\mathrm{erfc}(x) \approx \frac{e^{-x^2}}{\sqrt{\pi}x}\left(1 - \frac{1}{2x^2} + \frac{1\times 3}{2^2 x^4} - \cdots\right) \tag{4.49}$$

이로부터 $x \gg 1$ 이라면 식 (49)는 더 과감하게 다음이 된다.

$$\psi(x) \approx \frac{e^{-x^2}}{\sqrt{\pi}\,x} \tag{4.50}$$

그러면 S자형 데이터가 오차함수를 따르는지를 확인하려면 $\log[x\psi(x)]$를 x^2에 대해서 작도하여 $x \gg 1$일 때 직선성이 나오는지를 확인하여야 한다.

식 (35f)의 경우 $\sigma(x) = F(x) = x/\sqrt{1+x^2}$ 이므로

$$\psi(x) = \frac{1}{\sqrt{1+x^2}\left(x + \sqrt{1+x^2}\right)} \tag{4.51}$$

이 됨을 알 수 있다. 따라서 $x \gg 1$ 일 경우 $\sqrt{1+x^2} \approx x$ 이므로

$$\psi(x) \approx \frac{1}{2x^2} \tag{4.52}$$

가 된다. 따라서 $1-\sigma(x)$ 를 이중 로그 작도로 그리면 $x \gg 1$ 에 대해서 기울기 –2 의 직선성을 확인할 수 있다.

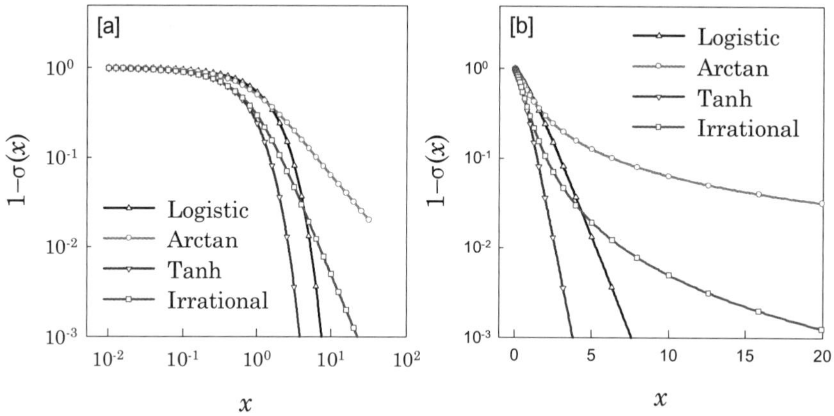

그림 4.10. S자형 함수의 점근거동

그림 4.10은 로지스틱 함수[식 (35a)], 아크탄젠트 함수[식 (35b)], 쌍곡-탄젠트 함수[식 (35c)] 및 무리분수식[irrational fraction, 식 (35f)]에 대해서 $\psi(x)=1-\sigma(x)$ 를 이중 로그와 반 로그 작도법으로 그린 것이다. 점근거동의 해석과 일치하는 것을 볼 수 있다.

그림 4.11은 오차함수인 경우[식 (35e)] 에 대한 반 로그 작도법이다. 수학적 해석과 일치함을 확인할 수 있다.

지금까지는 $-\infty < x < \infty$ 의 범위를 가지는 제어변수에 대한 S자형 데이터를 분석하는 방법에 대해서 논의하였다. 그런데 물리적으로 양의 제어변수만을 허용하는 데이터의 경우 $\log x$ 에 대한 그래프가 S자형 데이터를 보이는 경우도 있다. 이 경우에도 유사한 방법을 사용할 수 있으므로 이에 대한 것은 연습문제에서 다루기로 한다.

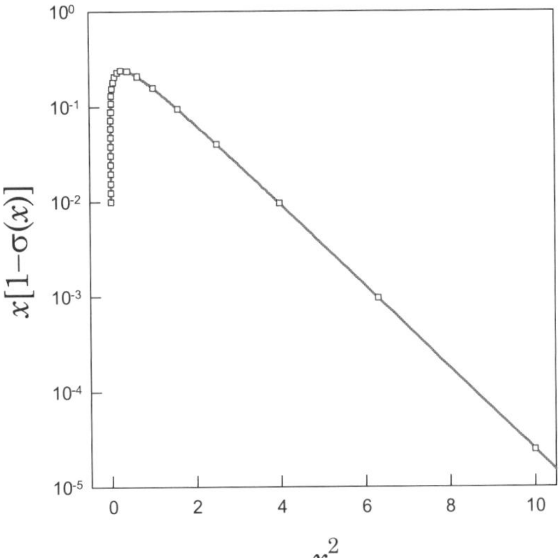

그림 4.11. 오차 함수의 반 로그 작도(semi-log plot).

열경화성 수지의 점도 η는 경화반응도(degree of curing reaction) α의 함수로 나타난다. 그림 4.12는 열경화성 수지의 경화거동에 대한 가상적인 데이터이다. 실제 데이터에 대한 것은 Bae, Choi and Cho, 2018을 참조하기 바란다.

그림 4.12에서 η_o 는 화학반응이 시작되기 전의 점도이다. 따라서 환원점도 (reduced viscosity, η/η_o)는 반드시 $\alpha=0$ 에서 1의 값을 가져야 한다. 그림 4.12[a]에서 알 수 있듯이 경화반응도가 0.2를 넘으면서 아주 급격하게 점도가 증가하고 있다. 선형작도법으로는 함수관계를 알기 어려우므로 급격하게 증가하는 환원점도를 로그 스케일로 다시 그린 것이 그림 4.12[b]이다. 여기서 환원점도는 $\alpha<0.1$ 에서 기울기 6으로 증가하는 것을 알 수 있으며 흥미롭게도 큰 α에서도 기울기 6으로 증가하는 것을 볼 수 있다. 직선관계는 $e^{6\alpha}$ 이므로 환원점도에 대해서 다음과 같은 함수를 정의한다.

$$\Phi(\alpha)\equiv e^{-6\alpha}\frac{\eta(\alpha)}{\eta_o} \tag{4.53}$$

식 (53)으로부터 $\Phi(0)=1$가 됨은 자명하다.

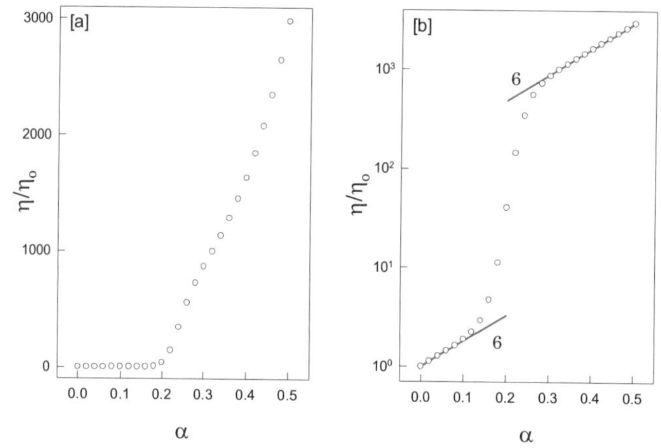

그림 4.12. 화학반응이 있는 유체의 환원점도

그림 4.13은 $\Phi(\alpha)$를 그린 것인데 로지스틱 함수의 형태를 가진다. 그런데 α의 범위에 비해서 $\Phi(\alpha)$의 범위가 매우 넓으므로 반 로그 작도를 해볼 필요가 있다. 선형 작도로는 함수관계를 오판할 수 있기 때문이다. 흥미롭게도 $\log\Phi(\alpha)$도 로지스틱 함수의 형태를 보인다. 따라서 다음의 두 경험식을 생각할 수 있을 것이다.

$$\Phi(\alpha) = 1 + \frac{K_1}{1+e^{-z_1}}; \quad z_1 \equiv \frac{\alpha - \alpha_1}{w_1}; \tag{4.54a}$$

$$\log\Phi(\alpha) = \frac{K_2}{1+e^{-z_2}}; \quad z_2 \equiv \frac{\alpha - \alpha_2}{w_2}. \tag{4.54b}$$

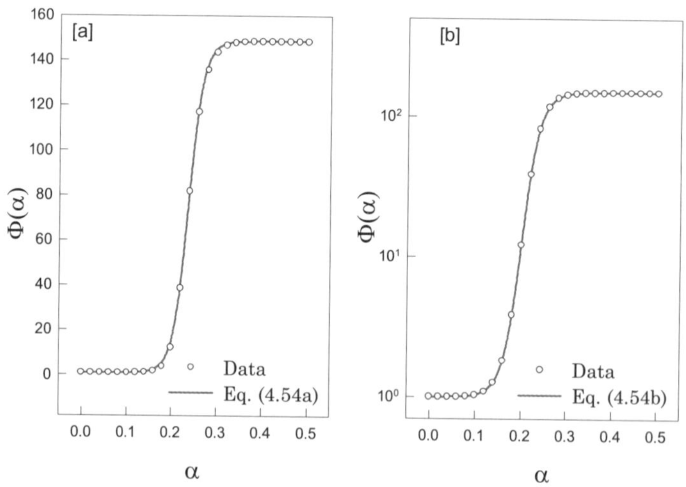

그림 4.13. 화학반응이 있는 유체의 환원점도의 정규화 비교

그림 4.13[a]의 실선은 식 (54a)이고 그림 4.13[b]의 실선은 식 (54b)이다. 두 식 모두 가상의 데이터와 잘 일치한다. 그런데 자세히 관찰하면 알아보기 매우 힘들지만 식 (54a)보다 식 (54b)가 데이터와 더 잘 일치하는 것을 알 수 있다. 사실 이 가상의 데이터는 식 (54b)를 이용하여 만든 것이다. 당연히 두 경험식의 매개변수 값들은 차이가 있다 [$\alpha_1 \approx 0.24$, $\alpha_2 = 0.2$, $w_1 \approx 0.016$, $w_2 = 0.02$]. 만약에 오차를 포함하는 실험 데이터였다면 이러한 차이는 구분할 수 없었을 것이다. 다시 한번 경험식의 한계를 확인하게 된다.

4.5. 부분적 선형함수

만약에 측정변수와 제어변수 모두가 음이 아닌 경우 $\log y_\alpha$ 를 $\log x_\alpha$ 의 함수로 그래프를 그리게 되면 구간별로 일정한 기울기를 가지는 형태의 곡선이 얻어지는 경우가 많다[그림 4.14]. 기울기가 바뀌는 전이가 급하게 일어나는 경우도 있고 느리게 일어나는 경우가 있을 수 있지만 그림 4.14의 곡선을 부분적 선형함수라고 부르겠다. 이 함수개형을 수식화하면 다음과 같다.

$$\frac{d\log y}{d\log x} \approx \begin{cases} n_1 & 0 < x_{\min} < x < x_1 \\ n_2 & x_1 < x < x_2 \\ n_3 & x_2 < x < x_{\max} \end{cases} \tag{4.55}$$

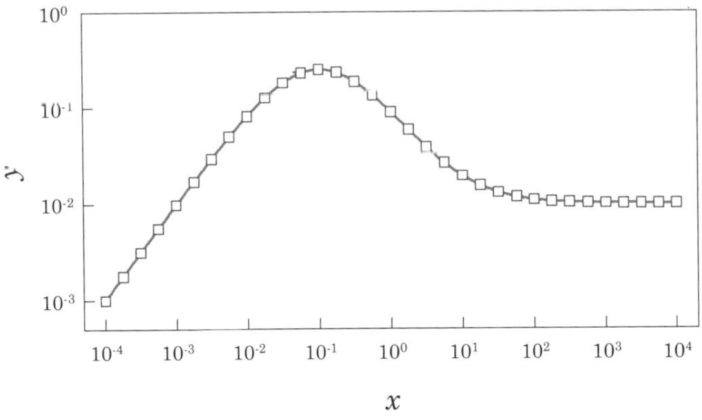

그림 4.14. 식 (4.55)를 만족하는 함수

그러면 $\psi = \log y$, $\xi = \log x$ 의 변환을 생각하면 식 (55)는 다음과 같이 쓸 수 있다.

$$\frac{d\psi}{d\xi} \approx n_1\left[\Theta(\xi-\xi_{\min})-\Theta(\xi-\xi_1)\right]+n_2\left[\Theta(\xi-\xi_1)-\Theta(\xi-\xi_2)\right] \\ +n_3\left[\Theta(\xi-\xi_2)-\Theta(\xi-\xi_{\max})\right]. \tag{4.56}$$

물론 여기서 $\Theta(\xi)$ 는 단위계단함수이고 $\xi_k = \log x_k$ 를 의미한다. 식 (56)을 적분하게 되면

$$\begin{aligned}\psi(\xi)-\psi(\xi_{\min}) \approx\ & n_1(\xi-\xi_{\min})\Theta(\xi-\xi_{\min}) \\ & +(n_2-n_1)(\xi-\xi_1)\Theta(\xi-\xi_1) \\ & +(n_3-n_2)(\xi-\xi_2)\Theta(\xi-\xi_2) \\ & -n_3(\xi-\xi_{\max})\Theta(\xi-\xi_{\max})\end{aligned} \tag{4.57}$$

이 얻어지게 된다.

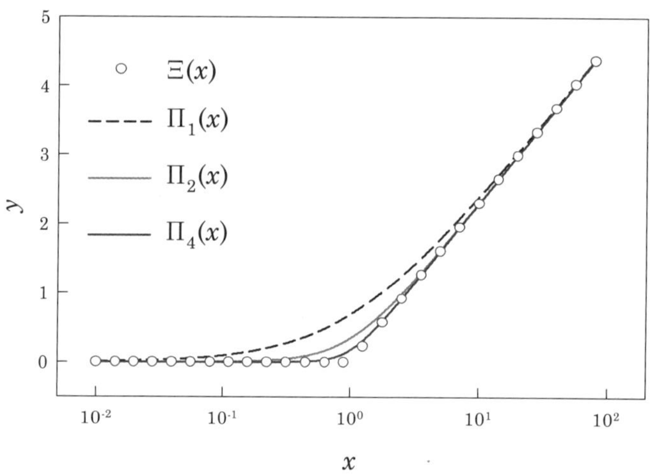

그림 4.15. 식 (4.59)로 정의된 함수의 n에 따른 형태변화.

식 (57)을 원래의 변수들에 관한 관계식으로 바꾸기 전에 다음에 주목해 보자.

$$(\xi-\xi_k)\Theta(\xi-\xi_k) = \log\frac{x}{x_k}\Theta\left(\log\frac{x}{x_k}\right) \equiv \Xi(x). \tag{4.58}$$

그림 4.15는 $\Xi(x)$ 를 $\log x/x_k$ 의 함수로 그린 결과와 그에 대한 다음과 같은 어림함수를 비교한 것이다.

$$\Pi_n(x) \equiv \log\left[1+\left(\frac{x}{x_k}\right)^n\right]^{1/n}. \tag{4.59}$$

그림 4.15에서 볼 수 있듯이 어림함수 $\Pi_n(x)$는 $\Xi(x)$와 유사한 점근거동을 보이지만 기울기가 변하는 전이구간에서 약간의 차이를 보인다. 하지만 n이 커감에 따라서 기울기의 전이는 $\Xi(x)$와 점점 더 가까워진다. 따라서 식 (57)은 다음과 같이 근사할 수 있게 된다.

$$\begin{aligned} y \approx y(x_{\min})&\left[1+\left(\frac{x}{x_{\min}}\right)^{a_0}\right]^{\frac{n_1}{a_0}}\left[1+\left(\frac{x}{x_1}\right)^{a_1}\right]^{\frac{n_2-n_1}{a_1}} \\ &\times\left[1+\left(\frac{x}{x_2}\right)^{a_2}\right]^{\frac{n_3-n_2}{a_2}}\left[1+\left(\frac{x}{x_{\max}}\right)^{a_3}\right]^{-\frac{n_3}{a_3}} \end{aligned} \tag{4.60}$$

이제 식 (60)으로 그림 4.14의 데이터를 근사할 수 있는지를 알아보자. 이 데이터는 $x<10^{-1}$일 경우 이중 로그 작도에서 기울기 1로 증가하다가 $10^{-1}<x<10^{1}$에서는 기울기 –1로 감소하고 $x>10$이 되면 기울기가 거의 0이 된다. 이 경우 $x_{\min}$과 $x_{\max}$를 특정지울 수 없으며 $x_1 \approx 10^{-1}$로 생각하면 $x<x_1$일 때 $n_1 \approx 1$이라고 할 수 있다. 마찬가지로 $x_1<x<x_2 \approx 0.1$에 대해서 기울기 $n_2 \approx -1$이고 $x>x_2$일 때 $n_3 \approx 0$이라고 할 수 있다. 그리고 $x \to 0$일 때 $y \to 0$으로 점근거동을 보이며 $x \to \infty$일 때 $y \to 10^{-2}$의 점근거동을 보인다. 따라서 식 (60)을 다음과 같이 수정할 수 있을 것이다.

$$y \approx \frac{Ax\left[1+(x/x_2)^{a_2}\right]^{1/a_2}}{\left[1+(x/x_1)^{a_1}\right]^{2/a_1}}. \tag{4.61}$$

그림 4.14에서 $x<10^{-2}$의 데이터들로 얻은 직선을 연장하면 $x=10^{0}$에서 거의 10에 가까운 값을 보일 것 같으므로 $A=10$으로 설정하고 일단 $a_1=a_2=1$로 두고 계산을 해보자. 식 (61)의 계산결과가 그림 4.14의 실선이다. 일반적으로 그림 4.

14와 같은 데이터가 주어지면 식 (61)을 이용한 비선형회귀분석을 하면 A, a_1, a_2, n_1, n_2 와 같은 매개변수를 구할 수 있다.

연습문제 4

[1] 다음 함수들에 대해서 $x \to \infty$ 일 때의 점근거동을 구하라.

$$\phi(x) = \frac{ax^2}{(1+bx)(1+cx)}; \qquad \phi(x) = \exp\left(-\frac{a}{x}\right);$$

$$\phi(x) = \frac{1}{\cosh x}; \qquad \phi(x) = \frac{a}{x} + \frac{b}{1+\sqrt{cx}} + \frac{d}{1+\sqrt{10^2 cx}}$$

[2] 어떤 함수가 $0 < x \ll 1$ 에 대해서는 $\phi(x) \approx 1$ 이었다가 $1 < x < 10^2$ 에 대해서는 $\phi(x) \propto x^2$ 이었다가 $x \gg 10^2$ 에 대해서는 $\phi(x) \to 10^3$ 인 점근거동을 보인다면 이 함수에 대한 어림함수를 구하라.

[3] 함수 $\phi(x) = \arctan x$ 의 테일러 전개를 9차까지 구한 후에 분자는 5차 다항식 분모는 4차 다항식인 분수식을 구하라.

[4] 식 (22), (23), (24)에 대한 FWHM을 구하라.

[5] 식 (22)와 식 (24)에 대한 RMSW를 구하라.

[6] 다음 데이터에 적절한 경험식을 유도하라.

x	200	275	350	425	500	575
y	1.389×10^{-7}	1.270×10^{-4}	6.249×10^{-3}	7.774×10^{-2}	4.540×10^{-1}	1.673×10^{0}

[7] 다음의 두 부분적 선형함수 중 어떤 것이 실험결과를 더 잘 맞출 것 같은가?

$$\phi_1(x) = \frac{A}{(1+x/x_o)^n} + B; \quad \phi_2(x) = \frac{C(1+x/x_2)^n}{(1+x/x_1)^n}$$

두 함수는 모두 같은 개수의 매개변수를 가지고 있다.

5. 다변수 어림함수의 추정

이 절에서는 측정변수가 여러 제어변수의 함수로 주어지는 경우에 그 함수를 실험결과로부터 구하는 방법에 대해서 공부할 것이다. 하나의 측정변수가 n개의 제어변수에 의존한다고 하는 경우 제어변수를 $x_1, x_2, \cdots, x_n$ 으로 표시할 것이다.

5.1. 반응표면법

측정변수를 만족하는 다변수 함수 $y = f(x_1, x_2, \cdots, x_n)$ 가 연속이고 모든 변수에 대한 어떤 차수의 편미분도 연속이라고 하자. 제어변수의 범위는 편의상 $|x_k - \xi_k| \le r_k$ 라고 하자. 여기서 ξ_k 는 k번째 제어변수의 중심값이라고 하고 r_k 는 제어변수 범위의 폭이라고 하자. 그러면 다음과 같은 테일러 전개(Taylor expansion)를 생각할 수 있다[부록 A 참조].

$$\begin{aligned} f(x_1, x_2, \cdots, x_n) &\approx \phi(x_1, x_2, \cdots, x_n) \\ &\equiv f(\xi_1, \xi_2, \cdots, \xi_n) + \sum_{k=1}^{n} \left(\frac{\partial f}{\partial x_k} \right)_{x=\xi} (x_k - \xi_k) \\ &\quad + \frac{1}{2} \sum_{i=1}^{n} \sum_{k=1}^{n} \left(\frac{\partial^2 f}{\partial x_i \partial x_k} \right)_{x=\xi} (x_i - \xi_i)(x_k - \xi_k) \end{aligned} \tag{5.1}$$

식 (1)의 편미분의 아래첨자 $x = \xi$ 는 편미분을 $(x_1, x_2, \cdots, x_n) = (\xi_1, \xi_2, \cdots, \xi_n)$ 에서 계산하였다는 것을 의미한다. 식 (1)의 $\phi(x_1, x_2, \cdots, x_n)$ 는 2차 다변수함수인데 식 (1)의 모든 편미분들을 실험 데이터로 구할 수 있다면 이 어림함수는 규명되는 것이다.

제어변수가 각각의 k에 대해서 $x_k^{(0)} = \xi_k$, $x_k^{(\pm)} = \xi_k \pm r_k$ 로 세 개씩 있다고 하자. 만약 r_k 가 충분히 작다면 편미분들은 실험 데이터로부터 다음과 같이 구할 수 있을 것이다.

$$\left(\frac{\partial f}{\partial x_k} \right)_{x=\xi} \approx \frac{y_{k+} - y_{k-}}{2r_k}; \tag{5.2}$$

$$\begin{aligned} \left(\frac{\partial^2 f}{\partial x_i \partial x_k} \right)_{x=\xi} &\approx \frac{1}{r_k} \left(\frac{y_{i+}^{k+} + y_{i+}^{k} - y_{i-}^{k+} - y_{i-}^{k}}{4r_i} - \frac{y_{i+}^{k} + y_{i+}^{k-} - y_{i-}^{k} - y_{i-}^{k-}}{4r_i} \right) \\ &= \frac{y_{i+}^{k+} + y_{i-}^{k-} - y_{i-}^{k+} - y_{i+}^{k-}}{4r_i r_k}. \end{aligned} \tag{5.3}$$

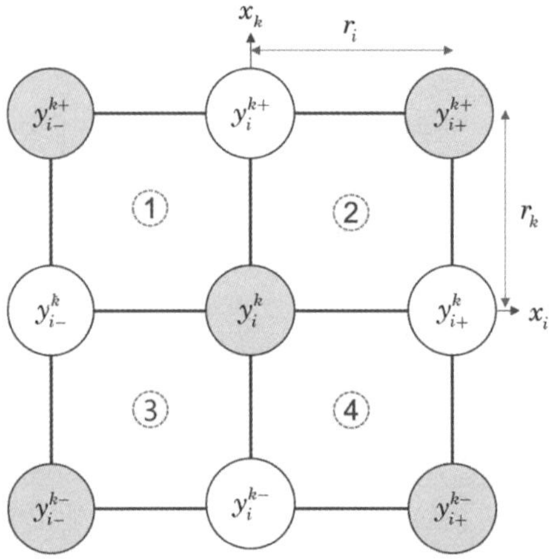

그림 5.1. 제어변수가 두 개일 때 (x_k와 x_i)의 제어변수 값의 배치.

여기서 $y_{k\pm}$는 모든 제어변수의 값은 k번째 제어변수를 제외하고 중심값인 ξ_i를 가지고 오로지 k번째 제어변수만 $x_k = \xi_k \pm r_k$ 일 때의 측정변수를 의미한다. 그리고 $y_{i\pm}^{k\pm}$의 의미는 i번째와 k번째 제어변수를 제외한 모든 제어변수는 중심값을 가지고 $x_i = \xi_i \pm r_i$, $x_k = \xi_k \pm r_k$ 인 경우의 측정변수 값을 의미한다. 이를 도식화하면 그림 5.1과 같다. 따라서 식 (3)은 그림 5.1의 1번 원과 2번 원의 위치에서의 예상되는 측정변수의 값들로 x_i에 대한 편미분의 근사치를 구하고 다시 3번 원과 4번 원에서 예상되는 측정변수의 값들로 x_i에 대한 편미분의 근사치를 구한 다음 이 두 근사치들로부터 x_k에 대한 편미분의 근사치를 구하는 것이다. 네 원에 대해 예상되는 측정변수의 값은 주변의 네 측정변수들의 평균으로 구한다. 이는 2번 원과 4번 원 그리고 1번 원과 3번 원으로 x_k에 대한 편미분의 두 근사치를 구한 다음 이들로부터 x_i에 대한 편미분의 근사치를 구하는 것과 같은 값을 준다. 즉, 2차 편미분에서 편미분의 순서를 바꾸어도 같은 값을 가지게 되는 것과 일치한다. 식 (3)은 $i \neq k$일 경우에 해당하며 $i = k$일 경우 모든 제어변수가 중심값을 가질 때의 측정변수를 y_0라고 표기하면 다음이 된다.

$$\left(\frac{\partial^2 f}{\partial x_k^2}\right)_{x=\xi} \approx \frac{y_{k+} + y_{k-} - 2y_0}{r_k^2}. \tag{5.4}$$

따라서 식 (1)과 같은 어림함수를 구하려면 각각의 제어변수당 3개씩 모두 3^n 개의 실험조건으로 측정변수를 측정하여야 한다. 즉 3^n 번의 실험이 필요하게 된다. 식 (2)~(4)의 편미분 공식들은 극한식을 유한차분식으로 변경한 것이기 때문에 측정오차를 무시한다고 하여도 수치해석적인 오차가 있게 마련이다. 이러한 오차를 줄이려고 한다면

$$\phi(x_1, x_2, \cdots, x_n) = c_0 + \sum_{k=1}^{n} b_k (x - \xi_k) + \frac{1}{2}\sum_{i=1}^{n}\sum_{k=1}^{n} a_{ik}(x_i - \xi_i)(x_k - \xi_k). \qquad (5.5)$$

를 이용하여 회귀분석을 하는 것이다. 그러면 계수들은

$$c_0 = y_0; \quad b_k = \left(\frac{\partial f}{\partial x_k}\right)_{x=\xi}; \quad a_{ik} = \left(\frac{\partial^2 f}{\partial x_i \partial x_k}\right)_{x=\xi} \qquad (5.6)$$

의 의미를 가진다.

식 (5)에서 구해야 하는 매개변수의 개수는 모두 $N_p = \frac{1}{2}(n+1)(n+2)$ 개이다. 왜냐하면 $a_{ik} = a_{ki}$ 이기 때문이다. 그런데 식 (2)~(4)로 편미분들을 구하기 위해 필요하다고 생각된 데이터의 개수는 $N_d = 3^n$ 이다. 그러면 $n \gg 1$에 대해서

$$\frac{N_p}{N_d} = \frac{(n+1)(n+2)}{2 \times 3^n} < 1\ (n \geq 2) \qquad (5.7)$$

인 관계가 성립된다. 즉 제어변수의 개수가 $n > 4$ 되어도 $N_p / N_d < 0.1$ 이 되어 버린다. 즉 제어변수의 개수가 늘어감에 따라서 과도하게 많은 데이터가 필요하게 된다는 것을 의미한다. 그런데 식 (3)과 (4)를 보면 이차 편미분을 구하기 위해서 필요한 데이터는 그림 5.1에 표시한 회색 원에 해당하는 것들이다. 일차미분에 필요한 y_{i+} 와 y_{i-} 는 이들로부터 얻는 추정치로 대체할 수 있을 것이다. 즉,

$$y_{i\pm} \approx \frac{y_{i\pm}^{k+} + y_{i\pm}^{k-}}{2} \qquad (5.8)$$

로 대체할 수 있을 것이다. 식 (8)을 사용하게 되면서 발생하는 오차는 회귀분석으로 상당히 줄어들 수 있을 것이다. 따라서 필요한 제어변수들의 조합은 그림 5.1의 네 모퉁이의 회색 원 네 개가 되며 이 원들은 모든 제어변수의 값이 중심값을 가지는 점(그림 5.1의 가운데 있는 회색 원)에서 같은 거리에 있는 제어변수 조합들이라

고 볼 수 있다.

분석을 간단히 하기 위해서 변수변환을 하자. 즉,

$$\tilde{x}_i = \frac{x_i - \xi_i}{r_i} \tag{5.9}$$

의 환원변수를 사용하게 되면 $\tilde{x}_i$는 0, ±1의 세 값만을 가지게 된다. 따라서 중심값에 해당하는 환원제어변수의 조합은 n차원 벡터로 표현할 수 있게 된다. 그리고 편미분의 계산에 필요한 환원제어변수의 조합은 $\tilde{x}_i$가 1 또는 -1 만으로 이루어진 것들이 되므로 이 조합의 개수는 $N_d = 1 + 2^n$ 이 된다. 이 조합들을 벡터로 표현하면 $\tilde{\mathbf{x}}_0, \cdots, \tilde{\mathbf{x}}_\alpha, \cdots, \tilde{\mathbf{x}}_{2^n}$ 이 될 것이다. 그러면 모든 $\alpha \neq 0$에 대해서

$$\tilde{\mathbf{x}}_\alpha \equiv \left(\tilde{x}_1^{(\alpha)}, \tilde{x}_2^{(\alpha)}, \cdots, \tilde{x}_n^{(\alpha)}\right), \ \tilde{x}_i^{(\alpha)} = \pm 1 \quad \text{for } \forall i \text{ and } \forall \alpha \tag{5.10}$$

라고 표현할 수 있다. 그러면 임의의 $\alpha > 0$에 대해서 거리를

$$d_\alpha \equiv \sqrt{\sum_{k=1}^{n} \left(\tilde{x}_k^{(\alpha)}\right)^2} \tag{5.11}$$

로 정의하면 모든 $\alpha > 0$에 대해서 $d_\alpha = \sqrt{n}$ 이 됨은 자명하다. 최종적으로

$$\frac{N_p}{N_d} = \frac{(n+1)(n+2)}{2\left(2^n + 1\right)} \tag{5.12}$$

이 된다. 이 경우 $n = 2$일 때 $N_p > N_d$가 되어 매개변수를 구하기 어렵게 되지만 $n > 3$이면 $N_p < N_d$가 되어 회귀분석으로 매개변수를 구할 수 있게 된다.

식 (5)와 같은 어림함수를 여러 제어변수의 조합에 대해서 구하는 작업을 반응표면법(response surface method)이라고 한다. 반응표면법의 중요한 문제 중의 하나는 어떤 제어변수들의 조합 중에서 함수규명에 가장 효율적인 것을 찾는 것이다. 반응표면법과 그 문제들은 실험계획법(design of experiment)이라는 학문분야에 속한다. 이 책은 실험계획법에 관한 것은 아니다. 실험계획법은 가용한 물리법칙이나 다른 지식이 없을 경우에 매우 효과적인 방법이지만, 즉 더 적은 실험회수(데이터의 수, N_d)로 동일한 결과를 얻을 수 있는 방법이지만, 이 책에서는 그 보다는 가용한 지식이 있을 경우 이들을 활용하여 식 (5)보다 더 복잡한 함수를 규명하는 방법에 대해서

공부한다.

5.2. 중첩

제어변수의 개수가 n일 때 만약에 다음의 함수구조

$$y = f(x_1, x_2, \cdots, x_n) = \psi[\eta(x_1, x_2, \cdots, x_n)] \tag{5.13}$$

를 만족시킬 수 있다면 실제적으로 측정변수는 η에 대한 일변수 함수로 간주할 수 있다. 간단한 예를 그림 5.2에 도시하였다.

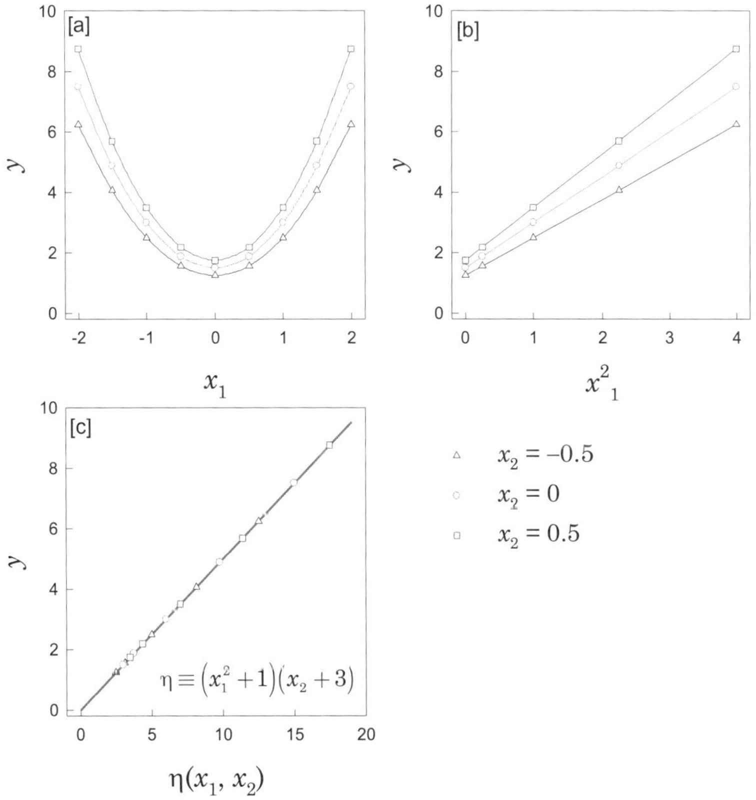

그림 5.2. 다변수함수의 이차원 작도를 이용한 중첩.

그림 5.2[a]는 데이터를 보면 첫 번째 제어변수 x_1에 대해서 측정변수 y를 두 번째 제어변수 x_2의 여러 값들에 대해서 그린 것이다. 모든 x_2의 값들에 대해서 y는 x_1의 2차 함수로 보인다. 즉 데이터는

$$y = a(x_2)(x_1^2 + 1) \tag{5.14}$$

의 함수관계를 보인다. 이를 확실하게 하기 위해서 그림 5.2[a]의 가로축을 x_1 대신 x_1^2으로 그린 것이 그림 5.2[b]이다. 그림 5.2[b]의 직선들의 기울기를 그려서 x_2에 대해서 작도하면 직선을 얻을 수 있고 따라서

$$a(x_2) = \frac{x_2 + 3}{2} \tag{5.15}$$

가 됨을 확인할 수 있게 된다. 그러면 식 (14)는 다시 다음과 같이 쓸 수 있다.

$$y = \frac{\eta}{2}; \quad \eta(x_1, x_2) = (x_1^2 + 1)(x_2 + 3). \tag{5.16}$$

그림 5.2[c]는 여러 x_1과 x_2 값들에 대해서 얻어진 측정변수를 가로축을 η로 해서 그린 것이다. 여러 조합의 데이터가 하나의 직선에 포개져 있다. 이렇게 데이터들이 포개지는 것을 중첩(superposition)이라고 한다. 식 (13)과 (16)의 함수 η를 중간함수(intermediate function)라고 부르자.

이변수 함수인 경우 중첩을 위한 $\eta(x_1, x_2)$를 찾는 것이 매우 어려운 일이 아닐 수 있다. 하지만 제어변수의 개수가 많을 때는 하나의 중간함수만 있지 않을 수 있다. 일반적으로 n개의 제어변수에 대해서 $m < n$개의 중간함수가 있을 수 있다. 즉,

$$\psi(y, \mathbf{x}) = \phi[\eta_1(\mathbf{x}), \eta_2(\mathbf{x}), \cdots, \eta_m(\mathbf{x})] \tag{5.17}$$

와 같은 변환을 생각할 수 있다. 식 (17)과 같은 경우 m개의 제어변수에 대해서 함수를 구하는 문제가 되니 이는 $n > m$개의 제어변수에 대해서 함수를 구하는 문제보다 쉬울 것이다. 그러면 n개의 제어변수들에서 이보다 적은 개수의 중간함수들을 찾는 일반적인 방법은 있는가? 이에 대한 대답은 제2장에서 차원해석(dimensional analysis)과 눈금맞춤 이론(scaling theory)을 공부하면서 얻을 수 있을 것이다. 여기서는 이러한 이론들을 배제한 상태에서 비교적 간단한 경우들에 대해서 공부하기로 한다.

수평 및 수직이동

제어변수가 두 개인 경우만을 생각한다. 측정변수를 제어 변수 하나를 여러 값에 대해서 고정하며 다른 제어변수의 함수로 그렸는데 모든 곡선의 형태가 동일하고

단지 수평 및 수직 이동을 한 것과 같아 보인다고 하자. 즉, 그림 5.3과 같은 결과가 나왔다고 하자. 함수의 수평 및 수직이동은 다음과 같이 수학적으로 표현할 수 있다.

$$y = f_{\text{ref}}\left[x_1 - a\left(x_2\right)\right] + b\left(x_2\right). \tag{5.18}$$

즉 x_2 의 기준이 되는 값 $x_2 = x_2^{\text{ref}}$ 에 대한 함수관계를 $y = f_{\text{ref}}\left(x_1\right)$ 라고 했을 때 x_2 가 다른 값을 가지게 되면 수평으로는 $a\left(x_2\right)$ 만큼, 수직으로는 $b\left(x_2\right)$ 만큼 평행이동하였다는 것을 보여준다. 따라서 식 (18)은 만약 가로축과 세로축을 각각 다음과 같은 변수로 대체하면 그림 5.3[a]의 데이터들이 그림 5.3[b]와 같이 중첩됨을 의미한다

$$\psi\left(y, x_2\right) \equiv y - b\left(x_2\right); \quad \eta\left(x_1, x_2\right) \equiv x_1 - a\left(x_1\right). \tag{5.19}$$

또한 식 (18)은 다음도 의미하게 된다.

$$\psi = f_{\text{ref}}\left(\eta\right). \tag{5.20}$$

식 (20)은 식 (17)의 특수한 경우에 해당됨을 알 수 있다.

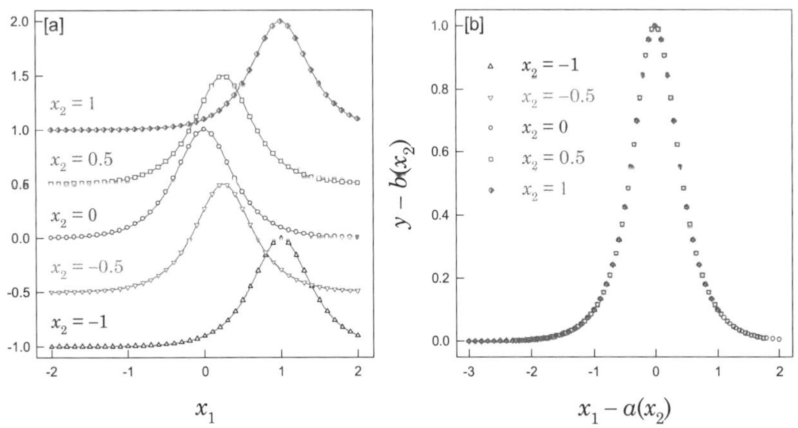

그림 5.3. 수평 및 수직이동을 이용한 중첩.

그러면 함수 $a\left(x_2\right)$ 와 $b\left(x_2\right)$ 는 어떻게 구할 것인가? 그림 5.3의 경우 모든 x_2 값들에 대해서 함수의 개형이 확연하다. 그림 5.3의 기준함수 $f_{\text{ref}}\left(x\right)$ 는 $|x| \to \infty$ 일

때 $f_{\mathrm{ref}}(x) \to 0$ 이므로 $x_2 = 0$ 일 때의 y의 x_1 에 대한 의존성을 기준함수로 정하면 $x_1 \to -\infty$ 에 대한 극한값이 $x_2 = 0$ 일 때 0이고 임의의 실수 $x_2 = \xi$ 이면 ξ를 보이므로 $b(x_2) = x_2$ 로 추정된다. 반면에 다섯 가지 x_2 의 값 모두에 대해서 봉우리 형태가 뚜렷이 보이므로 각각의 x_2 값들에 대해서 봉우리의 중심위치 $x_1^{\max}$ 를 작도해 보면 $a(x_2) = 1 + x_2^2$ 이 됨을 알 수 있다. 이에 따라서 그린 것이 그림 5.3[b]의 결과이다. 함수 $a(x_2)$ 를 수평 이동인자(horizontal shift factor), 함수 $b(x_2)$를 수직 이동인자(vertical shift factor)라고 부른다.

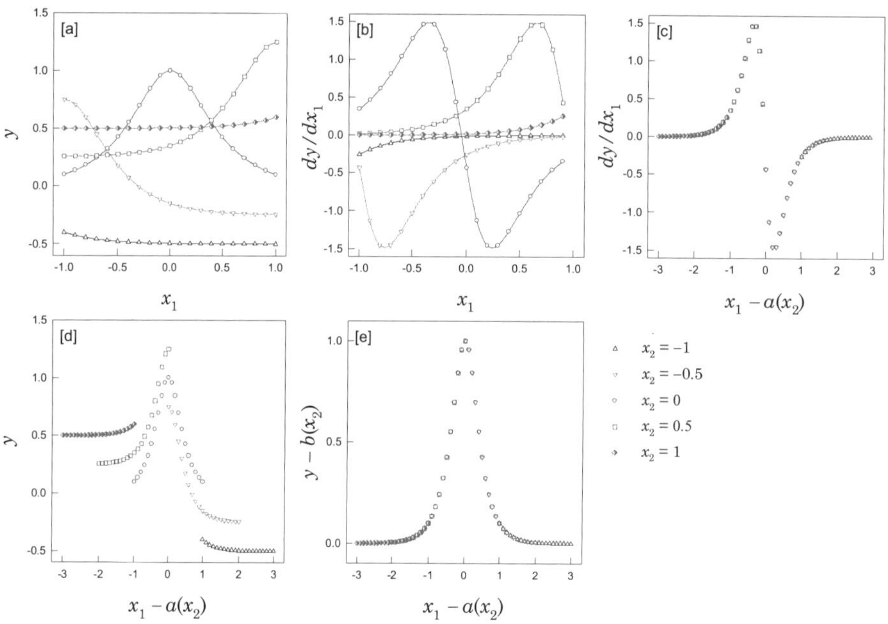

그림 5.4. 미분을 이용한 수평 및 수직이동 인자의 결정.

그런데 만약 주어진 데이터가 그림 5.4[a]와 같다면 과연 그림 5.3[b]와 같은 중첩곡선을 얻을 수 있을까? 그림 5.4[a]의 일부 x_2 값들에 대해서는 극한값과 봉우리의 중심을 찾을 수 없다. 따라서 수평과 수직이동에 필요한 이동인자들을 모두 구하기 어렵다. 동시에 수평 이동인자와 수직 이동인자를 구한다는 것은 매우 어려운 일이지만 만약 수평이동인자만 구해야 하는 문제로 바꿀 수 있다면 작업이 쉬워질 것이다. 식 (18)을 x_1 에 대해서 편미분을 하게 되면 식 (18)은 다음이 된다.

$$\frac{\partial y}{\partial x_1} = f'_{\text{ref}}\left[x_1 - a\left(x_2\right)\right]; \quad f'_{\text{ref}}\left(x\right) = \frac{\mathrm{d}f_{\text{ref}}}{\mathrm{d}x}. \tag{5.21}$$

그림 5.4[b]는 $\partial y/\partial x_1$ 을 그린 것이다. 그림에서 알 수 있듯이 수평이동으로 5개의 곡선이 중첩될 것으로 보인다. 이는 식 (21)로도 충분히 예측 가능한 결과이다. 그림 5.4[b]를 보면 $x_2 = 0$ 인 곡선은 극대점과 극소점 모두를 뚜렷이 보이고 $x_2 = 0.5$ 인 곡선은 뚜렷한 극대점만을 $x_2 = -0.5$ 인 곡선은 뚜렷한 극소점만을 보이는 반면에 $x_2 = \pm 1$ 인 두 곡선들은 극대점과 극소점 모두를 보이지 않고 있다. 곡선 $x_2 = 0$ 과 곡선 $x_2 = -0.5$ 의 극소점 사이의 거리는 1이고 마찬가지로 곡선 $x_2 = 0$ 과 곡선 $x_2 = 0.5$ 의 극대점 사이의 거리도 역시 1이다. 따라서 기준곡선을 $x_2 = 0$ 으로 삼으면 곡선사이의 거리가 $2x_2$ 에 해당한다는 것을 쉽게 알 수 있다. 그러면 $a\left(x_2\right) = 2x_2$ 를 다섯 곡선 모두에 적용해서 $\partial y/\partial x_1$ 를 $x_1 - 2x_2$ 의 함수로 그리면 그림 5.4[c]가 얻어진다. 중첩곡선이 완벽하니 $a\left(x_2\right) = 2x_2$ 라는 추정이 올바른 것으로 보인다. 따라서 이 수평이동인자를 원래 함수에 적용하여 그린 결과가 그림 5.4[d]이다. 다섯 개의 곡선이 수직으로 어긋나 있는 것으로 보인다. 이 그림을 보면 $x_1 - a\left(x_2\right) = 0$ 에서의 y값으로 수직이동인자를 판별할 수 있을 것으로 보인다. 이를 활용하면 $b\left(x_2\right) = \frac{1}{2}x_2$ 인 것으로 추정된다. 이 수직인자를 $x_2 = \pm 1$ 인 두 곡선에도 적용을 하면 그림 5.4[e]의 완벽한 중첩곡선이 얻어진다.

이동인자들을 찾는 위의 방법은 운이 좋은 경우이다. 왜냐하면 오차를 포함하는 실제 데이터에 대해서 그림 5.4[b]와 같이 매끄러운 도함수를 얻어내기 어렵기 때문이다. 이에 대해서는 3장에서 자세히 배우기로 하자. 두 번째 이유는 매끄러운 도함수를 구하였다고 해도 그림 5.4[b]와 같이 수평이동인자를 추정하기 좋은 함수형태를 일반적으로 얻을 수 없다는 것이다. 이는 그림 5.4[d]에서도 마찬가지이다. 중첩곡선을 찾는 일반적인 방법에 대해서는 3장에 가서나 소개가 가능하다.

만약에 수직 및 수평이동에 의한 중첩이 이중 로그 작도에서 가능할 것으로 보인다면 식 (18)은 다음과 같이 변환된다.

$$\log y = \log f_{\text{ref}}\left[a\left(x_2\right)x_1\right] + \log b\left(x_2\right); \quad y = b\left(x_2\right) f_{\text{ref}}\left[a\left(x_2\right)x_1\right]. \tag{5.22}$$

매개변수의 분석

제어변수의 개수가 n일 때 그 중 제어가 가장 용이해서 가장 많은 데이터를 생성할 수 있는 제어변수를 x_1 이라고 하자. 게다가 다른 제어변수들이 고정되었을 때 x_1 의 변화에 따라서 제어변수의 변화거동이 가장 복잡하다고 가정하자. 그림 5.3이나 그림 5.4에서의 x_1 이 이러한 조건을 만족하는 제어 변수이다. 그런데 만약 다른 제어변수들이 고정되었을 때 측정변수 y가

$$y = g\left(x_1; p_1, p_2, \cdots, p_m\right) \tag{5.23}$$

을 만족한다고 하자. 즉 함수형태가 일정하다고 하자. 여기서 p_k 는 매개변수이며 모두 m개가 있다. 또한 $y = f\left(x_1, x_2, \cdots, x_n\right)$ 을 의미하므로 식 (23)으로부터

$$p_k = p_k\left(x_2, x_3, \cdots, x_n\right) \tag{5.24}$$

가 된다는 것을 알 수 있게 된다. 그런데 만약 함수 g의 형태가

$$g\left(x_1; p_1, p_2, \cdots, p_m\right) = \gamma\left(p_1, p_2, \cdots, p_m\right) h\left[\frac{x_1}{\lambda\left(p_1, p_2, \cdots, p_m\right)}\right] \tag{5.25}$$

의 형태를 가지게 된다면

$$\tilde{y} \equiv \frac{y}{\gamma}; \quad \tilde{x} \equiv \frac{x_1}{\lambda} \tag{5.26}$$

에 대한 작도는 임의의 제어변수 조합에 대해서 하나의 곡선(master curve)으로 중첩되게 된다.

측정변수 y가 물성과 관련된 물리량이라면 식 (25)의 합성매개변수 γ와 λ은 물질의 성질을 나타내는 양이 되므로 물질이 다르면 달라지기 마련이다. 하지만 식 (26)의 환원 측정변수 $\tilde{y}$ 와 환원 제어변수 $\tilde{x}$ 에 대한 중첩곡선의 존재는 물리현상의 보편성을 나타내는 것이 된다.

이해를 돕기 위해서 $n = 2$ 인 예제들 공부해 보자. 즉, $x_1 = t$ 로 시간이고 $x_2 = T$ 로 절대온도이며 측정변수는 어떤 화학반응에서 반응물 A의 농도라고 하자. 반응물의 농도는 시간이 지남에 따라서 생성물로 바뀌기 때문에 시간에 대한 감소함수이다. 그림 5.5[a]와 같은 결과가 여러 온도에 대해서 얻어졌다고 하자. 시각 $t = 0\,\mathrm{h}$ 에서 A의 농도 즉, 초기농도를 1 mol/L로 고정하고 실험한 결과이다. 온도

가 올라갈수록 더 빠르게 A의 농도가 감소하는 것을 알 수 있다. 이 결과를 반 로그 작도로 그리건 이중 로그 작도로 그리건 아무런 직선관계나 또는 점근관계도 찾아볼 수 없었다. 그래서 그림 5.5[b]와 같이 측정변수대신 측정변수의 역수로 선형 작도를 하였더니 명쾌한 직선관계가 모든 온도에 대해서 나타났다. 물론 절편은 1 L/mol로 같았다.

따라서 기울기 k는 분명 온도만의 함수이므로 이 함수를 규명해야 한다. 그런데 화학반응과 관련한 온도의 함수들은 그 유명한 아레니우스 작도(Arrhenius plot)이라는 작도법에서 직선관계를 보이는 것이 일반적이다. 온도에 관련된 물리량들은 절대온도에 대해서 일반적으로 다음과 같은 아레니우스 식(Arrhenius equation)을 따른다.

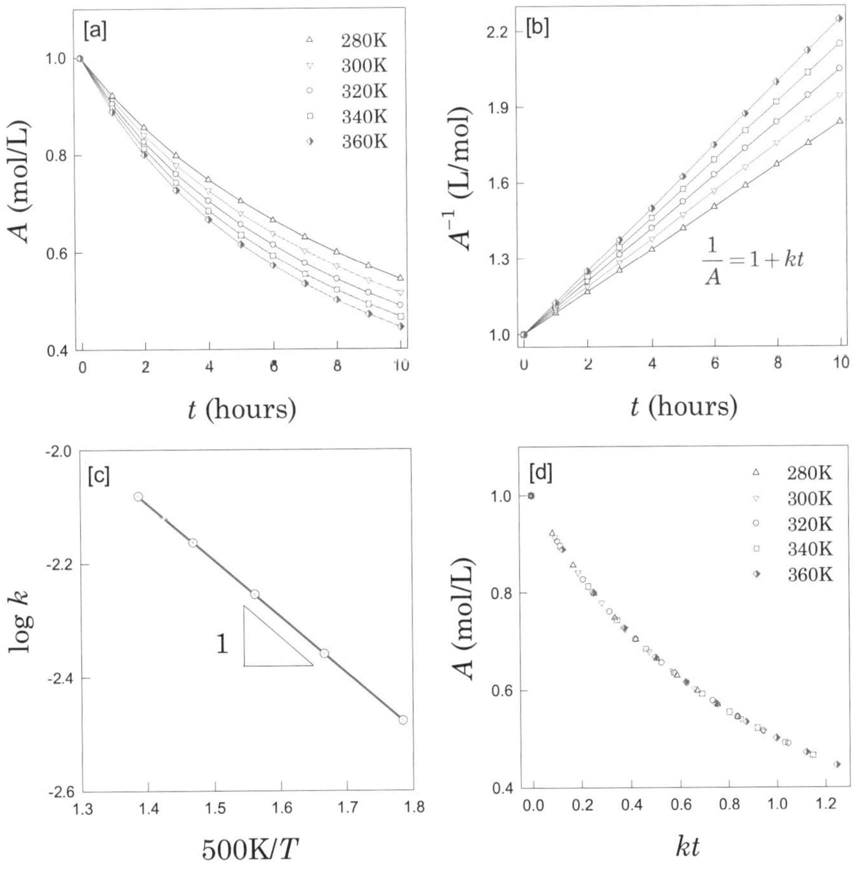

그림 5.5. 여러 온도에서 측정한 2차 반응의 종합.

$$k = k_0 \exp\left(-\frac{E}{RT}\right). \tag{5.27}$$

여기서 k_0는 전인자(front factor)라고 부르는 k와 같은 단위의 상수이고 E는 물리량 k와 관련되는 물리과정(physical process)의 활성화 에너지(activation energy)이며 R은 기체상수(gas constant)이다. 그런데 E/R은 온도의 단위를 가지므로 $T_A \equiv E/R$이라고 표시하고 T_A를 활성화 온도(activation temperature)라고 부르기도 한다. 이는 R이 보편적 상수(universal constant)이기 때문이다. 식 (27)이 직선관계를 보이게 하는 작도법이 바로 아레니우스 작도이다. 즉 세로축을 $\log k$로 하고 가로축을 T^{-1}로 하는 작도법이다. 그림 5.5[b]의 k를 T^{-1}에 대해서 그려도 육안으로 보기엔 직선 같은 형상이 얻어지지만 일반적으로 물리적인 의미를 갖기 위해서 아레니우스 작도를 하여야 한다. 그 결과가 그림 5.5[c]이다. 회귀분석결과 활성화온도가 500K였으므로 그림 5.5[c]는 그래프가 보기 좋게 나타나도록 T에 대해서 아레니우스 작도를 한 것이다.

그러면 $A^{-1} = 1 + k(T)t$의 결과가 얻어지므로 A의 농도를 $\tilde{t} \equiv k(T)\,t$의 함수로 그린다면 모든 데이터가 하나의 중첩곡선 위로 놓이게 될 것이다. 그림 5.5[d]가 바로 그 중첩곡선이다.

실험에서 다양한 수치를 만들기 쉬운 제어변수에 대해서 일반적인 함수관계를 만들면 그 함수의 매개변수들은 나머지 제어변수의 함수가 된다는 것을 화학반응 데이터에서 알았다. 이 경우 운이 좋게도 측정변수를 $\tilde{t} \equiv k(T)\,t$와 같은 합성제어변수의 일변수함수로 표현할 수 있어 중첩곡선을 만들 수 있었지만 항상 그런 것은 아니다. 하지만 이러한 기법은 다변수 함수의 규명에 아주 편리한 방법 중의 하나이다.

5.3. 비리얼 급수전개

기체의 온도, 부피, 압력 사이에는 평형상태에서 다음과 같은 음함수적인 함수관계(implicit functional relation)를 가지는 것이 알려져 있다.

$$g(p, \bar{v}, T) = 0 \tag{5.28}$$

여기서 p는 압력이고 $\bar{v}$는 1 mole 당 부피(몰 부피, molar volume)이며 T는 절대온도이다. 함수 g가 무엇인지 몰라도 식 (28)이 의미하는 바는 세 변수 p, $\bar{v}$, T 모두가 독립적인 것이 아니라 한 변수는 나머지 두 변수의 함수라는 것을 의미한다. 즉, 셋 중에 둘만이 독립적이라는 것을 의미한다. 다르게 말하면 셋 중에 하나를 측정변수로 선정하여 실험하게 되면 나머지 둘은 제어변수가 되는 것이다.

이상기체(ideal gas)의 경우 식 (28)은

$$p = \frac{RT}{\bar{v}} \tag{5.29}$$

로 알려져 있다. 따라서 이상기체의 몰 부피 $\bar{v}_{\text{id}}$ 는

$$\bar{v}_{\text{id}} = \frac{RT}{p} \tag{5.30}$$

이므로 실제기체의 몰 부피와의 비 $\bar{v}/\bar{v}_{\text{id}}$ 는 실제기체가 이상기체에 비해서 부피가 더 큰지 작은 지를 나타내는 척도가 되므로 압축인자(compression factor)라고 부른다. 압축인자를 z로 표시하자. 그런데 z는 같은 단위의 두 물리량의 비율이므로 단위가 없다. 단위가 없는 물리량을 무차원 물리량(dimensionless quantity)라고 부른다.

식 (28)로부터 오로지 두 상태변수만이 독립이므로 압축인자는 분명 다음과 같은 함수관계를 가져야 한다.

$$z \equiv \frac{\bar{v}}{\bar{v}_{\text{id}}} = \phi(p, T) = \psi(\bar{v}^{-1}, T) = \eta(p, \bar{v})\,. \tag{5.31}$$

일반적으로 열역학 실험은 등온상태에서 수행하는 것이 편리하므로 식 (31)의 세 함수 중에서 $z = \phi(p, T)$ 또는 $z = \psi(\bar{v}^{-1}, T)$ 가 실험결과를 해석하는데 더 좋을 것이다. 여러 온도에 대해서 온도를 고정하고 압축인자를 압력의 함수로 실험하거나 부피의 역수의 함수로 실험하는 경우가 더 선호된다. 따라서 식 (31)과 같이 표현한 것이다.

식 (31)의 함수들은 임의 차수의 편도함수가 모두 연속일 것으로 가정하는 것이 일반적이므로 다음과 같은 급수전개가 가능할 것이다.

$$z = \frac{p\bar{v}}{RT} = 1 + \frac{B_2(T)}{\bar{v}} + \frac{B_3(T)}{\bar{v}^2} + \cdots; \tag{5.32}$$

$$z = \frac{p\bar{v}}{RT} = 1 + C_2(T)p + C_3(T)p^2 + \cdots. \tag{5.33}$$

여기서 초항을 1로 둔 이유는 등온에서 $\bar{v} \to \infty$ 나 $p \to 0$ 의 극한을 취하면 모든 기체의 몰 부피는 이상기체의 몰 부피와 같아질 것으로 보기 때문이다. 식 (32)와 식 (33)은 다음과 같이 다시 쓸 수 있다. 두 식을 비리얼 전개(virial expansion)라고 부르며 계수들을 비리얼 계수(virial coefficient)라고 부른다.

$$p = \frac{RT}{\bar{v}}\left[1 + \frac{B_2(T)}{\bar{v}} + \frac{B_3(T)}{\bar{v}^2} + \cdots\right] = p(\bar{v}, T); \tag{5.34}$$

$$\bar{v} = \frac{RT}{p}\left[1 + C_2(T)p + C_3(T)p^2 + \cdots\right] = \bar{v}(p, T). \tag{5.35}$$

식 (34)는 압력이 부피와 온도에 대해 양함수(explicit function)적으로 표현된 것이고 식 (35)는 부피가 압력과 온도에 대해 양함수적으로 표현되는 것이기 때문에 식 (32)를 압력 양함수적 비리얼 전개(p-explicit virial expansion), 식 (33)을 부피 양함수적 비리얼 전개(v-explicit virial expansion)라고 부른다.

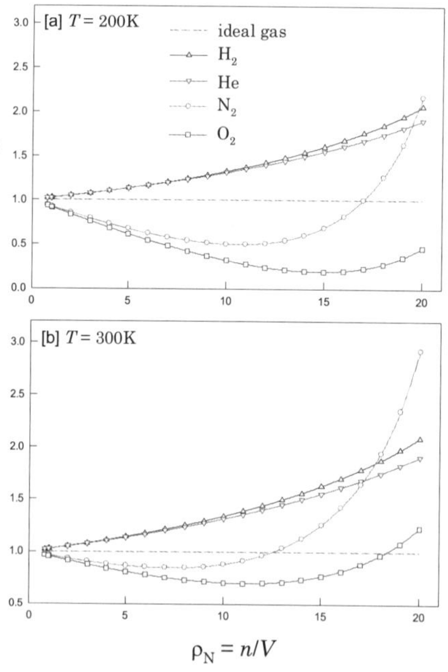

그림 5.6. 압축인자를 수밀도의 함수로 그린 그래프.

그림 5.6은 전형적인 압력 양함수적 비리얼 전개를 보여주고 있다. 수소와 헬륨은 $\rho_N \equiv 1/\bar{v}$ 이 증가해도 압축되지 않는 것 같지만 분자간 상호작용이 상대적으로 강한 질소와 산소는 뚜렷한 압축성($z < 1$)을 보여준다.

비리얼 전개(virial expansion)는 측정변수가 두 개의 제어변수에 의존할 때 한 제어변수에 대한 테일러 전개(Taylor expansion)에 해당한다. 즉, $y = f(x_1, x_2)$ 일 때

$$y \approx \phi_N(x_1, x_2) \equiv \sum_{k=0}^{N} c_k(x_2) x_1^k \tag{5.36}$$

을 사용하는 것과 같다. 두 제어변수 중에서 어떤 제어변수를 전개에 사용하느냐는 더 작은 N으로도 실험결과를 더 잘 기술하느냐에 따라서 결정된다. 무한급수의 수렴속도가 빠른 제어변수를 x_1 이라고 하자.

식 (36)을 사용하려면 x_2 의 여러 값에 대해서 고정하고 측정변수를 x_1 의 함수로 측정을 한다. 그러면 $x_2 = x_2^{(1)}, x_2^{(2)}, \cdots, x_2^{(n)}$ 의 값들에 대해서 다음과 같은 n개의 데이터 집합들을 실험으로 얻을 수 있을 것이다.

$$S_i \equiv \left\{ \left(x_1^{(i,\alpha)}, y_\alpha^{(i)} \right) \middle| \alpha = 1, 2, \cdots, N_i \right\}; \quad i = 1, 2, \cdots, n \tag{5.37}$$

여기서 $y_\alpha^{(i)}$ 는 x_2 를 $x_2^{(i)}$ 로 고정하고 x_1 을 $x_1^{(i,\alpha)}$ 로 바꾸어가며 측정한 결과를 의미한다. 3장에서 다항함수의 회귀분석에 대해서 배울 것이므로 이를 이용하게 되면 $c_h\left(x_2^{(i)}\right) \equiv c_k^{(i)}$ 를 n개씩 얻을 수 있을 것이다. 그렇게 되면 다시 $\left(x_2^{(i)}, c_k^{(i)}\right)$ 이 데이터를 얻게 되고 이로부터 일변수 함수에 대한 방법들을 사용하여 $c_k(x_2)$ 의 실험식을 얻을 수 있을 것이다. 따라서 x_2 에 대한 $N+1$ 개의 일변수 함수들을 구하는 것이 된다.

이미 4.2절에서 다항함수를 이용하는 것보다 분수함수를 이용하는 것이 더 정확하게 더 적은 개수의 계수들로 실험 데이터를 묘사할 수 있다는 것을 배운 바 있다. 이 경우에는 식 (37)의 데이터에 대해서 비선형회귀분석을 해야 할 것이다.

연습문제 5

[1] 측정변수 y가 두 개의 제어변수 x_1 과 x_2 에 의존한다고 한다. 제어변수의 관심

범위는 $|x_1| \le 3$, $|x_2| \le 3$ 이라고 하자. 그런데 측정변수는 다음과 같은 함수관계를 따른다고 하자.

$$y = e^{-\frac{2}{3}\sqrt{x_1^2 + x_2^2}} \cos\left(2\pi\sqrt{x_1^2 + x_2^2}\right) \tag{5.a}$$

그렇다면 식 (1)과 같은 테일러 전개를 이용할 때 몇 차까지 전개해야 하고 제어변수들의 분포는 어떻게 정해야 할까?

[2] 측정변수 y가 두 개의 제어변수 x_1과 x_2에 의존하는 것인데 이를 모르고 x_1에만 의존하는 줄 알았다. 연구자가 재현성을 확인하기 위해서 네 번의 실험을 해서 다음과 같은 결과가 얻어졌다고 하자. 실험을 정밀하게 했기에 각 실험차수에 대해서 x_2의 값이 얼마인지는 모르지만 일정한 값이 유지된 상태에서 측정이 이루어졌다고 한다.

x_1	y (1 차실험)	y (2 차실험)	y (3 차실험)	y (4 차실험)
1.0000	0.1711	0.1901	0.2101	0.2311
2.0000	0.7411	0.7801	0.8201	0.8611
3.0000	1.7111	1.7701	1.8301	1.8911
4.0000	3.0811	3.1601	3.2401	3.3211
5.0000	4.8511	4.9501	5.0501	5.1511

그렇다면 연구자는 새로운 제어변수 x_2의 존재를 위의 데이터로부터 어떻게 확인할 수 있을까?

[3] 어떤 측정변수 y가 두 개의 제어변수를 가질 때 수직이동과 수평이동 모두가 관여되어 중첩을 이룰 것으로 예상된다면 이 문제는 수식이동과 수평이동 중 오로지 하나만의 조작으로 중첩을 이루는 경우보다 복잡한 문제가 된다. 그런데 수직이동과 수평이동 모두가 필요하고 수직이동인자와 수평이동인자를 공유하는 두 측정변수 y_1과 y_2가 제어변수 x_1과 x_2의 함수라면 어떻게 중첩을 보다 쉽게 할 수 있겠는가?

[4] 다음의 데이터로부터 경험식을 유도하라.

x_1	y			
	$x_2=0.5$	$x_2=1$	$x_2=2$	$x_2=5$
1	0.3935	0.1620	0.0606	0.0157
6	0.9502	0.6538	0.3127	0.0905
11	0.9959	0.8569	0.4972	0.1596
16	0.9997	0.9409	0.6321	0.2235
21	1.0000	0.9756	0.7309	0.2825
26	1.0000	0.9899	0.8031	0.3371
31	1.0000	0.9958	0.8559	0.3875
36	1.0000	0.9983	0.8946	0.4340

이 데이터는 폴리프로필렌(polypropylene, PP)에 나노 클레이(nano-clay)를 넣은 고분자 용융체에 전기장(x_2)를 가하며 탄성률(y)을 시간(x_1)의 함수로 측정한 결과를 모사한 것이다[Park *et al.*, 2006을 참조하기 바람].

[5] 측정변수가 $y=f(x_1,x_2)$의 관계를 따를 때 비리얼 전개와 같은 방식으로 함수 $f(x_1,x_2)$를 규명하려고 한다. 그러면 제어변수 x_1과 x_2 중에서 테일러 전개를 위해 어떤 것을 선정하여야 할까?

6. 선형 시스템

지금까지는 제어변수들을 어떤 일정한 값으로 실험조건을 만들고 그에 대한 측정변수 값을 구하는 실험에 대해서 그 수학적 해석방법에 대해 공부하였다. 이 절에서는 제어변수를 시간의 함수로 관심대상, 시스템에 주었을 때 그 응답을 시간의 함수로 측정하는 경우에 대해서 공부한다. 즉 어떤 전기회로에 전압을 시간의 함수로 가하여 출력되는 전류량을 시간의 함수로 측정하는 경우를 생각해 보자. 이 경우 전기회로는 관심의 대상이 되는 시스템(system)이고 입력은 제어변수가 아니라 제어되는 시간의 함수이며 출력은 측정변수가 아니라 측정되는 시간의 함수가 된다. 따라서 시스템의 특성은 입력함수(input function)와 출력함수(output function) 사이의 대응관계(mapping)이다. 함수에서 함수로의 대응관계를 범함수(functional)이라고 부른다.

범함수관계는 공학문제에서 자주 만나게 된다. 화학공학의 경우 반응기를 가열을 하거나 냉각을 하면서 반응기 안의 온도를 시간의 함수로 계측하는 경우가 많다. 즉 반응기에 가해지는 열량(양이면 가열, 음이면 냉각을 의미한다)이 시간의 함수로 시스템에 입력되고 온도가 시간의 함수로 출력된다고 할 수 있다. 점탄성 물질의 경우 일정한 변형률을 주어도 물질의 응력은 시간의 감소함수로 측정되며 반대로 일정한 응력을 주면 변형이 시간의 증가함수로 측정된다. 따라서 점탄성 물질의 물성은 입력함수에서 출력함수로의 범함수가 된다.

6.1. 선형 범함수

일반적인 범함수에 대한 공부는 학부수준을 넘기 때문에 여기서는 특수한 범함수 부류인 선형범함수(linear functional)에 대해서 공부하기로 한다. 선형성(linearity)이란 임의의 두 입력함수 $x_1(t)$와 $x_2(t)$에 대해서 각각의 출력함수가 $y_1(t)$와 $y_2(t)$라고 할 때, 임의의 두 실수 c_1과 c_2로 합성함수 $x(t) \equiv c_1 x_1(t) + c_2 x_2(t)$를 입력함수로 사용하면 그 출력이 $y(t) = c_1 y_1(t) + c_2 y_2(t)$로 측정되는 것을 말한다. 편의상 임의의 입력함수 $x(t)$와 그에 대한 출력함수 $y(t)$의 관계를

$$y(t) = \mathcal{F}_t[x(t)] \tag{6.1}$$

로 표현한다면 선형성의 수학적 표현은 다음과 같다.

$$\mathcal{F}_t[c_1 x_1(t) + c_2 x_2(t)] = c_1 \mathcal{F}_t[x_1(t)] + c_2 \mathcal{F}_t[x_2(t)] \tag{6.2}$$

이 절에서는 선형범함수 $\mathcal{F}_t[\ ]$의 수학적 표현을 실험으로 어떻게 결정하느냐를 배운다. 여기서 아래첨자 t를 사용한 이유는 t의 함수에 대해서만 식 (1)이 작용된다는 것을 강조한 것이다. 만약 모든 t에 대해서 상수 1인 상수함수를 $u(t) = 1$이라고 하고 그에 대한 응답을 $v(t) = \mathcal{F}_t[u(t)]$라고 하자. 그러면

$$\mathcal{F}_t[f(\tau)] = \mathcal{F}_t[f(\tau)u(t)] = f(\tau)\mathcal{F}_t[u(t)] = f(\tau)v(t) \tag{6.3}$$

이 된다. 즉 $f(\tau)$는 $\mathcal{F}_t[\ ]$의 입장에서 보면 그저 실수로 간주된다. 이 점을 유의한다면 굳이 아래첨자 t를 선형범함수에 붙일 필요가 없을 것이다. 그래서 앞으로는 간단히 $\mathcal{F}[\ ]$로 표시할 것이다.

입력함수가 모든 시각에 대해서 $o(t)=0$ 이라면 이를 영함수라고 하자. 적어도 한 시각에서는 0이 아닌 어떤 임의의 함수 $x(t)\neq 0$ 를 이용하여 영함수를 $o(t)=x(t)-x(t)$로 표시할 수 있을 것이다. 그러면 선형범함수의 정의에 의해서

$$\mathcal{F}[o(t)]=\mathcal{F}[x(t)-x(t)]=\mathcal{F}[x(t)]-\mathcal{F}[x(t)]=o(t) \tag{6.4}$$

가 되어 영함수에 대한 시스템의 응답은 항상 영함수가 된다는 것을 알 수 있다. 따라서 영이 아닌 입력함수가 주어지는 시각부터 시스템은 영이 아닌 응답을 보여 줄 것이므로 입력함수는 $t<0$ 에 대해서는 항상 영이고 $t\geq 0$ 에 대해서 의미 있는 함수 $x(t)$ 인 것으로 간주한다.

6.2. 디랙 델타 함수와 단위계단함수

선형범함수 $\mathcal{F}[\ ]$의 수학적 구조를 규명하기 위해서 편리하게 사용할 수 있는 디랙 델타 함수(Dirac delta function)에 대해서 배울 필요가 있다. 앞으로 이 함수를 간단하게 델타 함수라고 부르겠다.

델타 함수 $\delta(t)$ 를 간단하게 $t\neq 0$ 일 때는 항상 0의 값을 가지고 $t=0$ 일 때는 $\delta(0)=+\infty$ 이며 또한

$$\int_{-\infty}^{\infty}\delta(t)\mathrm{d}t=1 \tag{6.5}$$

를 만족하는 함수로 정의하기도 하는데 이는 함수란 주어진 정의구역에서 함수 값이 정의되는 것으로 간주하게 되면 모순이 생기게 되므로 진정한 함수는 아니다 하여간 이러한 정의를 사용하게 되면 임의의 함수 $f(t)$ 에 대해서 다음과 같은 성실을 가지게 된다.

$$\int_{-\infty}^{\infty}f(t)\delta(t)\mathrm{d}t=f(0) \tag{6.6}$$

그런데 면적이 1이고 중심이 0이며 폭이 w인 임의의 봉우리 함수 $p_w(t)$ 에 대해서 $w\to 0^+$ 의 극한을 취해보자. 여기서 $w\to 0^+$ 는 w가 양의 값을 유지하며 0으로 다가간다는 것을 의미한다. 반면에 $w\to 0^-$ 는 음의 값을 유지하며 0으로 극한되는 것을 의미하며 $w\to 0$ 은 음이건 양이건 상관없이 영으로 접근하는 것을 의미한다.

그러면 p_w 가 면적이 1인 봉우리 함수이므로

$$\lim_{w\to 0^+}\int_{-\infty}^{\infty} p_w(t)\mathrm{d}t = 1 \tag{6.7}$$

은 당연히 만족된다. 면적을 1로 유지시키면서 폭을 영으로 줄이게 되면 $p_w(0)$ 은 계속해서 $+\infty$ 로 증가하여야만 한다. 또한 $|t|>0$ 에 대해서 항상 $p_w(0)\ge p_w(t)$ 이므로

$$-\lim_{w\to 0^+}|f(0)|\int_{-\infty}^{\infty} p_w(t)\mathrm{d}t \le \lim_{w\to 0^+}\int_{-\infty}^{\infty} p_w(t)f(t)\mathrm{d}t \le \lim_{w\to 0^+}|f(0)|\int_{-\infty}^{\infty} p_w(t)\mathrm{d}t \tag{6.8}$$

을 만족하게 된다. 따라서 식 (7)에 의해서

$$\lim_{w\to 0^+}\int_{-\infty}^{\infty} p_w(t)f(t)\mathrm{d}t = f(0) \tag{6.9}$$

이 항상 성립된다. 이를 이용하게 되면 델타 함수는 앞에서 기술한 조건을 만족하는 임의의 봉우리 함수에 대해서 다음과 같이 극한과정으로 정의할 수 있을 것이다.

$$\delta(t) \equiv \lim_{w\to 0^+} p_w(t). \tag{6.10}$$

임의의 영이 아닌 실수 a에 대해서 델타 함수는 다음을 만족한다는 것을 알 수 있다.

$$\int_{-\infty}^{\infty}\delta(at)\mathrm{d}t = \int_{-\infty}^{\infty}\delta(t)\frac{\mathrm{d}t}{|a|} = \frac{1}{|a|}. \tag{6.11}$$

따라서

$$\delta(at) = \frac{1}{|a|}\delta(t) \tag{6.12}$$

가 성립된다.

봉우리 함수가 $p_w(t) = p_w(-t)$ 를 만족시키는 짝함수이므로 당연히 델타 함수도 짝함수이다.

$$\delta(-t) = \delta(t). \tag{6.13}$$

치환적분을 이용하게 되면 또한 다음이 임의의 함수 $f(t)$에 대해서 만족된다.

$$\int_{-\infty}^{\infty} f(\tau)\delta(\tau - t)\mathrm{d}\tau = f(t) \tag{6.14}$$

식 (14)는 선형범함수를 규명하는 데 아주 유용한 항등식이다.

미분하면 델타 함수가 되는 다음과 같은 함수를 생각해 보자.

$$\Theta(t) \equiv \int_{-\infty}^{t} \delta(\tau)\mathrm{d}\tau \tag{6.15}$$

이 함수는 $t<0$ 이면 식 (7)과 (10)으로부터 $\Theta(t)=1$ 임을 알 수 있으며 $t<0$ 이면 $\Theta(t)=0$ 이 됨을 알 수 있다. 그러면 $t=0$ 이면 $\Theta(0)=\frac{1}{2}$ 라고 할 수 있다. 왜냐하면 델타 함수가 짝함수이므로

$$\int_{-\infty}^{0} \delta(t)\mathrm{d}t = \frac{1}{2}\int_{-\infty}^{\infty} \delta(t)\mathrm{d}t = \frac{1}{2} \tag{6.16}$$

가 되기 때문이다. 함수 $\Theta(t)$를 단위계단함수(unit step function)라고 부른다.

양의 시각 $t>0$ 에 대해서 $x(-t)=0$ 인 임의의 함수 $x(t)$는 다음과 같이 단위계단함수를 이용하여 표현할 수 있다.

$$\int_{-\infty}^{t} \frac{\mathrm{d}x}{\mathrm{d}\tau}\Theta(t-\tau)\mathrm{d}\tau = \int_{-\infty}^{t} \frac{\mathrm{d}x}{\mathrm{d}\tau}\mathrm{d}\tau = x(t) - x(-\infty) = x(t) \tag{6.17}$$

이 항등식은 선형범함수를 규명하는데 아주 유용하게 사용될 것이다. 식 (17)에서 적분변수인 τ는 항상 시각 t보다 작다는 점을 유의하기 바란다. 따라서 식 (17)의 좌변에서 적분범위의 모든 τ에 대해서 $t-\tau>0$ 이므로 $\Theta(t-\tau)=1$ 이 된다.

6.3. 응답함수

기본이론

입력함수는 $t<0$ 에 대해서는 항상 $x(t)=0$ 으로 간주한다. 임의의 함수에 대한 응답은 식 (17)을 이용하게 되면 다음이 된다.

$$y(t) = \mathcal{F}\left[\int_{-\infty}^{t} \frac{\mathrm{d}x}{\mathrm{d}\tau}\Theta(t-\tau)\mathrm{d}\tau\right] = \int_{-\infty}^{t} \mathcal{F}\left[\Theta(t-\tau)\right]\frac{\mathrm{d}x}{\mathrm{d}\tau}\mathrm{d}\tau \tag{6.18}$$

이 얻어진다. 식 (17)의 적분은 단지 τ를 지표로 하는 합산이기 때문에 식 (18)에서 선형범함수 밖으로 나올 수 있음을 다시 유념하기 바란다. 단위계단 함수에 대한 응답은 특별한 의미가 있다는 것을 식 (18)로부터 알 수 있다. 즉,

$$G(t) \equiv \mathcal{F}[\Theta(t)] \tag{6.19}$$

라고 정의하면 식 (18)은 다음과 같이 쓸 수 있다.

$$y(t) = \int_{-\infty}^{t} G(t-\tau) \frac{\mathrm{d}x}{\mathrm{d}\tau} \mathrm{d}\tau. \tag{6.20}$$

이는 단위계단함수에 대한 응답함수(response function) $G(t)$ 만 실험으로 규명할 수 있다면 임의의 입력함수에 대한 응답인 출력함수를 예측할 수 있다는 것을 의미한다. 그런데 $t<0$ 에 대해서 $x(t)=0$ 이므로 입력함수의 미분도 $t<0$ 에 대해서 항상 $\mathrm{d}x/\mathrm{d}\tau = 0$ 이 된다. 그러면 식 (20)은 다시 다음과 같이 쓸 수 있다.

$$y(t) = \int_{0}^{t} G(t-\tau) \frac{\mathrm{d}x}{\mathrm{d}\tau} \mathrm{d}\tau. \tag{6.21}$$

식 (14)를 이러한 입력함수에 적용하면

$$x(t) = \int_{-\infty}^{\infty} x(\tau) \delta(t-\tau) \mathrm{d}\tau \tag{6.22}$$

이 된다. 여기서 $\delta(-t) = \delta(t)$ 를 사용하였다. 그러면 임의의 입력함수에 대한 응답은 다음이 된다.

$$y(t) = \int_{-\infty}^{\infty} x(\tau) P(t-\tau) \mathrm{d}\tau. \tag{6.23}$$

여기서

$$P(t) \equiv \mathcal{F}[\delta(t)] \tag{6.24}$$

이다. 그런데 $t<0$ 에 대해서 $x(t)=0$ 이므로 식 (23)은

$$y(t) = \int_{0}^{\infty} x(\tau) P(t-\tau) \mathrm{d}\tau \tag{6.25}$$

가 된다. 여기서 $P(t)$ 도 시스템의 응답을 대표하는 응답함수(response func-tion)라고 할 수 있다.

식 (25)에서 $t-\tau<0$ 인 경우를 생각해 보자. 즉, $t<\tau$ 인 경우이다. 현재의 응답은 항상 현재와 과거의 입력에 의해서 결정되겠지만 미래의 입력에 의해서 결정될 수는 없다. 그런데 $t-\tau<0$ 에 대해서 피적분함수가 영이 안 된다면 물리적으로 모순이 된다. 따라서 $t<0$ 에 대해서 항상 $P(t)=0$ 이어야 한다. 이를 인과원리(causality principle)라고 한다. 인과원리는 역시 $G(t)$ 에도 적용되어야 한다. 그러면 식 (25)는 다시 다음과 같이 쓸 수 있다.

$$y(t)=\int_0^t x(\tau)P(t-\tau)\,\mathrm{d}\tau. \tag{6.26}$$

이제 식 (21)과 (26)을 비교해 보자. 식 (21)에 부분적분을 적용하면 다음이 된다.

$$\begin{aligned} y(t)&=\left[x(\tau)G(t-\tau)\right]_{\tau=0}^{\tau=t}-\int_0^t x(\tau)\frac{\mathrm{d}G(t-\tau)}{\mathrm{d}\tau}\mathrm{d}\tau \\ &=G(0^+)x(t)-G(t)x(0^+)+\int_0^t x(\tau)\dot{G}(t-\tau)\,\mathrm{d}\tau \\ &=G(0^+)x(t)+\int_0^t x(\tau)\dot{G}(t-\tau)\,\mathrm{d}\tau. \end{aligned} \tag{6.27}$$

여기서 $x(0^+)=0$ 이고 $G(0^+)\neq 0$ 이며

$$\dot{G}(t)\equiv\frac{\mathrm{d}G(t)}{\mathrm{d}t} \tag{6.28}$$

을 의미한다. 식 (26)과 식 (27)을 비교하면

$$P(t)=G(0^+)\delta(t)+\dot{G}(t) \tag{6.29}$$

가 됨을 알 수 있다.

응답함수의 규명

실험적으로 $\delta(t)$ 자체는 물론이고 델타 함수에 가까운 근사적인 입력함수를 생성시키는 것도 극히 어렵지만 $\Theta(t)$ 에 가까운 근사저인 입력함수를 생성시키는 것은

효과적인 결과를 줄 수 있다. 물론 입력함수를 생성시키는 기술이 발전되면 의미 있는 측정결과를 줄 수 있는 델타 함수의 어림함수를 생성시킬 수 있을 것이다.

식 (21) 또는 (26)으로부터 선형범함수는 다음과 같은 합성합(convolution)의 형태를 가진다는 것을 알 수 있다.

$$\mathcal{F}[x(t)] = \int_0^t G(t-\tau)\frac{\mathrm{d}x}{\mathrm{d}\tau}\mathrm{d}\tau = \int_0^t P(t-\tau)x(\tau)\mathrm{d}\tau. \tag{6.30}$$

따라서 함수 $G(t)$ 또는 $P(t)$ 를 규명하는 것이 바로 선형범함수를 규명하는 것과 동일하다는 것을 안다. 응답함수 $G(t)$ 는 단위계단함수를 입력으로 사용했을 때의 출력함수 $y(t)$ 이고 응답함수 $P(t)$ 는 델타 함수를 입력함수로 사용했을 때의 출력함수이다. 그런데 실험적으로 어떻게 단위계단함수 또는 델타 함수를 생성시킬 수 있는가? 두 함수 모두는 극한과정을 통해 얻어지는 함수이다. 따라서 실제 실험에서는 두 함수들의 어림함수를 사용하게 된다.

실험에 사용되는 델타 함수에 대한 근사적인 입력함수는 w가 매우 작은 봉우리 함수이며 단위계단함수의 경우에는 w가 매우 작은 S자형 함수라고 할 수 있다. 예를 들면 $\Theta(t)$의 어림함수의 하나는

$$\Theta_w(t) \equiv \begin{cases} 0 & t<0 \\ 1-e^{-t/w} & t \geq 0 \end{cases} \tag{6.31}$$

이다. 이 함수는 $t=0$ 에서 미분이 불연속인 함수이지만 w가 매우 작으면 $\Theta(t) \approx \Theta_w(t)$의 경향을 확인할 수 있다.

실험적으로 입력함수를 생성하는 것은 시간 간격 $\Delta t \ll 1$ 로 함수 값을 생성시키는 것이다. 즉 $t_k = (k-1)\Delta t$ 에 대해서 $x_k \equiv x(t_k)$ 를 생성시키고 시스템에 적용시켜서 그 응답을 $y_k = y(t_k)$ 로 측정하는 것이다. 현대의 측정장치는 거의 대부분 디지털 방식이기 때문에 결국 시스템의 규명(system identification)은 수열 x_k 와 수열 y_k 사이의 관계를 규명하는 것이다. 식 (31)에 따라서 입력함수를 생성한다면

$$x_k = 1-\exp\left(-\frac{t_k}{w}\right) = 1-e^{-\varepsilon(k-1)} \tag{6.32}$$

가 얻어진다. 여기서

$$\varepsilon \equiv \frac{\Delta t}{w} \tag{6.33}$$

이다. 식 (31)의 어림함수가 단위계단함수에 가까워지려면 당연히 $\varepsilon \gg 1$ 이어야 한다. 즉 $\Delta t > w$ 이어야 한다. 따라서 어떤 w를 가진 S자형 함수를 사용하건 Δt 의 몇 배 정도에 해당하는 시간들에 대한 데이터는 신뢰성이 떨어지게 된다. 실험오차를 고려하면 이 방법은 더 비효율적인 방법이 될 수 있다.

응답함수 $G(t)$ 를 임의의 입력함수와 그에 대한 출력함수의 데이터만으로 결정할 수 있는 방법이 필요하다. 식 (21)은 합성곱(convolution)이다. 따라서 라플라스 변환을 식 (21)에 적용하게 되면 다음이 얻어진다.

$$\tilde{y}(s) = s\tilde{G}(s)\tilde{x}(s), \tag{6.34}$$

여기서 라플라스 변환은

$$\tilde{f}(s) \equiv \mathfrak{L}[f(t)] = \int_0^\infty f(t)e^{-st}\mathrm{d}t \tag{6.35}$$

로 정의한다. 만약 실험 데이터가 충분해서 $x(t)$ 와 $y(t)$ 로부터 각각의 라플라스 변환을 구할 수 있다면

$$\tilde{G}(s) = \frac{\tilde{y}(s)}{s\tilde{x}(s)} \tag{6.36}$$

이 얻어지고 다시 역 라플라스 변환을 취하면 응답함수를 얻을 수 있다.

$$G(t) = \mathfrak{L}^{-1}\left[\frac{\tilde{y}(s)}{s\tilde{x}(s)}\right]. \tag{6.37}$$

첫 번째 문제는 실험 데이터인 $x(t)$ 와 $y(t)$ 로부터 어떻게 이들의 라플라스 변환을 구하느냐이다. 입력함수는 원하는 함수로 발생시킬 수 있으므로 함수식을 알고 있기에 $\tilde{x}(s)$ 를 구할 수 있지만 수치 데이터인 $y(t)$ 로부터 어떻게 $\tilde{y}(s)$ 를 구할 수 있을까? 해결방법 중의 하나는 앞에서 배운 기법을 이용하여 $y(t)$ 의 경험식을 구하는 것이다. 하지만 이는 일반적인 방법은 아니다. 좀 더 일반적인 방법은 데이터를 이용하여 수치적분을 하는 것이다. 즉

$$\int_0^{\infty} y(t)e^{-st}\mathrm{d}t \approx \sum_{k=1}^{N} y_k e^{-st_k}\Delta t \tag{6.38}$$

을 이용하는 것이다. 여기서 N은 충분히 커서 N을 증가시켜도 우변의 합이 거의 변하지 않는다는 가정과 Δt 가 충분히 작다는 가정이 필요하다. 보다 정확한 수치적인 방법은 3장에서 배우기로 하자. 그러면 첫 번째 문제는 해결되었다고 할 수 있을 것이다.

두 번째 문제는 얻어진 $\tilde{x}(s)$ 와 $\tilde{y}(s)$ 도 역시 수치 데이터라는 것이다. 식 (38)은 $\tilde{y}_k = \tilde{y}(s_k)$ 의 형태로 라플라스 변환을 제공하기 때문이다. 라플라스 역변환에 대한 수백 가지의 수치해석적 방법이 오랫동안 개발되어 왔다[Cohen, 2007]. 따라서 이 문제도 이미 상당히 해결되었다고 할 수 있다. 이에 대해서도 역시 3장에서 자세히 다루기로 하자.

실험적으로 신뢰도 높게 발생시킬 수 있는 입력함수 중의 하나는 삼각함수이다. 식 (21)에 각주파수(angular frequency)가 ω인 삼각함수를 대입해 보자. 즉 $x(t) = x_o \sin\omega t$ 를 사용하면 다음이 얻어진다.

$$y(t) = \omega x_o \int_0^t G(t-\tau)\cos\omega\tau \mathrm{d}\tau. \tag{6.39}$$

여기서 $\xi = t - \tau$ 로 변수변환을 해보자. 그러면

$$\cos\omega\tau = \cos\omega(t-\xi) = \cos\omega t\cos\omega\xi + \sin\omega t\sin\omega\xi \tag{6.40}$$

이므로

$$\frac{y(t)}{x_o} = \left[\omega\int_0^t G(\xi)\sin\omega\xi \mathrm{d}\xi\right]\sin\omega t + \left[\omega\int_0^t G(\xi)\cos\omega\xi \mathrm{d}\xi\right]\cos\omega t \tag{6.41}$$

이 얻어진다.

일반적으로 시스템을 주파수 ω의 삼각함수로 자극을 주면 응답은 일시적인 거동(transient behavior)을 보이다가 오랜 시간이 지나고 나면 일정한 진폭을 가지는 주파수 ω의 삼각함수 응답을 보이게 된다. 즉 $t \gg 2\pi/\omega$ 가 되면

$$\frac{y(t)}{x_o} = G'(\omega)\sin\omega t + G''(\omega)\cos\omega t \tag{6.42}$$

가 된다. 여기서

$$G'(\omega) \equiv \omega \int_0^\infty G(\xi) \sin \omega\xi d\xi; \quad G''(\omega) \equiv \omega \int_0^\infty G(\xi) \cos \omega\xi d\xi \tag{6.43}$$

이다.

식 (43)의 두 주파수 함수의 물리적 의미를 생각해 보자. 먼저 응답함수 $G(t)$가 후리에 변환이 가능한 함수라고 가정하자. 즉

$$\hat{G}(\omega) \equiv \mathfrak{F}[G(t)] = \int_{-\infty}^{\infty} G(t) e^{-i\omega t} dt \tag{6.44}$$

의 후리에 변환이 존재한다. 그러면 후리에 역변환은

$$G(t) = \mathfrak{F}^{-1}\left[\hat{G}(\omega)\right] \equiv \frac{1}{2\pi} \int_{-\infty}^{\infty} \hat{G}(\omega) e^{i\omega t} d\omega \tag{6.45}$$

가 된다. 여기서 $i = \sqrt{-1}$ 이다. 그런데 인과의 원리에 의해서 $t < 0$ 에 대해서 $G(t) = 0$ 이므로 식 (44)는 다시 다음과 같이 쓸 수 있다.

$$\hat{G}(\omega) = \int_0^\infty G(t) e^{-i\omega t} dt = \int_0^\infty G(t) \cos \omega t dt - i \int_0^\infty G(t) \sin \omega t dt \tag{6.46}$$

여기서 오일러 공식(Euler formula)

$$e^{i\theta} = \cos\theta + i \sin\theta \tag{6.47}$$

을 사용하였다. 식 (46)의 양변에 $i\omega$ 를 곱해주면

$$i\omega\hat{G}(\omega) = G'(\omega) + iG''(\omega) \tag{6.48}$$

이 됨을 쉽게 알 수 있다. 따라서 $G'(\omega)$ 과 $G''(\omega)$ 는 응답함수 $G(t)$ 의 후리에 변환의 실수부와 허수부에 관련된다는 것을 알 수 있다. 즉,

$$\hat{G}(\omega) = \frac{G''(\omega)}{\omega} - i\frac{G'(\omega)}{\omega} \tag{6.49}$$

가 된다. 식 (49)를 보면 $G(t)$ 는 실함수(real function)이지만 후리에 변환은 복소함수(complex function)이다. 후리에 변환쌍은 유일하므로 식 (49)의 후리에 역변환은 실함수를 주어야 한다. 따라서 $G'(\omega)$ 과 $G''(\omega)$ 의 물리적 수학적 이해를 심도 있게 이해하기 위해서는 실함수의 후리에 변환에 대해서 조금 더 공부하기로 하자.

모든 실함수는 짝함수와 홀함수의 합으로 분해된다. 즉 임의의 실함수 $f(t)$는

$$f(t) = f_{odd}(t) + f_{even}(t);$$
$$f_{odd}(t) \equiv \frac{f(t) - f(-t)}{2}; \quad f_{even}(t) \equiv \frac{f(t) + f(-t)}{2} \tag{6.50}$$

가 된다. 짝함수의 후리에 변환은 다음이 된다.

$$\begin{aligned}\hat{f}_{even}(\omega) &= \int_{-\infty}^{\infty} f_{even}(t)\cos\omega t dt - \mathrm{i}\int_{-\infty}^{\infty} f_{even}(t)\sin\omega t dt \\ &= \int_{-\infty}^{\infty} f_{even}(t)\cos\omega t dt = 2\int_{0}^{\infty} f_{even}(t)\cos\omega t dt.\end{aligned} \tag{6.51}$$

여기서 오일러 공식을 사용하였으며 $f_{even}(t)\sin\omega t$ 가 홀함수이기 때문에 복소수부가 영이 되고 $f_{even}(t)\cos\omega t$ 는 짝함수이기 때문에 마지막 결과가 얻어진다. 즉, 짝함수의 후리에 변환은 실함수이다. 마찬가지로 홀함수에 대해서는 다음이 얻어진다.

$$\hat{f}_{odd}(\omega) = -2\mathrm{i}\int_{0}^{\infty} f_{odd}(t)\sin\omega t dt. \tag{6.52}$$

따라서 홀함수의 후리에 변환은 순허수가 된다. 게다가 다음이 성립됨을 알 수 있다.

$$\hat{f}_{even}(-\omega) = \hat{f}_{even}(\omega); \quad \hat{f}_{odd}(-\omega) = -\hat{f}_{odd}(\omega). \tag{6.53}$$

그러면 이 결과로부터 응답함수에 대해서는 다음이 성립됨을 알 수 있다.

$$\begin{aligned}\hat{G}_{even}(\omega) &\equiv \mathfrak{F}\left[G_{even}(t)\right] = \frac{G''(\omega)}{\omega}; \\ \hat{G}_{odd}(\omega) &\equiv \mathfrak{F}\left[G_{odd}(t)\right] = -\mathrm{i}\frac{G'(\omega)}{\omega}; \\ \hat{G}_{even}(-\omega) = \hat{G}_{even}(\omega); &\quad \hat{G}_{odd}(-\omega) = -\hat{G}_{odd}(\omega); \\ G'(-\omega) = G'(\omega); &\quad G''(-\omega) = -G''(\omega)\end{aligned} \tag{6.54}$$

그러면 다음이 성립된다.

$$\begin{aligned}G_{even}(t) &= \frac{1}{2\pi}\int_{-\infty}^{\infty}\frac{G''(\omega)}{\omega}e^{\mathrm{i}\omega t}d\omega = \frac{1}{2\pi}\int_{-\infty}^{\infty}\frac{G''(\omega)}{\omega}\cos\omega t d\omega \\ &= \frac{1}{\pi}\int_{0}^{\infty}\frac{G''(\omega)}{\omega}\cos\omega t d\omega,\end{aligned} \tag{6.55}$$

$$G_{odd}(t) = \frac{1}{\pi}\int_0^{\infty}\frac{G'(\omega)}{\omega}\sin\omega t d\omega\ . \tag{6.56}$$

여기서 다시 오일러 공식과 짝함수 및 홀함수의 적분특성을 사용하였다. 그런데 $G(t)$ 는 인과원리를 따르므로 $t>0$ 에 대해서 $G(-t)=0$ 이기 때문에

$$G_{even}(t) = \frac{G(t)+G(-t)}{2} = G_{odd}(t) = \frac{G(t)-G(-t)}{2} = \frac{G(t)}{2} \tag{6.57}$$

이 얻어진다. 따라서 식 (55)와 (56)으로부터 다음이 성립됨을 알 수 있다.

$$G(t) = \frac{2}{\pi}\int_0^{\infty}\frac{G'(\omega)}{\omega}\sin\omega t d\omega = \frac{2}{\pi}\int_0^{\infty}\frac{G''(\omega)}{\omega}\cos\omega t d\omega. \tag{6.58}$$

삼각함수를 입력함수로 사용하면 입력함수를 생성하는 과정 중의 오차를 줄일 수 있다. 그리고 충분히 긴 시간 동안 기다리면 그 응답은 식 (42)와 같이 얻어진다. 따라서 $\Theta_w(t)$ 를 이용해서 출력함수를 측정하여 시간 응답함수 $G(t)$ 를 구하는 것보다 더 정확하게 주파수 응답함수 $G'(\omega)$ 와 $G''(\omega)$ 를 구할 수 있게 된다. 그리고 후리에 변환을 이용하면 식 (58)을 이용하여 주파수 응답함수로부터 시간 응답함수를 구할 수 있게 된다.

식 (35)의 라플라스 변환의 정의와 식 (44)의 후리에 변환의 정의를 비교해 보면 응답함수가 $t<0$ 에서 $G(t)=0$ 이기 때문에 다음과 같은 관계를 가지게 된다.

$$\tilde{G}(\mathrm{i}\omega) = \hat{G}(\omega). \tag{6.59}$$

따라서 라플라스 변환을 알게 되면 식 (59)를 이용하여 다음이 성립됨을 알 수 있다.

$$G'(\omega) = \mathrm{Re}\left\{\mathrm{i}\omega\tilde{G}(\mathrm{i}\omega)\right\};\quad G''(\omega) = \mathrm{Im}\left\{\mathrm{i}\omega\tilde{G}(\mathrm{i}\omega)\right\}. \tag{6.60}$$

이 식은 응답함수의 규명에 아주 유용하게 사용될 수 있다.

6.4. 응답함수 규명의 예

어떤 시스템에 입력함수를 $x(t) = x_0\sin\omega t$ 로 주었을 경우 얻어진 출력함수가 그림 6.1[a]와 같았다고 하자. 이 그림을 보면 시간이 지남에 따라서 식 (41)이 식 (42)로 수렴되는 것을 알 수 있다. 따라서 시간이 주기 $T = 2\pi/\omega$ 의 약 4배 이상이

면 즉, $t > 4T$ 이면 출력함수는 식 (42)가 될 것 같아 보인다. 그림 6.1 [a]는 $\omega = 5$ rad/s에 대한 응답이므로 고정된 주파수에서 $G'(\omega)$ 와 $G''(\omega)$ 는 상수이다. 따라서 $t > 4.5T$ 에 대해서 출력함수는 식 (42)의 형태를 가지는 경우가 된다. 그런데 $\sin^2 \omega t + \cos^2 \omega t = 1$ 이므로 출력 함수 y를 이 시간 범위에서 입력함수 x에 대해서 그리면 그림 6.1[b]의 삼각형 기호 같은 타원이 되며 또한 y를 $\omega^{-1}(\mathrm{d}x/\mathrm{d}t) = x_o \cos \omega t$ 에 대해서 그려도 그림 6.1[b]의 원형 기호 같은 타원이 된다. 그림 6.1[b]를 리사주 작도(Lissajou plot)라고 부른다. 시스템이 선형일 경우 리사주 작도는 항상 타원이 나오지만 비선형 시스템에 대해서 y를 x의 함수로 그리거나 y를 $\omega^{-1}(\mathrm{d}x/\mathrm{d}t)$ 의 함수로 그린 리사주 곡선은 일반적으로 타원이 아니다. 하지만 대부분의 경우 원점에 대해 대칭인 폐곡선이 얻어진다. 편의상 그림 6.1[b]는 입력함수의 진폭을 1로 고정하고 즉, $x_o = 1$ 로 정하고 그린 것이다. 시스템이 선형이기 때문에 특별한 언급이 없는 경우, 앞으로 계속 $x_o = 1$ 을 가정할 것이다.

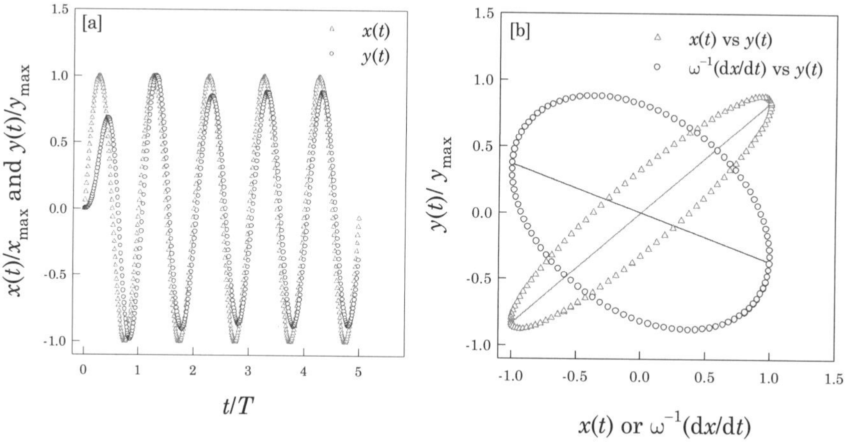

그림 6.1. 입/출력 함수와 리사주 곡선.

그림 6.1[b]에서 타원 안에 있는 직선들의 기울기가 각각 $G'(\omega)$ 와 $G''(\omega)$ 에 해당한다. 타원이 원점에 대칭이기 때문에 그리고 x와 그 도함수도 역시 같은 주기의 주기함수이기 때문에 $x(t_1) = x(t_2)$ 일 때 $(\mathrm{d}x/\mathrm{d}t)_{t=t_1} = -(\mathrm{d}x/\mathrm{d}t)_{t=t_2}$ 를 만족하는 두 시각 t_1과 t_2가 존재하며 $(\mathrm{d}x/\mathrm{d}t)_{t=t_1} = (\mathrm{d}x/\mathrm{d}t)_{t=t_2}$ 일 때 $x(t_1) = -x(t_2)$ 를 만족하는 두 시각이 반드시 존재한다. 따라서 출력함수는 $y = f(x, \omega^{-1}\,\mathrm{d}x/\mathrm{d}t)$ 인 선형

이변수함수이므로 항상 다음이 만족된다.

$$f\left(-x,-\frac{1}{\omega}\frac{dx}{dt}\right)=-f\left(x,\frac{1}{\omega}\frac{dx}{dt}\right) \tag{6.61}$$

그러므로

$$\begin{aligned} G'(\omega)x(t)&=\frac{1}{2}\left[f\left(x,\frac{1}{\omega}\frac{dx}{dt}\right)+f\left(x,-\frac{1}{\omega}\frac{dx}{dt}\right)\right]; \\ \frac{G''(\omega;)}{\omega}\frac{dx}{dt}&=\frac{1}{2}\left[f\left(x,\frac{1}{\omega}\frac{dx}{dt}\right)+f\left(-x,\frac{1}{\omega}\frac{dx}{dt}\right)\right] \end{aligned} \tag{6.62}$$

를 만족하게 된다.

따라서 일시적 거동이 무시할 만큼 작아지는 긴 시간 영역에서 $x(t)$ 와 $y(t)$ 데이터를 채취한 다음에 $x(t)$ 의 데이터로부터 $\omega^{-1}\,dx/dt$ 를 구하여 G' 은 y를 x에 대한 원점을 지나는 선형회귀분석으로 구하고 G'' 은 y를 $\omega^{-1}\,dx/dt$ 에 대한 원점을 지나는 선형회귀분석으로 구한다. 즉,

$$G'=\frac{\sum_{\alpha=1}^{N_d}x_\alpha y_\alpha}{\sum_{\alpha=1}^{N_d}x_\alpha^2};\quad G'=\omega\frac{\sum_{\alpha=1}^{N_d}(dx/dt)_\alpha\, y_\alpha}{\sum_{\alpha=1}^{N_d}(dx/dt)_\alpha^2} \tag{6.63}$$

이 된다. 이러한 작업을 주파수를 바꾸어가며 수행하면 주파수응답함수를 구할 수 있게 된다. 또는

$$y=G'x+G''\frac{1}{\omega}\frac{dx}{dt} \tag{6.64}$$

를 이용하여 x와 $\omega^{-1}\,dx/dt$ 에 대한 중회귀분석을 하면 된다. 중회기분석에 대해서는 3장에서 다루기로 한다. 식 (64)는 $x(t)=x_o\sin(\omega t+\delta)$ 로 표현될 수 있는 임의의 진폭과 주파수를 가지는 삼각함수에 대해서 항상 성립되는 식이다.

이러한 방식으로 주파수응답함수 $G'(\omega)$ 와 $G''(\omega)$ 를 구하는 실험을 동적 실험(dynamic test)이라고 부른다. 반면에 $x(t)=x_o\Theta(t)$ 를 주어 시간 응답함수 $G(t)$ 를 구하는 실험을 정적 실험(static test)이라고 부른다. 동적 실험은 하나의 주파수에 대해서 충분히 오랜 시간을 기다려 응답함수의 한 값만을 구하게 되므로 측정시간이 매우 길어진다. 반면에 정적 실험의 경우 입력함수를 $0\le t\le t_{max}$ 의 시간범위 동

안 주고 출력함수를 측정하였다면 실험시간은 고작 $t_{\max}$ 가 된다. 그리고 출력함수의 값을 $\Delta t = t_{\max}/N$ 의 시간간격을 두고 측정했다면 N개의 시각 $t_k = k\Delta t$ 에 대한 시간응답함수를 얻게 된다. 측정의 시간간격 Δt 를 샘플링 시간(sampling time)이라고 한다. 반면에 동적 실험으로 N개의 주파수 $\omega_k = 2\pi/t_k$ 에 대한 주파수응답함수를 얻으려고 한다면 $t \geq 4T$ 부터 출력함수의 진폭이 일정해 진다는 가정을 할 때 필요한 최소의 측정시간은

$$T_{\min} = \sum_{k=1}^{N} \frac{8\pi}{\omega_k} = \sum_{k=1}^{N} 4k\Delta t = 2\Delta t N(N+1) \approx 2Nt_{\max} \tag{6.65}$$

로 정적 실험의 소요시간의 $2N$배가 된다. 하지만 동적 실험은 정적 실험에 비해서 입력함수의 정밀도가 높은 장점과 실험오차의 정도가 매우 낮은 점 등 많은 장점을 가지고 있다. 원리상으로는 동적 실험은 MHz 이상의 주파수를 가지는 입력함수도 사용할 수 있다. 동적 실험에 의한 주파수응답함수의 결정은 식 (64)의 회귀분석과정을 포함하므로 일종의 평균화 과정이 개입되기 때문에 측정오차의 영향이 줄어든다고 할 수 있다. 하지만 정적 실험처럼 짧은 시간 동안에 동적 실험과 같이 정확하고 많은 정보를 얻는 방법이 필요하다.

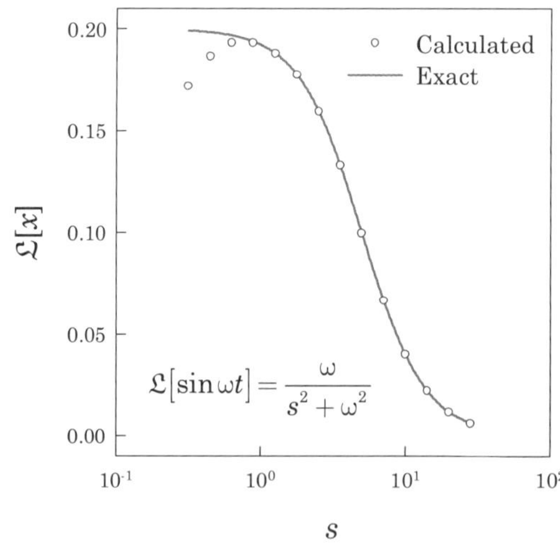

그림 6.2. 삼각함수의 라플라스변환. 엄밀한 식과 데이터의 수치적분.

이제 그림 6.1[a]의 $x(t)$ 와 $y(t)$ 의 시간 데이터를 얻었을 때 하나의 주파수에

대한 입력으로부터 여러 주파수에 대한 주파수응답함수를 구하는 방법에 대해서 공부하고자 한다. 샘플링 시간이 충분히 작다면 식 (38)을 사용하면 즉 수치 라플라스 변환을 이용할 수 있다. 라플라스 변환의 커널 함수(kernel function) e^{-st} 는 시간에 대한 감소함수이므로 $t_{\max}$ 가 충분히 크면 시간을 무한대까지 적분하지 않아도 수치적분으로 비교적 정확한 라플라스 변환을 얻을 수 있다. 그림 6.1[a]의 데이터는 $t_{\max} = 5T = 10\pi/\omega$ 에 해당하며 $x(t) = \sin\omega t$ 이므로 $\tilde{x}(s) = \omega/(s^2+\omega^2)$ 임을 알 수 있다. 따라서 수치적분

$$\begin{aligned} \tilde{x}_{\text{calc}}(s) &\equiv \frac{\Delta t}{2}\sum_{k=1}^{N-1}\left[x(t_k)e^{-st_k} + x(t_{k+1})e^{-st_{k+1}}\right]; \\ \Delta t &\equiv \frac{t_{\max}}{N} \end{aligned} \tag{6.66}$$

으로 구한 입력함수의 라플라스 변환과 수학적으로 정확한 입력함수의 라플라스 변환을 그림 6.2에 비교하였다. 식 (66)은 3장에서 배울 사다리꼴 알고리즘에 의한 수치적분이다.

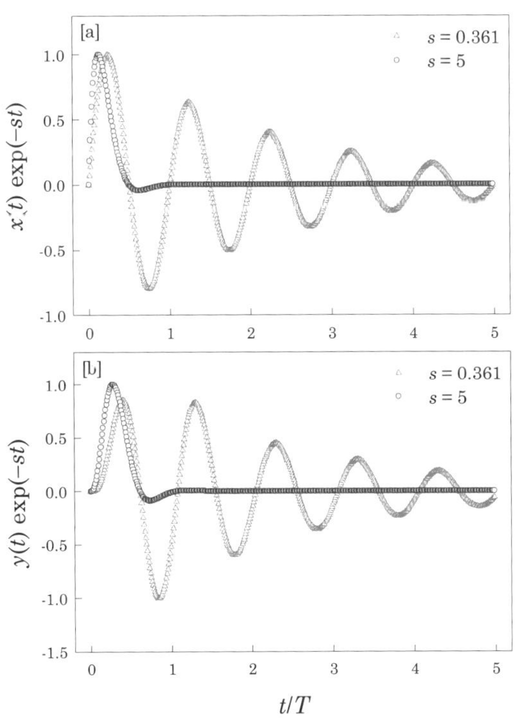

그림 6.3. 삼각함수의 라플라스변환의 피적분함수

그림 6.3에서 알 수 있듯이 $s>1$이면 $4T \le t \le 5T$에서 피적분함수 $x(t)e^{-st}$와 $y(t)e^{-st}$ 모두가 영에 가까운 값을 보이지만 $s<1$인 경우 피적분함수들은 여전히 상당히 큰 진폭으로 진동을 하고 있다. 따라서 무한대까지의 적분과 많은 오차를 보이게 될 것이다. 그림 6.3을 보면 $s>1$에 대해서는 정확한 라플라스 변환과 시간 데이터로 얻은 라플라스 변환이 거의 일치하지만 작은 $s<1$에 대해서는 상당한 오차가 있다. 식 (66)이 좋은 근사가 되기 위해서는 시간범위 $0 \le t \le t_{\max}$의 후반에서 피적분함수 $x(t)e^{-st}$의 절대값이 거의 영에 가까워야 한다. 그런데 s가 작으면 주어진 시간 범위에서 피적분함수가 영에 가까워지지 않게 된다. 이를 시각적으로 나타낸 것이 그림 6.3이다. 그림 6.3의 피적분함수는 비교를 편하게 하기 위해서 최대치로 정규화 하여 그린 것이다. 따라서 $s>1$에 대한 $\tilde{x}_{\text{calc}}(s)$와 $\tilde{y}_{\text{calc}}(s)$를 구해서 식 (36)을 응용하여 다음을 얻게 된다.

$$s\tilde{G}_{\text{calc}}(s)=\frac{\tilde{y}_{\text{calc}}(s)}{\tilde{x}_{\text{calc}}(s)} \tag{6.67}$$

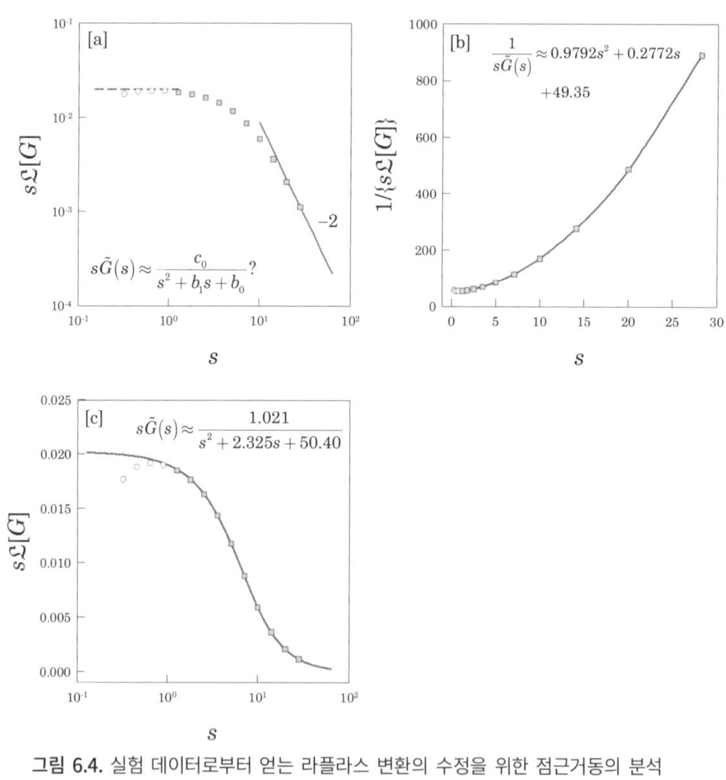

그림 6.4. 실험 데이터로부터 얻는 라플라스 변환의 수정을 위한 점근거동의 분석

그림 6.4[a]의 사각 기호는 $s>1$에 대한 $s\tilde{G}_{\text{calc}}(s)$ 이고 원형 기호는 $s<1$에 대한 것이다. 이중 로그 작도로 보면 시간응답함수의 라플라스 변환 $s\tilde{G}_{\text{calc}}(s)$ 은 일정한 값으로 일정해지는 경향을 보이나 수치적분의 오차로 확정하기 어렵다. 반면에 $s\gg 1$에서의 점근거동은 $s\tilde{G}_{\text{calc}}(s)\propto s^{-2}$ 임을 알 수 있다. 일반적으로 함수의 라플라스 변환은 분수식을 따른다. 따라서 s^{-2} 의 점근거동을 보이려면

$$s\tilde{G}_{\text{calc}}(s)\approx\frac{b_0+b_1s+\cdots+b_ms^m}{c_0+c_1s+\cdots+c_{m+2}s^{m+2}} \tag{6.68}$$

과 같은 분수식을 생각할 수 있을 것이다. 그림 6.4[a]에 나타난 $s\to 0$ 과 $s\to\infty$ 의 점근거동을 만족시키는 가장 간단한 경우는

$$s\tilde{G}_{\text{calc}}(s)\approx\frac{G_{\text{o}}}{k+\zeta s+s^2} \tag{6.69}$$

가 될 것이다. 식 (69)의 추정이 맞는지 알아보려면 $1/\left[s\tilde{G}_{\text{calc}}(s)\right]$ 가 s의 이차 함수인지를 확인하면 된다. 그림 6.4[b]는 이 추정이 맞다는 것을 보여준다.

Sigmaplot™이나 MATLAB™의 도움을 받아 다항식 회귀분석을 해 보면 $G_{\text{o}}\approx 1.021$, $\zeta\approx 2.325$, $k\approx 50.40$ 이 된다는 것을 알 수 있다. 식 (69)와 데이터를 반 로그 작도로 비교한 것이 그림 6.4[c]이다. 그러면 식 (69)가 올바른 근사인지 어떻게 확인할 수 있는가?

앞에서 $s\tilde{G}(s)$ 에 $s=\text{i}\omega$ 를 대입하면 주파수응답함수가 식 (60)과 같이 시간응답함수의 라플라스 변환으로부터 구해진다는 것을 배운 바 있다. 이제 식 (69)의 수식에 식 (60)을 적용하면 다음이 얻어진다.

$$\frac{G'(\omega)}{G_{\text{o}}}=\frac{k-\omega^2}{\left(k-\omega^2\right)^2+\zeta^2\omega^2};\quad \frac{G''(\omega)}{G_{\text{o}}}=-\frac{\zeta\omega}{\left(k-\omega^2\right)^2+\zeta^2\omega^2}. \tag{6.70}$$

그림 6.5[a]는 동적 실험으로 구한 주파수응답함수들과 시간 데이터로부터 계산하여 얻은 주파수응답함수를 비교한 것이다. 놀랍게도 넓은 주파수 범위인 $10^{-2}\text{rad/s}\le\omega\le 10^{2}\text{rad/s}$ 에 대해서 측정결과와 매우 가까운 계산결과가 얻어졌다는 것을 알 수 있다. 다만 $\omega\approx 7\text{rad/s}$ 부근에서 날카로운 봉우리들이 다소 일치하지 않는 결과를 줄 뿐이다. 기호는 동적 실험의 측정결과이고 실선들은 식 (70)으로

계산한 결과인데 측정결과와 더 잘 일치하는 실선은 동적측정결과에 대해서 식 (70)으로 비선형 회귀분석한 값 $G_o = 1.000$, $\zeta = 2.000$, $k = 50.00$ 으로 계산한 것이다. 시간 데이터로부터 얻은 라플라스 변환을 회귀분석해서 얻은 결과보다 동적 측정으로 얻은 데이터를 회귀분석해서 얻은 결과가 더 정확한 이유는 라플라스 변환을 하는 과정 중의 수치오차가 더 크게 작용하기 때문이다.

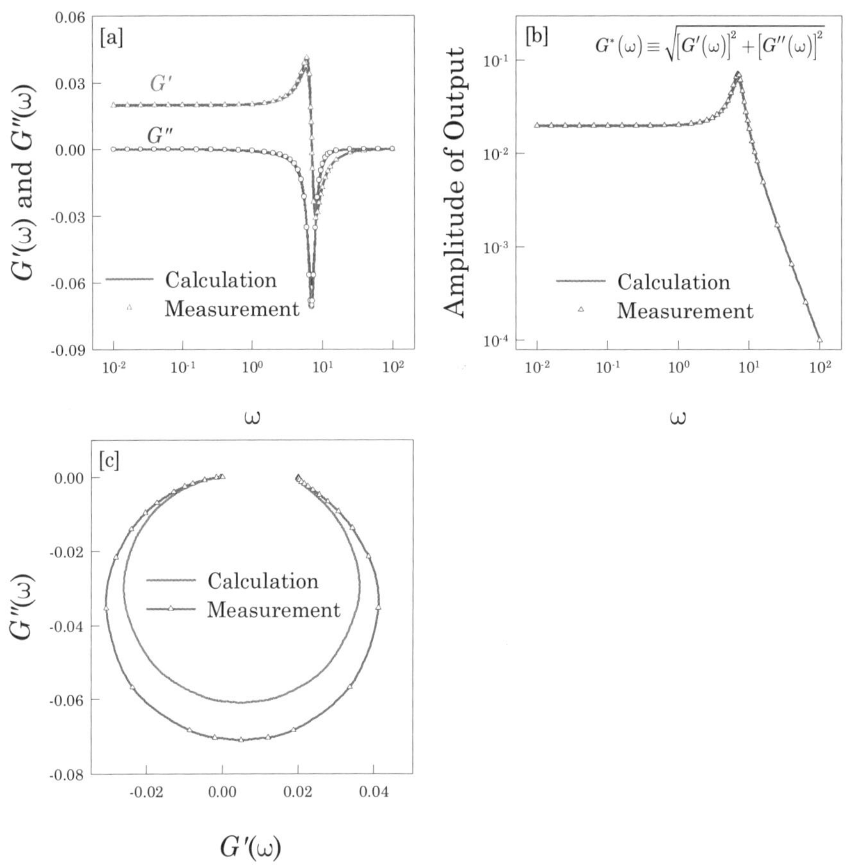

그림 6.5. 주파수응답의 다양한 작도법.

식 (69)와 같은 분수식 라플라스 변환의 역변환은 쉽게 계산할 수 있다. 식 (69)의 역변환은 다음과 같다.

$$\mathfrak{L}^{-1}\left[s\tilde{G}(s)\right] = \frac{G_o}{\Omega} e^{-\frac{1}{2}\zeta t} \sin \Omega t \tag{6.71}$$

이다. 여기서 $\Omega = \sqrt{k - \frac{1}{4}\zeta^2}$ 으로 시스템의 고유주파수에 해당한다. 계산결과가 $k - \frac{1}{4}\zeta^2 > 0$ 을 주기 때문에 식 (71)이 유효하다. 그러면 출력함수는 $x(t) = x_o \sin \omega t$ 에 대해서

$$\frac{y(t)}{G_o x_o} = \int_0^t e^{-\frac{1}{2}\zeta\tau} \sin \Omega\tau \sin \omega(t - \tau) \mathrm{d}\tau \tag{6.72}$$

가 된다. 식 (72)를 적분하면 다음이 얻어진다.

$$\begin{aligned} \frac{y(t)}{G_o x_o} &= G'(\omega) \sin \omega t + G''(\omega) \cos \omega t \\ &+ e^{-\frac{1}{2}\zeta t} \left[\frac{\omega_+ D_- - \omega_- D_+}{D_+ D_-} \sin \Omega t + \frac{\zeta(D_+ - D_-)}{2 D_+ D_-} \cos \Omega t \right] \end{aligned} \tag{6.73}$$

여기서

$$D_\pm \equiv \Omega\left(\tfrac{1}{2}\zeta^2 + 2\omega_\pm^2\right); \quad \omega_\pm \equiv \Omega \pm \omega \tag{6.74}$$

이다. 시간이 증가함에 따라서 식 (73)의 세 번째 항은 $e^{-\frac{1}{2}\zeta t}$ 때문에 영으로 사라지고 첫 번째와 두 번째 항만 남게 된다. 즉 $\frac{1}{2}\zeta t \gg 1$ 에 대해서

$$\frac{y(t)}{G_o x_o} \approx G'(\omega) \sin \omega t + G''(\omega) \cos \omega t = G^*(\omega) \sin[\omega t + \delta(\omega)]. \tag{6.75}$$

여기서

$$G^*(\omega) \equiv \sqrt{[G'(\omega)]^2 + [G''(\omega)]^2}; \quad \delta(\omega) \equiv \arctan \frac{G''(\omega)}{G'(\omega)} \tag{6.76}$$

이다. 따라서 $\frac{1}{2}\zeta t \gg 1$ 에 대해서 $\max\{y(t)/(G_o x_o)\} = G^*(\omega)$ 가 됨을 알 수 있다. 그림 6.5[b]는 $G_o = x_o = 1$ 일 때의 출력함수의 진폭을 주파수의 함수로 그린 것이다. 즉, $G^*(\omega)$ 를 주파수의 함수로 그린 것으로 이를 보드 작도(Bode plot)이라고 한다.

라플라스 변환 $s\tilde{G}(s)$ 를 회귀분석한 결과와 동적 측정결과를 회귀분석한 결과의 차이는 그림 6.5[c]에서 확대되어 나타난다. 이 그림을 니퀴스트 작도(Nyquist plot) 또는 콜-콜 작도(Cole-Cole plot)라고 한다. 그림 6.5[c]의 caculation으로 표시한 것은 정적실험 결과의 라플라스 변환으로부터 구한 계산결과이고 measurement로 표시한

기호는 동적실험의 측정결과이고 기호를 잇는 실선은 동적응답을 회귀분석해서 얻은 결과이다.

주파수 응답에 대한 여러 작도법의 의미와 해석방법에 대해서는 자동제어에 관한 교과서를 참조하기 바란다. 이 책은 선형 시스템의 선형범함수의 구조를 어떻게 실험결과로부터 얻어내는가에 대해서 초점이 맞추어져 있기 때문이다.

이 예제에서 다루었던 선형 시스템은 감쇄가 있는 진동 시스템에 가진력(oscillating force)가 입력함수로 주어지고 출력함수가 변위인 경우에 해당한다. 이러한 시스템은 $0 < t \ll 1$에서나 $t \gg 1$에서의 시간응답함수의 거동이 크게 중요하지 않은 경우에 해당한다. 하지만 선형유전체나 선형점탄성체의 물리적 성질은 $0 < t \ll 1$에서나 $t \gg 1$에서의 거동에도 물질의 구조에 대한 많은 정보가 담겨 있다.

연습문제 6

[1] 일반적인 실험에서 출력함수 $y(t)$와 입력함수 $x(t)$ 사이의 대응관계인 범함수 $y(t) = \mathcal{F}[x(t)]$가 선형범함수가 아닌 경우가 대부분이다. 하지만 $\max\{|x(t)|\}$가 충분히 작으면 비선형범함수라고 해도 선형적인 거동을 근사적으로 보인다. 입력함수를 $x(t) = x_o \sin\omega t$로 사용하여 주파수 ω와 진폭 x_o를 바꾸어가며 실험을 해서 실험 데이터로부터 범함수의 선형거동 범위를 알아내는 방법에 대해서 논하라. 만약 입력함수를 $x(t) = x_o \Theta(t)$를 사용한다면 어떻게 되겠는가?

[2] 출력함수 $y(t)$와 입력함수 $x(t)$ 사이의 관계를 다음과 같은 선형미분 방정식으로 모델링을 하였다.

$$a_0 y(t) + a_1 \frac{\mathrm{d}y}{\mathrm{d}t} = b_0 x(t) + b_1 \frac{\mathrm{d}x}{\mathrm{d}t} \tag{6.a}$$

여기서 계수 $\{a_k\}$와 $\{b_k\}$는 모두 양의 실수라고 하자. 이 시스템의 시간응답함수와 주파수응답함수를 구하라.

[3] 어떤 선형시스템의 시간응답함수 $G(t)$가 시간에 대한 증가함수라면 어떤 일이 일어날까? 시간응답함수가 국부적으로는 증가 감소를 보이더라도 $t \to \infty$에 따라서 0으로 수렴하여야만 할까?

[4] 식 (a)에서 $x(t)$ 를 출력함수로 $y(t)$ 를 입력함수라고 하게 되면 시간의 응답함수를 $J(t)$, 주파수응답함수를 $J'(\omega)$ 와 $J''(\omega)$ 라고 하자. 그러면 문제 [3]의 시간응답함수 $G(t)$, 주파수응답함수 $G'(\omega)$, $G''(\omega)$ 와 어떤 관계가 있을지 고찰하라.

[5] 어떤 선형시스템의 입력함수 $x(t)$ 와 출력함수 $y(t)$ 사이에 다음과 같은 관계가 성립한다는 것이 알려져 있다.

$$\mu\frac{\mathrm{d}^2 y}{\mathrm{d}t^2}+\int_0^t H(t-\tau)\frac{\mathrm{d}y}{\mathrm{d}\tau}\mathrm{d}\tau = x(t) \tag{6.b}$$

여기서 양의 상수 μ은 알려져 있지만 함수 $H(t)$ 는 감소함수이며 항상 양의 함수 값만을 가진다고 알려져 있다. 실험으로 $H(t)$ 를 규명하는 방법에 대해서 논의하라. Kim *et al.*, 2015를 참조하기 바란다.

제2장

눈금맞춤 이론

눈금맞춤 이론(scaling theory)은 단위변환, 시스템의 크기에 대한 특성, 자기상사성 등의 다양한 변환에 대한 불변성을 이용하여 측정변수와 제어변수 사이의 관계식을 구하는 이론이다. 차원해석(dimensional analysis)은 단위변환에 대한 불변성을 이용하는 눈금맞춤 이론이고 자기 상사성(self-similarity)은 부분의 특성과 전체의 특성이 반복되는 자연현상의 특징을 활용한 눈금맞춤 이론이다. 이 이론들은 자연계의 대칭성과 관련된다고 할 수 있다. 보존법칙도 일종의 대칭성이라고 할 수 있다. 따라서 여기서는 차원과 단위, 차원해석, 자기상사성 그리고 보존법칙에 대해서 닮은 꼴과 대칭성과 같은 기하학적 관점에서 공부할 것이다. 눈금맞춤 이론들은 §5절의 중첩과 관련되는 중간함수를 구하는 일반적인 방법을 제공한다.

7. 차원과 단위

7.1. 차원과 단위의 정의

모든 물리량은 길이, 질량, 시간, 전하량과 같은 기본적인 물리량들의 조합으로 표현되는 것이 일반적이다. 이렇게 서로 독립적이며 더 이상 나눌 수 없는 물리량들에 기본차원(basic dimension)이라는 개념을 부여한다. 그러면 다른 물리량들의 차원(dimension)은 기본차원들의 멱급수로 표현된다. 예를 들면 힘은 뉴턴의 운동법칙에 따라서 질량과 가속도의 곱과 같은 양으로 정의된다. 가속도는 속도의 시간에 대한 거리를 시간의 제곱으로 나눈 양에 해당한다. 따라서 힘은 질량과 거리의 곱을 시간의 제곱으로 나눈 양이라고 할 수 있다. 기본적인 물리량들에 대한 기본차원을 길이에 대해서는 $\mathbb{L}$ 로, 질량에 대해서는 $\mathbb{M}$, 시간에 대해서는 $\mathbb{T}$, 전하량에 대해서는 $\mathbb{Q}$로 표현하자. 그러면 힘의 차원(dimension)을 $[F]$로 표시하면 다음과 같은 관계가 성립된다.

$$[F] = \mathbb{M}\mathbb{L}\mathbb{T}^{-2}. \tag{7.1}$$

에너지 E는 힘에 의해 이동하는 변위 d를 곱한 것에 해당하므로 그 차원은 다음과 같이 표시할 수 있다.

$$[E] = [F][d] = \mathbb{M}\mathbb{L}^2\mathbb{T}^{-2}. \tag{7.2}$$

압력 p는 단위 면적당 힘에 해당하고 면적의 차원은 $[A] = \mathbb{L}^2$ 이므로 압력의 차원은 다음이 된다.

$$[p] = \frac{[F]}{[A]} = \mathbb{M}\mathbb{L}^{-1}\mathbb{T}^{-2}. \tag{7.3}$$

그런데 단위 부피당 에너지는 에너지 밀도 ρ_E 라고 할 수 있는데 부피의 차원은 $[V] = \mathbb{L}^3$ 이므로

$$[\rho_E] = \frac{[E]}{[V]} = \mathbb{M}\mathbb{L}^{-1}\mathbb{T}^{-2}. \tag{7.4}$$

가 된다. 식 (3)과 (4)를 비교하면 물리량 p와 물리량 ρ_E 는 같은 차원을 가지는 물

리량이라고 할 수 있다.

물리공식에서 물리량들 사이의 합이나 차는 두 물리량이 같은 차원을 가질 때만 유효하다. 하지만 같은 차원을 가진다고 하더라도 에너지와 돌림힘(torque) 같이 의미가 다른 물리량끼리는 합이나 차를 정의할 수 없다. 에너지는 스칼라(scalar) 물리량이지만 돌림힘은 근본적으로 벡터 물리량이기 때문이다.

길이는 cm와 같은 단위(unit)로 수치화 할 수 있으며 m로 수치화 할 수도 있다. 같은 길이이지만 단위가 달라지면 길이를 나타내는 수치가 변하게 된다. 즉, 단위란 어떤 물리량을 수치화하는데 있어 기준량을 정하는 눈금 매기기이다. 차원과 단위는 매우 유사해 보인다. 길이는 차원이 $\mathbb{L}$ 이고 면적의 차원은 $\mathbb{L}^2$ 인 반면 길이의 단위가 cm일 때 그에 일관성이 있는 면적의 단위는 cm^2 이기 때문이다. 하지만 차원은 물리량의 속성에 대해 구체적인 수치와 무관하게 표현하는 개념인 반면 단위는 차원의 개념에 따라서 물리량의 수치화를 위해서 고안한 구체적인 표현법이라고 할 수 있다. 같은 차원의 물리량에 대해서 수없이 많은 단위를 생각할 수 있다.

어떤 단위를 사용하느냐는 사용자들의 편의와 의사소통을 위해서 결정된다. 수만 명의 사람들이 각자 자기만의 단위계를 사용한다면, 오른쪽과 왼쪽이라는 명사를 수만 명이 서로 다르게 이름 지어 부를 때 생기는 문제와 동일한 문제가 발생하게 된다. 따라서 수 많은 단위들 중에서 많은 사람들이 규약으로 몇 가지만을 사용하게 되는 것이다. 따라서 과거에는 지역별로 시대별로 다른 단위를 사용하였다. 세계화되면서 국제표준단위계(SI unit system)가 생겨나게 됨은 당연해 보인다.

건물의 높이를 다루게 된다면 m를 단위로 사용하는 것이 일반적이다. 건물의 높이는 수 m에서 수백 m 정도이기 때문에 건물의 높이를 나타내는 수치가 그렇게 크지도 그렇게 작지도 않다. 하지만 대구에서 서울까지의 거리를 m로 사용하게 되면 수치는 319,450이 되지만 km를 단위로 사용하면 319.45가 된다. 적혈구의 크기는 대략 0.000008 m이므로 m 단위를 사용하면 너무 작은 수가 되지만 μm를 단위로 사용하면 수치는 8이 된다. 즉, 관심의 대상이 되는 물리량을 나타내는 수치가 너무 크지도 작지도 않게 되는 단위를 사용하는 것이 편리해 진다.

같은 차원의 두 물리량이 만약 다른 단위로 표현되어 있다면 두 물리량의 크기를 한눈에 비교하기 어렵다. 이 경우 같은 단위로 통일해서 환산을 해야 한다. 단위환산은 공학교육에 있어서 매우 중요하기 때문에 보통 학부 2학년과정의 교과목에서 자주 다루게 된다. 이 책은 2학년도 충분한 수학 실력을 갖추었다면 읽을 수 있는 것이지만 단위환산에 대한 예제는 다루지 않도록 한다. 사실 단위환산은 특별히 배우지 않아도 똑똑한 학생이면 쉽게 할 수 있는 것이기 때문이다. 그럼에도 불구하고 §8절의 차원해석을 공부하기 위한 단위환산에 대한 약간의 수학적 고찰에 대해서는 언급을 하고자 한다.

압력의 차원은 식 (3)과 같이 질량, 길이, 시간의 기본차원으로 이루어진 복합차원 $\mathbb{M}\mathbb{L}^{-1}\mathbb{T}^{-2}$ 를 가진다. 국제표준단위계를 사용하게 되면 질량은 kg, 길이는 m, 시간은 s이다. 단위계는 수 많은 선택 중에서 편의와 소통을 위해 결정된 것일 뿐이므로 질량의 단위를 파운드(lb), 길이의 단위를 피트(ft), 시간을 분(min)으로 바꾸게 되면 국제표준단위계에서 질량 값이 μ, 길이 값이 l, 시간 값이 τ였을 때 새로운 단위계에 대해서는 다음의 수치가 된다.

$$\mu' = \lambda_M \mu; \quad l' = \lambda_L l; \quad \tau' = \lambda_T \tau \tag{7.5}$$

여기서 실수 λ_M , λ_L , λ_T 는 환산인자(conversion factor)라고 하며 이 경우 $\lambda_M \approx 2.205$, $\lambda_L \approx 0.08333$, $\lambda_T = \frac{1}{60}$ 이 된다. 그러면 국제표준단위계에서 압력 값이 p라면 식 (3)에 의해서 새로운 단위계에서는 다음의 값을 가지게 된다.

$$p' = \frac{\lambda_M}{\lambda_L \lambda_T^2} p \tag{7.6}$$

식 (6)은 향후에 §8절의 차원해석을 공부할 때 유용하게 사용될 것이다.

7.2. 물리공식과 차원

물리공식들을 자세히 살펴 보면 양변은 항상 같은 차원으로 이루어져 있다는 것을 알 수 있다. 예를 들어 훅의 법칙(Hooke's law)를 생각해 보자. 물체가 탄성체라면 길이 변화가 크지 않을 경우, 길이 변화 x와 길이 변화를 유발한 힘의 크기 f 사이에는 다음과 같은 선형관계가 성립된다.

$$f = kx. \tag{7.7}$$

양변을 차원으로 표시해 보면 다음이 된다.

$$[f] = \mathbb{MLT}^{-2} = [k][x] = [k]\mathbb{L}. \tag{7.8}$$

스프링 상수 k의 차원은 식 (8)이 성립되기 위해서

$$[k] = \mathbb{MT}^{-2} \tag{7.9}$$

가 되어야 한다.

사실 훅의 법칙은 물리법칙이라기 보다 많은 고체에 적용 가능한 경험식일 뿐이다. 식 (7)이 모든 물질에 적용되는 것이 아니기 때문이다. 게다가 같은 물질이라도 길이 변화의 범위가 넓어지면 식 (7)보다는 다음과 같은 관계식이 더 실험결과와 일치할 것이다.

$$f \approx c_1 x + c_3 x^3. \tag{7.10}$$

그러면 계수 c_1과 c_2의 차원은 무엇이 되는가? 우변의 두 항은 모두 힘의 차원을 가져야만 식 (10)이 물리공식으로써 의미를 가지게 된다. 따라서 다음이 된다.

$$[c_1] = \frac{[f]}{[x]} = \mathbb{MT}^{-2}; \quad [c_3] = \frac{[f]}{[x^3]} = \mathbb{ML}^{-2}\mathbb{T}^{-2}. \tag{7.11}$$

식 (10)에서 두 물리량의 합이나 차는 각각의 물리량이 같은 차원일 때만 가능하다는 점을 유의하기 바란다. 면적과 길이의 합이라든지 차가 어떤 목적에 따라서는 관심의 대상이 될 수는 있지만 이 것으로 어떤 물리법칙이나 공식이 만들어질 수는 없다. 이는 법칙이라기 보다는 규약이라고 할 수 있다. 그렇다면 다른 차원의 물리량들의 합이나 차가 관심의 대상이 될 때 즉, 필요성이나 의미가 있을 때는 이 규약이 모순이 되는가? 이 질문을 "이종의 차원을 가지는 물리량들에 대한 물리공식을 이 규약을 위배하지 않고 표현하는 방법이 있겠는가?"로 환원해 보자. 해답은 "있다"이다. 이를 위해서는 무차원량(dimensionless quantity)이 필요하게 된다.

무차원량

어떤 물질은 보다 더 넓은 범위의 변형에 대해서

$$f \approx \sum_{k=1}^{N} c_k x^k \tag{7.12}$$

로 근사할 수 있다고 하자. 이 경우 계수의 차원은

$$[c_k] = \frac{[f]}{[x^k]} = \mathbb{M}\mathbb{L}^{1-k}\mathbb{T}^{-2} \tag{7.13}$$

이 될 것이다. 그런데 만약 물체가 변형이 없었을 때의 길이를 l_o 라고 하고 식 (12)를

$$f \approx \sum_{k=1}^{N} f_k \left(\frac{x}{l_o}\right)^k; \quad f_k \equiv c_k l_o^k \tag{7.14}$$

라고 표시하여도 일반성이 위배되지 않을 것이다. 그러면 식 (13)으로부터 $[f_k] = [f]$ 가 됨을 알 수 있다. 게다가 $\tilde{x} \equiv x/l_o$ 로 새로운 변수를 도입하고

$$f_{\mathrm{T}} \equiv \sum_{k=1}^{N} f_k; \quad \phi_k \equiv \frac{f_k}{f_{\mathrm{T}}} \tag{7.15}$$

로 정의하게 되면 식 (14)는 다음과 같이 될 것이다.

$$\frac{f}{f_{\mathrm{T}}} = \sum_{k=1}^{N} \phi_k \tilde{x}^k \tag{7.16}$$

그러면 다음은 당연한 결과이다.

$$[f_T] = [f]; \quad [\phi_k] = \frac{[f_k]}{[f_T]} = \mathbb{M}^0\mathbb{L}^0\mathbb{T}^0 = 1; \quad [\tilde{x}] = \frac{[x]}{[l_o]} = \mathbb{L}^0 = 1 \tag{7.17}$$

차원이 1이 되는 물리량을 무차원량이라고 부른다.

만약에 어떤 이차원 도형의 면적 s와 길이 l의 합을 최소화해야 하는 문제가 중요하고 $q \equiv s + l$ 이라고 정의할 때 어떤 물리량 p와 함수관계 $p = f(q)$ 가 물리공식이 되어야 한다고 해보자. 이 경우 기준이 되는 면적 s_o와 기준이 되는 길이 l_o를 정하고 $\tilde{q} \equiv s/s_o + l/l_o$ 로 정의하면 $p = f(q)$ 와 수치적인 일치성이 있는 함수관계 $p = g(\tilde{q})$ 를 정할 수 있다. 가장 간단한 경우가 $s_o = 1$, $l_o = 1$ 이 되는 단위계로 기준면적과 기준길이를 정하면 된다. 이는 식 (16)에서 도입한 것과 유사한 방법이다.

어떤 단위계를 사용하여 늘어난 길이 x를 바꾸어 가면 물체에 작용되는 힘의 크기 f를 측정하였더니 수치적인 관계가

$$f = b\left(1 - e^{-ax}\right) \tag{7.18}$$

됨을 실험적으로 확인하였다고 하자. 식 (18)이 훅의 법칙과 같은 물리공식의 지위를 갖게 하려면 $b \equiv f_{\text{o}}$ 로 명명하며 차원이 힘의 차원이 되게 하고

$$ax \equiv \alpha \frac{x}{l_{\text{o}}} \tag{7.19}$$

가 성립되게 하는 $[l_{\text{o}}] = \mathbb{L}$, $[\alpha] = 1$ 인 새로운 매개변수를 도입하는 것이다. 그러면 지수함수의 지수 $\alpha x / l_{\text{o}}$ 는 무차원량이 되며 따라서 $\left[1 - e^{-\alpha x / l_{\text{o}}}\right] = 1$ 이 된다. 즉 식 (18)의 물리공식으로써 유효한 표현은

$$\frac{f}{f_{\text{o}}} = 1 - e^{-\alpha x / l_{\text{o}}} \tag{7.20}$$

이 된다.

어떤 물리량 $p > 0$ 가 다른 차원의 물리량 q와 다음과 같은 경험식을 따른다는 실험결과가 얻어졌다고 하자.

$$\log p \approx \sum_{k=0}^{N} c_k q^k . \tag{7.21}$$

식 (21)은 다음과 같이 다시 쓸 수 있다.

$$p \approx \exp\left(\sum_{k=0}^{N} c_k q^k\right) = \exp\left(c_0 + \sum_{k=1}^{N} c_k q^k\right) = e^{c_0} \exp\left(\sum_{k=1}^{N} c_k q^k\right). \tag{7.22}$$

물리공식으로써 의미를 가지게 하기 위해서 $p_{\text{o}} \equiv e^{c_0}$, $[p_{\text{o}}] = [p]$로 설정한다. 그리고 q의 특성치 q_{o} 하나를 찾아서

$$\sum_{k=1}^{N} c_k q^k = \sum_{k=1}^{N} \gamma_k \left(\frac{q}{q_{\text{o}}}\right)^k \tag{7.23}$$

이 되게 하면 식 (22)는 다음과 같이 표현할 수 있다.

$$\frac{p}{p_{\text{o}}} = \exp\left[\sum_{k=1}^{N} \gamma_k \left(\frac{q}{q_{\text{o}}}\right)^k\right]. \tag{7.24}$$

물론 γ_k 는 무차원량이고 좌변과 우변 모두 무차원량들이 된다.

식 (16), (20), (24)의 공통점은 물리량들의 단위를 어떤 것으로 설정하여 실험을 하였더라도 그 결과들의 관계는 계수들 $\{\phi_k\}$, α, $\{\gamma_k\}$ 의 수치가 변하지 않는 것들이 된다는 것이다. 즉 이 세 식들이 물리공식이라면 매개변수들 $\{\phi_k\}$, α, $\{\gamma_k\}$ 의 수치는 사용하는 단위계에 무관하게 불변이다.

함수는 크게 초월함수(transcendental function)와 대수함수(algebraic function)로 나누어 볼 수 있다. 대수함수는 종속변수들의 사칙연산이나 n제곱 또는 n 제곱근 등 대수적 연산(algebraic operation)으로 표현되는 함수이고 초월함수는 유한한 회수의 대수적 연산으로 표현이 되지 않는 지수함수나 삼각함수와 같은 함수들을 말한다. 차원의 계산은 대수적인 연산관계로 구성되기 때문에 대수함수관계 $y = f(x)$ 에서 x가 유차원(有次元)이어도 계수들의 차원을 조정해서 차원분석에서 문제가 일어나지 않게 할 수 있지만 초월함수인 경우 $y = f(x)$ 에서 x는 반드시 무차원(無次元)이어야 한다. 가령 라플라스 변환에서 e^{-st} 의 st 는 반드시 무차원이며 따라서 t가 시간의 차원을 가지면 s는 주파수의 차원인 $\mathbb{T}^{-1}$ 의 차원을 가져야 한다.

무차원량은 단위계가 바뀌어도 수치가 변하지 않는다. 즉, 단위계와 무관한 수치를 가지는 물리량이다. 오래 전에 작고한 개그맨 김형곤은 자기는 아이큐와 체중이 같은 사람이라고 해서 웃긴 적이 있다. 그는 뚱뚱한 사람이었다. 하지만 그의 농담은 영국이나 미국에서는 전혀 웃기지 않을 것이다. 우리나라에서는 체중을 kg 단위를 사용하니 100kg이 넘어 보이는 김형곤은 그냥 평범한 아이큐를 가진 사람이 된다. 하지만 영국이나 미국에서는 체중을 파운드(lb)로 나타내므로 100kg의 체중은 200lb가 넘으므로 그는 아이큐가 200이 넘는 천재가 된다. 아이큐는 차원이 없는 양이다.

벡터

속도(velocity)는 벡터(vector) 량이다. 즉, 크기와 방향을 가지는 물리량이다. 벡터 물리량의 차원은 그 크기의 차원과 같다. 속도의 크기 속력(speed)의 차원과 속도의 차원은 같다. 방향은 기준좌표계에 대한 각도와 같은데 두 벡터 물리량이 나란하다면 세 좌표축과 이루는 각도가 같은 것이다. 육십분법의 각도 단위는 사실 한 바퀴를 360으로 정하고 나눈 각도의 단위로 차원을 논하기 어려운 면이 있지만 호도법의 각도는 호의 길이를 대응하는 원의 반지름으로 나눈 것이기에 무차원량임이 확실하다. 따라서 벡터 물리량의 차원은 그 벡터 물리량의 크기의 차원과 같아야 한다.

학부 수준에서는 직교좌표계를 이용한 벡터 표현법을 사용하므로 직교하는 세 축에 나란한 단위 벡터를 $\mathbf{e}_1$, $\mathbf{e}_2$, $\mathbf{e}_3$ 라고 하면 벡터 $\mathbf{v}$는 다음과 같이 표현할 수 있다.

$$\mathbf{v} = v_1\mathbf{e}_1 + v_2\mathbf{e}_2 + v_3\mathbf{e}_3 \tag{7.25}$$

세 단위 벡터들을 기저 벡터(base vector)라고 부른다. 세 실수 v_1, v_2, v_3를 벡터 $\mathbf{v}$의 성분(component)라고 하는데 이 세 실수의 값들은 어떤 배향(orientation)의 직교좌표계를 선정하느냐에 따라서 다른 값을 가지게 된다. 즉, 그림 7.1과 같이 $\mathbf{e}_3$에 해당하는 좌표축은 공유하나 다른 좌표축들이 그림과 같이 상대적으로 회전된 두 좌표계를 생각하면 같은 벡터 $\mathbf{v}$는 새로운 좌표계에 대해서

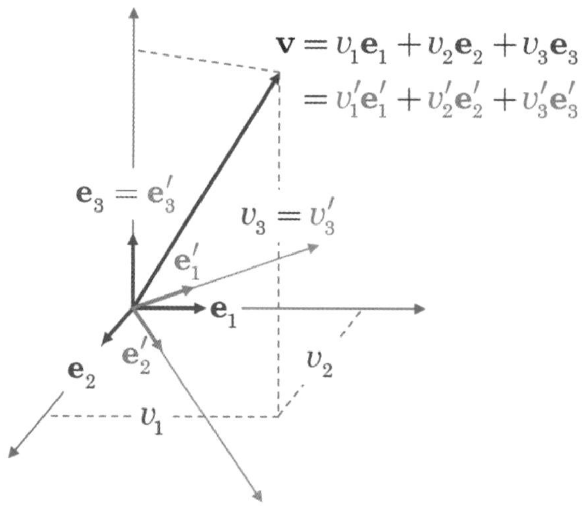

그림 7.1. 벡터, 좌표계 그리고 기저 벡터.

$$\mathbf{v} = v_1'\mathbf{e}_1' + v_2'\mathbf{e}_2' + v_3'\mathbf{e}_3' \tag{7.26}$$

과 같이 다른 성분을 가지게 된다. 그림 7.1의 경우 $\mathbf{e}_3' = \mathbf{e}_3$ 이고 $\mathbf{e}_3' \perp \mathbf{e}_2'$ 이고 $\mathbf{e}_3' \perp \mathbf{e}_1'$ 이며 $\mathbf{e}_3 \perp \mathbf{e}_2$, $\mathbf{e}_3 \perp \mathbf{e}_1$ 이므로 내적(inner product)을 이용하게 되면

$$\mathbf{v}\cdot\mathbf{e}_3' = v_3' = \mathbf{v}\cdot\mathbf{e}_3 = v_3 \tag{7.27}$$

가 되어 $v_3 = v_3'$ 이다. 하지만 일반적인 경우 $v_i' \neq v_i$ 가 된다. 그런데 벡터의 크기는 좌표계와 무관하므로 당연히

$$v_1^2 + v_2^2 + v_3^2 = v_1'^2 + v_2'^2 + v_3'^2 \tag{7.28}$$

이 항상 성립된다. 따라서 벡터의 차원은 좌표계와 무관하다.

벡터 물리량의 차원은 그 크기의 차원과 같음을 알았다. 그러면 주어진 직교좌표계에서 성분의 차원은 무엇이 되겠는가? 이에 대한 답을 구하기 위해서 좌표계에 대한 기저 벡터의 차원을 생각해 보아야 할 것이다. 좌표축 i의 양의 방향과 나란한 임의의 벡터 물리량 $\mathbf{u}_i$ 가 있다고 하자. 이 벡터에 이 벡터의 크기 $\|\mathbf{u}_i\|$ 를 나누어 주면 $\hat{\mathbf{u}}_i \equiv \mathbf{u}_i / \|\mathbf{u}_i\|$ 는 크기가 1이 되는 단위 벡터이다. 그러면 벡터의 차원은 그 크기의 차원과 같으므로 이 단위 벡터의 차원은 1이 됨은 당연하다. 그런데 벡터 $\mathbf{u}_i$ 가 어떤 크기의 어떤 차원의 벡터 물리량이라고 하더라도 일단 좌표축 i의 양의 방향과 나란하다면 $\hat{\mathbf{u}}_i = \mathbf{e}_i$ 가 된다. 따라서 기저 벡터의 차원은 1이 되어 기저 벡터는 무차원량이다. 그러면 식 (25)에 대한 차원을 분석해 보면 다음이 된다.

$$\begin{aligned}[\mathbf{v}] &= [v_1\mathbf{e}_1 + v_2\mathbf{e}_2 + v_3\mathbf{e}_3] = [v_1][\mathbf{e}_1] + [v_2][\mathbf{e}_2] + [v_3][\mathbf{e}_3] \\ &= [v_1] + [v_2] + [v_3]\end{aligned} \tag{7.29}$$

이 되어 직교좌표계에 대한 벡터의 성분의 차원은 바로 그 벡터의 차원과 같음을 알 수 있게 된다.

두 벡터 물리량 $\mathbf{q}$와 $\mathbf{p}$가 어떤 특정한 직교좌표계 O 에 대해서 다음과 같은 선형 관계가 성립됨이 알려져 있다고 하자.

$$p_i = \sum_{k=1}^{3} A_{ik} q_k \tag{7.30}$$

이 식은 주어진 좌표계에서 벡터들의 성분들에 관한 관계식이다. 이 식이 물리공식이 되기 위한 조건 중의 하나는 양변의 차원이 같아야 하므로

$$[A_{ik}] = \frac{[p]}{[q]} \tag{7.31}$$

이다. 여기서 모든 i에 대해서 $[p_i]$는 같기 때문에 $[p]$라고 표시한 것이며 $[q]$의 의미도 마찬가지이다. 하지만 식 (31)만으로 식 (30)이 물리공식이 되는 것은 아니다. 한 가지가 더 필요하다.

직교좌표계 O 대신에 임의의 새로운 직교좌표계 O' 으로 바꾸어 벡터들의 신 구 성분들 사이의 관계를 알아보니

$$p_i' = \sum_{k=1}^{3} R_{ik} p_k; \quad q_i' = \sum_{k=1}^{3} R_{ik} q_k \tag{7.32}$$

인 관계가 성립되었다고 하자. 여기서 R_{ik} 는 행렬의 성분으로 간주할 수 있고 이 행렬은 역행렬을 가지는 행렬이어야만 한다. 그 이유는 신 구 두 좌표계 모두가 벡터를 묘사할 수 있기 때문이다. 역행렬의 성분을 $\bar{R}_{ik}$ 라고 표현하기로 하자. 그러면

$$p_i = \sum_{k=1}^{3} \bar{R}_{ik} p_k'; \quad q_i = \sum_{k=1}^{3} \bar{R}_{ik} q_k' \tag{7.33}$$

이 성립되며 또한

$$\sum_{m=1}^{3} R_{im} \bar{R}_{mk} = \sum_{m=1}^{3} \bar{R}_{im} R_{mk} = \delta_{ik} \tag{7.34}$$

이 성립된다. 여기서 δ_{ik} 는 크로네커의 델타(Kronecker's delta)라고 부르며 다음과 같이 정의된다.

$$\delta_{ik} = \begin{cases} 1 & i = k \\ 0 & i \neq k \end{cases}. \tag{7.35}$$

식 (25)과 (26)으로부터 새로운 좌표계에 대한 성분 p_i' 의 차원도 역시 p_i 와 같은 차원을 가져야 한다. 따라서 R_{ik} 의 차원은 1이 되어야 한다. 식 (33)을 식 (30)에 대입하면 다음이 된다.

$$\sum_{k=1}^{3} \bar{R}_{ik} p_k' = \sum_{k=1}^{3} A_{ik} \sum_{m=1}^{3} \bar{R}_{km} q_m'. \tag{7.36}$$

양변에 R_{ni} 를 곱해주고 첨자 i에 대해서 더해주게 되면 식 (36)의 좌변은 다음이 된다.

$$\sum_{i=1}^{3} R_{ni} \sum_{k=1}^{3} \bar{R}_{ik} p_k' = \sum_{k=1}^{3} \left(\sum_{i=1}^{3} R_{ni} \bar{R}_{ik} \right) p_k' = \sum_{k=1}^{3} \delta_{nk} p_k' = p_n' \tag{7.37}$$

여기서 식 (34)를 사용하였다. 같은 방식에 의해서 식 (36)의 우변은 다음이 된다.

$$\sum_{i=1}^{3} R_{ni} \sum_{k=1}^{3} A_{ik} \sum_{m=1}^{3} \bar{R}_{km} q_m' = \sum_{m=1}^{3} \left(\sum_{i=1}^{3} \sum_{k=1}^{3} R_{ni} A_{ik} \bar{R}_{km} \right) q_m' \tag{7.38}$$

식 (37)과 식 (38)은 같아야 하므로

$$A_{ik}' \equiv \sum_{m=1}^{3} \sum_{n=1}^{3} R_{im} A_{mn} \bar{R}_{nk} \tag{7.39}$$

라고 명명하면 다음의 식이 얻어진다.

$$p_i' = \sum_{k=1}^{3} A_{ik}' q_k'. \tag{7.40}$$

만약에 구좌표계 O에 대해서 식 (30)의 결과식이 얻어졌고 같은 실험을 신좌표계 O'에 대해서 식 (40)과 같은 결과가 얻어졌는데 두 행렬 A_{ik} 와 A_{ik}' 가 식 (39)의 관계를 만족한다면 행렬 A_{ik} 로 표현되는 물리량이 존재한다는 것을 의미한다. 이러한 물리량을 2차 텐서(second order tensor)라고 한다. 2차 텐서의 차원은 2차 텐서의 성분의 차원과 같다는 것을 보일 수 있다. 식 (30)과 (40)에서 짐작할 수 있듯이 2차 텐서는 독립변수인 벡터 **q**의 방향과 종속변수인 벡터 **p**의 방향 모두에 의존하는 고차원적인 물리량이다.

미분

미분은 극한과정으로 정의되는 수학적 대상(entity)이다. 일변수 함수의 경우 $y = f(x)$ 를 생각하면 일차 도함수를 $\mathrm{d}y/\mathrm{d}x$ 라고 표현하는데 기초 수학에서는 다음과 같은 극한식으로 표현된다.

$$f'(x) = \frac{\mathrm{d}y}{\mathrm{d}x} = \lim_{\Delta x \to 0} \frac{f(x+\Delta x) - f(x)}{\Delta x}. \tag{7.41}$$

함수관계가 $y = f(x)$ 이므로 $f(x)$ 의 차원과 $f(x+\Delta x)$ 의 차원은 모두 $[y]$가 되어야 한다. 그런데 식 (41)은

$$f'(x) = \frac{\mathrm{d}y}{\mathrm{d}x} = \lim_{x_1 \to x} \frac{f(x_1) - f(x)}{x_1 - x} \tag{7.42}$$

로도 표현할 수 있으므로 $x_2 - x_1 \equiv \Delta x$ 로 정의하면 $[\Delta x] = [x]$ 임은 자명하다. 따라서 일차 도함수의 차원은 식 (41)로부터

$$[f'(x)] = \left[\frac{\mathrm{d}y}{\mathrm{d}x}\right] = \frac{[y]}{[x]} \tag{7.43}$$

이 됨을 쉽게 알 수 있다.

이차 도함수를 극한식으로 표현하면 다음이 된다.

$$\frac{\mathrm{d}^2 y}{\mathrm{d}x^2} = \lim_{\Delta x \to 0} \frac{f'(x + \Delta x) - f'(x)}{\Delta x}. \tag{7.44}$$

위에서와 마찬가지의 추론과정을 수행하면

$$\left[\frac{\mathrm{d}^2 y}{\mathrm{d}x^2}\right] = \frac{[f'(x)]}{[x]} = \frac{[y]}{[x]^2} \tag{7.45}$$

이 얻어진다. 식 (44)는 또한 다음과 같은 극한식으로 바꾸어 쓸 수도 있다.

$$\frac{\mathrm{d}^2 y}{\mathrm{d}x^2} = \lim_{\Delta x \to 0} \frac{f(x + 2\Delta x) - 2f(x + \Delta x) + f(x)}{(\Delta x)^2}. \tag{7.46}$$

식 (46)의 분자는 모두 y의 차원을 가진 양들로 이루어져 있고 분모는 $[x]^2$ 의 차원을 가지는 것을 알 수 있다. 이러한 이유 때문에 식 (46)의 좌변의 분자는 $\mathrm{d}^2 y$ 로 쓰고 분모는 $\mathrm{d}x^2$ 으로 쓰는 것이다. 기호 $\mathrm{d}x^2$ 은 $(\mathrm{d}x)^2$ 을 의미한다고 볼 수 있는 반면에 $\mathrm{d}^2 y = \mathrm{d}(\mathrm{d}y)$ 라고 볼 수 있다. 즉 기호 d는 미소한 차이를 구한다는 일종의 연산자(operator)로 간주하고 미분기호를 만든 것이라고 할 수 있다. 그러면 같은 방식으로 n차 도함수의 차원은 다음이 된다.

$$\left[\frac{\mathrm{d}^n y}{\mathrm{d}x^n}\right] = \frac{[y]}{[x]^n}. \tag{7.47}$$

미분과 관련된 예를 하나 더 공부해 보자. 공기 중이나 액체 내에서 움직이는 물체는 속력이 높지 않을 경우 물체의 속도에 비례하는 항력을 받게 된다. 즉 물체에

속력에 비례하는 크기를 가지고 속도의 반대방향으로 작용하는 힘이 작용된다. 이를 물리공식으로 표현하면

$$\mathbf{f} = -\zeta \frac{\mathrm{d}\mathbf{x}}{\mathrm{d}t} \tag{7.48}$$

이 된다. 여기서 $\mathbf{x}$는 물체의 위치를 나타내는 벡터로 시간의 함수이므로 그 도함수는 속도 벡터가 된다. 식 (48)의 좌변이 저항력 즉, 힘이므로 차원은 $[\mathbf{f}] = \mathbb{MLT}^{-2}$ 이다. 따라서 우변도 같은 차원을 가져야 하는데 앞에서의 논의에 의해서 위치 벡터의 차원은 $[\mathbf{x}] = \mathbb{L}$ 이기에 $[\mathrm{d}\mathbf{x}/\mathrm{d}t] = \mathbb{LT}^{-1}$ 이 된다. 따라서 비례상수 ζ의 차원은

$$[\zeta] = \frac{\mathbb{MLT}^{-2}}{\mathbb{LT}^{-1}} = \mathbb{MT}^{-1} \tag{7.49}$$

가 된다.

적분

물리량 y가 어떤 함수 $f(x)$에 대해서 다음과 같은 적분관계로 표현된다고 하자.

$$y = \int_a^b f(x)\,\mathrm{d}x. \tag{7.50}$$

독립변수 x의 차원을 알고 있다고 한다면 함수 $f(x)$의 차원은

$$[f(x)] = \frac{[y]}{[x]} \tag{7.51}$$

가 된다. 적분의 의미를 아는 사람은 왜 식 (51)이 성립하는지 바로 알 수 있을 것이다. 미분에서와 마찬가지로 적분도 극한식으로 표현된다. 즉,

$$\int_a^b f(x)\,\mathrm{d}x = \lim_{N\to\infty}\sum_{k=0}^{N} f\left(a + k\frac{b-a}{N}\right)\frac{b-a}{N} \tag{7.52}$$

이다. 여기서 k와 N은 단지 숫자이므로 무차원이고 적분의 상한과 하한인 b와 a는 x와 같은 차원을 가지는 물리량이다. 식 (52)는 따라서 다음을 의미한다.

$$\left[\int_a^b f(x)\,\mathrm{d}x\right] = [f(x)][x]. \tag{7.53}$$

식 (6.21)에 대해서 식 (53)의 결과를 적용하면 시간에 대한 응답함수의 차원은 다음이 된다.

$$[G(t)] = \frac{[y(t)]}{[\mathrm{d}x/\mathrm{d}t][\mathrm{d}t]} = \frac{[y(t)]}{[x(t)]}. \tag{7.54}$$

식 (6.35)의 라플라스 변환에 대해서 생각해 보면 다음이 얻어진다.

$$[\tilde{f}(s)] = [f(t)e^{-st}]\mathbb{T}. \tag{7.55}$$

그런데 지수함수의 지수 st는 무차원이 되어야 하므로 $[s] = \mathbb{T}^{-1}$ 이다. 따라서

$$[\tilde{f}(s)] = [f(t)]\mathbb{T} \tag{7.56}$$

가 성립된다. 그러면 시간응답함수 $G(t)$와 그 라플라스 변환에 대해서는

$$[\tilde{G}(s)] = [G(t)]\mathbb{T} \tag{7.57}$$

가 성립되고 이는 식 (54)와 식 (6.36)의 결과와도 일치한다. 후리에 변환에 대해서도 $[\omega] = \mathbb{T}^{-1}$ 인 점을 생각하면 똑 같은 방법을 적용할 수 있게 되고 따라서 주파수 응답함수의 차원도 측정변수와 제어변수의 차원들로부터 알 수 있게 된다.

연습문제 7

[1] 전기 쌍극자(electric dipole moment)란 전하량의 절대값이 같은 두 전하에 대해서 음전하($-q$)의 위치에서 양전하($+q$)의 위치로 잇는 벡터를 $\mathbf{d}$라고 할 때 $\mathbf{p} \equiv q\mathbf{d}$ 같이 정의되는 물리량이다. 메탄올과 같은 극성분자는 분자 구조의 특징으로 분자 전체에 대해서 전자가 고르게 분포하지 못해서 탄소원자 주변은 양전하가 산소원자 주변은 음전하가 발생되어 있다. 따라서 메탄올의 전기 쌍극자를 정의할 수 있다. 전기장(electric field)은 단위 전하당 힘에 해당된다. 그렇다면 전기장이 벡터 $\mathbf{E}$일 때 전기장과 전기 쌍극자의 내적으로 정의되는 물리량의 차원은 무엇이겠는가?

[2] 사각형 단면을 가진 깊이 H의 도랑에 유체가 채워져 있을 때 유체의 수면에 폭

이 W이고 길이가 L인 판을 얻고 도랑의 길이방향으로 판을 속도 V로 당기게 되면 유체와 판이 만나는 부근의 유체는 속도 V로 흘러가게 되며 도랑의 바닥으로 갈수록 유체의 속도는 직선적으로 감소하여 도랑 바닥의 유체의 속도는 영이 된다. 이 때 판을 당기는데 필요한 힘을 측정하였더니 다음과 같은 관계식이 얻어졌다.

$$F = \eta WL \frac{V}{H} \tag{7.a}$$

식 (a)에서 η는 유체의 종류에 따라 결정되는 물질상수로 점도라고 부른다. 이 식을 처음 제안한 사람은 뉴턴(Issac Newton)으로 식 (a)의 관계식을 따르는 유체를 뉴턴 유체(Newtonian fluid)라고 부른다. 유체 속도의 도랑 깊이에 따른 기울기인 V/H 를 전단변형률속도(shear rate)라고 부르며 일반적으로 $\dot{\gamma}$으로 표시한다. 단위면적당 힘을 응력(stress)라고 부르는데 판에 작용되는 힘은 힘이 가해지는 면에 접하는 방향을 가지기 때문에 전단응력(shear stress)라고 부른다. 전단응력을 τ로 표시하게 되면 이 경우

$$\tau = \frac{F}{WL} = \frac{F}{A} \tag{7.b}$$

로 표시되는데 이러한 새롭게 정의된 물리량 τ와 $\dot{\gamma}$을 이용하여 식 (a)를 표현하면 다음과 같다.

$$\tau = \eta\dot{\gamma}. \tag{7.c}$$

점도, 전단응력 전단변형률속도의 차원과 SI 단위를 구하라.

[3] 나란히 놓인 지름이 d인 두 원판 사이를 두께 h로 점도가 $\eta = 1\,\mathrm{dyne \cdot s/cm^2}$ 인 유체를 채우고 아래 원판은 고정시킨 채 위 원판을 각속도 $\omega = 1\,\mathrm{rad/s}$ 로 회전시키는 경우를 생각해 보자. 아래 원판을 xy평면으로 정하고 회전축을 z축으로 정한 좌표계에서 유체속도의 크기는 다음과 같이 표현된다.

$$v(x,y,z) = \frac{\omega rz}{h}; \quad r = \sqrt{x^2 + y^2}. \tag{7.d}$$

유체의 흐름방향은 물론 각속도의 방향을 따르므로 즉, 위에서 내려다 볼 때 반

시계반향이 된다. 흐름방향은 회전축으로부터의 거리에 상관없지만 유체속도의 크기는 식 (d)와 같을 뿐이다. 뉴턴의 점도법칙인 식 (a)를 이 경우에 그대로 적용할 수 없지만 유동에 대한 기하학적 차이를 제거한 식 (c)는 사용할 수 있다. 이 경우 전단속도 $\dot{\gamma}$는 보다 일반화된 다음과 같은 식을 사용하여야 한다.

$$\dot{\gamma} = \left|\frac{\partial v}{\partial z}\right| = \frac{r\omega}{h}. \tag{7.e}$$

그렇다면 식 (c)를 적용하게 되면 응력은 다음과 같이 표현된다.

$$\tau = \eta\frac{r\omega}{h}. \tag{7.f}$$

따라서 위 원판에서 회전축으로부터의 거리가 r로 같은 위치의 반지름 폭이 $\mathrm{d}r$인 원형 띠에 걸리는 힘은 원형 띠의 어디에서나 전단응력 τ가 일정하므로 식 (f)에 원형 띠의 면적 $\mathrm{d}A = 2\pi r\mathrm{d}r$ 을 곱하게 되면 원형 띠에 작용되는 전단력(shear force) $\mathrm{d}F$는 다음이 된다.

$$\mathrm{d}F = 2\pi\eta\frac{r^2\omega}{h}\mathrm{d}r. \tag{7.g}$$

원형의 미소 띠에 걸리는 돌림힘(torque) dM은 힘 dF에 회전축으로부터의 거리 r을 곱하면 되므로

$$\mathrm{d}M = r\mathrm{d}F = 2\pi\eta\frac{r^3\omega}{h}\mathrm{d}r \tag{7.h}$$

가 된다. 따라서 위 원판에 걸리는 전체 돌림힘 M은 다음과 같이 계산된다.

$$M = \frac{2\pi\eta\omega}{h}\int_0^{\frac{1}{2}d} r^3\mathrm{d}r. \tag{7.i}$$

3-1. 같은 유체를 가지고 실험을 할 때 각속도 ω는 고정하고 원판의 지름을 λ배로 늘리게 되면 돌림힘 M은 몇 배가 될까?

3-2. 돌림힘 M의 차원과 SI 단위를 구하라.

3-3. 위 원판의 돌림힘을 바꾸어가며 회전각도를 측정할 수 있는 장치를 위 문제의 유동에 적용하였다면 돌림힘과 원판의 지름 및 원판 사이의 간격이 일정할

때 회전각도는 시간에 따라 어떻게 변하게 될까?

3-4. 위 원판에 각속도를 바꾸어가며 돌림힘을 측정할 수 있는 장치를 설치할 경우 각속도에 따라 돌림힘은 어떻게 변할까?

[4] 온도를 바꾸어가며 뉴턴유체의 점도를 측정하였더니 다음과 같은 관계식을 따르는 것이 알려졌다.

$$\eta(T) = h_o \exp\left(\frac{E}{RT}\right). \tag{7.j}$$

여기서 h_o 와 E 는 물질상수이고 R은 기체상수이면 T는 절대온도이다. 두 물질상수의 차원과 SI 단위를 말하라. 또한 E/R 의 차원과 SI 단위도 구하라.

[5] 정지해 있는 두 전하 q_1 과 q_2 사이의 거리를 r이라고 할 때 두 전하 사이에 작용하는 힘은 쿨롱(Coulomb)의 법칙

$$f_{12} = \frac{q_1 q_2}{4\pi\varepsilon_o r^2} \tag{7.k}$$

을 따른다고 한다. 여기서 ε_o 는 진공 중의 유전율로 보편적 상수(universal constant)이다. 그러면 ε_o의 차원과 SI 단위는 무엇이겠는가?

[6] 단원자 분자인 이상기체에서 분자들이 충돌없이 움직일 수 있는 평균적인 거리(mean free path)를 λ라고 하면 다음과 같은 관계식이 성립된다고 한다.

$$\lambda = \frac{k_B T}{\sqrt{2}\pi d^2 p}. \tag{7.l}$$

여기서 k_B 는 기체상수 R을 아보가드로 수(Avogadro number) N_A 로 나눈 볼쯔만 상수(Boltzmann constant)이고 T는 절대온도, d는 기체 분자 하나의 직경이며 p는 압력이다. 그러면 $T = 300\text{K}$, $p = 10^5\,\text{Nm}^{-2}$ 일 때 직경이 $d = 0.2\text{nm}$ 인 이상기체의 λ는 몇 cm인가?

[7] 밀도가 1g/cc인 고분자재료로 만든 단면이 원형으로 균일한 섬유 10km를 취하여 질량을 측정하였더니 5g이었다면 이 섬유의 직경은 몇 μm인가?

8. 차원해석

8.1. 차원과 닮은 꼴

두 개의 삼각형이 닮은 꼴이라고 하면 한 삼각형의 세 내각이 다른 삼각형의 세 내각과 각각 같다는 것을 알고 있다. 여기에 삼각형의 세 내각의 합은 항상 $180° = \pi \text{rad}$ 이 된다는 삼각형의 내각에 대한 정리(theorem)을 적용하면 두 내각끼리 같으면 나머지 한 내각도 같게 되니 닮은 꼴의 판정을 위해서는 오로지 두 내각만 비교하면 된다[그림 8.1]. 그런데 각도는 호도법으로 생각해 보면 길이의 비이기 때문에 즉, 각도에 대응되는 원호의 호의길이를 그 원호의 반지름으로 나눈 비가 호도법의 각도이기 때문에 각도는 무차원량이다. 즉, 닮은 꼴에 대한 개념을 모든 무차원량이 같아지는 것으로 확장을 한다면 닮은 꼴이라는 개념을 기하학적 대상에서 일반적인 수학적 대상으로 확장할 수 있을 것이다.

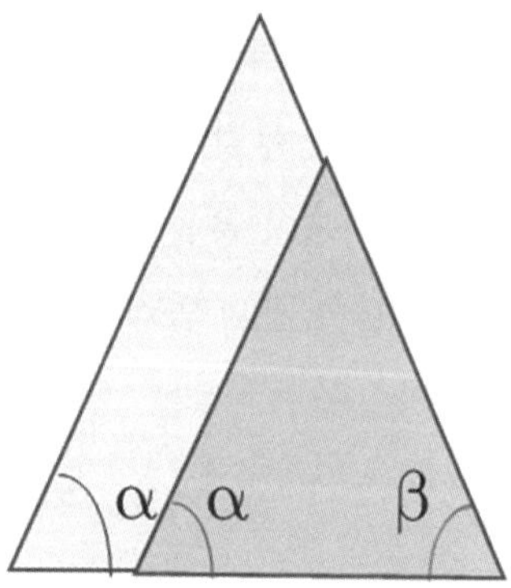

그림 8.1. 삼각형의 닮은꼴

두 기하학적 대상(도형)이 닮은 꼴이라고 해도 합동은 아닐 수 있다. 두 삼각형이 합동이려면 두 내각끼리 같은 것 이외에도 적어도 두 각도 사이의 길이가 동일해야 한다. 닮은 꼴인 두 직각 삼각형을 생각해 보자. 닮은 꼴이기 때문에 대응되는 변의 길이 비는 모두 같아야 한다. 한 직각 삼각형의 밑변을 w, 높이를 h, 빗변의 길이를 c라고 하고 다른 닮은 꼴 삼각형의 밑변, 높이 및 빗변의 길이를 각각 w_1, h_1과 c_1이라고 하면

$$\frac{w_1}{w} = \frac{h_1}{h} = \frac{c_1}{c} \equiv \lambda_1 \tag{8.1}$$

이 된다. 여기에 또 다른 닮은 꼴 직각삼각형이 있다면 그리고

$$\frac{w_2}{w} = \frac{h_2}{h} = \frac{c_2}{c} \equiv \lambda_2 \tag{8.2}$$

이라고 하자. 삼각형의 면적은 $S = \frac{1}{2}wh$ 이므로 면적의 비는 식 (1)과 (2)로부터

$$\frac{S_1}{S} = \frac{w_1 h_1}{wh} = \lambda_1^2; \quad \frac{S_2}{S} = \frac{w_2 h_2}{wh} = \lambda_2^2 \tag{8.3}$$

이 된다. 여기서 λ_1 과 λ_2 는 길이 비이므로 무차원량이다. 면적의 비는 길이 비의 제곱이 된다는 것을 알게 된다. 그러면 면적을 빗변의 길이로 나눈 값 $\rho \equiv S/c$ 를 생각해 보자. 그러면

$$\frac{\rho_1}{\rho} = \lambda_1; \quad \frac{\rho_2}{\rho} = \lambda_2 \tag{8.4}$$

라는 것을 알 수 있다. 따라서 한 삼각형에 대해서 $S = \varepsilon c^2$ 이 되는 실수 ε을 찾았다고 한다면 식 (3)으로부터

$$\frac{S_1}{S} = \frac{\varepsilon_1 c_1^2}{\varepsilon c^2} = \lambda_1^2 \frac{\varepsilon_1}{\varepsilon} = \lambda_1^2; \quad \frac{S_2}{S} = \lambda_2^2 \frac{\varepsilon_2}{\varepsilon} = \lambda_2^2 \tag{8.5}$$

가 얻어지므로 실수 ε에 대해서 $\varepsilon = \varepsilon_1 = \varepsilon_2$ 가 된다는 것을 알 수 있다. 즉 실수 ε은 크기에는 무관하고 삼각형의 형태에 대해서만 의존하는 무차원 량이라는 것을 할 수 있다. 그러면 이 실수 ε을 형태인자(shape factor)라고 부를 수 있겠다. 형태 인자는 모든 닮은 꼴 삼각형끼리는 같은 값을 공유하게 된다.

이제 형태인자 $\varepsilon \equiv S/c^2$ 의 의미에 대해서 생각해 보자. 이 무차원수 ε은 길이에 대해서 단위를 바꾸어도 항상 같은 값을 가진다는 것을 의미한다. 왜냐하면 c^2 은 면적의 차원을 가지는 일종의 특성면적(characteristic area)라고 할 수 있고 ε은 실제 면적과 특성면적의 비로써 무차원량이기 때문이다. 이 간단한 개념의 확장은 생각보다 강력한 힘을 가지고 있다. 본격적인 차원해석을 하기 전에 그림 8.2와 같은 세 직각삼각형을 생각해 보자. 빗변의 길이가 a, b, c인 세 직각삼각형은 그림으로 알

수 있듯이 닮은 꼴이며 빗변의 길이가 a와 b인 두 직각삼각형의 면적의 합은 빗변의 길이가 c인 직각삼각형의 면적과 같다는 것을 알 수 있다. 그러면 $S = \varepsilon c^2$ 이고 형태인자는 세 삼각형 모두에 대해서 공유하는 상수이므로 $\varepsilon c^2 = \varepsilon a^2 + \varepsilon b^2$ 이 얻어진다. 이는 바로 다음과 같은 피타고라스의 정리(Pythagorean theorem)가 된다.

$$a^2 + b^2 = c^2 \tag{8.6}$$

앞에서와 같이 어떤 물리현상에 대해서 물리량 y에 대해서 그와 동일한 차원을 가지는 물리량 $x^a z^b$ 를 다른 물리량 x와 z로부터 얻을 수 있다고 하자. 그러면 $y_c \equiv x^a z^b$ 는 y에 대응되는 특성물리량으로 $\tilde{y} \equiv y/y_c$ 의 무차원량을 정의할 수 있게 해준다. 마치 형태인자와 같이 말이다. 직각삼각형의 예와 같이 그렇다면 혹시 $\tilde{y}$ 가 이 물리현상과 유사한 현상들 사이에서 공유되는 불변량이 되는 것은 아닐까? 그렇다면 피타고라스 정리를 쉽게 증명하듯이 데이터의 관찰만으로 쉽게 알 수 없었던 새로운 정보를 파악하게 해주지 않을까?

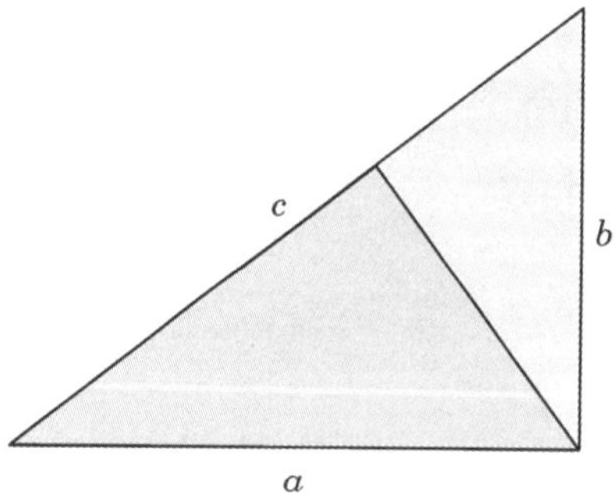

그림 8.2. 피타고라스 정리를 설명하기 위한 직각 삼각형.

8.2. 무차원화 정리

여기서는 버킹엄의 Π 정리(Buckingham's Pi theorem)에 대해서 배우겠다. 이는 레일리(Rayleigh)의 차원분석을 공식화한 것으로 무차원화와 관련된 아주 유용한 정리이다.

출발점

측정변수 y가 n개의 제어변수의 함수라면 일반적으로 다음과 관계식을 생각할 수 있을 것이다.

$$y = f(x_1, x_2, \cdots, x_n). \tag{8.7}$$

제어변수가 많기 때문에 식 (7)을 $y = f(\{x_k\})$ 와 같이 축약해서 표현할 필요가 있다. 그러면 측정변수를 포함하여 $n+1$ 개의 변수들이 식 (7)에 포함되어 있다. 이 변수들에 대해서 m개의 기본차원이 관여된다고 하자. 기본차원을 $\Theta_1, \Theta_2, \cdots, \Theta_m$ 으로 표시하자. 그러면 변수들의 차원은 다음과 같이 나타낼 수 있다.

$$[y] = \Theta_1^{a_1^{(0)}} \Theta_2^{a_2^{(0)}} \cdots \Theta_m^{a_m^{(0)}}; \quad [x_k] = \Theta_1^{a_1^{(k)}} \Theta_2^{a_2^{(k)}} \cdots \Theta_m^{a_m^{(k)}}. \tag{8.8}$$

모두 $(n+1)m$ 개의 지수 $a_i^{(k)}$가 있게 된다. 모든 변수들이 무차원량이 아니라고 한다면 주어진 $k \geq 0$ 에 대해서 m개의 지수 $a_i^{(k)}$ 중에서 적어도 하나 이상은 영이 아니어야 한다. 만약 k번째 변수가 무차원량이라고 한다면 $a_i^{(k)} = 0$ $(i = 1, 2, \cdots, m)$이 된다.

기준 단위계에 대해서 임의의 단위계에 대한 환산인자를 λ_i 라고 하면 단위계 변환에 따라서 변수들 값은 다음과 같이 달라지게 된다.

$$y' = \lambda_1^{a_1^{(0)}} \lambda_2^{a_2^{(0)}} \cdots \lambda_m^{a_m^{(0)}} y; \quad x_k' = \lambda_1^{a_1^{(k)}} \lambda_2^{a_2^{(k)}} \cdots \lambda_m^{a_m^{(k)}} x_k. \tag{8.9}$$

식 (7.7)을 참조하기 바란다. 단위변환에도 함수관계는 여전히 $y' = f(\{x_k'\})$ 이어야 할 것이다. 이를 이용하여 물리공식의 함수구조를 파악해 보자.

식 (7)의 변수 값이 국제표준단위계에서 정해진 것인데 만약 임의의 단위계로 변경을 한다면 식 (9)에 의해서 다음이 되어야 한다.

$$\lambda_1^{a_1^{(0)}} \lambda_2^{a_2^{(0)}} \cdots \lambda_m^{a_m^{(0)}} y = f\left(\left\{\lambda_1^{a_1^{(k)}} \lambda_2^{a_2^{(k)}} \cdots \lambda_m^{a_m^{(k)}} x_k\right\}\right). \tag{8.10}$$

그런데 측정변수 y와 함수 $f(\{x_k\})$ 는 같은 차원을 가지므로 식 (7)의 우변을 식 (10)의 y에 대입하게 되면

$$\lambda_1^{a_1^{(0)}} \lambda_2^{a_2^{(0)}} \cdots \lambda_m^{a_m^{(0)}} f(\{x_k\}) = f\left(\left\{\lambda_1^{a_1^{(k)}} \lambda_2^{a_2^{(k)}} \cdots \lambda_m^{a_m^{(k)}} x_k\right\}\right) \tag{8.11}$$

가 된다. 식 (11)은 임의의 실수 $\lambda_i > 0$ 들에 대해서 항상 성립되어야 한다. 환산인자는 절대 음수나 영이 될 수 없음을 유의하기 바란다.

만약에 측정변수 y가 무차원량이라고 한다면 식 (11)은 다음과 같이 간단해진다.

$$f\left(\left\{x_k\right\}\right) = f\left(\left\{\lambda_1^{a_1^{(k)}}\lambda_2^{a_2^{(k)}}\cdots\lambda_m^{a_m^{(k)}}x_k\right\}\right). \tag{8.12}$$

그런데 x_1 을 제외한 나머지 제어변수들에 대해서는 $a_1^{(k)} = 0$ 이지만 오로지 x_1 에 대해서 $a_1^{(1)} \neq 0$ 인 경우가 있을 수 있다. 이러한 특수한 경우에 단위계를 λ_1 을 제외한 모든 환산인자는 1이지만 오로지 λ_1 은 임의의 양인 실수가 되는 단위계들을 생각하게 되면

$$f\left(\left\{x_k\right\}\right) = f\left(\lambda_1^{a_1^{(1)}}x_1, \left\{x_k\right\}_{k>1}\right) \tag{8.13}$$

이 된다. 이제 λ_1 에 대해서 양변을 편미분해 보면

$$a_1^{(1)}\lambda_1^{a_1^{(1)}-1}x_1 f_1\left(\lambda_1^{a_1^{(1)}}x_1, \left\{x_k\right\}_{k>1}\right) = 0 \tag{8.14}$$

가 얻어진다. 여기서

$$f_1\left(\left\{x_k\right\}\right) = \frac{\partial f}{\partial x_1} \tag{8.15}$$

이다. 식 (14)는 임의의 $\lambda_1 > 0$ 에 대해서 성립하므로 $\lambda_1 = 1$ 일 경우에도 성립된다. 따라서 $a_1^{(1)} \neq 0$ 이므로

$$x_1 \frac{\partial f}{\partial x_1} = 0 \tag{8.16}$$

이 성립되어야 한다. 따라서 $\partial f/\partial x_1 = 0$ 이어야 한다. 이런 운좋은 경우가 생기면 제어변수의 개수가 하나 줄게 된다. 변수들의 차원을 고려하게 되면 독립적인 제어변수의 개수를 줄일 수 있다는 결과를 얻게 된다. 따라서 실험회수를 크게 줄일 수 있게 된다. 차원해석으로 줄일 수 있는 실험회수는 실험계획법으로 줄일 수 있는 실험회수보다 더 크다.

간단한 예 1

앞에서는 일반적인 차원해석의 과정을 설명했기 때문에 이해가 잘 안 되는 독자가 있을 수 있다. 차원해석의 성과를 보여주는 대표적인 예가 단순진자(simple pendulum)의 주기이다. 그림 8.3은 질량 m인 추가 길이 l인 줄에 매달려 중력

($f = -mg$)에 의해 주기적인 왕복운동을 하는 단순진자를 그린 것이다. 진자가 평면에서만 운동을 한다고 하고 각도 θ가 $\sin\theta \approx \theta$가 성립될 정도로 매우 작다면 각도에 대한 운동방정식은

$$\frac{\mathrm{d}^2\theta}{\mathrm{d}t^2} + \frac{g}{l}\theta \approx 0 \tag{8.17}$$

이 된다는 것이 알려져 있다. 여기서 g는 중력가속도이다. 식 (17)을 그림 8.3의 정보로부터 유도하는 것은 식 (17)의 미분방정식을 푸는 것 만큼 복잡하다. 식 (17)의 해는 $\theta(0) = \theta_o$, $(\mathrm{d}\theta/\mathrm{d}t)_{t=0} = 0$ 이 초기조건이라면 다음이 된다.

$$\theta(t) = \theta_o \cos\sqrt{\frac{g}{l}}\, t. \tag{8.18}$$

따라서 진자의 주기 P는

$$P = 2\pi\sqrt{\frac{l}{g}} \tag{8.19}$$

이다.

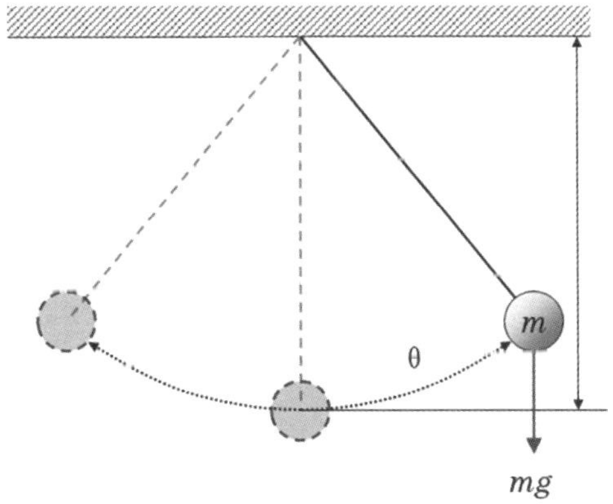

그림 8.3. 진자의 운동.

차원해석은 뉴턴의 운동방정식이나 미분방정식의 해법과 같은 물리적 수학적 지식없이 식 (19)를 제공할 수 있다. 위의 방법대로 차원해석을 진행해 보자. 먼저 주기 P는 그림 8.3을 보면 진자의 길이 l, 추의 질량 m, 중력가속도 g와 관련된 것

같다. 그 이외에 다른 물리량은 생각하기 어려우므로

$$P = f_3(m, l, g) \tag{8.20}$$

이라고 생각해 보자. 여기서 아래첨자 3은 종속변수가 세 개라는 것을 나타낸 것 뿐이니 큰 의미를 두지 말기 바란다. 네 개의 변수의 차원을 생각해 보면

$$[P] = \mathbb{T}; \quad [m] = \mathbb{M}; \quad [l] = \mathbb{L}; \quad [g] = \mathbb{L}\mathbb{T}^{-2} \tag{8.21}$$

이다. 측정변수인 P와 같은 차원을 가지는 특성물리량을 m, l, g로 만들어보자. 세 종속변수에 대해서 $P_c \equiv m^a l^b g^c$ 로 특성주기를 정의하면 $[P_c] = \mathbb{T}$ 가 되어야 한다. 따라서

$$[P_c] = [m^a][l^b][g^c] = (\mathbb{M}^a)(\mathbb{L}^b)(\mathbb{L}^c\mathbb{T}^{-2c}) = \mathbb{M}^a\mathbb{L}^{b+c}\mathbb{T}^{-2c} = \mathbb{T} \tag{8.22}$$

가 되어여야 하므로

$$a = 0; \quad b + c = 0; \quad -2c = 1 \tag{8.23}$$

이어야 한다. 따라서 $b = \frac{1}{2}$, $c = -\frac{1}{2}$ 라는 것을 알 수 있다. 그러면 $P_c = \sqrt{l/g}$ 가 된다.

특성주기를 이용하여 식 (20)은 다음이 된다.

$$\bar{P} \equiv \frac{P}{P_c} = \sqrt{\frac{g}{l}} f_3(m, l, g) = \bar{\Pi}_3(m, l, g). \tag{8.24}$$

여기서 $f_3(\ )$는 함수 값이 주기와 같은 차원을 가지는 유차원함수이다. 반면에 전인자가 $\sqrt{g/l} = P_c^{-1}$ 이므로 함수 $\bar{\Pi}_3(\ )$는 그 함수 값이 차원을 가지지 않는 무차원함수이다.

단위계를 질량에 대해서만 $m' = \lambda_M m$ 이 되도록 환산인자 λ_M 을 생각해 보자. 그러면 $\bar{P}$는 무차원이므로 단위계 변경을 해도 수치가 변하지 않으며 l과 g는 질량에 대한 차원을 가지고 있지 않으므로 $l' = l$, $g' = g$ 가 된다. 따라서 식 (24)를 다음과 같이 쓸 수 있다.

$$\bar{P} = \bar{\Pi}_3(\lambda_M m, l, g). \tag{8.25}$$

여기서 λ_M 은 임의의 양의 실수인데 단위계를 아무리 바꾸어도 $\bar{P}$가 변하지 않

으므로 무차원 주기는 첫 번째 독립변수인 질량에 의존하지 않는다는 것을 알게 된다. 이는 식 (25)를 λ_M 에 대해서 편미분하고 $\lambda_M = 1$ 을 대입하면 $\partial \bar{P}/\partial m = 0$ 이 얻어지는 것으로도 확인할 수 있다. 따라서 식 (24)는 다시 다음과 같이 쓸 수 있다.

$$\bar{P} = \bar{\Pi}_2(l, g). \tag{8.26}$$

여기서 $\bar{\Pi}_2(\ )$는 원래 함수 $\bar{\Pi}_3(\ )$와 다른 함수라는 것을 유의하기 바란다.

식 (21)을 보면 l은 시간에 대한 차원은 없고 g만 시간에 대한 차원을 가지고 있으므로 $t' = \lambda_T t$ 의 단위변환을 생각해 보자. 여전히 $\bar{P}$ 는 무차원이므로 단위변환에 대해서 불변이고 l은 시간에 대한 차원을 가지고 있지 않으므로 $l' = l$ 이 된다. 반면에 $g' = \lambda_T^{-2} g$ 가 된다. 따라서 식 (26)은 다음이 된다.

$$\bar{P} = \bar{\Pi}_2(l, \lambda_T^{-2} g). \tag{8.27}$$

식 (25)에서와 마찬가지의 논리에 의해서 두 번째 종속변수에 대한 의존도가 없다는 것을 알 수 있다. 그러면

$$\bar{P} = \bar{\Pi}_1(l) \tag{8.28}$$

이라고 할 수 있게 된다. 이제 마지막으로 길이에 대한 단위변환을 생각해 보자. 즉, $l' = \lambda_L l$ 의 단위변환을 생각하면 역시 $\bar{P} = \bar{\Pi}_1(\lambda_L l)$ 이 되고 임의의 λ_L 로 변경되어도 함수 값 $\bar{P}$ 가 불변이므로 $\bar{\Pi}_1(l)$은 상수 함수가 되어야 한다. 즉, $\bar{\Pi}_1(l) = c$ 라고 하면 $\bar{P}$ 의 정의인 식 (24)로부터

$$P = c\sqrt{\frac{l}{g}} \tag{8.29}$$

가 얻어진다.

상수 c는 실험으로 구할 수 있을 것이다. 지구상에서 실험을 하게되면 g는 거의 변하지 않을 것이므로 식 (29)가 맞는지 확인하기 위해서 $(l_k, m_k)_{k=1}^{N}$ 인 실험조건에 대해서 주기 P_k 들을 구한다음에 P를 세로축, $\sqrt{l}$ 을 가로축으로 그래프를 그리면 원점을 지나는 직선이 얻어질 것이다. 그 기울기는 $c/\sqrt{g}$ 가 될 것이므로 회귀분석으로 c를 구하면 대략 $c \approx 6.28$ 정도의 값이 얻어질 것이다. 하지만 아무리 정밀한 실험을 많이 한다고 해도 $c = 2\pi$ 가 된다는 것을 실험적으로 확인할 수는 없을 것

이다. 왜냐하면 2π 는 무리수이기 때문이다. 게다가 실험오차를 고려하면 $c = 2\pi$ 를 실험만으로 결정할 수 없을 것이다. 이 것이 실험의 한계이며 또한 차원해석의 한계이다. 따라서 모든 과학적 연구는 실험과 이론이 서로 보완적이어야만 할 것이다.

실험오차를 무시하면 g는 상수로 이미 알고 있으므로 이상적으로는 단 한번의 측정으로 단순진자의 주기를 파악할 수 있다. 하지만 아무런 물리적 지식없이 실험계획법만으로 m과 l을 제어변수로 두고 진자주기의 함수관계를 규명하려고 한다면 식 (29)의 결과가 몇 번의 측정으로 얻어질 수 있을까? 제어변수 하나당 5 수준으로 실험을 한다고 해도 실험회수는 $N = 5^2 = 25$ 가 된다. 따라서 차원해석을 사용하면 실험회수를 1/25로 줄일 수 있게 된다. 획기적이라고 하지 않을 수 없다.

이 문제에서 측정변수를 포함해서 모두 4개의 변수가 사용되었고 이들 변수들과 관련된 기본차원의 개수는 모두 3개였다. 이 문제에 차원해석을 적용하니 무차원함수는 상수함수가 얻어졌고 그에 따라서 식 (29)라는 즐거운 결과가 얻어졌다. 그러면 변수의 개수와 기본차원의 개수의 차가 2가 되면 어떤 결과가 얻어질까?

간단한 예 2

길이가 l이고 반지름이 r인 원통관에 점도가 η인 유체가 흐를 때 양 말단 사이의 압력차가 Δp 라고 하자. 그러면 단위시간당 원통관을 통해 흘러나오는 유체의 부피 Q는 어떤 함수관계를 가지는지 차원해석을 해 보자[그림 8.4참조]. 이와 같은 유동을 유체역학에서는 푸아죄유 유동(Poiseuille flow)이라고 한다. 유체역학의 운동방정식은 비선형 편미분방정식(nonlinear partial differential equation)으로 나비에-스토크스 방정식(Navier-Stokes equation)이라고 한다. 원통관의 대칭성과 정상유동(steady state)를 가정하면

$$Q = \frac{\pi r^4 \Delta p}{8\eta l} \tag{8.30}$$

이 얻어지고 이 식을 하겐-푸아죄유 방정식(Hagen-Poiseuille equation)이라고 부른다. 유체역학을 공부한 학생은 알겠지만 나비에-스토크스 방정식으로부터 식 (30)을 유도하려면 A4용지 두어장은 필요할 것이다. 측정변수를 Q라고 하면 Q는 제어변수 l, r, η, Δp의 4변수 함수가 된다. 제어변수당 5수준씩으로 실험을 진행하게 되면 모두 $N = 5^4 = 625$ 의 측정이 필요하게 될 것이다. 생각만해도 아찔한 노동량이다.

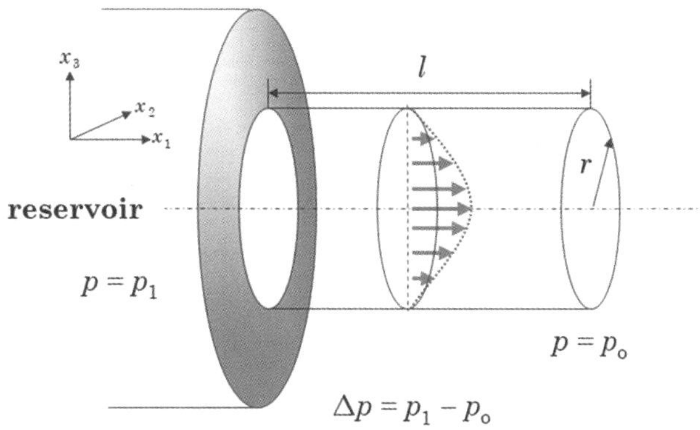

그림 8.4. 원통관에서의 압력에 의한 유동.

식 (30)을 차원해석만으로 유도해 보자. 먼저 기본차원이 몇 개나 필요하고 각각의 변수들의 차원은 어떠한지 조사해보면 다음과 같다.

$$[Q]=\left[\frac{V}{t}\right]=\frac{\mathbb{L}^3}{\mathbb{T}};\quad [l]=[r]=\mathbb{L};\quad [\Delta p]=\frac{\mathbb{M}}{\mathbb{L}\mathbb{T}^2};\quad [\eta]=\frac{\mathbb{M}}{\mathbb{L}\mathbb{T}}. \tag{8.31}$$

기본차원은 $\mathbb{M}$, $\mathbb{L}$, $\mathbb{T}$ 이므로 3개 있고 변수의 개수는 5개이다. 먼저 특성유속 Q_c 의 차원이 Q의 차원과 같도록 제어변수들로부터 구성해 보자.

$$[Q_c]=\left[l^a r^b \Delta p^c \eta^d\right]=\mathbb{M}^{c+d}\mathbb{L}^{a+b-c-d}\mathbb{T}^{-2c-d}=\mathbb{M}^0\mathbb{L}^3\mathbb{T}^{-1} \tag{8.32}$$

이어야 하므로 지수들에 대한 다음의 선형방정식이 얻어진다.

$$c+d=0;\quad a+b-c-d=3;\quad -2c-d=-1. \tag{8.33}$$

미지수의 개수는 4인데 방정식의 개수는 3이므로 무수히 많은 해가 존재하게 된다. 편의상 $c=1$ 로 고정을 하자. 그러면 $d=-1$ 이고 $a+b=3$ 이다. 따라서 a와 b 중 하나는 음수이어야 한다. 관의 길이 l이 길면 길수록 흐름이 낮아질 것이고 관의 반지름이 클수록 더 잘 흐를 것이므로 b는 양수, a는 음수로 설정하자. 가장 간단한 수가 좋으니 $a=-1$ 로 정하면 $b=4$ 가 된다. 즉, $Q_c \equiv l^{-1}r^4\Delta p\eta^{-1}$ 이 된다. 그러면

$$\bar{Q}\equiv\frac{Q}{Q_c}=\frac{l\eta}{r^4\Delta p}f_4(l,r,\Delta p,\eta)\equiv\bar{\Pi}_4(l,r,\Delta p,\eta) \tag{8.34}$$

라고 하자.

먼저 질량의 단위만을 $m' = \lambda_M m$ 이 되게 바꾸고 나머지에 대해서는 단위변환을 하지 않기로 하자. 그러면

$$l' = l; \quad r' = r; \quad \Delta p' = \lambda_M \Delta p; \quad \eta' = \lambda_M \eta \tag{8.35}$$

가 된다. 이는 l과 r이 질량의 차원을 포함하지 않기 때문이다. 그러면 식 (34)는 다음과 같이 표현된다.

$$\bar{Q} = \bar{\Pi}_4 \left(l, r, \lambda_M \Delta p, \lambda_M \eta \right) \tag{8.36}$$

두 제어변수에 대해서 λ_M 이 들어있으니 두 제어변수 모두에 대한 의존성이 없다고 해야하나? 압력차를 주지 않으면 흐름이 없고 압력차가 클수록 더 잘 흐를 것이므로 물리적으로 맞지 않는 결론이다. 게다가 점도가 높을수록 흐르기 어려울 것이므로 Q는 Δp 에 대해서 증가함수이며 점도 η에 대해서는 감소함수가 되어야 할 것이다. 그렇다면

$$\bar{\Pi}_4 \left(l, r, \Delta p, \eta \right) = \bar{\Pi}_3 \left(l, r, \frac{\Delta p}{\eta} \right) \tag{8.37}$$

이 아닐까? 식 (37)에 식 (35)를 적용하면 환산인자 λ_M 이 소거되어 함수가 질량에 대한 단위변환에 무관하게 된다. 심증적으로는 식 (37)이 타당할 것 같은데 수학적으로는 완벽하지 않은 것 같다.

수학적인 완벽성을 알아보기 위해서 식 (36)의 양변을 λ_M 에 대해서 편미분해 보자. 그러면

$$\Delta p \frac{\partial \bar{\Pi}_4}{\partial \left(\lambda_M \Delta p \right)} + \eta \frac{\partial \bar{\Pi}_4}{\partial \left(\lambda_M \eta \right)} = 0 \tag{8.38}$$

이 얻어진다. 식 (38)도 식 (36)과 마찬가지로 임의의 양의 실수 λ_M 에 대해서 성립하는 것이기 때문에 식 (38)의 양변에 $\lambda_M = 1$ 을 적용할 수 있을 것이다. 그러면

$$\Delta p \frac{\partial \bar{\Pi}_4}{\partial \Delta p} + \eta \frac{\partial \bar{\Pi}_4}{\partial \eta} = 0 \tag{8.39}$$

이 얻어진다. 이 식은 오일러의 0계 동차함수의 결과이다. 오일러의 0계 동차함수와 1계 동차함수에 대한 것은 뒤에 열역학 함수에 대한 차원해석을 할 때 좀더 자

세히 배우기로 하자. 식 (39)가 성립되면 $\bar{\Pi}_4$ 는 압력차와 점도 각각에 독립적으로 의존하는 것이 아니라 $\Delta p/\eta$ 와 같은 두 변수의 비율에만 의존한다는 것이 알려져 있다. 따라서 식 (37)은 타당하다. 더 쉽게는 식 (36)이 임의의 양의 실수 λ_M 에 대해서도 성립하므로 $\lambda_M = 1/\eta$ 일 때도 성립되어야 한다. 그러면 식 (36)은

$$\bar{Q} = \bar{\Pi}_4\left(l, r, \frac{\Delta p}{\eta}, 1\right) \equiv \bar{\Pi}_3\left(l, r, \frac{\Delta p}{\eta}\right) \tag{8.40}$$

이라고 할 수 있다. 매우 간단하다.

이제 식 (40)에 길이의 단위를 바꾸는 조작을 해 보자. 그러면 변수들의 차원분석 결과로부터

$$l' = \lambda_L l; \quad r' = \lambda_L r; \quad \left(\frac{\Delta p}{\eta}\right)' = \frac{\Delta p'}{\eta'} = \frac{\lambda_L^{-1}\Delta p}{\lambda_L^{-1}\eta} = \frac{\Delta p}{\eta} \tag{8.41}$$

이 얻어진다. 이를 적용하면

$$\bar{Q} = \bar{\Pi}_3\left(\lambda_L l, \lambda_L r, \frac{\Delta p}{\eta}\right) \tag{8.42}$$

가 얻어진다. 이는 식 (36)에서와 마찬가지의 결과이므로 l과 r의 의존성을 l/r 이나 r/l 둘 중의 하나로 대체할 수 있다. 그런데 Q는 r에 대해서 증가함수이므로

$$\bar{Q} = \bar{\Pi}_2\left(\frac{r}{l}, \frac{\Delta p}{\eta}\right) \tag{8.43}$$

이라고 결론지을 수 있을 것이다.

이제 $\bar{Q}$ 는 이변수함수가 되었다. 아직 사용하지 않은 시간에 대한 단위변환을 시도해 보자. 물론 l과 r은 시간에 무관한 양들이므로

$$l' = l; \quad r' = r; \quad \frac{\Delta p'}{\eta'} = \frac{\lambda_T^{-2}\Delta p}{\lambda_T^{-1}\eta} = \frac{1}{\lambda_T}\frac{\Delta p}{\eta} \tag{8.44}$$

가 얻어진다. 따라서

$$\bar{Q} = \bar{\Pi}_2\left(\frac{r}{l}, \frac{\Delta p}{\lambda_T \eta}\right) \tag{8.45}$$

가 얻어진다. 아무리 λ_T 를 바꾸어도 $\bar{Q}$ 의 수치가 변하지 않으므로 식 (45)의 두 번째 종속변수에 대한 의존성이 없다는 것을 식 (13)~(16)에서 배웠다. 따라서 최종적으로 다음이 얻어진다.

$$\bar{Q} = \bar{\Pi}_1\left(\frac{r}{l}\right) \tag{8.46}$$

이 식을 식 (34)를 이용해서 유차원량에 대한 것으로 표현하면

$$Q = \frac{r^4 \Delta p}{\eta l}\bar{\Pi}_1\left(\frac{r}{l}\right) \tag{8.47}$$

이 얻어진다. 즉, 가로축을 $\xi \equiv r/l$, 세로축을 $\bar{Q} = \eta l Q/\left(r^4 l\right)$ 로 데이터를 작도하게 되면 일변수 함수 $\bar{\Pi}_1(\xi)$ 의 함수구조를 알 수 있게 된다. 만약에 $\bar{\Pi}_1(\ )$ 의 함수구조가 간단하다면 종속변수 ξ의 수준을 4~5 개 정도로 실험을 하면 될 것이다. 실험결과가 $\bar{\Pi}_1(\xi) = c$ 로 상수함수이며 그 값이 대략 $c \approx 0.4$ 정도가 된다는 것을 알게 된다. 정확하게는 $c = \pi/8 \approx 0.3927$ 이다.

버킹엄 파이 정리

지금까지의 차원해석의 예를 보면 사례에 따라서 유사하지만 약간씩 다른 방식으로 지루한 과정을 통해서 최종식이 얻어졌다. 통합적인 방법으로 무차원함수의 수식을 만드는 방법이 없을까? 대답은 있다이다. 이와 관련된 수학적 정리가 버킹엄의 파이 정리(Buckingham Pi theorem)이다.

차원을 가지는 n개의 변수 $x_1, x_2, \cdots, x_n$ 이 다음과 같은 관계식으로 표현되고

$$F\left(x_1, x_2, \cdots, x_n\right) = 0 \tag{8.48}$$

변수들에 관련되는 기본차원의 개수는 m이라고 할 때 식 (48)은 다음과 동치이다.

$$\bar{\Pi}\left(\pi_1, \pi_2, \cdots, \pi_{n-m}\right) = 0 \tag{8.49}$$

여기서 π_i 는

$$\pi_i \equiv x_1^{a_1^{(i)}} x_2^{a_2^{(i)}} \cdots x_n^{a_n^{(i)}} \tag{8.50}$$

인 무차원 변수이다.

여기서 변수 $\{x_k\}$ 중에는 측정변수가 포함되어 있다. 만약 $y = x_1$ 이라고 하고 $y = f(x_2, x_3, \cdots, x_n)$ 의 관계가 있다면 $F(x_1, x_2, \cdots, x_n) = x_1 - f(x_2, x_3, \cdots, x_n)$ 를 의미하는 것이 된다. 버킹엄 파이 정리의 증명은 제법 길기 때문에 부록 C에 두었다.

파이 정리의 의미는 변수들에 대해서 $n-m$ 개의 무차원변수를 편리한대로 구하기만 하면 식 (49)와 같은 무차원 함수관계가 얻어진다는 것이다. 따라서 기본차원의 단위변환을 개별적으로 수행하여 최종식을 얻는 대신 식 (50)의 무차원 변수만 정하면 되는 것이다. 일반적으로 $n > m$ 인 경우에만 적용되므로 파이 정리를 믿고 따르기만 하면 앞에서의 두 예제의 풀이보다 매우 빠르게 최종식을 얻을 수 있고 n 개의 변수에서 $n-m$ 개의 변수로 변수의 개수가 대폭 줄어들게 되어 실험회수가 대폭 감소하게 된다. 앞에서 수행한 두 예제에 대해서 파이 정리를 이용하여 기계적으로 문제를 다시 풀어보겠다. 매우 간단해 진다는 것을 느끼게 될 것이다.

부록 C를 읽고도 어떻게 유차원 함수식 $F(\ )$ 에서 무차원 함수식 $\bar{\Pi}(\ )$ 에 대한 것으로 변환되는지 궁금해할 독자가 있을 것 같아서 약간의 첨언을 하고자 한다. 함수식 $F(\ )$ 가 무엇인지 모르지만 어떤 차원을 가지고 있다고 하자. 그래서 $F(\ )$ 에 대한 특성물리량을 $F_c \equiv x_1^{\mu_1} x_2^{\mu_2} \cdots x_n^{\mu_n}$ 를 정했다고 하자. 그런데 식 (48)은 $F(\ ) = 0$ 의 형태이므로 $\bar{\Pi}(\ ) = F(\ )/F_c = 0$ 이 되므로 F_c 가 무엇이 되건 문제가 안된다.

단순진자의 경우 $F(P, m, l, g) = 0$ 이다. 기본차원의 개수가 3이고 변수의 개수가 4이므로 하나의 무차원변수만 구하면 된다. 가장 간단하게 앞에서의 결과를 그대로 이용해서 $\pi = \bar{P}$ 라고 하면 $\bar{\Pi}(\bar{P}) = 0$ 이 얻어진다. 이는 방정식에 해당하므로 함수 $\bar{\Pi}(\xi) = 0$ 을 만족시키는 근을 c라고 하면 $\bar{P} = c$ 가 되고 결국 식 (29)가 얻어지게 된다.

푸아죄유 유동에 대한 문제는 $F(Q, l, r, \Delta p, \eta) = 0$ 인데 변수의 개수가 5이고 기본차원의 개수가 3이니 두 개의 무차원변수만 찾으면 된다. 가장 간단한 것은 $\pi_1 = \bar{Q}$ 와 $\pi_2 = r/l$ 이다. 그러면 $\bar{\Pi}(\bar{Q}, r/l) = 0$ 이 된다. 이 조건을 만족한다는 것은 $\bar{Q} = \bar{\Pi}_1(r/l)$ 이 되는 일변수함수가 존재한다는 것이다. 따라서 식 (47)이 얻어지게 된다.

왜 파이 정리라고 부르냐는 의문이 있을 것이다. 역사적인 이유인데 19세기에 후리에(Joseph Fourier)가 차원에 대한 개념을 처음 도입한 이후 레이레이 경(Lord Rayleigh)에 의해 발전된 후에 여러 연구자들의 연구결과를 모아 에드가 버킹엄(Edgar Buckingham)이 수학적 정리로 집대성하게 되었다. 버킹엄이 무차원변수를 그리스 문자 π(pi)로 표시했기 때문에 파이 정리라고 부르게 되었다.

8.3. 다양한 예제

여기서는 다양한 차원해석의 응용예들을 소개하기로 하겠다. 여기서의 풀이법은 파이 정리를 사용하기 때문에 매우 기계적이다. 예제의 상당수는 Barenblatt, 1996를 참조하였다.

원자폭탄

원자폭탄이 터지게 되면 버섯구름이 생기기 전에 화구(火球, fire ball)가 성장하게 된다. 검색어를 fire ball과 atomic bomb으로 해서 구글 이미지 검색을 하면 원자폭탄의 폭발 사진이 나올 것이다. Atomic bomb 없이 fire ball로만 검색하면 술병 그림만 나올 수도 있다.

화구의 반지름 R_f 는 폭발 후의 시간에 따라서 증가하므로 시간의 함수이다. 게다가 원자폭탄의 에너지 E의 함수이기도 할 것이다. 화구는 주변보다 뜨거워진 공기 덩어리이므로 주변공기의 밀도 ρ_o 와 관계가 있을 것이다. 따라서

$$F\left(R_f, E, \rho_o, t\right) = 0 \tag{8.51}$$

이라고 할 수 있다. 또 다른 변수가 있을지는 연구자의 물리지식에 따라서 결정될 것이지만 일단 식 (51)에 파이 정리를 적용하자. 변수들의 차원을 분석하면

$$\left[R_f\right] = \mathbb{L}; \quad [E] = \mathbb{M}\mathbb{L}^2\mathbb{T}^{-2}; \quad \left[\rho_o\right] = \mathbb{M}\mathbb{L}^{-3}; \quad [t] = \mathbb{T} \tag{8.52}$$

이다. 변수의 개수는 4인데 기본차원의 개수는 3이므로 무차원변수 ξ 하나를 찾으면 $\xi = c$ 의 관계가 얻어질 것이다. 무차원변수는

$$[\xi] = \left[R_f^a E^b \rho_o^c t^d\right] = \mathbb{M}^{b+c}\mathbb{L}^{a+2b-3c}\mathbb{T}^{-2b+d} = \mathbb{M}^0\mathbb{L}^0\mathbb{T}^0 \tag{8.53}$$

으로 찾을 수 있다. 식 (53)으로부터 지수들은

$$b + c = 0; \quad a + 2b - 3c = 0; \quad -2b + d = 0 \tag{8.54}$$

를 만족해야 한다. 지수는 네개 있는데 수식은 세개이므로 부정문제(不定問題, indeterminate problem)이다. 따라서 식 (54)를 만족하는 지수의 조합은 무수히 많을 수 있다. 편리하게 $a = 1$ 로 설정하자. 그러면 $b = -\frac{1}{5}$, $c = \frac{1}{5}$, $d = -\frac{2}{5}$ 가 얻어지므로

$$\xi = R_f \left(\frac{\rho_o}{Et^2}\right)^{1/5} \tag{8.55}$$

이다. 따라서 $n - m = 1$ 이므로

$$R_f = c\left(\frac{Et^2}{\rho_o}\right)^{\frac{1}{5}} \tag{8.56}$$

이 얻어진다.

고무의 탄성률

고무는 작은 분자들이 분자결합을 통해 3차원적인 그물과 같은 구조를 하고 있다. 작은 분자들을 잇는 분자결합은 상온에서 회진이 자유로와 고무의 구조는 엉킨 실들로 이루어진 그물과 유사하다[그림 8.5]. 온도가 증가함에 따라서 분자결합의 회전이 빨라지므로 고무의 탄성률 (E)은 절대온도 (T)의 함수일 것이다. 또한 고무의 밀도(ρ)와 인접한 그물의 교차점(화학에서는 가교점이라고 한다.) 사이의 분자들의 질량(m_e)에도 의존한다. 따라서

$$F(E, T, \rho, m_e) = 0 \tag{8.57}$$

이라고 할 수 있다.

이 문제를 다루는데 있어서 온도의 차원을 생각해야 한다. 이에 대해서는 별도의 절에서 설명할 필요가 있다. 왜냐하면 절대온도는 엔트로피와 열과 관련되는 약간 특이한 물리량이기 때문이다. 여기서는 온도를 직접 사용하는 것 보다는 볼쯔만 상

수(Boltzmann constant) $k_B = 1.381 \times 10^{-23}\,\mathrm{JK}^{-1}$ 을 이용하여 $k_B T$ 를 사용하는 것이 편리하다. 절대온도의 단위는 Kelvin (K)이므로 $k_B T$ 의 차원은 에너지의 차원이 된다. 분자의 개수를 세는 단위인 mole은 아보가드로 수 $N_A = 6.022 \times 10^{23}$ 를 1 mole로 묶어 표현하는 것이므로 차원이 없는 수일 뿐이다. 기체상수(gas constant)는 $R = N_A k_B = 8.314\,\mathrm{JK}^{-1}\mathrm{mol}^{-1}$ 이므로 따라서 RT를 에너지의 차원을 가지는 양으로 생각할 수도 있지만 분자 6.022×10^{23}개에 대한 에너지이므로 계산할 때 유의해야 한다. 그러면 식 (57)을 다음과 같이 사용하자.

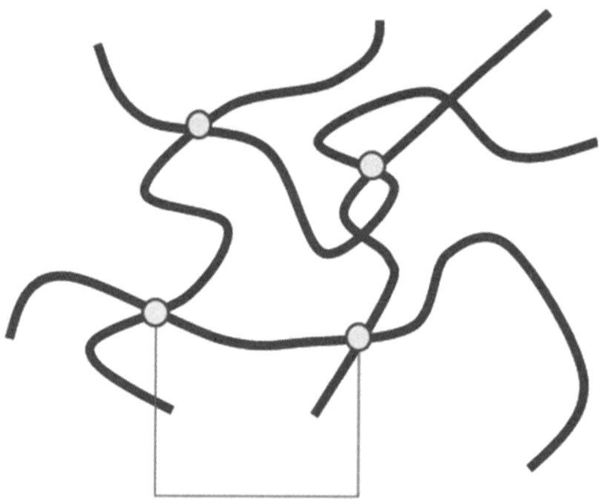

그림 8.5. 고분자 그물 구조의 개념도. 실선은 고분자 사슬을 표시하고 실선들의 교차점 중에서 원으로 표시한 부분은 화학결합으로 이루어진 결합점(junction point)를 나타내며 원이 없이 교차된 부분은 3차원적 사슬의 배치를 2차원으로 그렸기 때문에 교차하는 것 처럼 나타난 것이다. 이웃한 결합점 사이의 부분사슬 의 분자량은 분포를 이룰 것이고 여기서는 단지 평균 분자량만을 고려한다.

$$F(E, k_B T, \rho, m_e.) = 0 \tag{8.58}$$

변수들에 대한 차원을 분석하면 다음과 같다.

$$[E] = \mathbb{M}\mathbb{L}^{-1}\mathbb{T}^{-2}; \quad [k_B T] = \mathbb{M}\mathbb{L}^{2}\mathbb{T}^{-2}; \quad [\rho] = \mathbb{M}\mathbb{L}^{-3}; \quad [m_e] = \mathbb{M}. \tag{8.59}$$

기본차원의 개수는 3이고 변수의 개수는 4이므로 무차원변수 하나만 구하면 된다.

$$[\xi] = \left[E^a (k_B T)^b \rho^c m_e^d\right] = \mathbb{M}^{a+b+c+d}\mathbb{L}^{-a+2b-3c}\mathbb{T}^{-2a-2b} = \mathbb{M}^0\mathbb{L}^0\mathbb{T}^0. \tag{8.60}$$

식 (60)으로부터 지수에 대한 다음의 방정식이 얻어진다.

$$a + b + c + d = 0; \quad -a + 2b - 3c = 0; \quad a + b = 0. \tag{8.61}$$

이 또한 부정방정식이므로 $a=1$ 로 설정하자. 그러면 $b=-1$, $c=-1$, $d=1$ 이 얻어진다. 최종적으로

$$E = c\frac{\rho k_{\mathrm{B}} T}{m_e} = c\frac{\rho R T}{M_e} \tag{8.62}$$

가 얻어진다. 여기서 M_e 는 가교점 사이의 분자량으로 $M_e \equiv N_{\mathrm{A}} m_e$ 이고 상수 c는 실험으로 구해야 하는 물질에 무관한 상수이다. 실험에 의한 결과나 통계역학(statistical mechanics)의 이론[Cho, 2016]에 의한 결과를 보면 $c \approx 1$ 이다.

간단한 탄성률 측정실험

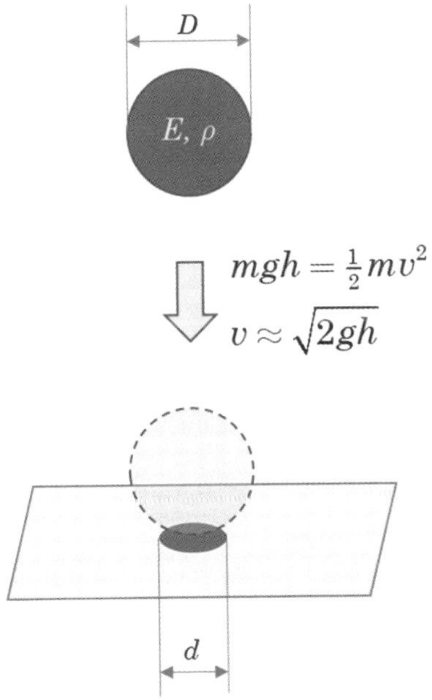

그림 8.6. 페인트 묻힌 공의 낙하실험. 지름 D인 공은 바닥에 부딪히면 변형이 되고 바닥과 공의 접촉면은 바닥에 원형의 페인트 자국을 남긴다. 페인트 자국의 지름을 d로 표시한 것이다. 바닥에 부딪힐 때 공의 속도 v는 공기저항이 없다면 $(2gh)^{1/2}$가 될 것이므로 독립변수로 중력가속도 g와 낙하거리 h를 독립변수로 사용하지 않았다.

지름이 D인 구형의 탄성체에 페인트를 묻히고 속도 v로 수직낙하를 시켜 딱딱한 판위에 떨어지게 하는 실험을 해 보자. 공은 판과 충돌 후에 다시 튀어 오르겠지만 판 위에 공이 변형되며 찍힌 자국이 남을 것이다. 이 자국은 직경이 d인 원이 될 것인데 공의 밀도 ρ와 탄성률 E에 따라서 다른 값을 가질 것이다. 그렇다면

$$F(d, D, E, \rho, v) = 0 \tag{8.63}$$

의 관계가 얻어질 것이다. 변수들에 대한 차원을 분석하면 다음과 같다.

$$[d] = [D] = \mathbb{L}; \quad [E] = \mathbb{ML}^{-1}\mathbb{T}^{-2}; \quad [\rho] = \mathbb{ML}^{-3}; \quad [v] = \mathbb{LT}^{-1} \tag{8.64}$$

변수의 개수는 5인데 차원의 개수는 3이므로 무차원 변수 두 개를 구해야 한다. 그런데 D와 d의 차원이 같으므로 $\xi_1 = d/D$ 라고 하면 되겠다. 첫 번째 무차원 변수는 아주 쉽게 구했다. 그런데 E와 ρ의 차원에는 $\mathbb{M}$ 이 들어 있으므로 $[E/\rho] = \mathbb{L}^2\mathbb{T}^{-2} = [v]^2$ 이 됨을 쉽게 알 수 있다. 따라서 $\xi_2 \equiv E/(\rho v^2)$ 를 선택하면 좋을 것 같다. 그러면 $\bar{\Pi}(\xi_1, \xi_2) = 0$ 이 되므로

$$\xi_1 = \frac{d}{D} = \bar{\Pi}_1\left(\frac{E}{\rho v^2}\right) \tag{8.65}$$

를 만족하는 일변수함수 $\bar{\Pi}(\ )$ 가 존재하게 된다.

이 함수가 1장에서 다루었던 작도법을 이용한 경험식을 찾는 방법으로 규명된다면 낙하실험만으로 물체의 탄성률을 측정할 수 있게 된다. 자유낙하를 높이 h에서 하게 되면 판에 충돌할 때의 속도는 $mgh = \frac{1}{2}mv^2$ 이므로 $v^2 = 2gh$ 가 된다. 따라서 식 (65)는 다음이 된다.

$$d = D\bar{\Pi}_1\left(\frac{E}{2\rho gh}\right). \tag{8.66}$$

물체의 탄성률을 측정하기 위해서는 UTM(universal testing machine)과 같은 측정장비가 필요한데 대략 가격이 5천만원은 될 것이다. 하지만 식 (66)은 $\bar{\Pi}_1(\ )$ 이 역함수를 가지는 함수라면

$$E = 2\rho gh\bar{\Pi}_1^{-1}\left(\frac{d}{D}\right) \tag{8.67}$$

이 성립되므로 함수 $\bar{\Pi}_1^{-1}(\ )$ 를 1장에서 배운 방법으로 규명하면 아주 저렴한 가격으로 물체의 탄성률을 측정할 수 있게 된다.

푸아죄유 유동에서 속도분포

그림 8.4에서 원통관 내에 그린 화살표는 유체의 속도분포를 나타내고 있다. 정

상상태에서 유체의 속도 v는 원통관의 중심선으로부터의 거리 r의 함수가 될 것이다. 원통관의 반지름을 R_{o} 로 표시하기로 하자. 그러면 다음과 같은 관계식을 생각할 수 있다.

$$F(v, l, R_{\text{o}}, r, \Delta p, \eta) = 0. \tag{8.68}$$

기본차원의 개수는 여전히 3이지만 변수의 개수는 이제 6개이다. 따라서 세개의 무차원변수가 필요하다. 그러면 무차원 변수 ξ_1, ξ_2, ξ_3 를 찾았다면

$$\bar{\Pi}(\xi_1, \xi_2, \xi_3) = 0 \tag{8.69}$$

가 된다. 이는

$$\xi_1 = \bar{\Pi}_2(\xi_2, \xi_3) \tag{8.70}$$

이 되는 함수 $\bar{\Pi}_2(\ )$가 존재한다는 것을 의미한다. 그러면 $\xi_2 = r/R_{\text{o}}$ 로 설정하고 $\xi_3 = l/R_{\text{o}}$ 그리고 $\xi_1 = v/v_c$ 라고 설정하자. 특성속도 v_c 는 앞에서 단위시간당 유량 Q에 대한 특성치 $Q_c = R_{\text{o}}^4 \Delta p/(\eta l)$ 을 찾았으므로

$$v_c \equiv \frac{Q_c}{R_{\text{o}}^2} = \frac{R_{\text{o}}^2 \Delta p}{\eta l} \tag{8.71}$$

으로 선정할 수 있을 것이다. 그러면 식 (70)은 다음과 같이 쓸 수 있다.

$$v = v_c \bar{\Pi}_2\left(\frac{r}{R_{\text{o}}}, \frac{l}{R_{\text{o}}}\right). \tag{8.72}$$

그런데

$$Q = 2\pi \int_0^{R_{\text{o}}} v(r) r \mathrm{d}r \tag{8.73}$$

인 관계를 가진다. 그러면 앞에서

$$Q = \frac{\pi}{8} Q_c = \frac{\pi R_{\text{o}}^4 \Delta p}{8 \eta l} \tag{8.74}$$

라는 것을 알았으므로 식 (72)를 식 (73)에 대입하면

$$\frac{\pi R_{\text{o}}^4 \Delta p}{8 \eta l} = \frac{2\pi R_{\text{o}}^2 \Delta p}{\eta l} \int_0^1 \bar{\Pi}_2\left(\xi, \frac{l}{R_{\text{o}}}\right) R_{\text{o}}^2 \xi \mathrm{d}\xi \tag{8.75}$$

가 되어서

$$\frac{1}{16}=\int_0^1 \xi\bar{\Pi}_2\left(\xi,\frac{l}{R_o}\right)d\xi \tag{8.76}$$

이 얻어진다. 여기서 $\xi=r/R_o$ 과 치환적분을 사용하였다. 식 (76)에서 적분변수 ξ 는 0에서 1까지 적분에 사용되었으므로 좌변은 l/R_o 의 함수가 되어야 하는데 결과인 우변은 $\frac{1}{16}$ 로 상수이다. 즉, l/R_o 가 어떤 값을 가지건 적분결과가 같은 상수가 나오므로 $\bar{\Pi}_2(\ )$는 두 번째 독립변수에 대한 의존성이 없다. 따라서

$$v(r)=cv_c\bar{\Pi}_1\left(\frac{r}{R_o}\right) \tag{8.77}$$

이 된다는 것을 알 수 있다.

상태방정식과 대응원리

앞에서 비리얼 전개를 배운바 있다. 사실 상태함수는 분자들의 성질로부터 결정되므로 상태함수와 관련되는 분자 매개변수가 있다. 분자사이에는 상호작용 포텐셜이 작용되는데 일반적으로 다음과 같은 레나드-존스 포텐셜(Lennard-Jones potential)이 실험결과와 잘 일치하는 것으로 알려져 있다[Silbey, Alberty and Bawendi, 2005].

$$u(r)=\varepsilon\left[\left(\frac{d}{r}\right)^{12}-2\left(\frac{d}{r}\right)^{6}\right]. \tag{8.78}$$

여기서 r은 두 분자 사이의 거리이고 d는 포텐셜 u가 최소가 되는 분자간 거리이며 ε은 그림 8.7에 그려진 포텐셜이 최소가 되는 값의 절대값이다. 분자 매개변수 d와 ε의 물리적인 의미는 각각 분자의 크기와 분자간 상호작용 에너지이다. 이 이외에 분자를 특정 짓는 다른 매개변수는 분자의 질량 m이다. 그러면 상태방정식은 다음과 같이 압축인자 z, 압력 p, 온도 T, 분자의 질량 m, 상호작용 에너지 ε, 분자의 크기 d에 관한 것으로 생각할 수 있다.

$$F(z,p,k_BT,m,\varepsilon,d)=0. \tag{8.79}$$

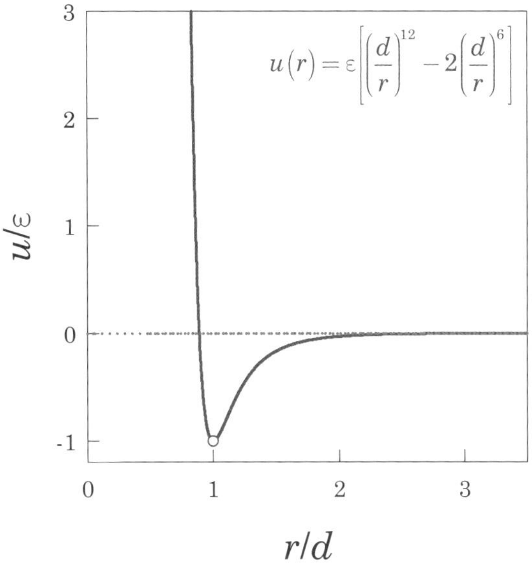

그림 8.7. 레나드-존스 위치 에너지(Lennard-Jones potential).

기본차원은 k_BT 를 사용하였기 때문에 $\mathbb{M}$, $\mathbb{L}$, $\mathbb{T}$ 의 세 가지이다. 그런데 변수의 개수는 6개이므로 세 개의 무차원변수를 찾으면 된다. 압력의 차원은 단위부피당 에너지의 차원과 같고 $[k_BT]=[\varepsilon]$ 이며 압축인자 z는 이미 무차원변수이다. 따라서 다음의 세 무차원변수를 생각한다.

$$\pi_1 = z; \quad \pi_2 = \frac{k_BT}{\varepsilon}; \quad \pi_3 = \frac{d^3 p}{\varepsilon}. \tag{8.80}$$

흥미롭게도 분자 매개변수 중의 하나인 분자의 질량을 사용하지 않고도 세 개의 무차원변수를 만들 수 있었다. 그러면 파이 정리에 의해서

$$z = \bar{\Pi}_2(\pi_2, \pi_3) = \bar{\Pi}_2\left(\frac{k_BT}{\varepsilon}, \frac{d^3 p}{\varepsilon}\right) \tag{8.81}$$

이라고 할 수 있다. 여기서 $p_c \equiv \varepsilon/d^3$, $T_c \equiv \varepsilon/k_B$ 로 정의하면 식 (81)은

$$z = \bar{\Pi}_2\left(\frac{T}{T_c}, \frac{p}{p_c}\right) \tag{8.82}$$

이 된다. 식 (82)를 두 번째 독립변수에 대해서 테일러 전개를 취해보자. 그러면 다음이 얻어진다.

$$z = 1 + \sum_{k=1}^{\infty} \bar{c}_k\left(\bar{T}\right)\bar{p}^k \tag{8.83}$$

이라고 쓸 수 있다. 여기서 $\bar{T} \equiv T/T_c$ 와 $\bar{p} \equiv p/p_c$ 로 정의하였다. 식 (83)과 식 (5.33)을 비교하면

$$C_k\left(T\right) = \frac{\bar{c}\left(\bar{T}\right)}{p_c^k} \tag{8.84}$$

가 된다는 것을 쉽게 알 수 있다.

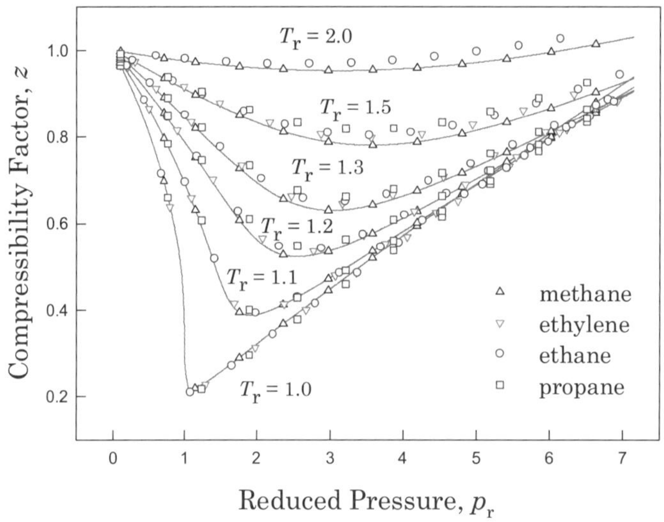

그림 8.8. 압축인자 z를 환원압력 p_r의 함수로 그린 대응원리. 데이터는 NIST의 REFPROP로 계산한 것이며 실선은 methane의 데이터를 촘촘이 그린 것이다.

식 (83)의 물리적인 의미는 압축인자 z를 무차원온도 $\bar{T}$와 무차원압력 $\bar{p}$에 대해서 표현하면 물질에 상관없이 같은 그래프가 그려진다는 것을 의미한다. 물질의 성질인 m, d, ε가 특성온도 T_c와 특성압력 p_c 에 포함되어 버렸기 때문이다. 이를 대응원리(correspondance principle)이라고 부른다. 여러 기체의 p-V-T 데이터에 대해서 임계점에서의 온도 T_{critical} 로 무차원화한 $T_r \equiv T/T_{\text{critical}}$ 가 같은 데이터만 모아 임계점에서의 압력 p_{critical} 로 무차원화한 $p_r \equiv p/p_{\text{critical}}$ 의 함수로 압축인자를 그리

면 모든 기체의 데이터가 하나의 곡선으로 중첩된다[Su, 1946]. 임계점에서의 온도와 압력은 분자 매개변수의 함수들이므로 이러한 실험 데이터의 중첩은 식 (83)의 타당성을 입증한다[그림 8.8].

그림 8.8의 데이터는 미국의 NIST(National Institute of Standards and Technology)에서 제공하는 REFPROP라는 프로그램으로 계산한 것이다. 데이터가 너무 촘촘하면 다른 종류의 기체들과 비교가 어렵기 때문에 계산결과 중의 일부만을 기호로 표시했다. 실선은 촘촘하게 계산한 메탄(methane)의 데이터를 그린 것이다. 따라서 메탄의 기호와 실선이 완벽하게 겹쳐지는 것일 뿐이다. 이 계산결과는 매우 정밀한 것을 잘 알려져 있기 때문에 중첩이 다소 완벽하지 않은 것은 아마도 추가적인 무차원 변수에 대한 의존도가 반영되지 않아서 인 것 같다.

8.4. 온도와 열역학 함수들

온도의 차원

평형열역학에서 열역학 제 1 법칙은 다음과 같은 미분식으로 표현된다.

$$dU = \sum_{k=1}^{n_w} \phi_k d\xi_k + TdS \tag{8.85}$$

여기서 U는 내부 에너지(internal energy)이고 ϕ_k 는 압력과 같은 일반화된 열역학적 힘(thermodynamic force)이고 ξ_k 는 부피와 같은 일반화된 열역학적 변위(thermodynamic displacement)이며 S는 엔트로피(entropy)이다. 가역 과정으로 시스템에 주어지는 열의 미소변화량 δQ 는 TdS 이며 가역과정으로 시스템에 주어지는 미소 일(differential work)은 식 (85)의 우변의 첫째 항이다. 따라서

$$\delta W = \sum_{k=1}^{n_w} \phi_k d\xi_k; \quad \delta Q = TdS \tag{8.86}$$

이다. 여기서 미소일과 미소열은 계의 경계에서 에너지의 전달과정으로 발생하는 미소량으로 상태함수의 전미분이 아니기 때문에 d 대신에 δ를 사용한 것이다.

일은 다양한 형태로 시스템에 주어지기 때문에 한 개 이상의 과정이 있을 수 있으므로 합산으로 주어졌다. 예를 들어 분자들의 출입이 가능하고 부피 팽창 및 압축에 의한 일만이 관여되는 시스템의 경우 $\phi_1 = -p$, $\phi_2 = \mu$, $\xi_1 = V$, $\xi_2 = N$

이 된다. 여기서 N은 분자의 개수이고 μ은 화학포텐셜이다. 순수한 물질이 아닌 n_c 개의 화학종의 혼합물이라면 k번째 화학종에 대한 화학포텐셜을 μ_k, 그 화학종의 분자수를 N_k 라고 하면 $\phi_{k+1} = \mu_k$, $\xi_{k+1} = N_k$ 로 정할 수 있고 이 경우 $n = n_c + 1$ 이 된다.

열은 에너지의 차원을 가진다. 그러면 다음과 같은 물리량들 사이의 차원 관계식이 성립된다.

$$[\delta Q] = [TS] = [U] = [\phi_k d\xi_k] = [\delta W]. \tag{8.87}$$

따라서 엔트로피와 온도의 차원은

$$[S] = \frac{[U]}{[T]}; \quad [T] = \frac{[U]}{[S]} \tag{8.88}$$

이 된다. 온도의 차원을 명확히 알면 엔트로피의 차원이 정해지고 역으로 엔트로피의 차원이 명확해지면 온도의 차원도 명확해진다. 그런데 흥미로운 점은 엔트로피와 온도 각자의 차원을 독립적으로 파악하기 어렵다. 둘 중의 하나인 온도는 엔트로피에 비해서 측정이 용이하다. 따라서 온도의 차원을 길이, 질량, 시간과 같은 기본차원으로 간주할 필요가 있다. 앞으로 온도에 대해서는

$$[T] = \mathbb{K} \tag{8.89}$$

를 사용하고자 한다. $\mathbb{K}$ 는 절대온도의 단위인 Kelvin의 머릿자로 차용하였다. 그러면 엔트로피의 차원은

$$[S] = \mathbb{M}\mathbb{L}^2\mathbb{T}^{-2}\mathbb{K}^{-1} \tag{8.90}$$

이 된다.

하지만 앞에서 고무의 탄성률에 대한 차원해석을 했을 때 공부하였듯이 온도는 볼쯔만 상수를 이용하여 에너지의 차원을 가지는 $k_B T$ 로 대체할 수도 있다. 따라서 경우에 따라서는 온도를 독립적인 기본차원으로 간주할 수도 있고 볼쯔만 상수를 이용하여 에너지에 해당하는 양으로 대체할 수도 있다.

세기변수와 크기변수

평형열역학의 상태함수들은 크게 세기변수(intensive variable)과 크기변수(extensive

variable)로 나누어 볼 수 있다. 먼저 크기변수는 시스템에 포함되는 분자의 개수에 비례하는 크기를 가진 열역학 변수들이고 세기변수는 분자의 개수와 무관한 열역학 변수들을 의미한다. 크기변수의 예로는 부피, 내부에너지, 엔탈피(enthalpy), 헬름홀쯔 자유에너지(Helmholtz free energy), 깁스 자유에너지(Gibbs free energy), 엔트로피 등이고 세기변수는 온도, 압력 및 크기변수를 분자의 개수로 나눈 변수들이 된다.

식 (85)에서 열역학적 힘들은 대부분 세기변수이며 열역학적 변위는 크기변수가 된다. 평형상태에서는 $\delta Q = T\mathrm{d}S$ 가 되는데 온도는 세기변수이므로 이를 일종의 열역학적 힘으로 간주한다면 엔트로피는 열역학적 변위로 간주할 수 있다.

일의 형태가 $p\text{-}V$ 일 뿐인 유체 혼합물을 생각하면 식 (85)는 다음과 같이 구체적인 열역학 변수들로 표현이 가능하다.

$$\mathrm{d}U = -p\mathrm{d}V + \sum_{k=1}^{n_c} \mu_k \mathrm{d}N_k + T\mathrm{d}S. \tag{8.91}$$

이 식은 다음을 의미한다.

$$U = U\left(V, S, \{N_k\}\right), \tag{8.92}$$

$$\left(\frac{\partial U}{\partial V}\right)_{S,\{N_k\}} = -p; \quad \left(\frac{\partial U}{\partial S}\right)_{V,\{N_k\}} = T; \quad \left(\frac{\partial U}{\partial N_k}\right)_{V,S,\{N_i\}_{i\neq k}} = \mu_k. \tag{8.93}$$

조성비의 변화없이 단순히 전체 분자의 수가 λ배로 늘게 되면 내부에너지, 부피, 엔트로피와 성분들의 분자수는 크기 변수이므로 역시 λ배로 늘어야 한다. 이를 수식으로 표현하면 다음이 된다.

$$U\left(\lambda V, \lambda S, \{\lambda N_k\}\right) = \lambda U\left(V, S, \{N_k\}\right) \tag{8.94}$$

여기서 λ은 임의의 양의 실수이다. 물론 $\lambda < 1$ 이면 시스템의 분자수가 줄어드는 경우에 해당된다.

식 (94)와 같은 성질을 가지는 함수를 오일러의 1계 동차함수(Euler's homogeneous function of degree of 1)이라고 부른다[Silbey, Alberty and Bawendi, 2005]. 임의의 실수 λ에 대해서 성립하므로 $\lambda = 1/N$ 을 적용해 보자. 여기서 N은 총 분자수로

$$N = \sum_{k=1}^{n} N_k \tag{8.95}$$

이다. 그러면 식 (94)는 다음이 된다.

$$U\left(\bar{V},\bar{S},\{x_k\}\right)=\frac{U\left(V,S,\{N_k\}\right)}{N}. \tag{8.96}$$

여기서

$$\bar{V}\equiv\frac{V}{N};\quad \bar{S}\equiv\frac{S}{N};\quad x_k\equiv\frac{N_k}{N} \tag{8.97}$$

이다. 식 (96)은 한 분자 당 내부에너지는 한 분자당 부피와 한 분자당 엔트로피 및 분자 개수비율의 함수로 표현된다는 것을 의미한다.

이번에는 식 (94)를 λ에 대해서 편미분을 하고 $\lambda=1$ 을 대입하게 되면 다음이 얻어진다.

$$U\left(V,S,\{N_k\}\right)=V\left(\frac{\partial U}{\partial V}\right)_{S,\{N_k\}}+S\left(\frac{\partial U}{\partial S}\right)_{V,\{N_k\}}+\sum_{k=1}^{n_c}N_k\left(\frac{\partial U}{\partial N_k}\right)_{V,S,\{N_i\}_{i\neq k}} \tag{8.98}$$

여기에 식 (93)을 적용하게 되면

$$U=-pV+TS+\sum_{k=1}^{n_c}N_k\mu_k \tag{8.99}$$

이 된다. 이 식은 나중에 엔탈피 H, 헬름홀쯔 자유에너지 A, 깁스 자유에너지 G를 정의하는데 매우 유용하게 사용된다.

식 (93)은 압력, 온도와 화학포텐셜이 왜 세기 변수가 되는지를 보여준다. 먼저 압력에 대해서

$$\begin{aligned}-p&=\frac{\partial U\left(\lambda V,\lambda S,\{\lambda N_k\}\right)}{\partial(\lambda V)}=\frac{\partial U\left(\lambda V,\lambda S,\{\lambda N_k\}\right)}{\partial V}\frac{\partial V}{\partial(\lambda V)}\\&=\frac{1}{\lambda}\frac{\partial\left[\lambda U\left(V,S,\{N_k\}\right)\right]}{\partial V}=\frac{\partial U\left(V,S,\{N_k\}\right)}{\partial V}\end{aligned} \tag{8.100}$$

이 성립되므로 압력은 λ에 무관하게 된다. 온도와 화학 포텐셜에 대해서도 마찬가지 방법으로 증명이 된다.

식 (92)는 실험적인 측면에서 볼 때 불편한 공식이다. 왜냐하면 부피나 분자의 개수를 바꾸어가며 실험을 하기 용이하지만 엔트로피는 특정한 값으로 제어하기 어려

운 물리량이기 때문이다. 부피를 고정시키는 것은 쉽지만 다른 변수를 바꾸어가다 보면 압력이 예상외로 커지는 경우가 발생할 수 있다. 이 경우 실험이 매우 위험해질 수 있다. 보통의 경우 대기압과 시스템의 압력이 같은 상태에서 실험을 하는 경우가 많기 때문에 제어변수로 부피를 사용하는 것보다 많은 경우에서 압력을 제어변수로 사용하는 것이 더 편리하고 유리한 실험이 될 수 있다.

식 (99)에서 우변의 pV 항을 좌변으로 이항시키면 $H \equiv U + pV$ 로 엔탈피를 정의할 수 있다. 엔탈피의 전미분을 취하면 식 (91)의 내부에너지의 전미분과 연합하여

$$\mathrm{d}H = V\mathrm{d}p + T\mathrm{d}S + \sum_{k=1}^{n_c} \mu_k \mathrm{d}N_k \tag{8.101}$$

을 얻을 수 있게 되어

$$H = H\left(p, S, \{N_k\}\right) \tag{8.102}$$

$$\left(\frac{\partial H}{\partial p}\right)_{S,\{N_k\}} = V; \quad \left(\frac{\partial H}{\partial S}\right)_{p,\{N_k\}} = T; \quad \left(\frac{\partial H}{\partial N_k}\right)_{p,S,\{N_i\}_{i\neq k}} = \mu_k \tag{8.103}$$

이 됨을 알 수 있다. 따라서 엔탈피는 압력, 엔트로피, 분자의 개수의 함수라는 것을 알게 되면 엔탈피의 편미분들이 무엇이 되는지도 알게 된다. 엔탈피의 차원은 여전히 내부에너지의 차원과 같음을 식 (101)을 보고도 알 수 있다.

식 (92)와 식 (102)에서 여전히 제어변수로 엔트로피가 사용되고 있다. 이를 제어하기 보다 쉬운 온도로 바꾸는 작업은 식 (99)에서 TS 항을 좌변으로 이항시키는 것이다. 그러면 헬름홀쯔 자유에너지 $A \equiv U - TS$ 를 정의할 수 있게 된다. 그런데 앞에서와 마찬가지로 A의 전미분을 U의 전미분을 이용해서 정리하면 다음이 얻어진다.

$$\mathrm{d}A = -p\mathrm{d}V - S\mathrm{d}T + \sum_{k=1}^{n_c} \mu_k \mathrm{d}N_k. \tag{8.104}$$

이 미분식의 의미는 바로

$$A = A\left(V, T, \{N_k\}\right); \tag{8.105}$$

$$\left(\frac{\partial A}{\partial V}\right)_{T,\{N_k\}} = -p; \quad \left(\frac{\partial A}{\partial \theta}\right)_{V,\{N_k\}} = -S; \quad \left(\frac{\partial A}{\partial N_k}\right)_{V,T,\{N_i\}_{i\neq k}} = \mu_k \tag{8.106}$$

이다. 헬름홀쯔 자유에너지의 제어변수들은 부피, 온도, 분자들의 개수로 제어하기 매우 용이한 변수들이다. 게다가 식 (106)이 보여주듯이 일단 A의 함수구조를 알게 되면 엔트로피와 같은 측정과 제어 모두가 용이하지 않은 열역학 함수를 미분으로 구할 수 있게 된다.

이제 식 (99)에서 TS 와 $-pV$ 모두를 이항시키면 깁스 자유에너지를 $G \equiv U + pV - TS$ 로 정의할 수 있게 되고 마찬가지의 방법을 적용시키면

$$\mathrm{d}G = V\mathrm{d}p - S\mathrm{d}T + \sum_{k=1}^{n_c} \mu_k \mathrm{d}N_k; \tag{8.107}$$

$$G = G\left(p, T, \{N_k\}\right); \tag{8.108}$$

$$\left(\frac{\partial G}{\partial p}\right)_{T,\{N_k\}} = V; \quad \left(\frac{\partial G}{\partial T}\right)_{p,\{N_k\}} = -S; \quad \left(\frac{\partial G}{\partial N_k}\right)_{p,T,\{N_i\}_{i\neq k}} = \mu_k \tag{8.109}$$

가 얻어진다. 식 (108)을 보면 깁스 자유에너지는 헬름홀쯔 자유에너지와 유사하게 제어하기 쉬운 제어변수들의 함수라는 것을 알 수 있다.

세기변수와 크기변수에 대한 논의를 차원해석과 비교할 가치가 있다. 유차원 물리량에 대한 단위계의 변환으로 발생되는 눈금맞춤(scaling)에 대한 불변성으로 차원해석이 많은 성과를 보인 것과 마찬가지로 세기변수와 크기변수의 성질은 무차원량인 분자의 개수에 대한 눈금맞춤에 대한 불변성(세기변수)과 비례성(크기변수)으로 풍성한 결과를 얻을 수 있다는 것이다. §9절에서 배우는 자기상사성의 원리는 유차원량과 무차원량이 같이 연관되는 눈금맞춤에 대한 불변성으로 실험회수를 줄이거나 경험식을 얻을 수 있는 방법이다.

내부에너지뿐만 아니라 엔탈피와 자유에너지들도 크기변수들이다. 게다가 모두들 에너지의 차원을 가지고 있다. 그런데 내부에너지의 제어변수들은 모두 크기변수들인 반면에 엔탈피에는 압력과 같은 세기변수가 제어변수로 사용되고 있고 헬름홀쯔 자유에너지의 경우에는 세기변수인 온도가 제어변수로 사용되고 있으며 깁스 자유에너지는 분자들의 개수를 제외한 압력과 온도 모두가 세기변수들이다. 그러면

분자들의 개수를 λ배 변화시키면 다음과 같은 관계식이 성립된다.

$$\begin{aligned} &H\left(p, \lambda S, \{\lambda N_k\}\right) = \lambda H\left(p, S, \{N_k\}\right); \\ &A\left(\lambda V, T, \{\lambda N_k\}\right) = \lambda A\left(V, T, \{N_k\}\right); \\ &G\left(p, T, \{\lambda N_k\}\right) = \lambda G\left(p, T, \{N_k\}\right). \end{aligned} \tag{8.110}$$

그러면 $\lambda = 1/N$ 을 적용시키면 다음이 얻어진다.

$$\begin{aligned} &\frac{H\left(p, S, \{N_k\}\right)}{N} = H\left(p, \bar{S}, \{x_k\}\right); \\ &\frac{A\left(V, T, \{N_k\}\right)}{N} = A\left(\bar{V}, T, \{x_k\}\right); \\ &\frac{G\left(p, T, \{N_k\}\right)}{N} = G\left(p, T, \{x_k\}\right). \end{aligned} \tag{8.111}$$

식 (110)을 λ에 대해서 편미분하고 $\lambda = 1$ 을 적용시키면

$$\begin{aligned} &H\left(p, S, \{N_k\}\right) = S\left(\frac{\partial H}{\partial S}\right)_{p, \{N_k\}} + \sum_{k=1}^{n_c} N_k \left(\frac{\partial H}{\partial N_k}\right)_{p, S, \{N_i\}_{i \neq k}} \\ &A\left(V, T, \{N_k\}\right) = V\left(\frac{\partial A}{\partial V}\right)_{T, \{N_k\}} + \sum_{k=1}^{n_c} N_k \left(\frac{\partial A}{\partial N_k}\right)_{V, T, \{N_i\}_{i \neq k}} \\ &G\left(p, T, \{N_k\}\right) = \sum_{k=1}^{n_c} N_k \left(\frac{\partial G}{\partial N_k}\right)_{p, T, \{N_i\}_{i \neq k}} \end{aligned} \tag{8.112}$$

이 얻어진다. 이 결과는 편미분들을 식 (103), (106), (109)를 이용하여 바꾸면 식 (98)로 되돌아 간다는 것을 알 수 있게 된다. 흥미로운 점은 화학 포텐셜이

$$\begin{aligned} \mu_k &= \left(\frac{\partial U}{\partial N_k}\right)_{V, S, \{N_i\}_{i \neq k}} = \left(\frac{\partial H}{\partial N_k}\right)_{p, S, \{N_i\}_{i \neq k}} \\ &= \left(\frac{\partial A}{\partial N_k}\right)_{V, T, \{N_i\}_{i \neq k}} = \left(\frac{\partial G}{\partial N_k}\right)_{p, T, \{N_i\}_{i \neq k}} \end{aligned} \tag{8.113}$$

과 같이 다양한 형태로 표현된다는 것이다. 따라서 식 (112)의 마지막 식은

$$G = \sum_{k=1}^{n_c} N_k \mu_k \tag{8.114}$$

가 된다는 것이다. 식 (114)에서 화학 포텐셜만 세기변수이므로

$$G = N\sum_{k=1}^{n_c} x_k \mu_k \tag{8.115}$$

가 성립된다. 따라서 1 몰 당 깁스 자유에너지는 화학포텐셜들의 몰 분율에 대한 평균이라는 것을 알 수 있게 된다.

삼투압

반투과막(semipermeable membrane)이란 용제(solvent) 분자는 통과시키지만 용질(solute)은 통과시키지 않는 막을 말한다. 용제 분자에 비해서 용질 분자의 크기가 클 경우 막에 용제분자보다는 크지만 용질 분자보다는 작은 미세 구멍이 있는 막이라면 이러한 기능을 발휘할 수 있을 것이다.

그림 8.9와 같은 U자 모양의 관 가운데에 반투과막이 있고 오른편에는 용질이 녹은 용액(solution)이 왼편에는 순수한 용제만 있다고 하자. 한 쪽은 용질의 농도가 높고 다른 쪽은 용질의 농도가 낮기 때문에 시스템은 두 쪽의 농도가 같아지려는 경향을 보이게 되는데 용질이 이동을 할 수 없고 용제만 이동할 수 있기 때문에 농도가 높은 쪽으로 용제가 이동해서 농도의 차이를 줄이려고 하게 된다. 그러면 오른쪽의 수위가 올라가게 된다. 양쪽의 수위를 같게 하려면 오른쪽에 압력을 가해야 한다. 이 압력차가 삼투압이다.

열역학에서 삼투압을 계산하는 전통적인 방법은 왼쪽과 오른쪽의 화학 포텐셜이 같아지는 평형조건을 사용하는 것이다. 삼투압 p_{Os} 은 일반적인 경우

$$p_{Os} = -\frac{RT}{\bar{v}} \log \gamma_1 x_1 \tag{8.116}$$

가 된다. 여기서 $\bar{v}$ 는 용액의 1 몰 당 부피이고 γ_1 는 용제의 활성도계수(activity coefficient)로 농도와 온도의 함수이며 x_1 은 용제의 몰 분율이다. 만약 $x_1 \approx 1$ 인 희박용액이라면 $\gamma_1 \approx 1$ 이고 용질의 몰 분율은 $x_2 = 1 - x_1$ 이므로

$$p_{Os} = \frac{RT}{\bar{v}} x_2 \tag{8.117}$$

이 된다. 이 식을 판트호프의 공식(van't Hoff formula)라고 한다.

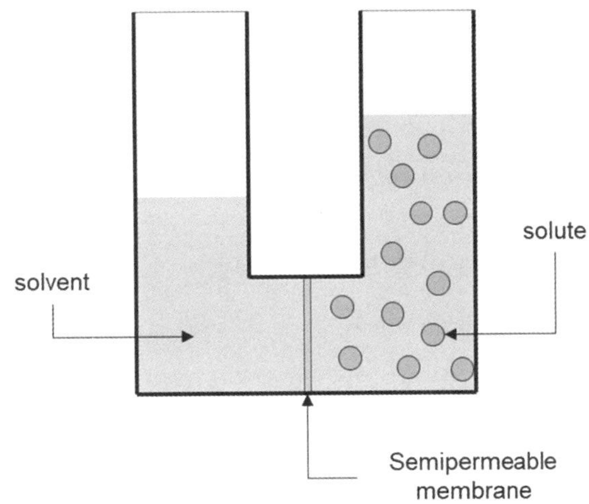

그림 8.9. 삼투압의 개념도.

이 문제를 차원해석으로 구해보자. 문제는 삼투압, 시스템의 온도, 용제와 용질 분자의 개수, 용액 1 몰의 부피 사이의 관계를 찾는 것이다. 따라서

$$F\left(p_{Os}, RT, \bar{v}, N_1, N_2\right) = 0 \tag{8.118}$$

에 대한 차원해석을 해보자. 변수의 개수는 5개이고 기본차원은 $\mathbb{M}$, $\mathbb{L}$, $\mathbb{T}$로 3개이다. 따라서 두 개의 무차원량을 찾으면 된다. 압력과 부피의 곱은 에너지의 차원을 가지고 RT 도 같은 차원를 가지고 있다. 따라서 $\pi_1 \equiv p_{Os}\bar{v}/RT$ 로 선정할 수 있다. 분자이 개수는 무차원량이므로 $N = N_1 + N_2$ 로 두고 $x_2 \equiv N_2/N$ 으로 용질의 몰분율을 π_2 로 선정하자. 그러면 다음이 된다.

$$\bar{\Pi}\left(\frac{p_{Os}\bar{v}}{RT}, x_2\right) = 0. \tag{8.119}$$

이 결과는

$$\frac{p_{Os}\bar{v}}{RT} = \bar{\Pi}_1\left(x_2\right) \tag{8.120}$$

을 만족하는 무차원 일변수함수 $\bar{\Pi}_1(\ )$ 이 존재한다는 것이다. 만약 용질이 하나도 없다면 $p_{Os} = 0$ 이 되므로 $\bar{\Pi}_1(0) = 0$ 이다. 여기에 $0 < x_2 \ll 1$ 의 조건으로 이 무차원함수를 1차항까지 테일러전개하면

$$\bar{\Pi}_1(x_2) \approx a x_2 \tag{8.121}$$

이 된다. 여기서 상수 a는 실험으로 정해야 하는 상수이다. 그러면 최종적으로

$$p_{Os} = a\frac{RT}{\bar{v}}x_2 \tag{8.122}$$

가 얻어진다. 실험결과는 $a=1$ 를 보여줄 것이다.

여기서 활성도계수의 의미를 생각해 볼 필요가 있다. 활성도계수 $\gamma_1 = \gamma_1(T, x_2)$ 인데 용질분자들과 용제분자들 사이의 상호작용을 나타내는 항이다. 그런데 차원해석을 할 때 식 (118)에는 분자들 사이의 상호작용을 나타내는 변수가 없다. 따라서 용질분자끼리, 용제분자끼리 그리고 용제분자와 용질분자끼리의 상호작용에 의해서 발생되는 효과를 식 (118)로는 반영할 수 없게 된다. $0 < x_2 \ll 1$ 의 조건은 희박용액(dilute solution)에 대한 조건인데 희박용액에서는 그러한 상호작용이 거의 없는 경우에 해당한다. 따라서 식 (122)가 식 (117)의 판트호프의 공식만을 제공하는 것은 당연한 결과이다.

볼쯔만 인자

물리공식에서 물리량의 온도의존성은 대부분의 경우 $\exp(-E/RT)$ 나 $\exp(-\varepsilon/k_{\mathrm{B}}T)$ 의 형태로 나타나는 경향이 있다. 여기서 E는 1 몰 당 에너지에 해당하고 ε는 분자 하나당 에너지에 해당한다. 이 항을 볼쯔만 인자(Boltzmann factor)라고 부른다. 통계역학 이론에 의하면 온도 T에서 열역학적 평형에 도달하게 되면 에너지 E를 가질 확률이 볼쯔만 인자에 비례한다. 따라서 어떤 현상이 온도 T에서 활성화 에너지라고 부르는 특정 에너지 이상에 도달해야만 나타난다고 하면 그와 관련된 물리량은 볼쯔만 인자를 포함하게 된다.

볼쯔만 인자는 온도에 대한 증가함수이다. 그림 8.10은 온도에 대해서 볼쯔만 인자를 그린 것이다. 볼쯔만 인자는 최소 0에서 최대 1까지 온도에 따라서 증가하는 함수이지만 E/R 이 증가할수록 급격히 증가하는 온도구간이 고온쪽으로 이동하고 있다는 것을 알 수 있다[그림 8.10[a]와 [b]]. 수식에서 알 수 있듯이 볼쯔만 인자는 아레니우스 작도법을 잘 따른다. 그림 8.10[c]에 나타낸 바와 같이 기울기는 $-E/R$ 이다. 그런데 $1/T$ 는 보통의 실험범위에서 10^{-3} 정도의 수치를 보이기 때문

에 그림 8.10[c]에서는 $1/T$ 대신에 $1000/T$ 를 가로축으로 사용하였다. 따라서 $T \ll E/R$ 이면 볼쯔만 인자는 극단적으로 작은 값을 가지지만 절대온도가 E/R 부근에서는 급격히 증가하는 함수가 되고 $T \gg E/R$ 에서는 거의 일정한 값인 1이 된다.

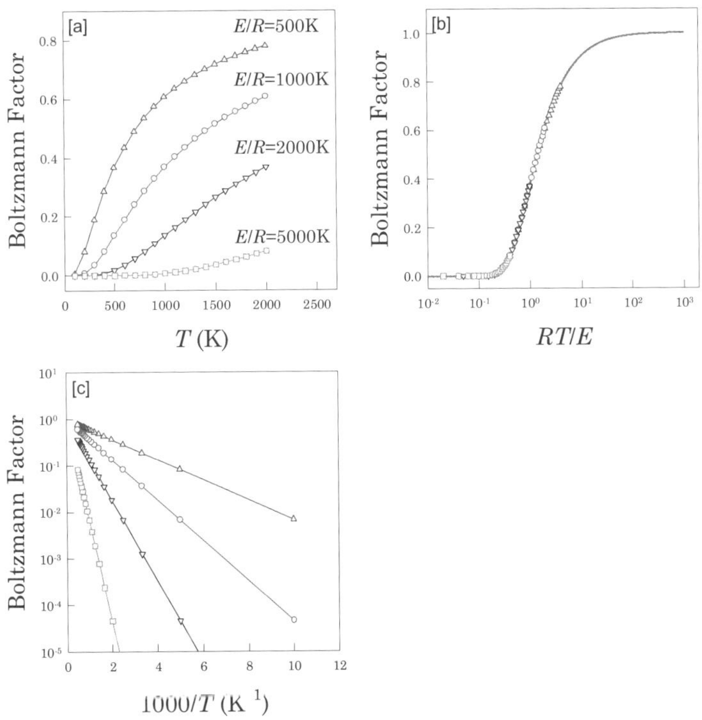

그림 8.10. 볼쯔만 인자의 다양한 작도.

화학반응을 예로 들면 이종 또는 동종의 두 뷰자(이를 반응물이라 부른다)가 만나서 제 3의 분자(생성물)가 될 때 일단 반응물 분자 내의 화학결합이 파괴되고 다시 새로운 조합의 화학결합이 이루어져야 새로운 분자가 합성된다. 따라서 일정한 온도에서 화학반응이 진행된다면 반응물 분자들이 특정 에너지 이상의 상태에서 만나야만 반응이 일어나게 된다. 분자들의 조우는 매우 확률적이라서 반응속도상수는 즉 화학반응의 빠르기를 나타내는 물리량은 볼쯔만 인자와 관련이 될 수 밖에 없을 것이고 그 특성 에너지는 반응물과 생성물 사이의 에너지 장벽 즉 활성화 에너지에 해당할 것이다.

뉴턴 유체의 점도를 고려해 보자. 거시적인 흐름은 분자들의 이동에 의해서 유발된다. 분자들의 운동은 매우 불규칙하지만 그 운동속도의 국부적 평균이 영이 아닌 값을 가지면 거시적인 흐름이 발생된다. 즉, 바람이 불지 않을 때 공기 분자들의 평균적인 속도는 영이지만 공기 분자들 모두가 정지해 있는 것은 아니다. 풍속이 영이 아니라는 의미는 불규칙한 분자 속도들의 평균이 바람의 속도가 되는 경우이다. 기체의 경우 가장 가까운 분자 사이의 거리가 분자의 크기에 비하면 매우 멀리 있어 분자들 사이의 상호작용이 무시할 만큼 작지만 액체의 경우에는 가까운 분자들 사이의 거리가 분자의 크기에 필적하게 된다. 그런데 매우 조밀하게 분자들이 모여 있어도 액체의 곳곳에 분자의 크기 정도의 빈 공간들이 불규칙적으로 분포되어 있다. 일단 한 분자가 다른 위치로 이동을 하려면 주변 분자들이 만들어 놓은 에너지 장벽을 넘어야만 근처의 빈 공간으로 이동해 갈 수 있게 된다. 따라서 점도의 온도 의존성도 역시 볼쯔만 인자와 관련이 된다.

이러한 논의는 확산계수에 대해서도 잘 적용된다. 따라서 온도에 대해서 감소함수인 점도는 $\eta \propto e^{E/RT}$ 의 거동을 보이고 온도의 증가함수인 확산계수는 $D \propto e^{-E/RT}$ 의 거동을 보인다.

아인슈타인(Albert Einstein)은 금속의 열용량 C_V 를 이론적으로 유도하였는데 그 결과는 다음과 같다.

$$C_V = 3Nk_B \left(\frac{\varepsilon}{k_B T} \right)^2 \frac{e^{\varepsilon/k_B T}}{\left(e^{\varepsilon/k_B T} - 1 \right)^2}. \tag{8.123}$$

역시 이 수식도 볼쯔만 인자로 이루어져 있다. 여기서 ε은 진동과 관련된 원자 하나당 에너지이다.

연습문제 8

[1] 반지름이 R, 밀도가 ρ인 구를 점도가 η, 밀도가 ρ_o 인 유체 안에서 자유낙하 시키면 이 구의 낙하속도는 오랜 시간이 지나면 일정한 속도(terminal velocity)를 유지하게 된다고 한다. 이 종말속도의 크기는 밀도차 $\Delta\rho \equiv \rho - \rho_o$, 구의 반지름, 유체의 점도와 중력가속도의 함수가 될 것이다. 차원해석으로 관계식을 유도하라.

[2] 이상기체의 평균속력 $\bar{c}$ 은 기체 분자의 질량 m, 분자의 지름 d 그리고 절대 온도의 함수라고 한다. 차원해석으로 이 함수를 구하라.

[3] 이상기체에서 분자가 충돌 없이 운동할 수 있는 평균거리를 λ라고 하는데 이는 기체 분자의 질량 m, 분자의 지름 d, 기체의 압력 p 그리고 절대 온도의 함수라고 한다. 차원해석으로 이 함수를 명시하라.

[4] 이상기체의 확산계수 D는 기체 분자의 질량 m, 분자의 지름 d, 기체의 압력 p 그리고 절대온도의 함수로 라면 차원해석을 이용하여 함수관계를 유도하라.

[5] 이상기체의 점도 η는 분자의 질량 m, 분자의 직경 d, 절대온도의 함수라면 차원해석을 이용하여 그 함수관계를 유도하라.

[6] 이상기체의 열전도계수 κ는 분자의 질량 m, 분자의 직경 d, 절대온도의 함수라면 차원해석을 이용하여 그 형태를 유추하라.

[7] 문제 [4]~[6]의 이상기체 문제에 대해서 분자간 상호작용에 대한 분자매개변수 ε을 추가하면 어떻게 달라지겠는가?

[8] 이상기체의 경우에는 분자간 상호작용이 없으므로 식 (79)에서 ε이 없게 된다. 그러면 $z=1$ 이 차원해석으로 얻어지겠는가?

[9] 식 (79)에서 z 대신에 부피 V를 사용하여도 식 (82)와 같은 결과가 나오는지 확인하라.

[10]분자간 상호작용을 고려하면 식 (118)은 다음이 되어야 할 것이다.

$$F\left(p_{Os}, RT, \bar{v}, N_1, N_2, m_1, m_2, d_1, d_2, \varepsilon_{12}, \varepsilon_{11}, \varepsilon_{22}\right) = 0 \qquad (8.a)$$

여기서 m_k 와 d_k 각각 k번째 분자의 질량과 지름이고 ε_{ik} 는 i번째 분자와 k번째 분자사이의 상호작용 에너지이다. 너무 많은 변수들이 있다. 따라서 차원해석 이외에 추가적인 정보가 필요할 것이다. 분자간 상호작용이 없을 때나 $x_2 \ll 1$ 이면 식 (117)이 성립된다는 것을 이용하기 바란다. 대응원리를 계산할 때도 분자의 질량에 대한 의존성이 없었으므로 m_1 과 m_2 의 의존성이 없었으므로 제외해도 될까? 물리적 지식을 동원해서 지배적인 변수들만 골라내는 방법을 고안하기 바란다.

9. 자기상사성 눈금맞춤

9.1. 자기 상사성

프랙탈 도형

현대 기하학(modern geometry)에서 자기상사성이란 어떤 기하학적 구조가 정확하게 또는 근사적으로 부분의 구조와 유사성을 가지는 특성을 말한다. 예를 들어 자기 상사성을 가지는 도형의 일부분을 배율 λ로 확대해보면 전체도형과 같은 기하학적 구조가 보이게 되고 배율을 더 키워나가도 다시 거의 동일한 구조가 다시 나타나는 크기 배율에 대한 불변성을 보인다. 이런 도형은 파괴된 단면 등에서 자주 목격된다고 해서 프랙탈(fractal)이라고 한다. 예를 들면 서리(frost)의 얼음결정의 형태, 고전압으로 파괴된 합성수지의 파괴 흔적 등이 있다.

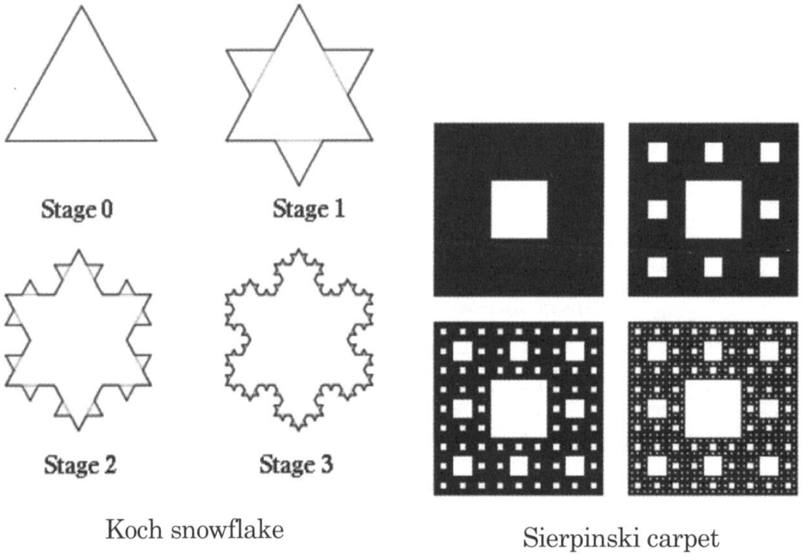

그림 9.1. 프랙탈 기하구조의 두 가지 예.

수학적으로 생성시킬 수 있는 프랙탈 구조로는 코크 곡선(Koch curve)이나 코크 눈송이(Koch snowflake), 시에르핀스키 융단(Sierpinski carpet), 망델브로 집합(Mandelbrot set) 등이 있다. 그림 9.1은 코크 눈송이와 시에르핀스키 융단을 도시한 것이다.

코크 눈송이을 예로들면 먼저 정삼각형을 그리고 각 변을 삼등분해서 한변의 길이가 이 삼등분된 길이와 같은 작은 삼각형을 각 변에 붙인다. 이러한 과정을 무한히 반복하게 되면 코크의 눈송이라는 도형이 얻어진다. 흥미로운 점은 첫 번째 삼각형의 한 변의 길이를 a라고 하면 n번의 조작으로 얻어지는 눈송이의 둘레길이와 면적은

$$P_n = 3\left(\frac{4}{3}\right)^n a; \quad S_n = \frac{\sqrt{3}a^2}{20}\left[8 - 3\left(\frac{2}{3}\right)^{2n}\right] \tag{9.1}$$

이 된다. 따라서 $n \to \infty$ 의 극한을 취하면 둘레길이는 무한대로 발산하지만 면적은 첫 삼각형의 면적의 $\frac{8}{5}$이 된다. 조작을 n번 할 때마다 코크 눈송이를 이루는 선분의 길이는 이전 단계의 길이의 1/3배로 줄어들고 선분의 개수는 이전 단계의 네배씩 늘어나기 때문이다.

한변의 길이가 a인 정사각형을 가로 세로 n등분해 보면 길이가 a/n 인 정사각형이 n^2 개 생긴다. 길이의 스케일이 $1/n$ 배씩 줄어들므로 이는 물체를 n배 확대해서 보는 것과 같다. 그래서 확대비율을 $\lambda \equiv n$ 이라고 할 수 있다. 그러면 코크 눈송이의 확대비율을 3^n 이라고 할 수 있다. 정사각형의 경우 닮은 꼴의 개수는 $N_{replica} = n^2$ 가 되고 코크 눈송이의 경우 $N_{replica} = 3 \times 4^n$ 이 된다. 도형의 차원을

$$d \equiv \lim_{n \to \infty} \frac{\log N_{replica}}{\log \lambda} \tag{9.2}$$

로 정의히면 정사각형의 경우 $d = 2$가 되는 반면에 코크 눈송이는

$$d = \lim_{n \to \infty} \frac{\log\left(3 \times 4^n\right)}{\log 3^n} = \frac{\log 4}{\log 3} \approx 1.262 \tag{9.3}$$

이 얻어진다. 프랙탈 도형의 차원은 정수가 아닌 소수가 얻어진다.

앞에서 차원해석의 출발점을 도형의 닮은 꼴로부터 시작했다. 그렇다면 프랙탈 도형에 대한 자기상사성을 물리량들에 대해서 적용하여보자. 이를 위해서 무작위 행보(random walk)와 확산방정식의 관계성에 대해서 공부할 필요가 있다.

무작위 행보

무작위 행보(random walk)는 매 단계마다 고정된 길이 b를 이동하는데 그 방향이

무작위한 경우를 말한다. 단계 k에서의 단위 벡터를 $\hat{\mathbf{n}}_k$ 라고 표현하면 처음에 점에서 출발한 다음 N 단계 후에 도달한 위치 $\mathbf{r}_N$ 는 다음이 된다.

$$\mathbf{r}_N = \sum_{k=1}^{N} b\hat{\mathbf{n}}_k = b\sum_{k=1}^{N} \hat{\mathbf{n}}_k. \tag{9.4}$$

원점에서 출발하는 N단계의 무작위 행보를 Ω번 시행해 보자. 여기서 Ω는 매우 큰 수라고 하자. 굳이 제한을 두지 않기로 한다. 그러면 Ω개의 $\hat{\mathbf{n}}_k$ 들에 대해서 평균을 구하면 단위 벡터 $\hat{\mathbf{n}}_k$의 방향이 무작위기 때문에

$$\left\langle \hat{\mathbf{n}}_k \right\rangle = \mathbf{0} \tag{9.5}$$

가 성립할 것이다. 식 (5)에서 각진 괄호는 Ω번의 무작위 행보에 대한 평균으로 앙상블 평균(ensemble average)이라고 부른다. 그러면 $\left\langle \hat{\mathbf{n}}_i \cdot \hat{\mathbf{n}}_k \right\rangle$도 생각해 볼 수 있다. 만약 $i \neq k$ 라고 한다면 방향이 무작위이기 때문이 이 내적은 영이 되어야 할 것이다. 두 확률변수 $\hat{\mathbf{n}}_i$ 와 $\hat{\mathbf{n}}_k$ 는 서로 통계적 독립(statistical indepen-dence)이기 때문이다 [부록 B를 참조]. 반면에 $i = k$ 라면 어떤 시행에 대해서도 $\hat{\mathbf{n}}_i \cdot \hat{\mathbf{n}}_i = 1$ 이므로 $\left\langle \hat{\mathbf{n}}_i \cdot \hat{\mathbf{n}}_i \right\rangle = 1$ 이 됨은 당연하다. 따라서 다음과 같이 공식화 할 수 있다.

$$\left\langle \hat{\mathbf{n}}_i \cdot \hat{\mathbf{n}}_k \right\rangle = \delta_{ik}. \tag{9.6}$$

식 (5)와 (6)을 이용하면 다음의 결과는 당연하다.

$$\left\langle \mathbf{r}_N \right\rangle = \mathbf{0}; \quad \left\langle \mathbf{r}_N \cdot \mathbf{r}_N \right\rangle = b^2 N. \tag{9.7}$$

그러면 N 번의 무작위 행보의 종착점은 평균적으로 원점으로부터 거리 $R = b\sqrt{N}$ 인 위치에 집중적으로 분포하게 될 것이다.

만약에 무작위 행보의 걸음의 개수 N과 한단계에서의 이동거리 b를 다음과 같이 바꾸어 보자.

$$N' = \frac{N}{\lambda}; \quad b' = \sqrt{\lambda}\, b. \tag{9.8}$$

이 크기맞춤 변환에 대해서 R과 $\left\langle \mathbf{r}_N \cdot \mathbf{r}_N \right\rangle$ 은 여전히 같은 값을 가지게 된다. 그림 9.2는 $\lambda = 1$ [a], $\lambda = 2$ [b], $\lambda = 4$ [c]에 대해서 비교한 것이다.

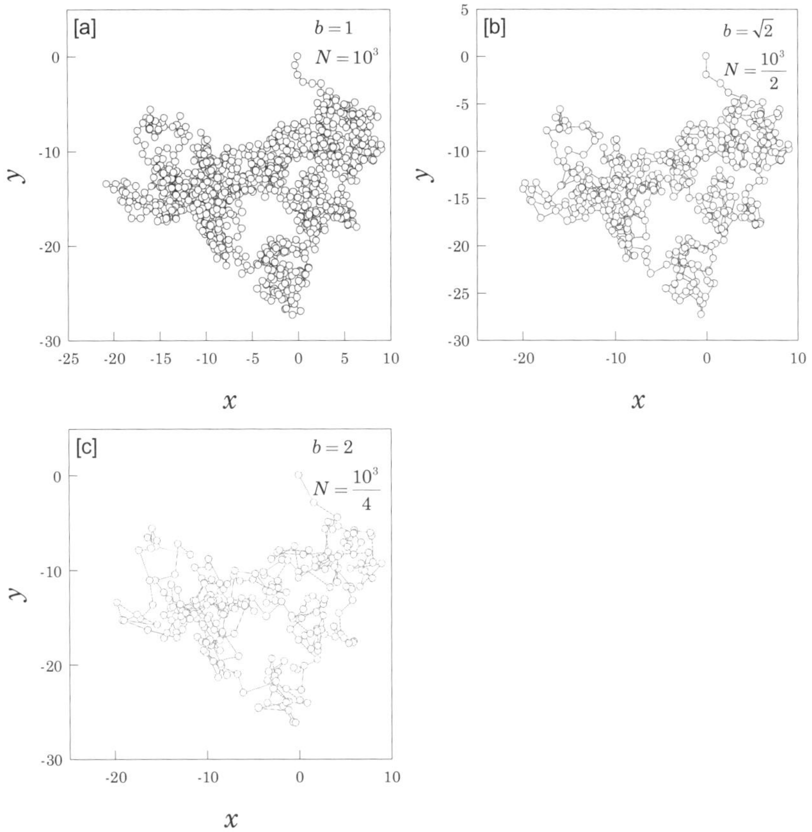

그림 9.2. 단계별 이동거리에 따른 무작위 행보의 운동형태.
원형기호는 각단계에서의 위치를 나타내고 x와 y는 좌표이다.

식 (8)의 눈금맞춤 변환에 대해서 무작위 행보의 형태가 거의 같은 것을 그림 9.2로 확인할 수 있다. 무작위 행보와 같은 물리적 기원을 가지는 현상은 식 (8)과 같은 크기 맞춤에 대해서 불변이지 않을까? 이 질문과 관련해서 무작위 행보가 확산과정과 동일하다는 것을 보이겠다. 즉, 무작위 행보로부터 확산 방정식을 유도하고자 한다. 이 과정이 수학적으로 어려운 독자는 결과식만 참조하기를 바란다.

확산방정식

확산되는 분자는 무작위 행보로 움직일 것이다. 한번의 행보하는데 τ의 시간이 걸린다고 하자. 그러면 n번의 무작위 행보는 $t=n\tau$의 시간동안 이루어지게 된다. 여기서 $\tau \ll 1$로 매우 짧은 시간이라고 하자. 한번의 무작위 행보로 이동할 수 있는 거리 b는 매우 짧은 거리라고 가정한다. 그러면 확산하는 분자가 시각 $t = \tau n$ 에 위치 $\mathbf{r}$에 있을 확률을 생각해 보자. 이 확률밀도함수를 $\psi(\mathbf{r}, n\tau)$ 라고 표시한다면 시각 $t = (n-1)\tau$ 에는 아마도 $\mathbf{r} - b\hat{\mathbf{n}}$ 위치에 있었을 것이다. 여기서 단위 벡터를 $\hat{\mathbf{n}}_{n-1}$ 로 표시하지 않은 이유는 매 행보마다 $\hat{\mathbf{n}}$ 은 동일한 확률밀도함수로부터 생성되는 단위 벡터라고 생각하기 때문이다. 즉, 매행보마다의 이동방향은 독립시행인 것이다. 이 단위 벡터를 방향 벡터라고 부르고 이에 대한 확률밀도함수를 $T(\hat{\mathbf{n}})$ 이라고 하자.

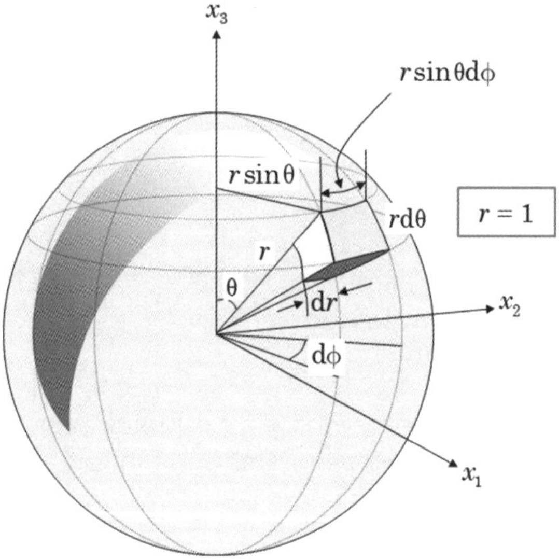

그림 9.3. 구면좌표계.

먼저 확률밀도함수 $T(\hat{\mathbf{n}})$ 의 성질부터 생각해 보자. 방향이 무작위이므로 평균은 영 벡터가 되어야 한다. 따라서

$$\int \hat{\mathbf{n}} T(\hat{\mathbf{n}}) d\hat{\mathbf{n}} = \mathbf{0} \tag{9.9}$$

라고 쓸 수 있을 것이다. 여기서 $\hat{\mathbf{n}}$ 이 단위 벡터이기 때문에 모든 성분이 독립이지 않다. 따라서 방향 벡터의 성분을 n_1, n_2, n_3 라고 할 때 $d\hat{\mathbf{n}} = dn_1 dn_2 dn_3$ 라고 할 수 없다. 즉 식 (9)의 적분은 삼중적분이 아니라 이중적분이어야 한다. 극좌표계를 이용하면 단위 벡터 $\hat{\mathbf{n}}$ 은 확률 벡터로 두 확률변수 $0 < \phi \le 2\pi$ 와 $0 < \theta \le \pi$ 로 다

음과 같이 쓸 수 있다.

$$\hat{\mathbf{n}} = \cos\phi\sin\theta\mathbf{e}_1 + \sin\phi\sin\theta\mathbf{e}_2 + \cos\theta\mathbf{e}_3. \tag{9.10}$$

따라서 각도 ϕ와 θ에 대한 적분을 하여야 하는데 단순히 $d\hat{\mathbf{n}} = d\phi d\theta$ 라고 할 수 없다. 이유는 방향 벡터는 항상 반지름이 1인 구면 위에 놓이기 때문에 그림 9.3에 그린 구의 표면의 작은 영역에 대한 값들을 더해야 한다. 작은 영역은 네 개의 호로 이루어져 있는데 그림 9.3에서 알 수 있듯이 두 호는 길이가 $\sin\theta d\phi$ 이고 나머지 두 호의 길이는 $d\theta$ 이다. 따라서 $d\hat{\mathbf{n}} = \sin\theta d\phi d\theta$ 가 되어야 한다. 이 작은 영역들을 ϕ와 θ를 바꾸어가며 모두 합하면 단위 반지름의 구의 표면적인 4π가 되어야 한다. 그런데 모든 방향이 동일한 가능성을 가지므로 $T(\hat{\mathbf{n}}) = 1/4\pi$ 가 되어야 한다. 그러면 식 (9)는 식 (10)으로부터

$$\langle\hat{\mathbf{n}}\rangle = \int_0^{\pi}\int_0^{2\pi} \frac{\cos\phi\sin\theta\mathbf{e}_1 + \sin\phi\sin\theta\mathbf{e}_2 + \cos\theta\mathbf{e}_3}{4\pi}\sin\theta d\phi d\theta = \mathbf{0} \tag{9.11}$$

이 얻어진다는 것을 알 수 있다. 또한 확률밀도함수는 정규화조건을 만족해야 한다. 즉,

$$\int T(\hat{\mathbf{n}})d\hat{\mathbf{n}} = \int_0^{\pi}\int_0^{2\pi}\frac{\sin\theta}{4\pi}d\phi d\theta = 1 \tag{9.12}$$

도 확인할 수 있다. 게다가

$$\int n_\alpha n_\beta T(\hat{\mathbf{n}})d\hat{\mathbf{n}} = \delta_{\alpha\beta}, \quad \alpha, \beta = 1, 2, 3 \tag{9.13}$$

이라는 것도 확인할 수 있다. 여기서 n_α 는 단위 벡터 $\hat{\mathbf{n}}$ 이 $\mathbf{c}_\alpha$ 방향으로의 성분이다. 식 (10)으로부터

$$n_1 = \cos\phi\sin\theta; \quad n_2 = \sin\phi\sin\theta; \quad n_3 = \cos\theta \tag{9.14}$$

이다.

이제 확률밀도함수 $T(\hat{\mathbf{n}})$ 의 성질을 알았으므로 확률밀도함수 $\psi(\mathbf{r},t+\tau)$ 와 이전 행보의 확률밀도함수 $\psi(\mathbf{r}-b\hat{\mathbf{n}},t)$ 사이의 관계를 구해보자. 확률밀도 함수 $\psi(\mathbf{r},t+\tau) = \psi(\mathbf{r},(n+1)\tau)$는 시각 $t = n\tau$ 에 위치 $\mathbf{r}-b\hat{\mathbf{n}}$ 에 있을 확률에 모든 가능한 $\hat{\mathbf{n}}$ 에 대한 평균이어야 할 것이다. 따라서

$$\psi(\mathbf{r},t+\tau)=\int\psi(\mathbf{r}-b\hat{\mathbf{n}},t)T(\hat{\mathbf{n}})\mathrm{d}\hat{\mathbf{n}} \tag{9.15}$$

가 성립될 것이다. 이 식을 채프만-콜모고로프 방정식(Chapman-Kolmogorov equation)이라고 부른다[Van Kampen, 1992]. 그런데 $b \ll 1$ 이고 $\tau \ll 1$ 이므로 식 (15)의 좌변과 우변은 각각 다음이 된다.

$$\begin{aligned}\psi(\mathbf{r},t+\tau)&\approx\psi(\mathbf{r},t)+\frac{\partial\psi}{\partial t}\tau;\\ \psi(\mathbf{r}-b\hat{\mathbf{n}},t)&\approx\psi(\mathbf{r},t)-b\hat{\mathbf{n}}\cdot\frac{\partial\psi}{\partial\mathbf{r}}+\frac{b^2}{2}\hat{\mathbf{n}}\cdot\frac{\partial^2\psi}{\partial\mathbf{r}\partial\mathbf{r}}\cdot\hat{\mathbf{n}}.\end{aligned} \tag{9.16}$$

따라서 식 (15)에 식 (16)을 대입하고 식 (9), (12), (13)를 활용하면 다음이 얻어진다.

$$\frac{\partial\psi}{\partial t}=\frac{b^2}{2\tau}\left(\frac{\partial^2\psi}{\partial r_1^2}+\frac{\partial^2\psi}{\partial r_2^2}+\frac{\partial^2\psi}{\partial r_3^2}\right)=\frac{b^2}{2\tau}\nabla_{\mathbf{r}}^2\psi. \tag{9.17}$$

확산되는 분자들이 독립적으로 무작위 행보를 하고 단위 부피당 확산분자의 개수를 ρ_N 이라고 한다면 확산되는 분자의 농도는

$$c(\mathbf{r},t)=\rho_N\psi(\mathbf{r},t) \tag{9.18}$$

이므로 식 (17)은 다시 농도에 대해서 번역하면

$$\frac{\partial c}{\partial t}=D\nabla^2 c \tag{9.19}$$

가 된다. 이는 유명한 확산 방정식이다. 여기서 확산계수 D는

$$D=\frac{b^2}{2\tau} \tag{9.20}$$

이다.

식 (16)의 벡터 표기법이 익숙하지 않은 독자는 부록 D를 참조하기 바란다.

자기상사성 변환

확산계수는 식 (19)와 (20)으로 알 수 있듯이

$$[D]=\mathbb{L}^2\mathbb{T}^{-1} \tag{9.21}$$

의 차원을 가진다. 식 (19)의 변수들을 무차원화 해보자. 경계조건으로부터 특성길이 h를 정할 수 있다면

$$\mathbf{x} = h\bar{\mathbf{x}}; \quad t = \frac{h^2}{D}\bar{t} \tag{9.22}$$

의 무차원위치 $\bar{\mathbf{x}}$와 무차원시간 $\bar{t}$를 정의할 수 있을 것이다. 그러면 미분 연산자들에 대해서 다음이 성립한다.

$$\frac{\partial}{\partial t} = \frac{D}{h^2}\frac{\partial}{\partial \bar{t}}; \quad \frac{\partial^2}{\partial x_k^2} = \frac{1}{h^2}\frac{\partial}{\partial \bar{x}_k^2}; \quad \nabla^2 = \frac{1}{h^2}\bar{\nabla}^2. \tag{9.23}$$

식 (23)을 식 (19)에 적용하면

$$\frac{\partial c}{\partial \bar{t}} = \bar{\nabla}^2 c \tag{9.24}$$

가 얻어진다.

식 (20)의 좌변은 현상학적으로 측정되는 확산계수이고 우변은 분자 수준의 확산 메커니즘을 나타내는 매개변수이다. 분자수준에서 길이의 크기를 어떻게 잡고 시간 크기를 어떻게 잡건 현상학적으로 측정되는 확산계수 즉 거시적인 물리량 D와 일치하여야 한다. 즉 $b' = \alpha b$, $\tau' = \beta\tau$로 설정하고 두 크기 인자 α와 β를 임의로 설정해도 D는 불변이어야 한다면 $\alpha^2 = \beta$가 되어야 한다. 따라서 무차원화된 시간과 좌표에 대해서 다음과 같은 눈금맞춤 변환을 생각해 보자.

$$\bar{\mathbf{x}}' = \sqrt{\lambda}\bar{\mathbf{x}}; \quad \bar{t}' = \lambda\bar{t}. \tag{9.25}$$

그리면 식 (24)의 해는 식 (25)의 눈금맞춤 변환에 대해서 불변이어야 하므로

$$c\left(\lambda^2 t, \lambda\bar{\mathbf{x}}\right) = c\left(\bar{t}, \bar{\mathbf{x}}\right) \tag{9.26}$$

가 임의의 λ에 대해서 성립하여야 한다. 따라서 $\lambda = 1/\sqrt{\bar{t}}$를 대입하여

$$c\left(\bar{t}, \bar{\mathbf{x}}\right) = c\left(1, \frac{\bar{\mathbf{x}}}{\sqrt{\bar{t}}}\right) \tag{9.27}$$

이 얻어진다. 이제

$$\boldsymbol{\xi} \equiv \frac{\bar{\mathbf{x}}}{\sqrt{\bar{t}}} = \frac{\mathbf{x}}{\sqrt{Dt}} \tag{9.28}$$

을 도입하자.

식 (28)의 새로운 변수를 자기상사성 변수(self-similarity variable)라고 부른다. 식 (25)의 변환은 미시적 세계에 대한 눈금맞춤으로 해석할 수 있다. 미시세계에서의 눈금맞춤은 거시적 거동에 영향을 주지 않는다는 의미로 해석된다. 식 (25)와 식 (8)의 눈금맞춤 변환을 비교해 보자. 식 (8)에서 $N = t/\tau$ 이므로 N을 λ로 나누어 준다는 것은 τ를 λ배 해준다는 것을 의미한다. 그리고 무작위 행보의 보폭을 $\sqrt{\lambda}$ 배 해준다는 것은 좌표를 $\sqrt{\lambda}$ 늘린다는 것이된다. 따라서 식 (8)과 (25)는 일치한다. 식 (8)과 (25)를 자기상사 변환(self-similarity transform)이라고 부른다. 이 변환에 대한 불변성은 차원해석으로 달성할 수 없는 것이다.

식 (28)의 자기상사성 변수를 도입하게 되면 이변수함수를 일변수함수로 축약할 수 있는 장점 이외에 방정식을 쉽게 풀수 있는 추가적인 장점이 있다. 논의를 쉽게 하기 위해서 1차원 확산을 생각해 보자. 그러면 확산방정식은 다음이 된다.

$$\frac{\partial c}{\partial t} = D\frac{\partial^2 c}{\partial x^2}. \tag{9.29}$$

식 (28)에 의해서

$$\begin{aligned}
\frac{\partial c}{\partial t} &= \frac{\mathrm{d}c}{\mathrm{d}\xi}\frac{\partial \xi}{\partial t} = -\frac{x}{2\sqrt{Dt}\,t}\frac{\mathrm{d}c}{\mathrm{d}\xi} = -\frac{\xi}{2t}\frac{\mathrm{d}c}{\mathrm{d}\xi};\\
\frac{\partial c}{\partial x} &= \frac{\mathrm{d}c}{\mathrm{d}\xi}\frac{\partial \xi}{\partial x} = \frac{1}{\sqrt{Dt}}\frac{\mathrm{d}c}{\mathrm{d}\xi} = \frac{\xi}{x}\frac{\mathrm{d}c}{\mathrm{d}\xi};\\
\frac{\partial^2 c}{\partial x^2} &= -\frac{\xi}{x^2}\frac{\mathrm{d}c}{\mathrm{d}\xi} + \frac{1}{x}\frac{\partial \xi}{\partial x}\frac{\mathrm{d}}{\mathrm{d}\xi}\left(\xi\frac{\mathrm{d}c}{\mathrm{d}\xi}\right) = \frac{\xi^2}{x^2}\frac{\mathrm{d}^2 c}{\mathrm{d}\xi^2} = \frac{1}{Dt}\frac{\mathrm{d}^2 c}{\mathrm{d}\xi^2}
\end{aligned} \tag{9.30}$$

이 얻어진다. 이를 식 (29)에 대입하고 정리하면

$$\frac{\mathrm{d}^2 c}{\mathrm{d}\xi^2} + \frac{\xi}{2}\frac{\mathrm{d}c}{\mathrm{d}\xi} = 0 \tag{9.31}$$

이 얻어진다. 편미분방정식이 상미분방정식이 되었다. 한번 적분하면

$$\frac{\mathrm{d}c}{\mathrm{d}\xi} = a\exp\left(-\frac{\xi^2}{4}\right) \tag{9.32}$$

가 얻어지므로

$$c(\xi) = a\int_0^{\xi} e^{-\frac{1}{4}x^2}\,\mathrm{d}x + b \tag{9.33}$$

이 얻어진다. 적분상수 a와 b는 경계조건과 초기조건으로부터 구하면 된다.

후리에(Fourier)의 열전도 방정식은 다음이 된다.

$$\rho c_p \frac{\partial T}{\partial t} = \kappa \nabla^2 T. \tag{9.34}$$

여기서 ρ는 밀도, c_p는 정압상태에서의 열용량(heat capacity) 그리고 κ는 열전도계수(heat conductivity)이다. 양변을 ρc_p로 나누어주면 식 (34)는 다음이 된다.

$$\frac{\partial T}{\partial t} = D_T \nabla^2 T \tag{9.35}$$

여기서 $D_T \equiv \kappa/\rho c_p$로 열확산계수(thermal diffusion coefficient)라고 부른다. 차원해석을 하면 $[D_T] = \mathbb{L}^2\mathbb{T}^{-1}$로 확산계수의 차원과 같다. 따라서 열전도 방정식에 대해서도 자기상사성 변환에 대한 불변성이 유효하다.

고분자 사슬(polymer chain)은 단량체(monomer)라는 작은 분자들이 공유 결합으로 사슬과 같이 이어져 있는 구조를 하고 있다. 단량체 사이의 분자결합은 대부분의 경우 회전을 허용하기 때문에 고분자는 그림 9.2의 무작위행보의 단계별 위치를 단량체의 위치로 보면 고분자 사슬의 형태가 무작위 행보의 괘적과 일치한다. 이와 같은 고분자 사슬의 형태를 사슬 배좌(chain conformation)라고 부른다. 따라서 n번째 단량체가 위치 $\boldsymbol{r}$에 놓일 확률분포함수가 확산방정식을 따른다. 놀라운 유사성으로 고분자 사슬의 배좌에 의존하는 고분자의 거시적 물성은 식 (8)의 자기상사성 변환에 대해서 불변하는 특성을 가지게 된다. 이러한 성질 때문에 고분자 물리실험을 차원해석과 함께 자기상사성을 사용하게 되면 놀라운 해석이 가능해진다.

9.2. 고분자 물리

여기서는 고분자 내의 단량체 사이의 공유결합이 회전을 할 수 있어 고분자 사슬의 배좌가 마치 유연한 실이 말려져 있는 형상을 하기 쉬운 고분자만을 다루기로 한다. 고분자 용액이나 용융체의 대부분의 물성은 고분자 사슬의 배좌에 의해 크게 영향을 받기 때문에 고분자 사슬의 배좌의 통계학은 기본적으로 공부해야 할 것이다. 하지만 이 책은 실험 데이터에 대한 수학적 분석에 관한 것이므로 이를 생략하고 바로 차원해석과 자기상사성 변환의 불변성을 이용한 실험 데이터의 해석에 집중할 것이다.

여기서 강조해야 할 것은 단지 고분자 사슬의 배좌와 무작위 행보의 유사성에 의해서 고분자의 단량체 수 N과 단량체의 크기(길이) b에 대한 식 (8)과 같은 자기상사성 변환에 대해서 고분자의 물성이 어떤 불변성을 가지느냐에 대해서 공부하고 이를 응용하는 예를 보여줄 것이다. 아마 고분자과학의 초보자들은 어떻게 단량체의 길이에 대해서 식 (8)과 같은 변환을 생각할 수 있는지 황당해 할 수 있다. 여기서의 단량체는 고분자 중합에서의 실제 단량체가 아니라 쿤의 단량체(Kuhn's monomer)라고 부르는 이론적인 등가의 단량체(equivalent monomer)를 말한다 [Rubinstein and Colby, 2003; Cho, 2016]. 실제 단량체 사이의 회전은 입체장애(steric-hindrance)에 의해서 완전히 자유롭지 못하지만 즉, 직접 연결된 이웃한 단량체들끼리 상호작용이 있지만 여러 개의 실제 단량체를 모아서 하나의 단량체로 간주하게 되면 분자구조에 의한 사슬 내의 상호작용에 무관한 보편적 특성이 나타나기 때문에 쿤의 단량체 같은 개념이 나오게 되었다. 이러한 개념을 수식적으로 표현한 것이 식 (8)의 변환공식이다. 앞으로 단량체라고 하면 특별한 언급이 없으면 쿤의 단량체를 의미하는 것으로 하겠다.

고분자용액의 농도

자기상사성의 불변성은 고분자 용융체보다 고분자용액의 해석에 매우 유용하다. 따라서 식 (8)의 변환에 대해서 고분자용액의 농도가 어떻게 거동하는지에 대해서 살펴 볼 필요가 있다. 이에 앞서서 용액의 농도에 대한 공부부터 시작한다.

일반적으로 용액의 농도는 용액의 부피로 용질의 질량을 나눈 질량농도 c를 많이 사용한다. 즉, 고분자의 질량을 w_p 라고 하고 용액의 부피를 V라고 하면

$$c = \frac{w_p}{V} \tag{9.36}$$

이 된다. 고분자용액에 N_p 개의 고분자 사슬이 있고 각각의 사슬에는 N개의 단량체가 있다고 하자. 실제 고분자는 다른 N을 가지는 사슬들의 집합체이다. 즉, 분자

량 분포를 가지고 있다. 따라서 이 가정은 매우 이상적인 것이다. 그렇다고 비현실적인 것은 아니다. 왜냐하면 음이온 중합과 같은 특수한 중합방법으로 이상적인 고분자에 가까운 시료를 만들 수 있기 때문이다. 분자량분포가 매우 좁은 고분자 시료를 단분산성 고분자라고 부르자. 단량체 하나의 질량을 m_o 라고 하면

$$w_p = N_p N m_o \tag{9.37}$$

이 된다. 그러면 식 (8)의 변환에 따라서 농도는

$$c' = \frac{c}{\lambda} \tag{9.38}$$

을 따르게 된다.

실험에서는 c와 같은 농도가 실험하기에 편한 농도이지만 이론적인 연구에서는 이보다는 부피분율 ϕ나 단량체의 개수에 대한 농도 $\rho_n \equiv c/m_o$ 를 사용하는 것이 더 편리하다. 부피분율은 고분자의 부피를 용액의 부피로 나눈 것으로 용액 중의 고분자의 질량밀도를 ρ_p 라고 하면

$$c = \rho_p \phi \tag{9.39}$$

의 관계를 가진다. 따라서 식 (8)의 변환에 대해서

$$\phi' = \frac{\phi}{\lambda}; \quad \rho_n' = \frac{\rho_n}{\lambda} \tag{9.40}$$

이 성립된다.

고분자 사슬의 크기

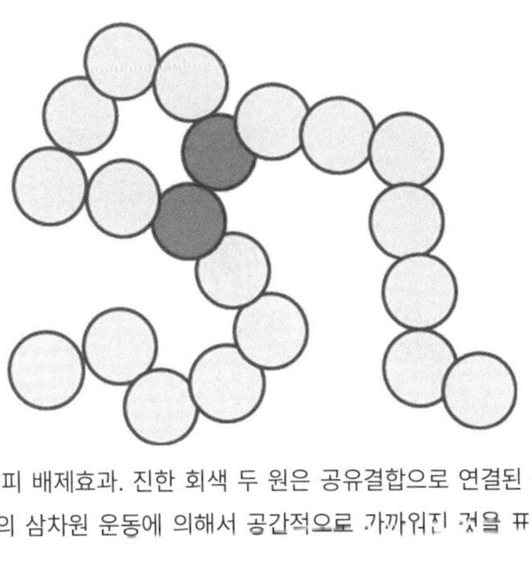

그림 9.4. 부피 배제효과. 진한 회색 두 원은 공유결합으로 연결된 인접한 단량체는 아니지만 고분자 사슬의 삼차원 운동에 의해서 공간적으로 가까워진 것을 표현하고 있다.

식 (8)의 자기상사성 변환은 고분자 사슬이 무작위 행보와 완전히 일치할 때 사용할 수 있다. 하지만 그림 9.4에 나타낸 것과 같이 직접 분자결합으로 연결되어 있지 않지만 사슬 배좌의 변화에 의해서 두 단량체가 공간상에서 인접하게 될 수 있다(진한 회색 원). 같은 공간 안에 두 단량체가 공존할 수 없으므로 이러한 배좌는 있을 수 없게 된다. 이러한 부피 배제효과를 고려하면 식 (7)은

$$\langle \mathbf{r}_N \cdot \mathbf{r}_N \rangle = b^2 N^{2\nu} \tag{9.41}$$

이 된다는 것이 알려져 있으며 지수 ν는 용제의 성질에 따라서 결정되는데 완벽한 용해를 시키는 양용매의 경우 $\nu \approx 0.588$ 이 되는 것으로 알려져 있다. 실험결과를 해석할 때 이 수치보다는 편리하게 $\nu = 0.6$ 을 선호하기도 하는데 이유는 실험오차 때문에 0.588과 0.6을 실험 데이터가 확실하게 구분해주지 못하기 때문이다. 온도나 압력이 특정한 값을 가지게 되면 용해도가 다소 낮아지게 되고 따라서 단량체와 용제분자 사이의 상호작용과 배제부피효과가 서로 상쇄되어 배제부피 효과가 없어지는 현상이 나타나기도 한다(θ 조건). 또는 농도가 극단적으로 높아지면 즉, 고분자용융체의 경우 배제부피효과가 사라진다. 이 경우에는 무작위 행보에서와 마찬가지로 $\nu = \frac{1}{2}$ 가 된다. 따라서 식 (8)의 변환공식을 다음과 같이 일반화할 수 있다.

$$N' = \frac{N}{\lambda}; \quad b' = \lambda^{\nu} b; \quad \phi' = \frac{\phi}{\lambda}. \tag{9.42}$$

식 (41)은 고분자 한쪽 끝에 있는 단량체에서 다른 끝에 있는 단량체까지를 있는 양말단 벡터(end-to-end distance vector)의 크기의 제곱평균이다. 따라서 고분자 사슬의 크기를 다음과 같이 정의한다.

$$R_N \equiv \sqrt{\langle \mathbf{r}_N \cdot \mathbf{r}_N \rangle} = bN^{\nu} \tag{9.43}$$

고분자 사슬의 크기를 나타내는 다른 척도는 사슬의 질량중심으로부터의 거리의 제곱평균의 제곱근을 사용하는 것이다. 이는 식 (43)과 상수배의 차이 밖에 없으므로 여기서는 양말단 거리보다는 고분자 사슬의 크기로 $R_N = bN^{\nu}$ 를 사용하겠다.

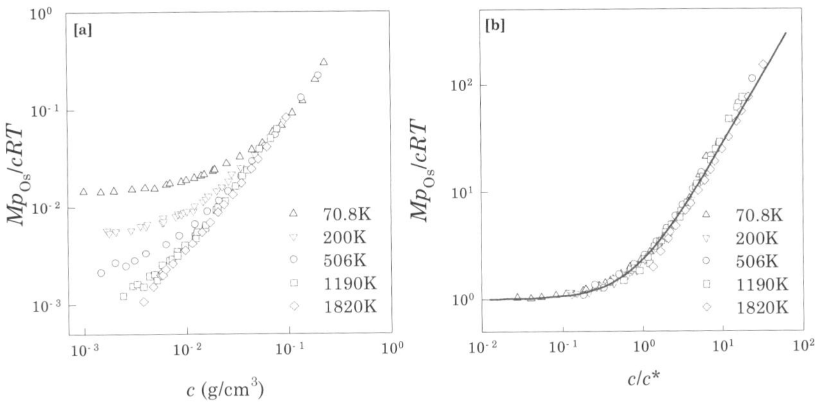

그림 9.5. 여러 분자량과 농도의 시료에 대한 무차원화된 삼투압을 농도의 함수로 그린 그래프[a]와 농도마저 겹침농도로 무차원화해서 그린 그래프[b]. Noda et. al., 1981의 수치데이터를 이용하여 그린 그래프.

고분자용액의 삼투압은 저분자물질의 삼투압과 많은 차이를 보인다. 질량농도를 기준으로 할 때 저분자물질의 경우 희박용액으로 간주할 수 있는 농도에서 고분자용액은 판트호프의 공식[식 (8.117)]을 따르지 않기 쉽상이다. 특히 분자량이 높은 고분자의 용액에서는 극단적으로 농도가 낮기 전에는 판트호프의 공식과 일치하지 않는다. 고분자용액에 대한 통계역학적 이론인 플로리-후긴스(Flory-Huggins model) 모델에 의한 계산결과는

$$p_{Os} = \frac{k_B T}{v_m}\left[\frac{\phi}{N} + (1-2\chi)\frac{\phi^2}{2} + \frac{\phi^3}{3} + \cdots\right] \tag{9.44}$$

이다. 여기서 v_m 은 단량체의 부피이고 $N = M/m_o$ 는 고분자 사슬 안에 있는 단량체의 개수이고 χ는 분자간 상호작용을 나타내는 매개변수이다. 식 (44)의 첫번째 항까지만을 고려하면 판트호프의 공식이 된다. 하지만 그림 9.5[a]에서 볼 수 있듯이 분자량이 10^6g/mol을 넘어가면 판트호프의 공식을 만족하는 농도구간이 그래프 안에 있지 않다. 판트호프의 농도구간을 가지고 있는 분자량이 낮은 용액의 경우에도 일정농도 이상이면 $p_{Os} \propto \phi^2$ 이 아닌 $p_{Os} \propto \phi^{9/4}$ 의 거동을 보인다.

그림 9.5에서 범례는 분자량을 나타내는 것으로 70.8K는 분자량이 70.8 kg/mol

이라는 것을 의미한다. 이 데이터는 Noda *et al.*, 1981의 수치 데이터를 다시 그린 것이다.

저분자 물질인 경우 식 (8.117)을 따른다. 식 (44)의 이론식도 농도가 매우 낮을 경우 판트호프의 공식을 따르므로 고분자용액의 삼투압은 판트호프 공식에 보정항인 무차원함수가 곱해진 형태를 가질 것이다. 보정항은 농도, 단량체의 길이 b, 중합도 N의 함수일텐데 독립변수들이 무차원이어야 하므로 다음과 같은 형태를 가질 것이다.

$$p_{Os} = \frac{\rho_n}{N} RT\bar{\Pi}_2\left(b^3\rho_n, N\right) \tag{9.45}$$

가 될 것이다. 여기서

$$\frac{x_p}{\bar{v}} = \frac{\rho_n}{N} \tag{9.46}$$

임을 사용하였는데 x_p 는 고분자 사슬의 몰 분율이므로

$$\frac{x_p}{\bar{v}} = \frac{N_p}{N_p + N_s}\frac{N_p + N_s}{V} = \frac{N_p N}{VN} = \frac{\rho_n}{N} \tag{9.47}$$

이 된다. 이제 자기상사성 변환을 취하면

$$p_{Os} = \frac{\lambda^{-1}\rho_n}{\lambda^{-1}N} RT\bar{\Pi}_2\left(\lambda^{3\nu-1}b^3\rho_n, \frac{N}{\lambda}\right) \tag{9.48}$$

이 λ에 불변이어야 한다. 따라서 $\lambda = N$ 을 사용하면

$$p_{Os} = \frac{\rho_n}{N} RT\bar{\Pi}\left(\frac{\left(bN^\nu\right)^3}{N}\rho_n\right) \tag{9.49}$$

가 된다. 그러면

$$\rho_n^* \equiv \frac{N}{\left(bN^\nu\right)^3} \tag{9.50}$$

으로 정의하면 다음이 얻어진다.

$$p_{Os} = \frac{\rho_n}{N} RT\bar{\Pi}\left(\frac{\rho_n}{\rho_n^*}\right). \tag{9.51}$$

이 수식을 실험 데이터와 비교하려면 실험에서 자주 사용되는 질량농도로 바꾸는 것이 필요하다. 그런데 $c = m_o \rho_n$ 이고 고분자의 분자량은 $m_o N$ 이므로 식 (51)은 다음과 같이 다시 쓸 수 있다.

$$p_{Os} = \frac{RTc}{M} \bar{\Pi}\left(\frac{c}{c^*}\right) \tag{9.52}$$

물론 $c^* = m_o \rho_n^*$ 이다.

그림 9.5[b]를 보면 $c/c^* \ll 1$ 에서는 $\bar{\Pi}\left(c/c^*\right) \approx 1$ 이고 $c/c^* \gg 1$ 에서는 $\bar{\Pi}\left(c/c^*\right) \propto \left(c/c^*\right)^{5/4}$ 인 것을 알 수 있다. 그리고 분자량에 무관하게 모든 데이터가 하나의 중첩곡선을 이루는 것으로 보인다. 따라서

$$\bar{\Pi}\left(\frac{c}{c^*}\right) \approx 1 + \left(\frac{c}{c^*}\right)^{5/4} \tag{9.53}$$

으로 근사할 수 있을 것으로 보인다. 그림 9.5[b]의 실선은 식 (53)이다. 차원해석과 자기상사성을 이용한 경험식이 실험결과와 아주 잘 일치하는 것을 볼 수 있다.

눈금 맞춤 이론(scaling theory)을 이용한 고분자물리의 여러 성공사례들은 Rubinstein and Colby, 2003에서 찾아볼 수 있다.

연습문제 9

[1] 시에르핀스키 융단의 차원을 구하라.

[2] 시간 $t = 0$ 에서 유체와 $y = 0$ 에서 접한 벽면이 일정한 속도 U로 x방향으로 움직이고 있으면 x방향의 유체의 속도 u는 시간 t와 y좌표만의 함수로 어림할 수 있고 다음의 미분방정식을 따른다고 한다.

$$\rho \frac{\partial u}{\partial t} = \eta \frac{\partial^2 u}{\partial y^2}. \tag{9.a}$$

여기서 ρ는 유체의 밀도이고 η는 유체의 점도이다. 그러면 이 미분방정식의 해는

$$u(y,t) = Uf\left(\frac{y}{\sqrt{\eta t/\rho}}\right), \quad f(\xi) = 1 - \text{erf}\left(\frac{\xi}{2}\right) \tag{9.b}$$

의 형태를 가짐을 보여라. 이 문제를 레이레이 문제(Rayleigh problem)이라고 부른다.

[3] 선형점탄성에서 완화시간 스펙트럼 $H(\lambda)$ 는 완화시간 λ의 함수이며 탄성률의 차원을 가지는 물리량이다. 고분자 희박용액인 경우에 고분자의 부피 분율을 ϕ 라고 하고 한 고분자 사슬 안에 있는 단량체의 개수를 N이라고 하고 용매의 점도를 η_s, 고분자를 이루는 단량체의 길이를 b라고 하면 고분자 희박용액의 완화시간 스펙트럼은 다음이 된다고 할 수 있다.

$$H = H(\lambda, k_B T, \phi, b, N, \eta_s). \tag{9.c}$$

여기서 열운동의 에너지에 대한 척도인 $k_B T$ 가 도입된 것은 선형점탄성의 원인이 고분자 사슬의 열운동에 기인하기 때문이다. 물론 k_B 는 볼쯔만 상수이고 T 는 절대온도이니 $k_B T$ 는 에너지의 차원을 가진다. 그러면 λ, $k_B T$, b, η_s 를 제외한 모든 독립변수는 무차원 변수이다. 차원해석과 자기 상사성을 이용하면 식 (9.c)는 다음으로 전환될 수 있음을 보여라.

$$H(\lambda) = \frac{k_B T}{b^3}\frac{\phi}{N}\left(\frac{\lambda}{\lambda_{\max}}\right)^{\mu}; \quad \lambda_{\max} \equiv \lambda_o N^{3\nu}; \quad \lambda_o \equiv \frac{\eta_s b^3}{k_B T}. \tag{9.d}$$

여기서 지수 ν는 식 (42)에 사용한 고분자 사슬과 용매의 종류에 따라서 결정되는 고분자 사슬의 크기와 관련된 지수이고 지수 μ은 실험으로 구해야 하는 무차원 상수이다.

[4] 이동현상에 자주 나오게 되는 열전도 현상의 $D_T = \kappa/\rho c_p$, 물질 확산의 확산계수 D, 뉴튼 유체의 유동에 대한 운동학적 점도 η_s/ρ 는 모두 $\mathbb{L}^2\mathbb{T}^{-1}$ 의 차원을 가진다. 그 이유가 무엇일까?

10. 보존법칙의 활용

10.1. 보존법칙

대칭성

기하학에서 대칭성이란 회전(rotation)이나 반전(reflection)과 같은 수학적 조작에 대해서 불변성(invariance)이 성립되는 경우이다. 기하학적 대상의 대칭성이 가시적이기 때문에 수학적 소양이 낮은 사람들은 이러한 개념의 확장이 낯설어보일 것이다. 눈에 보이는 대칭성을 눈에 보이지 않는 수학적 조작에 대한 불변성으로 대체하는 일반화는 인간 이성(reason)의 강력함을 보여주는 예라고 할 수 있다. 따라서 차원해석에서 단위계의 변환이나 자기상사성에 대한 변환 같은 수학적 조작에 대해서 불변성을 보이는 자연현상은 대칭성을 가진다고 할 수 있다.

핵융합이나 핵분열이 일어나지 않는다면 화학반응 전후, 물리과정의 전후에도 질량은 변하지 않는다. 관성력과 외부력을 포함하면 뉴턴의 제 2 법칙에 따라서 선운동량(linear momentum)도 보존된다. 각운동량(angular momentum)에 대해서도 마찬가지로 뉴턴 법칙에 따라서 보존되며 에너지는 내부에너지와 에너지 소산(energy dissipation)을 고려하면 역시 보존된다. 이러한 보존법칙은 운동량 보존법칙만 제외하고 경험에 의해 얻은 자연법칙이다. 사실 자연과학 자체가 자연현상의 관찰결과를 이성의 힘으로 일반화한 것이라는 측면에서 뉴턴의 제 2 법칙은 물론 모든 과학지식이 경험적 지식이지만 에너지와 질량의 보존법칙은 많은 실험결과로부터 반례를 찾지 못하기 때문에 참으로 받아들인 명제라고 할 수있다. 그런데 이러한 보존법칙이 앞에서의 도형의 대칭성, 차원해석의 대칭성, 자기상사적 대칭성처럼 일종의 대칭성인가? 불변성의 입장에서 보면 확장된 대칭성의 개념과 관련이 있어 보인다.

보존법칙(conservation law)은 리 그룹(Lie group)에 대한 불변성은 이용해서 자연계의 대칭성과 대응된다는 것이 뇌더(Emmy Noether)에 의해서 증명된 바 있다[Noether theorem, Neuenschwander, 2010]. 물론 이 결과는 라그란지안(Lagrangian)으로 기술될 수 있는 물리계에 적용가능하고 에너지 소산을 포힘 하는 레일레이안(Rayleighan)으로 기술되는 물리계에서는 적용이 어렵다. 다만 보존의 법칙도 앞에서 다루었던 추상적 대칭성에 포함된다는 것을 이해하기 바란다. 따라서 보존법칙을 잘 활용하면 역시 앞에서와 같이 실험회수를 줄일 수 있게 된다.

연속체에서의 보존법칙

재료를 원자나 분자 수준의 길이 규모에서 다루게 되면 거시적인 물성과 연관시키는 것이 매우 어려워진다. 육안으로 식별이 가능한 길이 규모에서 보게 되면 질량이나 운동량 에너지 등 거시적인 물성을 그에 대응되는 분포(또는 밀도)로 대체해서 표현하는 연속체 개념이 편리하게 된다. 즉 육안으로 식별 가능한 최소의 길이 규모를 l_{eye}, 관찰시간의 최소 간격을 τ_{eye} 라고 한다면 연속체 개념은 l_{eye} 보다 작은 길이 규모에서 시각 $t-\frac{1}{2}\tau_{eye}$ 에서 $t+\frac{1}{2}\tau_{eye}$ 동안 일어나는 모든 물리 및 화학적 현상을 모두 평균화해서 다루는 것을 말한다. 즉 공간상의 위치 $\mathbf{x}$에 대응되는 어떤 물리량의 분포 $s(\mathbf{x},t)$ 는 위치 $\mathbf{x}$에서 반지름 l_{eye} 의 구(sphere)를 상상하고 그 구 안에서 시각 $t-\frac{1}{2}\tau_{eye}$ 에서 $t+\frac{1}{2}\tau_{eye}$ 동안 일어나는 현상들의 평균이라고 할 수 있다. 이 구를 근방(neighborhood)이라고 부르자.

물질이 시각 t에서 차지하는 공간상의 영역 안의 임의의 영역을 Ω라고 이름 붙이고 그 영역의 경계면을 $\partial\Omega$라고 명명하자. 물질이 차지하는 전체영역을 $\mathcal{B}$라고 하면 당연히 $\Omega \subseteq \mathcal{B}$ 가 된다. 영역 Ω를 제어 부피(control volume)라고 부른다. 그러면 제어 부피 전역에 대한 분포 $s(\mathbf{x},t)$ 의 합을 $S_\Omega(t)$ 라고 부르면 다음의 관계를 가진다.

$$S_\Omega(t) = \int_\Omega s(\mathbf{x},t)\mathrm{d}V. \tag{10.1}$$

여기서 적분 $\int \ldots \mathrm{d}V$는 $\int \cdots \mathrm{d}x_1 \mathrm{d}x_2 \mathrm{d}x_3$ 의 체적분을 의미한다. 식 (1)을 보면

$$[S_\Omega(t)] = [s(\mathbf{x},t)][V] = [s(\mathbf{x},t)]\mathbb{L}^3 \tag{10.2}$$

가 된다는 것을 알 수 있다. 즉 $s(\mathbf{x},t)$ 는 단위 부피 당 $S_\Omega(t)$ 라고 해석할 수 있다. 분포를 단위 부피를 기준으로 정의 할 수도 있지만 상당히 많은 경우에 단위 질량 당 분포로 정의하는 것이 편리할 수도 있다. 이는 질량보존의 법칙을 사용한 후에 명확해진다.

질량 수지식

질량밀도 $\rho(\mathbf{x},t)$ 란 단위 부피 당 질량을 나타낸다. 물질이 균일하지 않다면 위치에 따라서 밀도가 차이가 있을 것이므로 위치 의존성이 필요한 것이다. 그러면 제어부피 Ω안에 있는 물질의 질량은

$$M_\Omega(t) = \int_\Omega \rho(\mathbf{x},t)\mathrm{d}V \tag{10.3}$$

으로 표현할 수 있다. 식 (3)에서 M_Ω 가 시간의 함수로 표현되었는데 이는 영역 Ω

밖에서 물질이 유입되거나 반대로 Ω 안에 있던 물질이 밖으로 유출될 수도 있기 때문이다. 이를 수학적으로 어떻게 표현할 수 있을까?

지구는 둥글지만 우리가 볼 수 있는 거리 내에서는 평면처럼 보인다. 즉, 곡면이라고 할지라도 매우 작은 영역에 한정하면 평면같이 생각할 수 있다. 그러면 경계면 $\partial\Omega$의 한 작은 영역을 생각해 보자. 이 작은 영역의 면적을 $\mathrm{d}a$라고 표시하기로 하자. 이 작은 평면의 중심을 $\mathbf{x}$라고 하면 위치 $\mathbf{x}$에 따라서 이 면에 수직인 단위 벡터 $\hat{\mathbf{n}}$ 의 방향이 달라질 것이다. 하지만 $\mathrm{d}a$가 충분히 작으면 $\mathbf{x}$에 무관하게 $\mathrm{d}a$ 면적의 작은 영역은 평면으로 간주할 수 있고 어디서나 면적의 크기는 $\mathrm{d}a$로 같게 만들 수 있을 것이다. 하지만 면에 수직인 단위 벡터는 위치에 따라서 달라질 수 있다. 즉 $\hat{\mathbf{n}} = \hat{\mathbf{n}}(\mathbf{x})$ 라고 할 수 있다. 그런데 $\hat{\mathbf{n}}$ 을 작은 미소평면의 단위 수직 벡터(normal vector)로 선정하면 $-\hat{\mathbf{n}}$ 도 단위 수직 벡터가 된다. 따라서 둘 중의 하나를 선택할 필요가 있다. 과학계에서는 영역 Ω의 밖을 향하는 것을 미소평면의 수직 단위 벡터로 선정하는 것으로 약속했다. 여기서도 그 관습을 따르기로 하자.

물질이 차지하는 전체 영역의 모든 위치에 물질이 움직이는 속도를 $\mathbf{u}(\mathbf{x},t)$로 함수화 할 수 있다고 생각한다. 이 속도를 유속(stream velocity)라고 부른다. 그러면 작은 미소평면 근처에서 $\mathbf{u}(\mathbf{x},t)\cdot\hat{\mathbf{n}} < 0$ 이면 영역 Ω의 내부로 물질이 움직이고 있다는 것을 의미하고 만약 $\mathbf{u}(\mathbf{x},t)\cdot\hat{\mathbf{n}} > 0$ 이라면 영역 Ω의 외부로 물질이 움직이고 있다는 것을 의미한다. 유속과 수직 단위 벡터의 내적이 양의 값을 가지더라도 시간 $\mathrm{d}t$ 동안 경계면 $\partial\Omega$에 도달하지 못한다면 물질의 유출은 없게 되고 음의 값을 가질 경우에도 경계면 $\partial\Omega$에 도달하지 못한다면 물질의 유입은 없게 된다. 시간 $\mathrm{d}t$ 동안 미소평면에 수직인 방향으로 움직이는 거리는 $|\mathbf{u}\cdot\hat{\mathbf{n}}\mathrm{d}t|$ 라고 할 수 있다. 이 거리에 미소평면의 면적 $\mathrm{d}a$를 곱하게 되면 미소평면을 포함하는 작은 입체가 그림 10.1과 같이 형성될 것이다. 이 가상의 입체를 가우스 상자(Gaussian pillbox)라고도 부른다. 따라서 가우스 상자의 질량만큼이 유입되거나 유출될 것이다. 즉,

$$\mathrm{d}m \equiv -\rho(\mathbf{x},t)\,\mathbf{u}\cdot\hat{\mathbf{n}}\,\mathrm{d}a\,\mathrm{d}t \tag{10.4}$$

의 미소질량이 시간 $\mathrm{d}t$ 동안에 유입되거나 유출되는 것이라고 할 수 있다. 여기서 음의 부호가 사용 된 것은 유입일 때는 $\mathrm{d}m > 0$, 유출일 때는 $\mathrm{d}m < 0$ 이 되도록

하기 위함이다. 즉 $\mathbf{u}\cdot\hat{\mathbf{n}}<0$ 이면 유입이고 $\mathbf{u}\cdot\hat{\mathbf{n}}>0$ 이면 유출이기 때문에 음의 부호를 사용한 것이다.

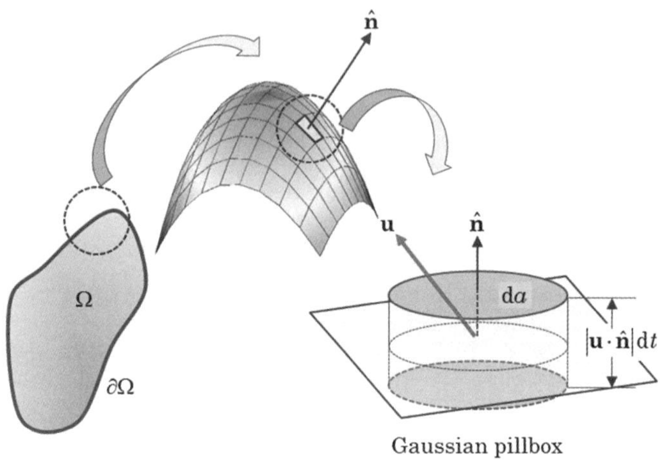

그림 10.1. 면적분의 개념도. Ω는 삼차원 입체의 영역을, $\partial\Omega$는 입체의 경계면을, $\mathbf{n}$은 면적요소에 수직인 벡터를 나타낸다.

이제 작은 미소평면에 대해서 질량의 변화를 계산하는 방법을 배웠다. 경계면 $\partial\Omega$ 전체를 이러한 미소평면으로 나눌 수 있을 것이다. 곡면의 벽을 타일로 마감한 건물을 상상하면 이해하기 쉬울 것이다. 식 (4)의 미소질량변화를 경계면 $\partial\Omega$ 전체에 대해서 더해보자. 이 계산의 구체적인 예는 공학수학에서 배웠을 것이다. 구체적인 계산은 이 책의 목적과 거리가 있으므로 소개하지 않을 것이다. 다만 그에 대한 수학적 표현은 다음과 같은 면적분(surface integral)이다.

$$\mathrm{d}M_{\Omega}=-\mathrm{d}t\int_{\partial\Omega}\rho(\mathbf{x},t)\mathbf{u}\cdot\hat{\mathbf{n}}\mathrm{d}a. \tag{10.5}$$

여기서 면적분은 이중적분으로 바꾸어 계산할 수 있을 것인데 위치에 대한 적분이므로 $\mathrm{d}t$는 적분기호 밖으로 나오게 된다. 그러면 식 (5)는 다시 다음과 같이 쓸 수 있게 된다.

$$\frac{\mathrm{d}M_{\Omega}}{\mathrm{d}t}=-\int_{\partial\Omega}\rho(\mathbf{x},t)\mathbf{u}(\mathbf{x},t)\cdot\hat{\mathbf{n}}\mathrm{d}a. \tag{10.6}$$

이 식의 좌변은 식 (3)으로 구할 수 있다. 즉,

$$\frac{dM_\Omega}{dt} = \int_\Omega \frac{\partial \rho}{\partial t} dV \tag{10.7}$$

이다. 식 (3)의 적분은 위치에 대한 체적분(volume integral)이고 영역 Ω는 시각 t에서 고정된 것이기 때문에 시간에 대한 미분은 피적분함수인 ρ에 대한 편미분으로 대체되는 것이다.

식 (6)과 (7)은 같은 물리량을 하나는 면적분으로 다른 하나는 체적분으로 표현하고 있다. 이 두 식이 의미하는 바는 영역 내의 질량변화는 경계면을 통해서 일어나는 물질의 유입 및 유출에 의한 것이다. 따라서 벡터 $\rho\mathbf{u}$를 질량 선속(mass flux)이라고 부른다. 그런데 체적분과 면적분을 모두 체적분으로 표현하면 좋을 것 같다. 가능할까? 답은 가능하다이며 이는 발산정리(divergence theorem)로 증명되어 있다. 물론 발산정리도 공학수학을 두 개 학기를 배웠다면 이미 배웠을 것이다. 만약 공대출신인데 이 정리를 공학수학시간에 배운 적이 없다면 등록금 환불소송을 해야할 지도 모르겠다. 하여간 발산정리를 적용하면 식 (6)과 (7)은 다음과 같이 통합된다.

$$\int_\Omega \left[\frac{\partial \rho}{\partial t} + \nabla\cdot(\rho\mathbf{u})\right] dV = 0. \tag{10.8}$$

이 식은 임의의 영역 Ω에 대해서 항상 성립되는 것이므로 피적분함수가 영이 되어야만 한다. 따라서 다음이 성립된다.

$$\frac{\partial \rho}{\partial t} + \nabla\cdot(\rho\mathbf{u}) = 0. \tag{10.9}$$

식 (8)을 적분형 질량보존의 방정식이라고 부르는 반면에 식 (9)를 미분형 질량보존의 방정식이라고 부른다. 또한 식 (9)를 연속방정식(continuity equation)이라고도 부른다. 식 (9)의 또 다른 이름은 질량보존에 대한 수지식이다. 이를 줄여서 질량 수지식(mass balance equation)이라고도 한다.

주사기에서 바늘을 빼고 손바닥으로 주사기 출구를 막은채로 피스톤을 누르면 공기가 새어나가지도 않았지만 피스톤이 어느 정도 밀려 들어간다. 즉, 주사기 안의 공기의 부피가 감소하게 된다. 주사기 안의 질량은 그대로이기 때문에 밀도가 변했다고 할 수 있다. 이번에는 공기 대신에 주사기 안에 물을 채우고 같은 실험을 하게 되면 손바닥이 아플 정도로 피스톤을 밀어도 피스톤은 밀리지 않는다. 즉, 손으로 미는 압력으로는 물의 부피변화는 일어나지 않는 것 같다. 아주 강한 압력이 아니라면 대부분의 액체는 부피변화를 거의 하지 않는다. 즉 평범한 실험조건에서 액체의 밀도는 거의 상수와 같다. 이러한 특성을 비압축성이라고 하는데 이는 자연 현상에 대한 아주 효과적인 근사이다. 비압축성 유체(incompressible fluid)를 가정하면 밀도는 상수이므로 식 (9)는

$$\nabla \cdot \mathbf{u} = 0 \tag{10.10}$$

으로 간단하게 된다. 식 (10)이나 비압축성의 가정은 형태변화에 비해서 부피변화가 매우 작을 때 유효한 근사이다. 근사식이지만 액체의 유동을 연구하는데 매우 정확한 근사식이다. 고체의 경우도 형태변화에 비해서 부피변화가 극단적으로 작은 물질은 비압축성이라고 간주할 수 있다. 예를 들면 고무 같은 연성물질(soft matter)은 부피변화의 정도가 형태변화의 정도에 비해 대략 1/1000 정도로 작다. 하지만 강철(steel)의 경우 1/2 정도밖에 되지 않는다. 따라서 연한 고무는 비압축성으로 간주해도 문제가 없지만 딱딱한 강철은 비압축성으로 가정하면 오차가 심해진다.

식 (9)는 다음과 같이 형식화 할 수 있다.

$$\frac{\partial \rho}{\partial t} = -\nabla \cdot \mathbf{j}_{mass} + \sigma_{mass}; \quad \mathbf{j}_{mass} \equiv \rho \mathbf{u}; \quad \sigma_{mass} = 0. \tag{10.11}$$

여기서 밀도 ρ는 질량밀도이고 $\mathbf{j}_{mass}$ 는 질량 선속(mass flux)라고 부르고 σ_{mass} 는 질량의 생성항(mass source)이라 부른다. 질량이 보존되어야 하므로 당연히 $\sigma_{mass} = 0$ 이다.

화학공정이나 기계장치에서 질량선속은 경계면 $\partial\Omega$ 전체에 대해서 영이 아닌 값을 가지는 것은 아니다. 질량의 유입과 유출이 어떤 부분에서만 일어날 수 있다. 예를 들어 내연기관이라고 하면 흡기 밸브에서만 유입이 일어나고 배기 밸브에서만 유출이 일어난다. 그러면 경계면을 유입이 일어나는 경계면을 $\partial\Omega_{in} \subseteq \partial\Omega$ 라고 하고 유출이 일어나는 경계면을 $\partial\Omega_{out} \subseteq \partial\Omega$ 이라고 구분하여 보자. 이 경우 $\partial\Omega_{in} \cap \partial\Omega_{out} = \varnothing$ 이 될 것이다. 즉 두 경계면은 겹치는 부분이 없다고 하자. 그러면 $\partial\Omega_{in}$ 과 $\partial\Omega_{out}$ 을 제외한 나머지 경계면에서는 $\mathbf{j}_{mass} = \mathbf{0}$ 이라고 할 수 있으므로 식 (8)의 적분형은 다음이 된다.

$$\frac{\mathrm{d}M_\Omega}{\mathrm{d}t} = -\int_{\partial\Omega_{in}} \rho\mathbf{u}\cdot\hat{\mathbf{n}}\mathrm{d}a - \int_{\partial\Omega_{out}} \rho\mathbf{u}\cdot\hat{\mathbf{n}}\mathrm{d}a. \tag{10.12}$$

대부분의 화학공정은 정상상태에서 일어나므로 식 (12)의 좌변을 영으로 둘 수 있다. 게다가 장치의 단순성으로 $\partial\Omega_{in}$ 이 평면이고 그 면적이 A_{in} 이며 $\partial\Omega_{out}$ 도 평면이고 그 면적이 A_{out} 이라고 하자. 그런데 $\mathbf{u}\cdot\hat{\mathbf{n}}$ 은 속도 $\mathbf{u}$의 $\hat{\mathbf{n}}$ 방향 성분이므로 평균값 정리(mean value theorem)에 의해서 식 (12)을 다음과 같이 간단하게 쓸 수 있다.

$$\frac{\mathrm{d}M_\Omega}{\mathrm{d}t} = -\langle\rho u\rangle_{in} A_{in} - \langle\rho u\rangle_{out} A_{out}. \tag{10.13}$$

여기서 $\langle\rho u\rangle_{in}$ 은 부분 경계면 $\partial\Omega_{in}$ 에서 $\rho\mathbf{u}\cdot\hat{\mathbf{n}}$ 의 평균치이며 $\langle\rho u\rangle_{out}$ 도 마찬가지의 의미를 가진다.

식 (13)은 화공양론이나 기초수준의 유체역학 교과서에 자주 나오는 수식 이다. 정상상태(steady state)를 가정하면 좌변은 영이 되어서 식 (13)은 입구와 출구에서의 질량출입에 대한 관계식을 제공할 수 있다. 식 (13)을 질량 수지식의 덩어리 표현(lumped expression)이라고 부른다.

운동량 수지식

위치 $\mathbf{x}$에서의 근방의 질량을 $\mathrm{d}m$ 이라고 하면 선운동량은 $\mathrm{d}m\mathbf{u}$ 라고 할 수 있을 것이다. 근방의 부피를 $\mathrm{d}V$ 라고 하면 $\mathrm{d}m = \rho\mathrm{d}V$ 가 될 것이다. 그렇다면 영역 Ω의 선운동량은 영역 Ω 안의 모든 근방에 대한 합이 되므로 다음과 같은 체적분으로 표현될 것이다.

$$\mathbf{P}_\Omega(t) = \int_\Omega \rho\mathbf{u}\mathrm{d}V. \tag{10.14}$$

식 (1)과 식 (14)를 비교하면 S_Ω 와 벡터 $\mathbf{P}_\Omega$ 가 짝을 이루고 분포 $s(\mathbf{x},t)$ 와 $\rho(\mathbf{x},t)\mathbf{u}(\mathbf{x},t)$ 가 짝을 이룬다. 그런데 $\rho(\mathbf{x},t)\mathbf{u}(\mathbf{x},t)$ 는 단위 부피 당 선운동량의 분포이고 $\mathbf{u}(\mathbf{x},t)$ 는 단위 질량당 운동량의 분포로 생각할 수 있다. 그래서 $\rho\mathbf{u}$ 를 운동량의 밀도라고도 부른다.

식 (14)를 시간에 대해서 미분을 하게 되면 다음이 얻어진다.

$$\frac{\mathrm{d}\mathbf{P}_\Omega}{\mathrm{d}t} = \int_\Omega \frac{\partial(\rho\mathbf{u})}{\partial t}\mathrm{d}V. \tag{10.15}$$

앞에서 질량수지식인 식 (9)를 유도할 때 경계면에서의 질량의 유입과 유출을 고려하였다. 따라서 운동량에 대해서도 그런 효과 즉, 대류효과(convection effect)를 고려해야 한다. 그래야 선운동량 수지식(linear momentum balance equation)을 구할 수 있을 것이다. 질량 수지식에서는 대류효과만 생각하면 되지만 선운동량에 대해서는 외부에서 가해지는 힘의 효과도 생각해야만 한다.

물체에 작용되는 힘은 크게 두 가지로 분류할 수 있다. 접촉을 통해서 전달되는 힘과 접촉없이 빈공간을 통해서도 전달될 수 있는 힘이 있다. 전자는 물질과 물질이 접촉을 통해서 일어나는 일상적인 힘이므로 경계면에 단위 면적당 힘이 어떻게 분포되느냐에 따라서 그 작용이 달라진다. 이러한 힘을 접촉력(contact force)라고 한다. 반면에 중력, 전기장이나 자기장에 의한 힘은 접촉없이 물체에 작용된다. 게다가 물체 전체의 각 지점마다 동시에 작용된다. 이러한 힘을 영어로 body force라고 하는데 우리말로 번역하려면 몸힘(?) 또는 체력이라고 해야할지 의문이다. 체력이라고 하면 몸체에 힘력 자를 써야하는데 이미 다른 뜻으로 사용되는 단어이다. 한국물리학회의 물리용어집에도 없는 단어라서 여기서는 접촉력이 아닌 힘이니 비접촉력이라고 부르겠다. 사실 접촉력은 경계면을 통해서 영역 안으로 전파되는 힘으로 힘의 효과는 물체 내부에서의 음속에 해당하는 속도로 전달되는 반면에 비접촉력은 광속의 빠르기로 전달되는 힘이다. 액체나 고체에서 음속은 1000m/s를 넘기 때문에 길이 1m의 물체라면 접촉력은 1ms 보다 짧은 시간 내에 전달이 끝난다. 이러한 성질 때문에 접촉력의 효과는 면적분으로 표현되고 비접촉력의 효과는 체적분으로 표현될 것이다.

먼저 선운동량의 대류효과를 생각해 보자. 질량수지식에서와 마찬가지로 여기서도 그림 10.1의 가우스 상자를 사용한다. 이 입체의 선운동량은 입체의 체적에 밀도를 곱하고 중심점에서의 유속 $\mathbf{u}(\mathbf{x},t)$를 곱한 것이 된다. 즉,

$$\mathrm{d}\mathbf{p} = -\rho\mathbf{u}(\mathbf{u}\cdot\hat{\mathbf{n}})\mathrm{d}a\mathrm{d}t \tag{10.16}$$

이 미소 운동량을 경계면 $\partial\Omega$ 전역에 대해서 면적분을 하면 시간 $\mathrm{d}t$동안의 대류에 의한 선운동량의 변화량이 얻어진다.

$$\frac{\mathrm{d}\mathbf{P}_{\Omega}^{(1)}}{\mathrm{d}t} = -\int_{\partial\Omega} \rho\mathbf{u}(\mathbf{u}\cdot\hat{\mathbf{n}})\mathrm{d}a. \tag{10.17}$$

접촉력에 의한 효과는 경계면의 미소평면들에 단위면적당 힘 $\mathbf{t}(\mathbf{x},t)$가 주어졌다고 가정한다. 이 힘을 응력 벡터(stress vector)라고 부른다. 이는 경계면 밖의 물질과 경계면 안쪽의 물질 사이의 상호작용에 의해서 발생되는 힘이다. 응력 벡터에 미소면적 $\mathrm{d}a$를 곱하여 경계면 전체에 대해서 면적분을 하면 경계면 전체에 작용하는 접촉력이 얻어진다. 뉴턴의 제 2 법칙에 의하면 운동량의 시간에 대한 변화율이 바로 힘이다. 따라서 접촉력에 의한 영역 Ω의 운동량의 변화율은 다음이 된다.

$$\frac{\mathrm{d}\mathbf{P}_{\Omega}^{(2)}}{\mathrm{d}t}=\int_{\partial\Omega}\mathbf{t}(\mathbf{x},t)\mathrm{d}a. \tag{10.18}$$

대류효과와는 다르게 식 (18)은 뉴턴 역학의 법칙을 사용하여 운동량의 시간에 대한 미분을 구하였다. 앞에서 언급하였듯이 응력 벡터의 물리적인 기원은 물질 사이의 상호작용이다. 따라서 대류에 의한 운동량의 변화율은 물질에 무관하지만 접촉력에 의한 운동량의 변화율은 물질의 성질에 의해서 결정된다. 즉 응력 벡터는 물질에 의존하는 물성이다.

비접촉력에 의한 운동량의 변화율은 비접촉력이 물질의 모든 점에 동시에 적용되므로 체적분으로 구할 수 있다. 즉

$$\frac{\mathrm{d}\mathbf{P}_{\Omega}^{(3)}}{\mathrm{d}t}=\int_{\Omega}\mathbf{b}(\mathbf{x},t)\mathrm{d}V \tag{10.19}$$

이다. 여기서 $\mathbf{b}(\mathbf{x},t)$는 단위 부피 당 비접촉력이다.

위의 세가지 운동량의 변화율에 대한 기여 이외에 사실은 원심력이나 전향력(Coriolos force)같은 비관성좌표계에 의한 힘에 의한 기여가 있지만 여기서는 제외하겠다. 식 (14)를 이용하게 되면 $\mathrm{d}\mathbf{P}_{\Omega}/\mathrm{d}t$는 위의 세 가지 기여의 합이므로 다음의 선운동량 수지식이 얻어진다.

$$\int_{\Omega}\frac{\partial(\rho\mathbf{u})}{\partial t}\mathrm{d}V=\int_{\Omega}\mathbf{b}\mathrm{d}V+\int_{\partial\Omega}\left[\mathbf{t}-\rho\mathbf{u}(\mathbf{u}\cdot\hat{\mathbf{n}})\right]\mathrm{d}a. \tag{10.20}$$

식 (20)은 질량수지식의 유도에서와 유사하게 체적분과 면적분으로 이루어져 있다. 역시 면적분을 체적분으로 바꾸고 싶은데 불행하게도 면적분의 피적분함수가 스칼라가 아니라 벡터이다. 벡터의 면적분을 체적분으로 바꾸는 것도 역시 발산정리를

이용하면 되는데 식 (20)의 경우는 학부수준의 수학을 살짝 벗어난다. 왜냐하면 텐서의 개념이 필요하기 때문이다. 이에 대해서 더 공부하고 싶은 독자는 Aris, 1990이나 Lai, Rubin and Krempl, 2009 또는 Cho, 2016을 참조하기 바란다. 여기서 결과식만을 쓰면 다음이 된다.

$$\int_{\partial\Omega}\left[\mathbf{t}-\rho\mathbf{u}\left(\mathbf{u}\cdot\hat{\mathbf{n}}\right)\right]\mathrm{d}a=\int_{\Omega}\nabla\cdot\left(\mathbf{T}^{T}-\rho\mathbf{u}\mathbf{u}\right)\mathrm{d}V. \tag{10.21}$$

여기서 $\mathbf{T}^T$ 는 응력 텐서 $\mathbf{T}$의 전치 텐서이다. 고유 각운동량이 없는 일반적인 유체나 고체의 경우 $\mathbf{T}=\mathbf{T}^T$ 가 된다. 응력 텐서와 응력 벡터 사이에는

$$\mathbf{t}\left(\mathbf{x},t,\hat{\mathbf{n}}\right)=\mathbf{T}\left(\mathbf{x},t\right)\cdot\hat{\mathbf{n}}\left(\mathbf{x}\right) \tag{10.22}$$

의 관계가 있다. 왜 응력 벡터가 면의 배향(orientation)인 $\hat{\mathbf{n}}$ 의 함수인지는 각각의 경계면이 한 개 이상의 공유점을 가지는 두 개의 제어 부피를 생각하면 어렵지 않게 알 수 있다. 그리고 왜 하필이면 식 (22)와 같이 응력 벡터가 $\hat{\mathbf{n}}$ 에 선형적인 의존성을 가지느냐에 대해서 궁금한 독자는 앞에서 언급한 연속체 역학에 대한 전문서적을 참조하기 바란다.

식 (21)을 식 (20)에 대입하고 질량수지식 등을 이용하여 정리하면 최종적으로 다음이 얻어진다.

$$\int_{\Omega}\left[\frac{\partial\left(\rho\mathbf{u}\right)}{\partial t}+\nabla\cdot\left(\rho\mathbf{u}\mathbf{u}-\mathbf{T}\right)-\mathbf{b}\right]\mathrm{d}V=\mathbf{0}. \tag{10.23}$$

여기서 제어부피의 임의성을 고려하면 다음과 같은 미분방정식이 얻어진다.

$$\rho\left(\frac{\partial\mathbf{u}}{\partial t}+\mathbf{u}\cdot\nabla\mathbf{u}\right)=\nabla\cdot\mathbf{T}+\mathbf{b}. \tag{10.24}$$

식 (24)를 운동량수지식(momentum balance equation)이라고 부르며 운동방정식(equation of motion)이라고 부르기도 한다. 여기서 질량 수지식이 이용되었다.

식 (24)도 식 (11)처럼 형식화 할 수 있다. 질량 수지식을 이용하여 다음과 같이 형식화된다.

$$\frac{\partial\left(\rho\mathbf{u}\right)}{\partial t}=-\nabla\cdot\mathbf{J}_{mom}+\mathbf{b};\quad \mathbf{J}_{mom}\equiv\rho\mathbf{u}\mathbf{u}-\mathbf{T};\quad \boldsymbol{\sigma}_{mom}\equiv\mathbf{b}. \tag{10.25}$$

여기서 $\rho\mathbf{u}$ 는 운동량 밀도라고 부르고 $\mathbf{J}_{mom}$ 은 운동량 선속(momentum flux), $\boldsymbol{\sigma}_{mom}$ 은 운동량 생성항이라고 부른다. 운동량 밀도가 벡터이므로 운동량 선속은 이보다 차원이 하나 더 높은 2차 텐서(second order tensor)가 된다. 이 형식화된 수지식의 적분형은

$$\frac{\mathrm{d}\mathbf{P}_{\Omega}}{\mathrm{d}t} = -\int_{\partial\Omega} \mathbf{J}_{mom} \cdot \hat{\mathbf{n}} \mathrm{d}a + \int_{\Omega} \boldsymbol{\sigma}_{mon} \mathrm{d}V \tag{10.26}$$

이 된다.

비접촉력이 오로지 중력에 의한 것이라면 그리고 공정에 사용하는 물질의 점도나 다른 물리량들이 중력에 비해서 매우 크다면 식 (19)에서 $\mathbf{b} \approx \mathbf{0}$ 으로 둘 수 있을 것이다. 여기서도 물질의 유입과 유출이 일어나는 경계면이 다르다고 가정하자. 그런데 응력이 작용하는 면도 $\partial\Omega_{mech}$ 로 구분할 필요가 있다. 그러면 식 (26)은 다음과 같이 쓸 수 있다.

$$\frac{\mathrm{d}\mathbf{P}_{\Omega}}{\mathrm{d}t} = -\int_{\partial\Omega_{in}} \rho\mathbf{u}(\mathbf{u}\cdot\hat{\mathbf{n}})\mathrm{d}a - \int_{\partial\Omega_{out}} \rho\mathbf{u}(\mathbf{u}\cdot\hat{\mathbf{n}})\mathrm{d}a + \int_{\partial\Omega_{mech}} \mathbf{T}\cdot\hat{\mathbf{n}}\mathrm{d}a. \tag{10.27}$$

앞에서와 마찬가지로 평균값 정리를 이용하게 되면 식 (27)의 우변은 다음과 같은 덩어리 표현을 따르게 된다.

$$-\langle\rho\mathbf{u}(\mathbf{u}\cdot\hat{\mathbf{n}})\rangle_{in} A_{in} - \langle\rho\mathbf{u}(\mathbf{u}\cdot\hat{\mathbf{n}})\rangle_{out} A_{out} + \langle\mathbf{t}\rangle_{mech} A_{mech}. \tag{10.28}$$

여기서 식 (22)를 사용하였다.

식 (13)나 (28)과 같은 간단한 식이 있는데 왜 식 (11)이나 (28)과 같은 복잡한 편미분 방정식을 공부해야 하는가? 비행기 조종술을 배우기는 자전거 운전을 배우는 것보다 훨씬 어렵지만 자전거를 타고 대구에서 뉴욕까지 갈 수는 없다. 보다 정밀하고 자세한 결과를 위해서는 어려운 것을 공부해야 한다. 하지만 5 km 정도 떨어진 곳을 가는데 비행기를 조종해서 가는 사람은 없을 것이다. 그런 경우를 위한 것이 식 (13)과 (28)이다. 물리량들의 공간적 분포를 고려하는 식 (11)와 (25)를 분포적 기술(distributed description)이라고 하고 분포적 기술로 다루어야할 시스템을 분포 시스템(distributed system)이라고 한다. 반면에 식 (13)과 (28)을 덩어리 기술(lumped description)이라고 하고 덩어리 기술루 다루어야 할 시스템을 덩어리 시스템(lumped system)이라고 한다. 이러한 용어는 역학적 용어(terminology of mechanics)라기 보다는 제어공학적 용어(terminology of control engineering)이다.

에너지 수지식

에너지에 대해서도 수지식을 분포적 기술이나 덩어리 기술로도 표현할 수 있다. 에너지 보존의 법칙은 어느 수준까지의 에너지를 생각하느냐에 따라서 달라질 수 있다. 이 문장이 의문스러운 독자가 있을 것이다. 왜냐하면 에너지 보존의 법칙은 모든 에너지의 합은 어떤 물리, 화학적 과정을 통해서도 변하지 않을 것이기 때문이다. 간단하게 지표상의 평면에서만 움직이는 물체의 운동에 대해서 중력에 의한 위치 에너지는 고도 변화가 없으므로 변하지 않는다. 따라서 에너지의 목록 중에 중력에 의한 위치 에너지를 제외해도 에너지 보존의 법칙에 영향을 주지 않는다. 너무 뻔한 예라서 아직 의문이 풀리지 않았을 것이다. 그러면 화학반응이 없이 확산이나 유동을 하는 유체계를 생각해 보자. 이 시스템을 이루는 분자들은 원자들로 이루어져 있으니 원자들이 원자간 결합에 대한 진동을 하고 있을 것이다. 따라서 에너지 목록에 분자내의 진동에 대한 운동 에너지와 위치 에너지를 포함시켜야 하겠지만 분자 내의 원자 안에 있는 전자들의 원자핵을 중심으로 한 운동에 대한 위치 및 운동 에너지는 포함시켜야 할 것인가? 지금까지의 경험에 의하면 지표운동처럼 전자의 에너지는 이 시스템에서 관심의 대상이 되는 현상들에 무관하게 일정한 값을 유지하고 있다. 따라서 전자의 에너지 준위의 변화에 대해서는 에너지 목록에서 제외시켜도 좋을 것이다. 당연히 원자핵 내의 양성자, 중성자 및 기타 미립자에 대한 에너지도 제외시켜도 문제가 없다. 이제 의문이 풀렸을 것으로 생각된다.

원래 에너지 보존의 법칙은 뉴턴 역학에서 힘이 위치에 의존하는 어떤 스칼라 함수의 그래디언트로 표현된다면 운동 에너지와 그 스칼라 함수의 합이나 차가 일정해지는 수학적 정리로부터 출발하였다. 힘의 방향이 스칼라 함수가 상대적으로 높은 위치에서 낮은 위치로의 방향을 가지면 좋겠다고 정하게 되면 우리가 잘 아는 위치 에너지가 된다. 그러면 운동 에너지와 위치 에너지의 합이 어떤 시각에서건 변하지 않게 된다. 이 수학적 정리는 매우 인상적인 결과였는데 역학이 아닌 다른 분야 예를 들면 전자기학에서도 같은 결과가 얻어졌으므로 점차 에너지 보존의 법칙을 생각하게 되었다. 하지만 이 당시만 해도 열은 에너지가 아닌 다른 것 즉, 질량은 없고 뜨거운 곳에서 차가운 곳으로 이동하는 열소(caloric)라는 가상의 어떤 것으로 상상했었다. 그러다 열(heat)은 일(work)과 등가인 즉, 서로 변환이 가능한 일종의 에너지라는 것이 밝혀지고 내부에너지라는 개념이 생기게 된다. 그러다 확산, 전기전도, 열전현상(thermoelectric phenomena), 압전현상(piezoelectric phenomena) 등 다양한 연계현상(coupled phenomena)들이 발견되면서 다양한 에너지를 정의하였을 때 이들의 합이 어떤 경우건 보존된다는 것을 실험적으로 확인하게 된다. 수백년 동안의 실험적 관찰과 이에 대한 해석의 결과로 경험법칙인 에너지 보존의 법칙이 열역학 제 1 법칙으로 확립되게 된다. 모순되어 보이지만 역사적으로는 열역학 제 2 법칙이 제 1 법칙보다 먼저 확립되었다. 열역학 제 1 법칙이 성립되려면 열과 일의 등가라는 것을 아는 것만으로는 부족했을 것이기에 법칙으로 확립되려면 더 많은 증거들이 필요했을 것이다.

육안으로 관찰되는 범위에서 우리가 구분할 수 있는 물질계의 에너지는 운동 에너지, 위치 에너지 정도일 것이다. 이 두 에너지의 합을 역학적 에너지라고 하면 영역 Ω의 역학적 에너지는 다음이 될 것이다.

$$E_{\Omega}^{(mech)} = \int_{\Omega} \left(\frac{\rho}{2} \mathbf{u} \cdot \mathbf{u} + \psi \right) dV. \tag{10.29}$$

여기서 단위부피당 위치 에너지 ψ와 비접촉력 $\mathbf{b}$ 사이의 관계는 다음이 된다.

$$\mathbf{b} = -\nabla \psi. \tag{10.30}$$

그런데 앞에서 분자들의 회전, 분자간 상호작용, 분자 내에서의 진동과 관련된 운동 및 위치 에너지 등은 육안으로 구별이 안된다. 이런 에너지들을 모두 모아서

$$\mathcal{E}_{\Omega} = \int_{\Omega} \rho \varepsilon dV \tag{10.31}$$

로 표현되는 내부 에너지라고 하자. 그러면 전체 에너지는 다음과 같이 표현될 것이다.

$$E_{\Omega} = E_{\Omega}^{(mech)} + \mathcal{E}_{\Omega} = \int_{\Omega} \left(\frac{\rho}{2} \mathbf{u} \cdot \mathbf{u} + \psi + \rho \varepsilon \right) dV. \tag{10.32}$$

이제 에너지 수지식(energy balance equation)이 좌변을 얻었다. 우변을 얻기 위해서는

운동량 수지식을 유도할 때처럼 물리적인 고려를 해야한다.

시스템에 에너지를 주거나 빼내는 것은 두 가지 경로를 통해서이다. 첫 째는 분자들의 집단적이며 통일적인 운동을 통해서 일어나는 에너지의 전달(energy transfer)과 분자들의 개별적이면서 무작위적인 운동에 의해서 일어나는 에너지 전달이다. 전자는 일이되고 후자는 열이 된다. 즉, 역학적 에너지 전달과 열적 에너지 전달을 생각해야 한다.

역학적 에너지 전달에 대해서는 식 (8.85)의 일에 대한 수식을 고찰할 필요가 있다. 미소 일은 식 (8.85)에서 양변을 $\mathrm{d}t$로 나눈 후 일만 떼어내면 다음이 된다.

$$\frac{\mathrm{d}W}{\mathrm{d}t}=\sum_{k=1}^{n_w}\phi_k\frac{\mathrm{d}\xi_k}{\mathrm{d}t} \tag{10.33}$$

의 형식을 가지고 있다. 여기서 일의 변위 ξ_k 는 분자들의 집단적이며 통일적인 운동을 거시적 관점에서 표현한 양이다. 따라서 식 (33)은 열역학적 힘에 열역학적 속도를 곱한 형식을 가지고 있다. 분포적 표현을 하게되면

$$\frac{\mathrm{d}W_\Omega}{\mathrm{d}t}=\int_{\partial\Omega}\mathbf{t}\cdot\mathbf{u}\mathrm{d}a+\int_{\Omega}\mathbf{b}\cdot\mathbf{u}\mathrm{d}V \tag{10.34}$$

이 될 것이다. 열적 에너지 전달은 열 선속(heat flux) $\mathbf{q}$를 생각하면 다음과 같이 표현이 가능하다.

$$\frac{\mathrm{d}Q_\Omega}{\mathrm{d}t}=-\int_{\partial\Omega}\mathbf{q}\cdot\hat{\mathbf{n}}\mathrm{d}a. \tag{10.35}$$

그러면 전체 에너지의 시간에 대한 변화율은 다음이 된다.

$$\frac{\mathrm{d}E_\Omega}{\mathrm{d}t}=\int_{\partial\Omega}(\mathbf{T}\cdot\mathbf{u}-\mathbf{q})\cdot\hat{\mathbf{n}}\mathrm{d}a+\int_{\Omega}\mathbf{b}\cdot\mathbf{u}\mathrm{d}V. \tag{10.36}$$

식 (32)를 시간에 대해서 미분한 것과 식 (36)을 같게 놓고 수식을 정리하면 다음이 얻어진다.

$$\begin{gathered}\frac{\partial}{\partial t}(\rho e)=-\nabla\cdot\mathbf{j}_e+\sigma_e;\\ \rho e\equiv\frac{\rho}{2}\mathbf{u}\cdot\mathbf{u}+\psi+\rho\varepsilon;\quad \mathbf{j}_e\equiv\rho e\mathbf{u}-\mathbf{T}\cdot\mathbf{u}+\mathbf{q};\quad \sigma_e=0.\end{gathered} \tag{10.37}$$

이전과 마찬가지로 ρe에너지 밀도(energy density), $\mathbf{j}_e$ 는 에너지 선속(energy flux), σ_e

는 에너지 생성항이다. 에너지는 보존되므로 당연히 $\sigma_e = 0$ 이 된 것이다. 식 (37)의 유도에는 운동량 수지식과 질량 수지식 그리고 발산정리가 사용되었다.

에너지 수지식에 대한 덩어리 수지식(lumped balance equation)을 유도할 때 열이 전달되는 경계면 $\partial\Omega_{heat} \subseteq \partial\Omega$ 을 구분해 주어야 한다. 따라서 다음이 얻어진다.

$$\begin{aligned}\frac{\mathrm{d}E_\Omega}{\mathrm{d}t} &= -\int_{\partial\Omega_{in}} \rho e\mathbf{u}\cdot\hat{\mathbf{n}}\mathrm{d}a - \int_{\partial\Omega_{out}} \rho e\mathbf{u}\cdot\hat{\mathbf{n}}\mathrm{d}a \\ &+ \int_{\partial\Omega_{mech}} \mathbf{u}\cdot\mathbf{T}\cdot\hat{\mathbf{n}}\mathrm{d}a - \int_{\partial\Omega_{heat}} \mathbf{q}\cdot\hat{\mathbf{n}}\mathrm{d}a.\end{aligned} \tag{10.38}$$

에너지에 대한 덩어리 수지식은 식 (38)에 평균값 정리를 사용하면 된다. 이에 대한 유도는 이전과 유사하므로 생략하겠다.

내부에너지와 엔트로피의 수지식

식 (37)에서 내부 에너지에 대한 것만을 빼낼 수 있는데 그 결과는 다음과 같다.

$$\frac{\partial}{\partial t}(\rho\varepsilon) = -\nabla\cdot\mathbf{j}_\varepsilon + \sigma_\varepsilon; \quad \mathbf{j}_\varepsilon \equiv \rho\varepsilon\mathbf{u} + \mathbf{q}; \quad \sigma_\varepsilon \equiv \mathbf{T}:\nabla\mathbf{u}. \tag{10.39}$$

식 (39)에서 전체 에너지와 다르게 내부에너지는 영이 아닌 생성항을 가지고 있다. 이 생성항을 응력일률(stress power)라고 부른다. 전체 에너지는 보존되지만 내부에너지는 그렇지 않을 수 있다. 외부에서 해주는 열과 일에 의해서 생성항이 영이 아니게 될 수 있는 것이다. 운동량 수지식에서 생성항이 비접촉력인 것은 비접촉력이 외부에서 주는 위치 에너지에 의한 것이기 때문이다. 운동량 수지식도 외부 위치 에너지가 영이라면 보존되는 양으로 $\boldsymbol{\sigma}_{mom} = \mathbf{0}$ 이 되어 운동량도 보존되는 물리량이 된다.

지금까지 형식적인 수지식에 대해서 배웠다. 이를 연장해서 엔트로피에도 적용할 수 있을 것이다. 즉 엔트로피 밀도를 ρs 라고 하고 엔트로피 선속(entropy flux)를 $\mathbf{j}_s$ 라고 하며 엔트로피의 생성항을 σ라고 하면

$$\frac{\partial(\rho s)}{\partial t} = -\nabla\cdot\mathbf{j}_s + \sigma; \quad \mathbf{j}_s \equiv \rho s\mathbf{u} + \mathbf{h} \tag{10.40}$$

이라고 할 수 있다. 여기서 $\rho s\mathbf{u}$ 는 대류에 의한 엔트로피의 선속이라고 할 수 있다. 그런데 $\mathbf{h}$와 σ는 어떻게 정해야 할지 마막하다. 고전적인 이론은

$$\mathbf{h} = \frac{\mathbf{q}}{T} \tag{10.41}$$

로 정의하고 앞에서 배운 수지식과 국부적인 평형가정을 이용하면 엔트로피 생성항도 구할 수가 있다. 그런데 엔트로피는 열역학 제 2 법칙을 만족해야 하므로 항상

$$\sigma \geq 0 \tag{10.42}$$

가 되어야 한다.

내부에너지와 엔트로피 등 평형열역학의 함수들에 대한 수지식은 비가역 열역학의 분야이다. 고전적인 비가역열역학 이론들에 대해서는 de Groot and Marzur, 2011, 내부변수이론(internal variable theory)과 확장 비가역 열역학(extended irreversible thermodynamics) 등 비교적 최근의 이론에 대해서는 Jou, Casas-Vazquesz and Lebon, 2011을 참조하기 바란다. 다양한 열역학함수들에 대해 덩어리 형식의 수지식을 활용한 예들에 대해서는 Sandler, 2006을 참조하기 바란다.

10.2. 보존법칙의 활용과 차원해석의 한계

앞에서 차원해석 및 자기상사성 등을 이용하여 얻은 경험식들은 항상 실험으로 결정하여야 부분들을 포함하고 있다. 즉, 무차원함수를 실험결과로 결정해야 한다. 1장에서 실험식을 구하기 위한 다양한 방법들을 소개 하였지만 경우에 따라서는 부족한 결과가 나올 수 있을 것이다. 따라서 여기서는 간단한 고분자공정 문제에 대해서 차원해석으로 구한 결과와 보존법칙을 활용하여 얻은 결과를 비교하고자 한다.

전선피복 문제

고분자재료의 높은 절연성은 전선의 피복재로 활용하기 적합하다. 그림 10.2와 같이 반지름이 R_2 인 금속 전선을 속력 v_o 로 고분자용융체가 담겨있는 금형(die)내를 통과하게 하면 금형출구의 반지름이 $R_1 > R_2$ 이지만 피복전선의 두께 h는 $R_2 + h = R_1$ 을 만족시키지 못한다. 그림 10.2에 나타낸 바와 같이 고분자 용융체를 단위시간당 Q의 부피로 금형내로 넣어주고 있다. 피복의 두께 h는 분명히 전선의 이동속도 v_o, 전선의 반지름 R_2 그리고 유입되는 고분자용융체의 유량 Q에 의존할 것이다. 그 함수관계가 어떻게 될 것인가?

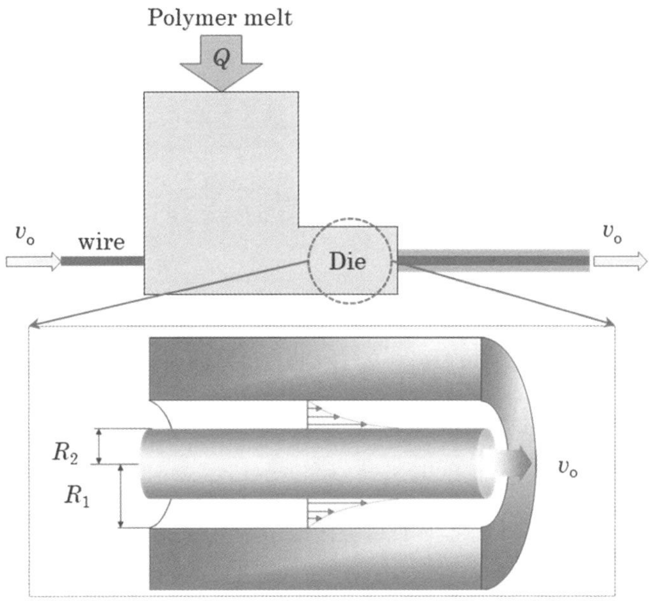

그림 10.2. 전선 피복 공정에 사용하는 금형(die)의 개념도.

이 문제를 차원해석으로 풀기 위해 다음의 관계식으로부터 출발한다.

$$F(h, v_o, Q, R_2) = 0. \tag{10.43}$$

기본차원은 $\mathbb{L}$ 과 $\mathbb{T}$, 둘 뿐인 반면에 변수의 개수는 네 개이므로 무차원변수 두 개가 필요하다. 다음과 같이 두 무차원변수를 생각할 수 있다.

$$\pi_1 \equiv \frac{h}{R_2}; \quad \pi_2 \equiv \frac{Q}{v_o R_2^2}. \tag{10.44}$$

그러면 다음이 성립된다.

$$\frac{h}{R_2} = \bar{\Pi}_1\left(\frac{Q}{v_o R_2^2}\right). \tag{10.45}$$

함수 $\bar{\Pi}_1(\ )$은 실험으로 구해야만 한다.

만약 고분자용융체가 금형으로 들어갈 때와 전선에 피복되어 나올 때의 밀도가 같다고 가정하면 질량보존에 대한 덩어리 표현은 다음식이 된다.

$$Q = \pi v_o\left[(R_2 + h)^2 - R_2^2\right]. \tag{10.46}$$

이 식을 h에 대해서 풀면 다음이 된다.

$$h = R_2\left(\sqrt{\frac{Q}{\pi v_o R_2^2}+1}-1\right). \tag{10.47}$$

식 (47)은 무차원함수가 다음이 된다는 것을 알려준다.

$$\bar{\Pi}_1(x) = \sqrt{\frac{x}{\pi}+1}-1. \tag{10.48}$$

무차원화는 무차원 함수를 실험으로 구해야 하지만 수지식을 이용하여 얻은 식 (47)은 식 (45)에 포함되는 구체적인 무차원 함수를 제공한다. 물론 무차원화의 이용은 실험회수를 줄여주는 것은 맞지만 실험 데이터로부터 유용한 경험식을 얻어내는 것은 수지식을 이용하는 것보다 더 어려울 수가 있다. 따라서 무차원화를 사용할 때 항상 수지식을 적용할 수 있는지도 생각해 보아야 할 것이다.

다양한 방법들의 비교

보존방정식을 활용한 계산은 모델링에 가깝다. 보다 자세한 계산을 위해서는 물질의 응력과 변형과의 관계, 열 선속과 온도 그래디언트의 관계와 같은 물질의 구성과 관련된 구성방정식을 수지식과 결합한 편미분방정식을 풀어야 한다. 이 책의 목적은 실험 데이터로부터 어떻게 유용한 관계식을 얻는 것이기 때문에 일일이 화학공정과 관련된 계산문제를 다루지 않을 것이다. 하지만 이론에 의한 계산, 간단한 수지식을 이용한 계산, 그리고 차원해석 및 자기상사성을 이용한 눈금맞춤 이론의 활용, 그리고 실험계획법을 학습량과 난이도, 정밀도, 실험 회수의 관점에서 비교하면 다음의 표와 같다.

표 10.1

	학습량과 난이도	수식의 정밀도	실험회수
이론계산	가장 높음	가장 높음	거의 필요없음
눈금맞춤이론	중간	중간	매우 낮음
보존법칙의 활용	중간	중간	매우 낮음
실험계획법	?	가장 낮음	상대적으로 많음

실험계획법의 학습량과 난이도는 통계학을 어느 정도까지 공부해야 하느냐에 따라서 달라진다. 상용화된 실험계획법 프로그램을 사용하면 학습량이 대폭 줄게 되고 가장 활용하기 편할 수 있다. 하지만 상용화된 실험계획법 프로그램이란 해당분야의 이론적 실험적 지식을 배제한 상태에서 만든 일반적인 것이므로 예측하는 수식의 정밀도는 낮을 수 밖에 없고 활용할 수 있는 지식이 적을수록 실험회수는 상대적으로 많을 수밖에 없다. 그렇다고 실험계획법이 무용하다는 것은 아니다. 만능으로 생각하지 말라는 뜻이다. 가용한 정보가 절대적으로 부족한 경우에는 실험계획법을 사용하여야 한다.

한 때 6σ 운동이 국내기업에까지 유행처럼 번졌고 어느 회사의 연구소장은 연구원들에게 실험계획법의 사용을 독려하였다. 그래서 한 연구원이 사출성형 조건과 플라스틱의 열변형온도(heat distortion temperature, HDT)의 관계를 실험계획법으로 규명하라는 지시를 받게 되었다. 이 연구원은 고분자물리 지식이 부족한 상태였는데 실험계획법으로 여러 사출성형 조건 중 열변형온도에 가장 영향을 많이 주는 조건을 찾게 되었다. 실험식이 나온 것도 아니고 단지 어떤 조건이 가장 영향력이 큰지를 통계학적인 접근으로 알아낸 것이다. 그 결과는 고분자물리 지식이 있는 연구자라면 너무 뻔한 것이었다. 비정질 고분자(amorphous polymer)의 열변형온도는 고분자 사슬들이 냉각될 때 얼마나 평형에 가까운 배좌를 가지게 되느냐에 가장 크게 영향을 받는다. 즉, 냉각되면서 가장 높은 밀도에 도달하느냐라고 할 수 있다. 이 관점에서 보면 사출성형 조건 중에서 보압과 냉각시간이 가장 중요한 인자가 된다. 실험계획법에 따라서 실험을 안해 봐도 아는 지식이다.

연습문제 10

[1] 장변수(field variable)란 위치와 시간의 함수인 물리량을 의미한다. 어떤 장변수 s 가 다음과 같은 미분방정식을 따른다고 하자.

$$\rho\frac{\partial s}{\partial t} = -\nabla\cdot\left(\rho s\mathbf{u}+\mathbf{h}\right)+\Omega. \qquad (10.a)$$

여기서 ρ은 질량 밀도이다. 장변수 s의 차원은 $\mathbb{S}$라고 한다면 벡터 $\mathbf{h}$의 스칼라

Ω의 차원을 구하라.

[2] 압출기란 원래 밀가루 반죽을 효과적으로 혼합하고 이송시키기 위해서 개발한 장치로 원통관에 스크류를 회전시켜 원통의 한쪽에서 다른쪽으로 밀가루 반죽을 밀어내는 작동 기구를 가지고 있다. 이 장치는 고분자를 녹이고 혼합하며 이송시키는데도 사용하고 있다. 상온에 있는 고체 고분자 알갱이를 압출기에 투입하고 스크류를 회전시키며 원통관 표면에서 열전도로 고분자 고체를 녹이면 토출구에는 고온의 고분자 용융체가 흘러나오게 된다. 이 장치에 대한 에너지 수지식을 만들어라.

[3] 단면이 직사각형인 길이 L의 시편의 아래의 절반을 고정하고 위의 절반은 공기중에 노출되게 하고 추의 질량이 M인 진자를 이용해서 노출부를 가격하게 한다면 시편의 윗 부분이 파괴후에 날아가게 된다. 추가 원래 시편중심부로부터 높이 h에 있다가 낙하하여 시편을 가격하므로 처음의 에너지는 $E_o = Mgh$ 라고 할 수 있다. 에너지 수지식을 구하라.

제3장

실험 데이터의 수치해석

여기서 배우는 수치해석은 공과대학에서 2~3학년 때 개설되는 수치해석과 달리 실험 데이터를 가공하기 위한 수치해석이다. 대부분의 교과서에서 다루는 일반적인 수치해석은 데이터에 측정오차나 제어오차가 포함되어 있지 않은 것으로 간주한다. 일반적인 수치해석에서 다루는 오차는 컴퓨터에 수치를 저장하면서 발생되는 반올림 오차(round-off error)나 미분식이나 적분식 또는 테일러 전개 등을 유한화 시키면서 발생되는 절단오차(truncation error)들이지만 여기서 다루는 오차에는 실험과 관련된 필수적이며 통계적인 오차가 포함된다.

11. 회귀분석의 수치해석

이미 3절에서 회귀분석에 대해서 공부한 바가 있다. 그런데도 불구하고 이 절에서 다시 회귀분석을 다루는 이유는 Sigmaplot™의 Regression Wizard만으로 다룰 수 없는 몇 가지 회귀분석을 위한 수치해석법을 공부하기 위함이다. 수학적 논의가 부담스러운 독자라면 3절의 내용만으로도 4장의 종합적 응용을 공부하는데 큰 불편이 없으니 이 절을 건너 뛰어도 좋을 것이다. 하지만 실험 데이터로부터 더 풍부한 정보를 추출하고 싶은 독자라면 약간의 중복이 있더라도 이 절을 공부할 필요가 있다.

11.1. 최소제곱법

기본원리

당분간 일변수함수의 회귀분석에만 집중하겠다. 회귀분석은 주어진 함수관계 $y = f(x | c_1, \cdots, c_n)$의 매개변수 $\{c_k\}$들을 실험 데이터로부터 결정하는 통계적인 방법이다. 일반적으로 실험 데이터의 개수를 N_d 라고 하면 $N_d > n$ 인 경우를 다룬다. 만약에 $N_d \le n$ 이면 바람직한 결과가 나오지 않을 가능성이 높다. 오차를 고려하게 되면

$$y_\alpha = \phi(x_\alpha | \{c_k\}) + e_\alpha \quad (\alpha = 1, 2, \cdots, N_d) \tag{11.1}$$

의 관계를 가진다. 복합오차 e_α 들의 제곱합이 최소화되는 조건으로 매개변수 $\{c_k\}$를 구하는 방법을 최소제곱법(least square method)라고 부른나. 식 (1)로부터 오차의 제곱합은 다음이 된다

$$\chi \equiv \sum_{\alpha=1}^{N_d} \left[\phi(x_\alpha | \{c_k\}) - y_\alpha \right]^2 . \tag{11.2}$$

식 (2)에서 x_α 와 y_α 는 데이터로 주어지므로 오차 제곱합 χ는 매개변수들에 대한 다변수 함수이다. 이 함수가 최소화되는 필요조건(necessary condition)은 앞에서 논의했듯이

$$\frac{\partial \chi}{\partial c_h} = 0 \quad (k = 1, 2, \cdots, n) \tag{11.3}$$

이다. 식 (3)이 필요조건이기 때문에 식 (3)을 만족하는 매개변수가 반드시 χ를 최소화하는 것은 아니다. 식 (3)을 만족하는 매개변수는 운이 나쁘면 χ의 변곡점이나 극대점일 수 있고 전역적 최소(global minimum)가 아닌 극소(local minimum)일 수도 있기 때문이다. 하지만 최소제곱법은 식 (3)으로 얻은 방정식의 해인 $\{c_k^*\}$를 최적의 매개변수들로 가정하는 방법이다. 따라서 최악의 경우 바람직한 매개변수를 얻을 수 없을 수도 있지만 최소제곱법은 가장 간단한 이론이면서 성공사례가 많기 때문에 가장 많이 사용되는 매개변수 결정법 중의 하나이다. 여기서는 식 (3)이 올바른 결과를 준다는 기대하에 이론을 설명하고자 한다. 이 방법이 좋지 못한 결과를 주는 경우의 대부분은 매개변수의 개수가 매우 많으면서 그 크기들이 많은 차이를 보일 때이다. 그런 경우에는 몬테카를로 방법을 사용하는 것이 좋다. 사실 다변수함수의 전역적인 최소를 찾는 일반적이며 항상 올바른 결과를 주는 방법은 저자의 지식 범위에서는 없다.

식 (2)를 식 (3)에 적용하게 되면 다음의 정규방정식(normal equation)을 얻게 된다.

$$\sum_{\alpha=1}^{N_d}\left[\phi\left(x_\alpha \mid \{c_k\}\right)-y_\alpha\right]\frac{\partial\phi\left(x_\alpha \mid \{c_k\}\right)}{\partial c_i}=0, \quad i=1,2,\cdots,n. \tag{11.4}$$

만약 함수식이 다항함수가 아니라면 식 (4)는 비선형 연립방정식이 된다. 비선형 연립방정식을 푸는 수치해법으로 뉴턴-랩슨 방법(Newton-Raphson method)과 같은 그래디언트 방법, 심플렉스 방법(simplex method)과 같은 기하학적 접근법이 있다[박성현, 2007]. 여기서는 그래디언트 방법인 뉴턴-랩슨 방법과 이에 대한 보완적인 방법인 레벤버그-마쿼르트(Levenberg-Margqurdt method)만을 설명하겠다.

그래디언트 방법

뉴턴-랩슨 방법을 미지수가 하나인 비선형방정식 $f(x)=0$에서부터 설명하겠다. 왜냐하면 회귀분석이 식 (4)의 정규방정식(일반적으로 비선형방정식)을 푸는 것이기 때문이다. 물론 최종적으로는 식 (4)의 n개의 미지수에 대한 연립방정식을 푸는 방법도 설명할 것이다.

수식 $f(x)=0$을 1차까지 $x=x_0$를 중심으로 테일러 전개를 하면 다음이 된다.

$$f(x_0)+f'(x_0)(x-x_0)\approx 0. \tag{11.5}$$

이 식을 x에 대해서 정리하고 x를 x_1으로 바꾸어 써 보자. 그러면

$$x_1 \approx x_0 - \frac{f(x_0)}{f'(x_0)} \tag{11.6}$$

이 된다. 여기서 x의 초기값 x_0 는 임의로 선정할 수가 있다. 식 (6) 자체가 근사식이므로 선택한 x_0 로부터 구한 x_1 은 $f(x)=0$ 의 정확한 해가 아니다. 따라서 x_1을 식 (6)의 x_0 자리에 대입하고 구한 값을 x_2 라고 하면 x_2 는 아마도 x_1 보다 해에 가까운 값이 될 것으로 예상된다. 즉, 다음과 같은 반복식을 사용하는 것이다.

$$x_{r+1} = x_r - \frac{f(x_r)}{f'(x_r)}. \tag{11.7}$$

컴퓨터는 반복계산을 인간보다 엄청나게 빠르고 정확하게 수행한다. 따라서 현대의 개인용 컴퓨터로는 순식간에 식 (7)을 따라 수백 차례 반복계산을 할 수 있고 해에 매우 가까운 답을 얻을 수 있게 된다.

예를 들어 $x^2 - 2 = 0$ 이라는 문제를 푼다면 식 (7)은 다음이 된다.

$$x_{r+1} = x_r - \frac{x_r^2 - 2}{2x_r} \tag{11.8}$$

그러면 $x_0 = 3$ 으로부터 시작해 보자. 그러면

$$\begin{aligned} &x_1 = 3 - \frac{3^2 - 2}{2 \times 3} = 1.8333; \quad x_2 = 1.8333 - \frac{1.8333^2 - 2}{2 \times 1.8333} = 1.4621 \\ &x_3 = 1.4621 - \frac{1.4621^2 - 2}{2 \times 1.4621} = 1.4150 \end{aligned} \tag{11.9}$$

가 얻어진다. 그런데 $\sqrt{2} \approx 1.41421356$ 이므로 유효숫자 3개까지는 세 번의 반복계산으로 얻어진다. 그런데 방정식 $x^2 - 2 = 0$ 의 해는 $x = \pm\sqrt{2}$ 이지만 식 (9)는 오로지 하나의 해만을 알려준다. 만약 $x_0 = -3$ 으로 시작했다면 -1.4142 가 얻어졌을 것이다.

이 방법의 단점은 식 (7)에서 만약 $f'(x_r) = 0$ 이면 계산이 더 이상 진행되지 못하는 것이다. 이 경우 이분법(bisection method)나 고정점 반복법(fixed-point iteration) 등의 다른 방법을 사용하여야 할 것이다. 하지만 다른 방법들도 나름대로의 단점을 가지고 있다. 만능인 수치해법은 없다고 보아야 할 것이다. 다른 방법에 관심이 있

는 독자는 Atkinson, 1978과 같은 일반적인 수치해석 교과서를 공부하기 바란다.

식 (7)에서 알 수 있듯이 뉴턴-랩슨 방법은 함수의 미분으로 유도된 식이다. 그렇기 때문에 이 방법을 그래디언트 방법이라고 부른다. 왜 그래디언트 방법이라고 부르는지에 대해서 확실히 인식되려면 미지수의 개수가 둘 이상인 경우를 공부해야 한다. 즉 다음과 같은 미지수가 두 개인 경우를 생각하자.

$$f_1\left(x_1,x_2\right)=0; \quad f_2\left(x_1,x_2\right)=0. \tag{11.10}$$

미지수가 둘이니 방정식도 두 개이어야 해를 구할 수 있다. 두 방정식에 대해서 테일러 전개를 하면 다음이 얻어진다.

$$\begin{aligned} f_1\left(x_1^{(0)}, x_2^{(0)}\right)+\left(\frac{\partial f_1}{\partial x_1}\right)_{\substack{x_1=x_1^{(0)}\\ x_2=x_2^{(0)}}}\left(x_1-x_1^{(0)}\right)+\left(\frac{\partial f_1}{\partial x_2}\right)_{\substack{x_1=x_1^{(0)}\\ x_2=x_2^{(0)}}}\left(x_2-x_2^{(0)}\right)=0; \\ f_2\left(x_1^{(0)}, x_2^{(0)}\right)+\left(\frac{\partial f_2}{\partial x_1}\right)_{\substack{x_1=x_1^{(0)}\\ x_2=x_2^{(0)}}}\left(x_1-x_1^{(0)}\right)+\left(\frac{\partial f_2}{\partial x_2}\right)_{\substack{x_1=x_1^{(0)}\\ x_2=x_2^{(0)}}}\left(x_2-x_2^{(0)}\right)=0. \end{aligned} \tag{11.11}$$

당연히 $x_i^{(0)}$ 는 추정하여 선택해야 하는 초기값을 의미한다. 이 식을 행렬로 표현하면 다음이 된다.

$$\begin{bmatrix} \left(\dfrac{\partial f_1}{\partial x_1}\right)_0 & \left(\dfrac{\partial f_1}{\partial x_2}\right)_0 \\ \left(\dfrac{\partial f_2}{\partial x_1}\right)_0 & \left(\dfrac{\partial f_2}{\partial x_2}\right)_0 \end{bmatrix} \begin{bmatrix} x_1-x_1^{(0)} \\ x_2-x_2^{(0)} \end{bmatrix} = -\begin{bmatrix} f_1\left(x_1^{(0)}, x_2^{(0)}\right) \\ f_2\left(x_1^{(0)}, x_2^{(0)}\right) \end{bmatrix}. \tag{11.12}$$

여기서 $\left(\partial f_i/\partial x_k\right)_0$ 는 $x_1=x_1^{(0)}$, $x_2=x_2^{(0)}$ 에서의 편미분 $\partial f_i/\partial x_k$ 의 값을 말한다.

식 (12)의 2×2 행렬을 $\mathbf{G}_0$ 라고 하고 좌변의 열 벡터를 $\mathbf{x}-\mathbf{x}_0$ 라고 표시하며 우변의 열 벡터를 $\mathbf{f}_0$ 라고 표시하면 식 (12)는 다음과 같이 간결하게 쓸 수 있다.

$$\mathbf{G}_0\cdot\left(\mathbf{x}-\mathbf{x}_0\right)=-\mathbf{f}_0, \tag{11.13}$$

만약에 행렬 $\mathbf{G}_0$ 가 역행렬 $\mathbf{G}_0^{-1}$ 를 가진다면

$$\mathbf{x}=\mathbf{x}_0-\mathbf{G}_0^{-1}\cdot\mathbf{f}_0 \tag{11.14}$$

가 얻어진다. 따라서 $\mathbf{G}_0^{-1}$ 가 존재하지 않으면 이 수치해석법을 사용할 수 없게 된다. 식 (14)를 이용해서 다음과 같은 반복식을 얻는다.

$$\mathbf{x}_{r+1} = \mathbf{x}_r - \mathbf{G}_r^{-1} \cdot \mathbf{f}_r. \tag{11.15}$$

물론 여기서 첨자 r과 $r+1$은 반복회수를 표시한다. 행렬로 표시된 식 (15)는 n개의 미지수에 대한 것으로 확장하여도 같은 식으로 표현된다. 다만 행렬 $\mathbf{G}_r$이 $n \times n$행렬이 되고 열 벡터들도 $n \times 1$ 행렬이 될 뿐이다. 물론 $\mathbf{G}_r$은 $\mathbf{x}_r$에서의 편미분으로 이루어진 행렬을 의미한다.

만약 행렬 $\mathbf{G}_r$의 행렬식(determinant)이 영이라면 역행렬이 존재하지 못하게 되어서 뉴턴-랩슨 방법은 더 이상 반복되지 못하게 된다. 레벤버그-마쿼르트 방법은 식 (4)의 비선형 방정식에 대해서 역행렬이 존재하지 않는 경우를 해결하기 위해서 개발된 방법이다. 일종의 티크호노프 정규화방법(Tikhonov regularization method)을 도입한 방법으로 자세한 내용은 Cho, 2016을 참조하기 바란다. 그러나 아주 특별한 문제를 푸는 것[Bae and Cho, 2015]이 아니라면 레벤버그-마쿼르트 방법으로 직접 프로그래밍을 할 필요는 없다. Sigmaplot™과 같은 과학용 그래프 작성을 도와주는 상업화된 프로그램에서 레벤버그-마쿼르트 방법으로 비선형 회귀분석을 해주기 때문이다.

직접 프로그램을 할 필요가 없다고 해도 상용 프로그램의 그래디언트 방법을 사용하는 데 있어 다음과 같은 주의할 사항들을 숙지할 필요가 있다.

[1] 초기값 추정의 문제

그래디언트 방법은 일단 매개변수의 초기값을 짐작해서 입력해 주어야만 한다. 그런데 매개변수의 개수가 많을 경우 최적값에 비해서 초기값이 너무 차이가 많이 나면 간혹 엉뚱한 결과를 줄 수 있다. 매개변수가 양수값을 가져야 하는데 음수값이 나오는 경우가 있는데 이 경우 Sigmaplot™ 같은 프로그램에서는 매개변수에 제한식을 줄 수가 있다. 하지만 이 제한식을 선택하게 되면 초기값의 추정이 부정확하게 되었을 때 더 엉뚱한 값이 나오기도 한다 즉 $c_1 \geq 1$로 주게 되면 초기값을 어떤 것을 주든지 $c_1^* = 1.0000$의 값이 나오기도 한다.

[2] 함수 변화범위의 문제

함수값이 10^5에서 10^{-5} 범위로 변하고 있다고 하면 상업용 프로그램은 식 (2)를 최소화 하도록 프로그램이 되어 있기 때문에 1이하의 작은 값은 제대로 그 편차를

반영하지 못한다. 따라서 이런 함수에 대한 회귀분석을 할 경우 식 (2) 대신

$$\chi' \equiv \sum_{\alpha=1}^{N_d} \left[1 - \frac{\phi\left(x_\alpha \middle| \{c_k\}\right)}{y_\alpha} \right]^2 \tag{11.16}$$

의 상대적인 오차의 제곱합을 최소화하는 알고리즘을 선택해야 한다. 하지만 상용 프로그램은 이런 선택을 허용하지 않는 것이 많다. 그런데 만약 $f\left(x\middle|\{c_k\}\right) > 0$ 을 항상 만족한다면

$$\chi'' \equiv \sum_{\alpha=1}^{N} \left[\log y_\alpha - \log \phi\left(x_\alpha \middle| \{c_k\}\right) \right]^2 \tag{11.17}$$

이 되도록 함수식과 데이터를 바꾸어 주면 된다. 만약 독립변수도 $x > 0$ 인데 로그 스케일로 변하는 특성이 있다면 x 대신에 $\log x$ 로 대체해 주는 수식을 사용해야 한다.

[3] 매개변수 변화범위의 문제

매개변수의 최적값이 $0 < a_1 \sim 10^{-3}$ 과 $a_2 \sim 10^3$ 정도의 크기 규모를 가진다면 초기값에 대한 크기의 정보가 없을 경우 상업용 프로그램은 역시 엉뚱한 값을 출력한다. 이 경우 매개변수 a_1 과 a_2 대신에 $\beta_1 \equiv \log a_1$ 과 $\beta_2 = \log a_2$ 로 수식을 변경해 주면 β_k 의 초기값을 $|\beta_k| \sim 1$ 정도로 대충 입력해도 올바른 결과가 나오게 된다. 이러한 매개변수 변환을 하지 않으면 일주일 동안 시행착오를 겪어야 경우 바람직한 결과를 얻을지도 모른다. 실제 그런 경우가 석사과정학생들 중에 있었다.

Sigmaplot™을 이용한 비선형회귀 사례 1

어떤 실험결과가 그림 11.1과 같이 얻어졌다고 하자. 대략 $x \approx 2$ 과 $x \approx 8$ 에서 두 개의 봉우리가 보인다. 하지만 두 봉우리 사이가 부분적으로 직선처럼 보이는 것으로 보아 두 봉우리 사이에 작은 봉우리가 가려서 안보이는 것처럼 보인다. $x \approx 5$ 정도에 작은 봉우리가 있을 것이라고 생각할 수 있다. 하나의 봉우리 함수에 대해서 대략 3개의 매개변수가 필요하다. 이는 어떤 봉우리 함수를 선택해도 비슷할 것이다. 따라서 9개의 매개변수를 구해야 하는데 과연 비선형 회귀분석으로 데이터에 맞는 의미있는 결과가 나오는 지 확인해 보기로 하자. 우선 봉우리 함수로

식 (4.23)의 코쉬-로렌츠 함수를 간단히 만든 다음의 함수를 사용하기로 하자.

$$\phi_k(x) = a_k \left[1 + \left(\frac{x - x_k}{w_k} \right)^2 \right]^{-1}. \tag{11.18}$$

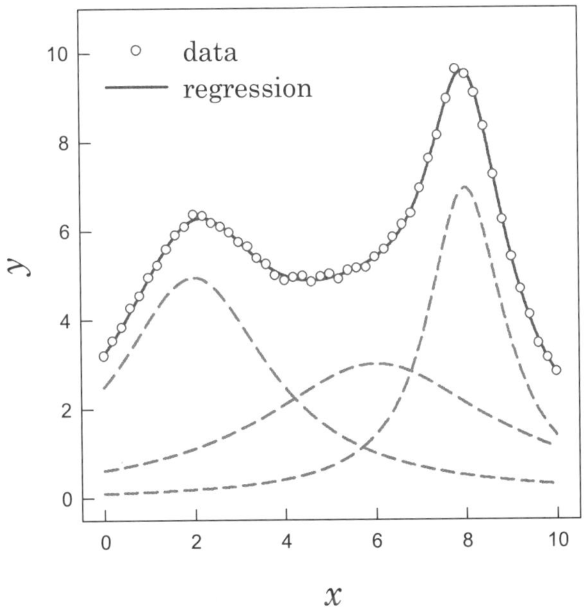

그림 11.1. 봉우리 함수의 분해.

데이터를 보니 약간의 측정오차를 가진 것 같다. 사실 정규분포(평균 0, 표준편차 0.01)로부터 가상의 측정오차를 넣은 데이터이다. 따라서 데이터는

$$y_\alpha = \sum_{k=1}^{3} \phi_k(x_\alpha) + e_\alpha \tag{11.19}$$

라고 할 수 있다. 식 (19)의 함수식으로 SigmaPlot의 regression wizard 기능을 적용하여 9개의 매개변수를 구하려고 한다. 초기조건으로 봉우리의 중심 위치를 $x_1 = 2$, $x_2 = 5$, $x_3 = 8$ 로 놓고 나머지 매개변수는 모두 1로 입력하기로 하자. 회귀분석으로 구한 매개변수의 값은 다음과 같다.

표 11.1. 예제 1의 회귀분석 결과 비교

k	봉우리 위치, x_k		봉우리 폭, w_k		봉우리 높이 a_k	
	원래값	회귀분석	원래값	회귀분석	원래값	회귀분석
1	2	1.9975	2	2.0054	5	4.9546
2	6	6.0109	3	3.0679	3	3.0034
3	8	7.9921	1	1.0051	7	6.9504

이 문제는 초기값을 구하기 비교적 쉬운 문제였기 때문에 $a_k = w_k = 1$로 두어도 바람직한 결과가 나왔다. 그런데 x_k 들 사이의 차이가 매우 좁다면 이렇게 좋은 결과를 기대하기 어렵다.

Sigmaplot™을 이용한 비선형회귀 사례 2

고분자용융체의 점도는 전단변형률속도(전단속도, shear rate)와 온도의 함수로 다음의 모델을 잘 따르는 것으로 알려져 있다.

$$\eta(\dot{\gamma}, T) = \frac{\eta_o(T)}{\left\{1 + \left[\eta_o(T)\dot{\gamma}/\tau_o\right]^a\right\}^b}; \quad \eta_o(T) = h \exp\left(\frac{T_a}{T}\right). \tag{11.20}$$

식 (20)을 까루 모형(Carreau model)이라고 부른다[Bird, Armstrong and Hassager, 1987]. 일반적인 고분자 용융체에서 $0 < ab < 1$로 알려져 있으며 또한 $0 < a < 1$이고 $0 < b < 1$ 이 일반적으로 성립된다. 그런데 보통 $0 < h \ll 1\,\mathrm{Pa \cdot s}$ 이며 $T_a > 10^3\,\mathrm{K}$ 이며 $1 \le \eta(\dot{\gamma}, T) \le 10^6\,\mathrm{Pa \cdot s}$ 으로 추정된다. 전단속도의 범위는 측정에 사용된 기기에 따라서 다른데 회전형 레오미터(rotational rheometer)의 경우 $10^{-2} \le \dot{\gamma} \le 10^2\,\mathrm{s}^{-1}$, 모세관 레오미터(capillary rheometer)의 경우 $10^1 \le \dot{\gamma} \le 10^4\,\mathrm{s}^{-1}$로 알려져 있다. 또한 온도에 따라서 전단속도의 범위가 달라질 수도 있다. 따라서 일반적인 실험 데이터는 식 (20)의 일부분만을 보여줄 뿐이다.

식 (20)에서 $\eta_o\dot{\gamma}/\tau_o \ll 1$이라면 $\eta(\dot{\gamma}, T) \approx \eta_o(T)$가 된다. 따라서 여러 온도에 대해서 $\eta_o\dot{\gamma}/\tau_o \ll 1$를 만족하는 전단속도의 점도만을 가지고 $\eta_o(T)$를 결정할 수 있다면 각 온도에서의 데이터를 모아서 아레니우스 작도로 h와 T_a를 결정할 수 있을 것이다. 하지만 측정하는 모든 온도에서 $\eta_o\dot{\gamma}/\tau_o \ll 1$를 만족하는 전단속도 범위가 측정범위 안에 있지 못할 수 있다. 만약에 $\eta_o \dot{\gamma}/\tau_o \gg 1$ 이면 식 (20)은

$$\eta(\dot{\gamma}, T) \approx \eta_o(T)^{1-ab} \tau_o^{ab} \dot{\gamma}^{-ab} \tag{11.21}$$

의 점근거동을 하게 되므로 이중 로그 작도로 지수의 곱 ab와 τ_o^{ab}를 구할 수 있을지도 모른다. 하지만 높은 온도에서의 전단속도 범위가 $\eta_o \dot{\gamma}/\tau_o \gg 1$를 만족하지 못할 수 있다. 따라서 총 5개의 매개변수의 초기값을 알맞게 구해내기 어렵다. 더군다나 전단속도와 점도의 변화가 로그 스케일이고 어떤 매개변수의 크기는 1 정도이지만 어떤 매개변수는 1보다 매우 작고 어떤 매개변수는 1보다 매우 크다. 따라서 시행착오로 초기값을 입력해서 바람직한 회귀분석결과가 얻어지기 매우 어렵다.

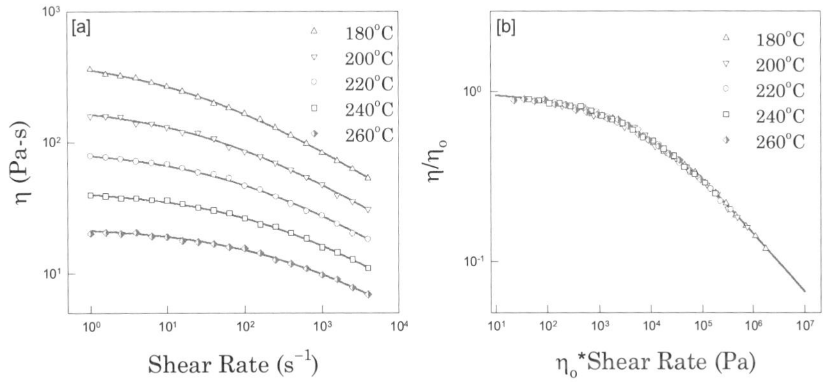

그림 11.2. 고분자용융체의 점도를 까루 모형(Carreau model)로 회귀분석한 결과와 까루 모델을 이용한 중첩곡선.

그림 11.2의 데이터는 5개의 온도 (T = 180, 200, 220, 240, 260°C)와 $10^0 \le \dot{\gamma} \le 10^3\,\mathrm{s}^{-1}$에 대해서 측정한 결과를 모사한 데이터이다. 실선은 회귀분석한 결과이고 기호는 데이터로 식 (20)에 평균 0, 표준편차 1의 정규분포로 생성한 통계적오차를 2%으로 더한 것이다.

그림 11.2[a] 로만 보면 바람직한 회귀분석결과이다. 이 결과를 얻기 위해서 매개변수의 초기값을 올바르게 추정해야 하는데 그림 11.2[a]의 데이터는 식 (21)의 점근거동이 약하게 나타나서 ab를 추정하기 어렵다. 하지만 이 두 지수는 영과 1 사이의 값이므로 회귀분석 프로그램이 쉽게 결정해줄 것으로 기대한다. 하지만 h, T_u, τ_0는 매우 작은 수이거나 매우 큰 수이기 때문에 적절하게 추정해주지 않으면

바람직한 결과가 나오기 어렵다. 식 (20)은 $\eta_o \dot{\gamma}/\tau_o \approx 1$ 부근에서 $\eta(\dot{\gamma}, T) \approx \eta_o(T)$에서 식 (21)의 점근거동으로 바뀌어야 하는데 온도별로 η_o가 다르고 h와 τ_o를 추정하기 어렵다. 따라서 매개변수에 대해서 다음과 같은 변환을 추가한다.

$$h = \exp(\bar{h}); \quad \tau_o = \exp(\bar{\tau}_o) \tag{11.22}$$

물론 $T_a = \exp(\bar{T}_a)$로 변환할 필요가 있을 수도 있으나 식 (20)에서 보듯 T_a/T는 아주 큰 수가 되기 어렵기 때문에 이 정도는 레벤버그-마쿼르트 알고리즘이 충분히 해결해 줄 것으로 기대된다. 새로운 매개변수 $\bar{h}$와 $\bar{\tau}_o$는 지수이기 때문에 1 정도의 크기로 주어도 프로그램이 알아서 적당한 값을 찾아준다.

이렇게 식 (22)를 이용하여 회귀분석을 끝내면, 구해진 h와 T_a를 이용해서 $\eta_o(T)$를 온도별로 구할 수 있게 된다. 그런데 매개변수 a, b, τ_o는 상수들이므로 식 (20)으로부터 $\eta(\dot{\gamma}, T)/\eta_o(T)$를 $\eta_o(T)\dot{\gamma}$의 함수로 그리게 되면 모든 온도의 데이터들이 하나의 중첩곡선을 이룬다는 것을 안다. 이를 그림 11.2[b]에 나타내었다. 매우 흡족한 결과이다. 하지만 문제가 있다.

이 데이터는 아래표의 수치로 생성된 데이터에 2% 수준의 통계적 오차를 더한 것이다. 그런데 회귀분석한 결과는 τ_o와 지수 a, b에서 많은 차이를 보인다. 하지만 a와 b의 개별적인 차이는 크지만 a와 b의 곱은 0.35와 0.37로 많이 비슷하다. 따라서 높은 전단속도의 데이터가 있었다면 더 정확한 지수값들이 얻어졌을 것이라고 추정된다.

표 11.2. 예제 2의 회귀분석 결과 비교

	h(Pa-s)	T_a (K)	τ_o (Pa)	a	b	ab
원래값	1×10^{-6}	9×10^{3}	5×10^{3}	0.5	0.7	0.35
회귀분석	1.098×10^{-6}	8.981×10^{3}	7.274×10^{3}	0.4236	0.8746	0.3705

측정오차를 고려하게 되면 점도 문제는 아주 정확하게 매개변수들을 결정할 수는 없지만 그림 11.2[b]에서와 같은 중첩의 결과는 아주 잘 파악할 수 있게 된다. 이는 상대적으로 h와 T_a가 원래값에 가깝게 잘 구해졌기 때문이다.

11.2. 다항함수의 회귀분석

앞절의 두 사례는 함수식이 주어진 데이터에 관한 회귀분석이다. 하지만 경우에 따라서 함수식을 모를 경우에도 일반적인 함수로 회귀분석을 할 필요가 있다. 예를 들면 13절에서 배울 실험오차가 있는 데이터의 수치미분이 되겠다. 그 외에도 6절의 응답함수의 규명에서도 이러한 문제를 만나게 된다. 그런데 4.2절에서 언급한 바와 같이 폐구간에서 정의된 임의의 연속함수는 바이에스트라스 정리에 의해서 N차의 다항식으로 근사가 된다. 따라서 N차 다항식의 회귀분석은 중요한 문제이다.

기초적인 방법

다음과 같은 다항식 근사를 생각해 보자.

$$y_\alpha = \sum_{k=0}^{N} c_k x_\alpha^k + e_\alpha\,. \tag{11.23}$$

그러면 오차 제곱합은

$$\chi \equiv \sum_{\alpha=1}^{N_d}\left(y_\alpha - \sum_{k=0}^{N} c_k x_\alpha^k\right)^2 \tag{11.24}$$

이 된다. 식 (24)에서 알 수 있듯이 χ는 매개변수들에 대해서 완전제곱의 형식으로 이루어져 있다. 따라서 χ의 극점이 전역적 최소가 된다. 그러면 정규방정식은 다음과 같은 선형 연립방정시이 된다.

$$\sum_{k=0}^{N}\left\langle x^{i+k}\right\rangle c_k = \left\langle x^i y\right\rangle, \tag{11.25}$$

여기서

$$\left\langle x^{i+k}\right\rangle \equiv \frac{1}{N_d}\sum_{\alpha=1}^{N_d} x_\alpha^{i+k};\quad \left\langle x^m y\right\rangle \equiv \frac{1}{N_d}\sum_{\alpha=1}^{N_d} x_\alpha^m y_\alpha \tag{11.26}$$

이다. 식 (25)의 $\left\langle x^{i+k}\right\rangle$는 $(N+1)\times(N+1)$ 행렬의 i행, k열의 성분이므로 그 행렬은 대칭행렬이고 역행렬이 존재하는 행렬이다. 따라서 이론적으로는 $\{c_k\}$를 유일하게 결정할 수 있다.

하지만 대각성분보다 비대각성분들 즉 $\left\langle x^{i+k}\right\rangle$에서 $i \neq k$인 성분들이 너 클 기능성이 많다. 이는 다항식의 차수 N이 증가할수록 심해진다. 따라서 N이 매우 커지면 식 (25)를 수치해법으로 풀어야 하는데 행렬의 이러한 특징 때문에 적정한 계수 c_k 들이 구해지지 않게 될 가능성이 높아진다. 아무리 좋은 선형 연립 방정식의 수치해법이 있더라도 이러한 문제는 해결되지 않는다. 게다가 데이터를 N차 다항식으로 회귀분석해서 얻은 계수를 $\left\{c_k^{(N)}\right\}$, 같은 데이터를 $M > N$ 차로 회귀분석해서 얻은 계수를 $\left\{c_k^{(M)}\right\}$ 이라고 한다면 그리고 두 회귀분석 모두 높은 R^2 를 보인다면

$$c_k^{(N)} \approx c_k^{(M)} \quad (0 \le k \le N) \tag{11.27}$$

이어야 할 것인데 불행하게도 N이 적당히 클 때도 그렇지 않은 경우가 있다.

이러한 문제들을 가지고 있다고 해도 차수가 매우 높지 않다면 다항식 회귀분석은 매우 유용한 방법이다. 식 (25)를 풀어서 계수를 구할 수도 있지만 상용 프로그램이 제공하는 레벤버그-마쿼르트 알고리즘에 기초한 비선형 회귀분석도 차수가 아주 높지 않다면 같은 결과를 준다. 하지만 이 알고리즘도 높은 차수의 다항식에는 같은 단점들을 가지고 있다. 독자 중에는 레벤버그-마쿼르트 알고리즘이 그래디언트 방법이기 때문에 N이 클 경우 초기값 선정이 매우 중요할 것 같으나 식 (25)를 푸는 일반적인 다항식 회귀분석은 초기값 의존성이 매우 낮은 편이다. 그리고 식 (24)의 χ는 매개변수들의 완전 제곱형이므로 유일한 전역 최소점을 가지기 때문에 그래디언트 방법도 초기값 선정할 때 심각한 문제가 거의 발생하지 않게 된다. 식 (25)와 같은 선형 연립방정식을 푸는 수치해석 알고리즘 중에는 그래디언트에 기초한 반복법도 있기 때문에 다항식 회귀분석의 경우 선형 연립방정식을 푸는 방법이 레벤버그-마쿼르트 알고리즘 보다 반드시 우월하다고 할 수는 없다.

참함수가 $f(x) = \operatorname{sech} x$ 인 것을 모르고 다항식 회귀분석을 한다고 가정해 보자. 데이터는 $0 < x_\alpha \le 5$ 으로 주어졌다고 하자. 사실 하이퍼볼릭 시컨트 함수는 테일러 전개를 하면 에 대해서 다음의 무한급수가 수렴한다.

$$\begin{aligned} \operatorname{sech} x &= \frac{1}{\cosh x} \\ &= 1 - \frac{1}{2!}x^2 + \frac{5}{4!}x^4 - \frac{61}{6!}x^6 + \frac{1385}{8!}x^8 - \frac{50521}{10!}x^{10} + \cdots \end{aligned} \tag{11.28}$$

하지만 문제는 $0 < x \le 5$에 대한 것이다.

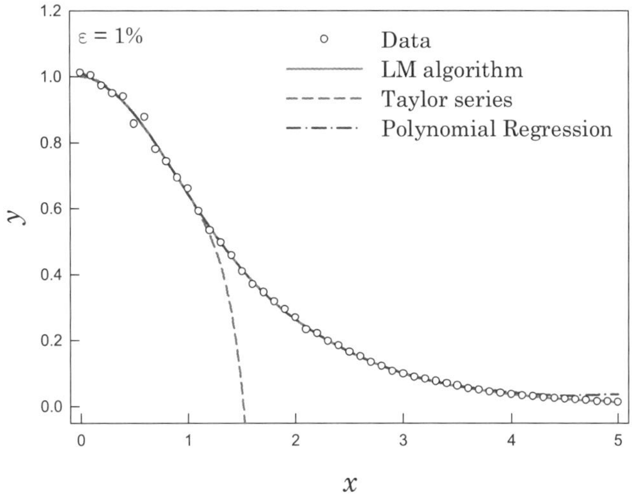

그림 11.3. 테일러 급수전개와 회귀분석의 비교. 10차 다항함수에 대한 레벤버그-마쿼르트 알고리즘과 다항식 회귀분석 알고리즘이 데이터의 상한 부근에서 약간의 차이를 보이고 있다.

그림 11.3은 1% 수준의 통계적 오차를 더한 데이터를 레벤버그-마쿼르트 알고리즘(LM algorithm) 및 식 (25)의 알고리즘으로 다항식 회귀분석 한 결과와 식 (28)의 10차까지 전개한 테일러 전개를 비교한 것이다. LM 알고리즘의 경우 $R^2 = 0.9994$ 가 얻어졌고 다항식 회귀분석의 일반적인 알고리즘(polynomial regression으로 표기함) 즉, Sigmaplot™의 역행렬 알고리즘으로 식 (35)를 푼 경우에는 $R^2 = 0.9989$ 가 얻어졌다. 이 문제에 대해서는 오히려 레벤버그-마쿼르트 알고리즘이 더 좋은 결과를 준 것 같다. LM 알고리즘을 사용할 때 초기조건은 모든 매개변수를 1로 하였다. 그림 11.3과 같은 데이터에 대해서는 일반적인 다항식 회귀분석이 바람직한 결과를 주었지만 데이터가 많은 극대와 극수를 가지는 $f(x) = e^{-x/\lambda_1}\cos(x/\lambda_2)$ 와 같은 데이터에 대해서는 두 회귀분석법 모두가 좋은 결과를 주지 못한다. 그림 11.4가 바로 그러한 예이다.

그림 11.4에서 볼 수 있듯이 식 (25)의 알고리즘은 차수가 14일 때 심지어 $R^2 \approx -9.3$ 이 얻어졌다. 회귀분석결과가 바람직하지 않을 경우에 비선형 회귀분석의 결정계수가 음의 값을 가지기도 한다. 식 (25)의 알고리즘이 이러한 결과를 주는 이유는 Sigmaplot™의 역행렬을 구해주는 알고리즘에 문제가 있기 때문인 것으로 보인다. 하지만 LM 알고리즘은 차수가 15일 때도 비슷한 결과를 주지만 정확하지

는 않다. 결정계수가 $R^2 < 0.95$ 이다.

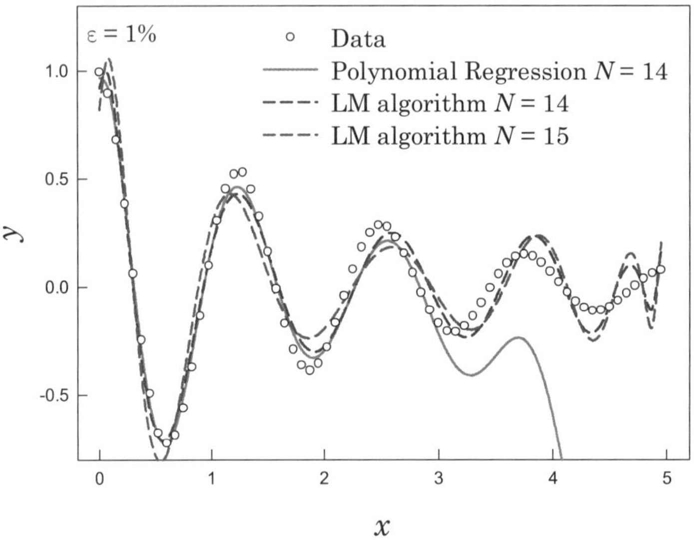

그림 11.4. 고차 다항함수를 이용한 회귀분석의 실패사례. 다항함수 회귀와 레벤버그-마쿼르트 알고리즘 모두가 차수가 높은데도 불구하고 좋지 못한 결과를 보여준다.

많은 극대와 극소를 가지는 데이터에는 다항식 회귀분석을 적용할 수 없는가? 사실 이러한 문제가 발생한 이유는 식 (25)의 정방행렬에 있다. 선형 연립방정식을 수치적으로 풀 때 행렬의 대각성분의 절대값이 비대각성분의 절대값에 비해서 월등히 클 경우 이러한 문제는 거의 발생하지 않지만 그 반대일 때는 수치해법이 정확한 해를 구해주지 못한다.

직교다항식(orthogonal polynomial)을 사용하면 이러한 문제가 해결된다. 이를 위해서는 다항식을 표현하는 다른 방식인 직교다항식에 대해서 공부하여야 한다.

중회귀분석

직교다항식을 이용하는 회귀분석에 들어가기 전에 기초적인 다항함수 회귀분석과 매우 유사한 다변수 선형함수의 회귀분석에 대해서 간략히 언급하고자 한다. 왜냐하면 이는 다항함수 회귀분석과 매우 유사하기 때문이다. 다음과 같이 정의되는 함수를 다변수 선형함수라고 부른다.

$$\phi(x_1, x_2, \cdots, x_N) = c_0 + c_1 x_1 + c_2 x_2 + \cdots + c_N x_N. \tag{11.29}$$

이 어림함수에 대한 오차제곱합은 다음이 된다.

$$\chi = \sum_{\alpha=1}^{M} \left[y_\alpha - c_0 - \sum_{n=1}^{N} c_n x_n^{(\alpha)} \right]^2. \tag{11.30}$$

여기서 $x_k^{(\alpha)}$ 는 α 번째 측정에 사용된 제어변수 x_k 의 값을 의미한다. 따라서 식 (30)의 오차제곱합은 계수 c_k ($k = 0, 1, \cdots, N$)의 함수이다. 그러면 정규방정식은 다음과 같은 계수들의 일차 연립방정식이라는 것을 쉽게 유도할 수 있다.

$$\begin{aligned}
&\langle 1 \rangle_M c_0 + \langle x_1 \rangle_M c_1 + \langle x_2 \rangle_M c_2 + \cdots + \langle x_N \rangle_M c_N = \langle y \rangle_M ; \\
&\langle x_1 \rangle_M c_0 + \langle x_1^2 \rangle_M c_1 + \langle x_1 x_2 \rangle_M c_2 + \cdots + \langle x_1 x_N \rangle c_N = \langle x_1 y \rangle ; \\
&\langle x_2 \rangle_M c_0 + \langle x_2 x_1 \rangle_M c_1 + \langle x_2^2 \rangle_M c_2 + \cdots + \langle x_2 x_N \rangle c_N = \langle x_2 y \rangle ; \\
&\vdots \\
&\langle x_N \rangle_M c_0 + \langle x_N x_1 \rangle_M c_1 + \langle x_N x_2 \rangle c_2 + \cdots + \langle x_N^2 \rangle_M c_N = \langle x_N y \rangle .
\end{aligned} \tag{11.31}$$

여기서

$$\begin{aligned}
&\langle 1 \rangle_M = \frac{1}{M} \sum_{\alpha=1}^{M} 1 = 1; \quad \langle x_i x_k \rangle_M = \frac{1}{M} \sum_{\alpha=1}^{M} x_i^{(\alpha)} x_k^{(\alpha)} ; \\
&\langle x_i y \rangle_M = \frac{1}{M} \sum_{\alpha=1}^{M} x_i^{(\alpha)} y_\alpha
\end{aligned} \tag{11.32}$$

이다. 식 (31)은 x_k 를 x^k 으로 바꾸면 식 (25)와 같다는 것을 쉽게 알 수 있다. 식 (29)의 함수로 회귀분석하는 것을 중회귀분석이라고 부른다.

직교다항식 회귀분석

직교다항식에는 르장드르 다항식(Legendre polynomial), 체비셰프 다항식(Chebyshev polynomial), 에르미트 다항식(Hermite polynomial) 등 정의구역에 따라서 다양한 것들이 있다. 이에 대해서는 Cho(2016)에 정리되어 있으므로 참조하기 바란다. 여기서는 수치해석에 가장 많이 사용되는 제 1 종 체비셰프 다항식(Chebyshev polynomial of the first kind)에 대해서 먼저 설명하고 이를 이용한 회귀분석에 대해서 공부하기로 한다.

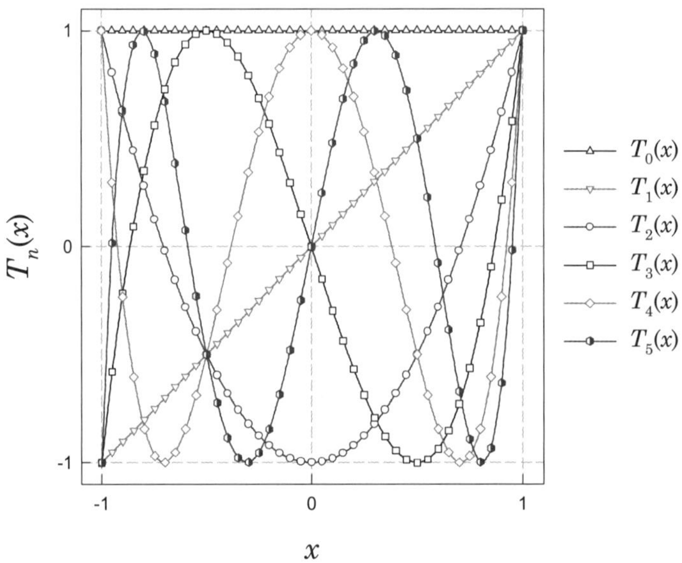

그림 11.5. 제 1종 체비셰프 다항함수(Chebyshev polynomial of the first kind)의 몇 가지 예.

제1종 체비셰프 다항식은 $-1 \le x \le 1$ 의 정의구역에 대해서 정의되며 몇 가지 예를 들면 다음과 같다.

$$\begin{aligned} &T_0(x)=1; \quad T_1(x)=x; \quad T_2(x)=2x^2-1 \\ &T_3(x)=4x^3-3x; \quad T_4(x)=8x^4-8x^2+1. \end{aligned} \tag{11.33}$$

임의의 차수에 대한 체비셰프 다항식 $T_n(x)$ 는 다음과 같은 반복식으로부터 구할 수 있다.

$$T_{n+1}(x)=2xT_n(x)-T_{n-1}(x). \tag{11.34}$$

여기서 $n>1$ 이다. 그림 11.5는 제 1 종 체비셰프 다항함수를 $n=5$ 까지 그린 것이다.

이 다항식을 직교다항식이라고 부르는 이유는 임의의 차수에 대해서

$$\int_{-1}^{1} \frac{T_n(x)T_m(x)}{\sqrt{1-x^2}}\mathrm{d}x = \begin{cases} 0 & \text{for } n \neq m \\ \pi & \text{for } n=m=0 \\ \frac{1}{2}\pi & \text{for } n=m\neq 0 \end{cases} \tag{11.35}$$

가 성립되기 때문이다. 왜 식 (35)가 직교성을 나타내는지에 대해서 궁금하다면 함수들에 대한 내적(inner product)이 무엇을 의미하는지에 대해서 공부하여야 한다. 함

수를 벡터로 간주하는 범함수해석(functional analysis)이라는 수학분야를 공부하여야 한다. 이에 대해서는 Cho, 2016을 참조하기 바란다.

일반적인 3차 다항식 $p(x)=c_0+c_1x+c_2x^2+c_3x^3$ 을 생각해 보자. 식 (33)으로부터

$$\begin{aligned}&1=T_0(x);\quad x=T_1(x);\quad x^2=\tfrac{1}{2}T_2(x)+\tfrac{1}{2}T_0(x);\\&x^3=\tfrac{1}{4}T_3(x)+\tfrac{3}{4}T_1(x)\end{aligned} \tag{11.36}$$

이므로

$$p(x)=\frac{c_3}{4}T_3(x)+\frac{c_2}{2}T_2(x)+\frac{3c_3+4c_1}{4}T_1(x)+\frac{c_2+2c_0}{2}T_0(x) \tag{11.37}$$

이라고 할 수 있다. 그러면 N차 다항식에 대해서도

$$p(x)=\sum_{k=0}^{N}c_kx^k=\sum_{k=0}^{N}b_kT_k(x) \tag{11.38}$$

이라고 할 수 있으며 계수 $\{c_k\}$와 $\{b_k\}$는

$$c_i=\sum_{k=0}^{N}A_{ik}^{(N)}b_k;\quad b_i=\sum_{k=0}^{N}B_{ik}^{(N)}c_k \tag{11.39}$$

의 관계를 가질 것이다. 행렬의 성분 $A_{ik}^{(N)}$ 와 $B_{ik}^{(N)}$ 은 서로 역행렬의 관계를 가질 것인데 굳이 b_k 를 정했을 때 c_k 를 구할 필요는 없을 것이다. 계수 b_k 만 알아도 함수의 그래프를 그릴 수 있기 때문이다.

제1종 체비셰프 다항식을 이용하게 되면 오차 제곱합인 식 (24)는 다음과 같이 쓸 수 있다.

$$\chi=\sum_{\alpha=1}^{N_d}\left[y_\alpha-\sum_{k=0}^{N}b_kT_k(x_\alpha)\right]^2. \tag{11.40}$$

식 (40)도 역시 b_k 에 대한 완전제곱형이기 때문에 유일한 전역최소를 가진다. 따라서 매개변수에 대한 미분을 이용하여 정규방정식을 구하면 다음이 된다.

$$\sum_{k=0}^{N}\langle T_iT_k\rangle b_k=\langle T_iy\rangle. \tag{11.41}$$

여기서

$$\langle T_i T_k \rangle \equiv \frac{1}{N_d}\sum_{\alpha=1}^{N_d} T_i(x_\alpha)T_k(x_\alpha); \quad \langle T_i y \rangle \equiv \frac{1}{N_d}\sum_{\alpha=1}^{N_d} T_i(x_\alpha)y_\alpha \tag{11.42}$$

이다. 따라서 행렬 $\langle T_i T_k \rangle$를 구하고 역행렬을 구하여 계수 b_k를 구할 수 있다. 여기서 $\langle T_i T_k \rangle$와 $\langle T_i y \rangle$는 식 (26)의 $\langle x^i x^k \rangle$ 및 $\langle x^i y \rangle$에 대응된다. 그러면 식 (25)를 푸는 것과 식 (41)을 푸는 것은 무슨 차이가 있는가? 체비셰프 다항식을 사용하건 일반 다항식을 사용하건 수학적으로는 차이가 없다. 하지만 행렬 $\langle x^i x^k \rangle$의 경우 비대각성분의 크기가 대각성분의 크기보다 크지만 행렬 $\langle T_i T_k \rangle$의 경우에는 대각성분을 제외한 모든 성분들이 거의 영에 가깝게 된다. 이는 식 (35)의 직교성 때문에 일어나는 일이다. 만약에 x_α를 체비셰프 마디(Chebyshev node)가 되도록

$$x_\alpha = \cos\left(\pi \frac{2\alpha - 1}{2N_d}\right) \tag{11.43}$$

로 실험을 계획하였다면

$$\sum_{\alpha=1}^{N_d} T_i(x_\alpha)T_k(x_\alpha) = \begin{cases} 0 & \text{for } i \neq k \\ N_d & \text{for } i = k = 0 \\ \frac{1}{2}N_d & \text{for } i = k \neq 0 \end{cases} \tag{11.44}$$

을 정확하게 만족하기 때문이다. 제어변수가 식 (43)을 만족하지 않아도

$$\frac{\left|\langle T_i T_k \rangle\right|}{\left|\langle T_i T_i \rangle\right|} \ll 1 \tag{11.45}$$

를 만족하게 된다. 따라서 식 (41)을 어떤 수치해법으로 풀어도 차수 N에 관계없이 올바른 해를 구하기 쉽다. 그림 11.6은 직교다항식을 이용하여 회귀분 석한 결과이다. 차수가 16인데도 완벽에 가까운 결과가 얻어졌다 ($R^2 \approx 0.9999$).

체비셰프 다항식은 $-1 \le x \le 1$에 대해서만 정의되므로 그림 11.6의 제어 변수 ($x_{\min} \le x \le x_{\max}$)를 다음과 같이 변수변환을 해야 한다.

$$\bar{x} \equiv \frac{2x - x_{\max} - x_{\min}}{x_{\max} - x_{\min}} \tag{11.46}$$

그러면 식 (42)는

$$\langle T_i T_k \rangle \equiv \frac{1}{N_d}\sum_{\alpha=1}^{N_d} T_i(\bar{x}_\alpha)T_k(\bar{x}_\alpha); \quad \langle T_i y \rangle \equiv \frac{1}{N_d}\sum_{\alpha=1}^{N_d} T_i(\bar{x}_\alpha)y_\alpha \tag{11.47}$$

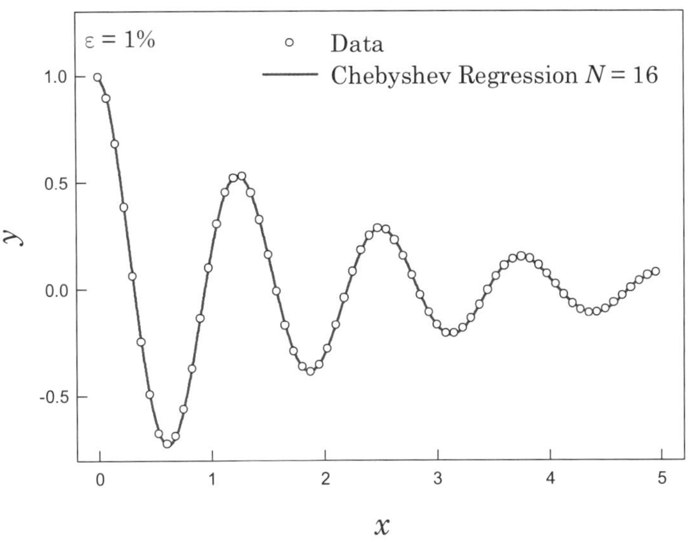

그림 11.6. 제 1종 체비셰프 다항함수(Chebyshev polynomial of the first kind)를 이용한 회귀분석.

이 된다. 행렬 $\langle T_i T_k \rangle$의 대각성분의 절대값은 대략 0.1 정도의 크기를 가지지만 비대각성분의 절대값은 0.001이하의 크기를 가지게 된다. 따라서 식 (41)의 선형 연립방정식에 어떤 수치해법을 사용하건 정확한 해를 차수에 관계없이 얻게 된다.

선형 연립방정식은 미지변수의 개수(N이라고 하자)가 적을 때는 해석적으로 구할 수 있지만 $N \geq 4$만 되어도 매우 수고로운 작업이 된다. 따라서 컴퓨터를 이용한 수치해법을 사용하여야 한다. 선형 연립방정식 풀이에 대한 수치해법은 수치해석의 가장 기초적인 것으로 대부분의 수치해석 교과서에서 다루고 있으며 선형대수학의 다양한 지식을 사용한다. 관심있는 독자는 Süli and Mayers, 2003을 참조하기 바란다.

체비셰프 다항식을 이용한 다항함수 회귀분석은 매우 강력하지만 높은 차수의 다항식을 이용해야 하기 때문에 종종 많은 매개변수가 필요하게 된다. 그림 11.6을 보면 데이터는 국부적으로 2~4차 다항식으로 회귀분석이 가능할 것으로 보인다. 따라서 제어변수의 구간을 구간의 길이가 1이 되도록 5개의 구간 $n-1 \leq x \leq n$ $(n=1,2,\cdots,5)$로 나누고 각 구간을

$$p_n(x) = a_0^{(n)} + a_1^{(n)}x + a_2^{(n)}x^2 + a_3^{(n)}x^3 \tag{11.48}$$

의 5개의 3차 함수를 이용하여 인접한 구간들의 경계점에서 함수값과 미분이 같도

록 회귀분석을 한다면 어떨까? 이와 같은 개념으로 저차 다항식을 이용한 회귀분석을 B-스플라인(B-spline) 회귀분석이라고 한다. 이는 원래 보간법(interpolation)에서 고차의 다항함수가 룬게 현상(Runge's phenomenon)을 나타내는 것을 방지하기 위해서 만든 방법이다[Süli and Mayers, 2003]. B-스플라인 회귀분석을 이용한 예는 Bae and Cho, 2015에서 찾아볼 수 있다.

11.3. B-스플라인 회귀분석

B-스플라인 회귀분석은 낮은 차원의 다항식을 구간별로 사용하여 직교 다항식 회귀분석의 장점인 정규방정식 행렬의 근사적 대각화를 갖추며 동시에 직교다항식 회귀분석의 단점인 고차 다항식의 사용에 따른 제반문제를 해결해 준다. 고차 다항식의 사용으로 발생되는 문제 중의 하나는 측정오차가 있는 데이터의 수치미분에서 만나게 된다.

유한한 구간 $I=\{x|x_{\min}\le x\le x_{\max}\}$ 에서 정의되는 어떤 연속함수 $f(x)$ 를 근사하기 위해서 다음과 같은 성질을 만족하는 n차의 다항식으로 이루어진 N개의 봉우리 함수 $B_k^{(n)}(x)$ 를 생각한다 ($k=1,2,\cdots,N$).

$$B_k^{(n)}(x)=\begin{cases}0 & x\in I-S_k^{(n)}\\ p_k^{(n)}(x)\ge 0 & x\in S_k^{(n)}\end{cases}. \tag{11.49}$$

여기서 폐구간 $S_k^{(n)}$ 은 I의 진부분집합으로 $B_k^{(n)}(x)$ 가 0이 아닌 함수값을 가지게 하는 구간으로 $B_k^{(n)}(x)$ 의 받침(support)이라고 부른다. 받침 $S_k^{(n)}$ 은 다음과 같은 성질을 가진다.

$$I=\bigcup_{k=1}^{N}S_k^{(n)},\quad S_i^{(n)}\cap S_k^{(n)}=\varnothing\ \left(|i-k|\ge n+1\right). \tag{11.50}$$

그리고 $p_k^{(n)}(x)$ 는 국부적으로 n차의 다항식으로 이루어진 음이 아닌 봉우리 함수이며 받침 $S_k^{(n)}$ 의 경계점인 $\xi_k^{\max}\equiv\sup\{S_k^{(n)}\}$ 과 $\xi_k^{\min}\equiv\min\{S_k^{(n)}\}$ 에서만 영의 값을 가진다. 즉,

$$\lim_{x\to\xi_k^{\max}}p_k^{(n)}(x)=p_k^{(n)}(\xi_k^{\min})=0 \tag{11.51}$$

이다. 여기서 sup는 상한(supremum)을 의미하며 $S_k^{(n)}=\{x|\xi_k^{\min}\le x<\xi_k^{\max}\}$ 이라는

것을 의미한다. 즉, $\xi_k^{\min} \in S_k^{(n)}$ 이지만 $\xi_k^{\max} \notin S_k^{(n)}$ 이다. 받침을 폐구간으로 설정하지 않고 상한이 있는 반폐구간으로 설정하는 이유는 경계에서의 연속성과 두 개의 받침들 사이의 교집합에 대한 편의성 때문이다.

두 받침 $S_i^{(n)}$ 과 $S_k^{(n)}$ 에 대해서 다음과 같은 성질을 부여한다. 만약 $|k-i| \geq n+1$ 이면 두 받침의 교집합은 $S_i^{(n)} \cap S_k^{(n)} = \varnothing$ 이 되지만 $|k-i| < n+1$ 이라면 두 받침의 교집합은 공집합이 아닌 유한한 길이의 구간이 된다. 이 가정은 구간 I에 대해서 의미가 있는 임의의 연속함수 $f(x)$ 를 봉우리 함수 $B_k^{(n)}(x)$ 로 근사하는데 있어 매우 편리하게 사용된다.

N개의 봉우리 함수 $B_k^{(n)}(x)$ 를 기저함수(base function)라고 부르며

$$f(x) \approx \sum_{k=1}^{N} b_k B_k^{(n)}(x) \tag{11.52}$$

가 성립된다고 가정한다. 식 (52)가 가능한 이유를 $n = 0$ 인 경우를 예로 생각해 보자. 차수 n이 0이라면 $B_k^{(0)}(x)$ 는 상수함수를 의미하므로 받침 $S_k^{(0)}$ 에서 일정한 양의 상수이며 나머지 구간에서는 0이 될 것이라는 것을 쉽게 이해할 수 있을 것이다. 간단한 방법은 $x \in S_k^{(0)}$ 에 대해서 $B_k^{(0)}(x) = 1$ 이고 $x \in I - S_k^{(0)}$ 에 대해서 $B_k^{(0)}(x) = 0$ 이 된다. 그러면 받침 $S_k^{(0)}$ 는 I를 N개의 부분구간으로 다음과 같이 설정한다.

$$S_k^{(0)} = \left\{ x \middle| \xi_k \leq x < \xi_{k+1} \right\}; \quad \xi_k = x_{\min} + \frac{x_{\max} - x_{\min}}{N}(k-1). \tag{11.53}$$

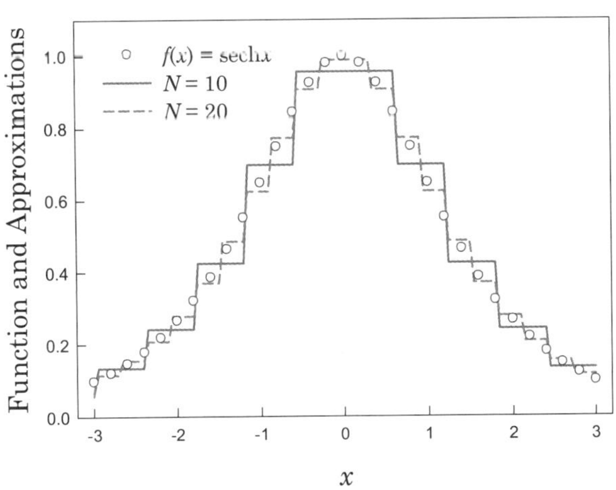

그림 11.7. B-스플라인 회귀분석의 기능성. 영차 기저함수를 이용하여도 좋은 어림이 이루어졌다

그리고 $\bar{x}_k \equiv \frac{1}{2}(\xi_k + \xi_{k+1})$를 사용하면

$$f(x) \approx \sum_{k=1}^{N} f(\bar{x}_k) B_k^{(0)}(x) \tag{11.54}$$

라고 할 수 있을 것이다. 상기의 $B_k^{(0)}(x)$의 정의는 단위 계단함수 $\Theta(x)$를 이용하여 다음과 같이 표현할 수 있다.

$$B_k^{(0)} \equiv \Theta(x - \xi_k) - \Theta(x - \xi_{k+1}). \tag{11.55}$$

따라서 $\Delta x \equiv (x_{\max} - x_{\min})/N$이 충분히 작다면 즉, N이 충분히 크다면 그림 11.7에 나타낸 것과 같이 식 (54)가 충분한 근사공식이라는 것을 알 수 있다.

식 (54)는 사실 $b_k = f(\bar{x}_k)$로 정한 것인데 이는 $f(x)$가 무엇인지 알아야 가능한 방법이다. 제어변수의 개수가 N_d인 다음과 같은 데이터를 생각해 보자.

$$\begin{aligned} &I_{\text{data}} \equiv \{x_\alpha | x_{\min} \le x_\alpha \le x_{\max}, 1 \le \alpha \le N_d\}; \\ &x_{\min} = x_1 < x_2 < \cdots < x_{N_d} = x_{\max}. \end{aligned} \tag{11.56}$$

그러면 측정변수 y_α에 대해서 식 (52)와 같은 근사가 예상된다면 계수 b_k는 최소제곱법으로 구할 수 있다. 즉, 계수 b_k는

$$\chi = \sum_{\alpha=1}^{N_d} \left[y_\alpha - \sum_{k=1}^{N} b_k B_k^{(n)}(x_\alpha) \right]^2 \tag{11.57}$$

를 최소화하는 것이 된다. 여기서 χ는 결국 $\{b_k\}_{k=1}^{k=N}$에 대한 완전제곱의 형태를 가지므로 유일한 전역최소를 가지게 된다. 따라서 $\partial \chi_f / \partial b_i = 0$으로부터 다음의 정규방정식을 얻게 되고 이를 풀면 된다.

$$\sum_{k=1}^{N} \left\langle B_i^{(n)} B_k^{(n)} \right\rangle b_k = \left\langle B_i^{(n)} y \right\rangle. \tag{11.58}$$

여기서

$$\left\langle B_i^{(n)} B_k^{(n)} \right\rangle \equiv \sum_{\alpha=1}^{N_d} B_i^{(n)}(x_\alpha) B_k^{(n)}(x_\alpha); \quad \left\langle B_i^{(n)} y \right\rangle \equiv \sum_{\alpha=1}^{N_d} B_i^{(n)}(x_\alpha) y_\alpha \tag{11.59}$$

이다.

앞에서 언급한 받침의 성질 때문에 $|i-k| \ge n+1$이 되면 $\left\langle B_i^{(n)} B_k^{(n)} \right\rangle = 0$이 되고 두 받침의 공집합이 유한한 길이의 구간이 되는 경우인 $|i-k| < n+1$에 대해서만 $\left\langle B_i^{(n)} B_k^{(n)} \right\rangle > 0$이 된다. 따라서 $N \times N$ 행렬 $\left\langle B_i^{(n)} B_k^{(n)} \right\rangle$은 대칭이고 대각성분이

가장 큰 양수를 가지게 되어 식 (54)는 직교다항식 근사에서와 유사하게 N이 커도 수월하게 계수 b_k 를 구할 수 있게 된다. 따라서 직교다항식 회귀분석의 장점을 가지면서도 직교다항식 회귀분석의 단점을 보완할 수 있게 된다. 문제는 어떻게 기저함수를 구하느냐이다.

제어변수의 개수가 N_d 인 데이터는 제어변수의 구간을

$$I_{\text{data}} \equiv \left\{ x_\alpha \middle| x_{\min} \le x_\alpha \le x_{\max}, 1 \le \alpha \le N_d \right\}; \\ x_{\min} = x_1 < x_2 < \cdots < x_{N_d} = x_{\max} \tag{11.60}$$

라고 하자. 여기에 마디(node)라고 부르는 $M+1 < N_d$ 개의 값을 다음과 같이 설정한다.

$$x_{\min} = \xi_0 < \xi_1 < \cdots < \xi_M = x_{\max} \tag{11.61}$$

마디점인 ξ_k 는 제어변수의 값과 일치할 필요는 없다. 그러면 M개의 기본 부분구간(elementary subinterval) $I_k \equiv \left\{ x \middle| \xi_k \le x < \xi_{k+1}, 0 \le k \le M-1 \right\}$ 을 정의할 수 있다. 여기서 I_{data} 는 I의 이산집합(discrete set)이라고 할 수 있겠다.

일반적인 차수의 기저함수 $B_k^{(n)}(x)$ 를 찾는 체계적인 방법을 만들기 위해서 식 (55)의 0차 기저함수 $B_k^{(0)}(x)$ 로부터 논의를 시작하려고 한다. 이 함수는 $S_k^{(0)} \equiv I_k$ 의 받침을 가지는 함수이다. 즉, $x \in S_k^{(0)}$ 일 때는 1의 값을 가지나 그렇지 않을 때는 0의 값을 가지는 함수이다. 그런데 $B_k^{(1)}(x)$ 는 1차 함수로 이루어진 봉우리 함수이어야 하므로 기본 부분구간 I_k 에서는 0에서 증가하는 일차함수가 되고 기본부분구간 I_{k+1} 에서는 다시 0으로 감소하는 일차함수로 만들 수 있을 것이다. 그러면 직관적으로 다음과 같은 수식을 생각할 수 있을 것이다.

$$B_k^{(1)}(x) \equiv \frac{x - \xi_k}{\xi_{k+1} - \xi_k} B_k^{(0)}(x) + \frac{\xi_{k+2} - x}{\xi_{k+2} - \xi_{k+1}} B_{k+1}^{(0)}(x). \tag{11.62}$$

식 (62)를 살펴보면 기본 부분구간 I_k 에 대해서 우변의 첫 항은 0이 아니고 두번째 항은 0이 된다. 반면에 I_{k+1} 에 대해서 우변의 첫항은 0이 되고 두번째 항은 0이 아니게 된다. 기저함수 $B_k^{(0)}(x)$ 에 곱해진 1차 함수는 $x = \xi_k$ 에서 0이며 증가함수이므로 $x \to \xi_{k+1}$ 에 따라서 1로 수렴한다. 반면에 $B_{k+1}^{(0)}(x)$ 에 곱해진 1차 함수는 $x = \xi_{k+1}$ 에서 1이 되고 $x \to \xi_{k+2}$ 에 따라서 0으로 근접하게 된다. 바로 우리가 원

하는 봉우리 함수이다.

기저함수 $B_k^{(1)}(x)$ 의 받침은 식 (62)로부터 당연히

$$S_k^{(1)} = I_k \cup I_{k+1} = \left\{x \middle| \xi_k \le x < \xi_{k+2}\right\} \tag{11.63}$$

이 됨을 알 수 있다. 앞에서 가정한 받침의 성질, $|i-k| \ge 2$ 이면 $S_i^{(1)} \cap S_k^{(1)} = \varnothing$ 도 성립됨을 알 수 있고 $S_k^{(1)} \cap S_{k+1}^{(1)} = I_{k+1}$ 이 된다는 것도 알 수 있다. 그러면

$$\left\langle B_i^{(1)} B_{i\pm1}^{(1)} \right\rangle > 0; \quad \left\langle B_i^{(1)} B_i^{(1)} \right\rangle > 0 \tag{11.64}$$

이고 그 밖의 경우는 $\left\langle B_i^{(1)} B_k^{(1)} \right\rangle = 0$ 이 된다는 것도 알 수 있다. 따라서 식 (58)의 정규방정식의 행렬은 대칭이며 대각성분 및 그와 바로 인접한 성분들만 0이 아닌 삼대각행렬(tri-diagonal matrix)이라는 것을 알 수 있다.

앞에서는 N개의 봉우리함수들 $B_k^{(n)}(x)$ 의 순번을 $k = 1,2,\cdots,N$ 으로 정했는데 식 (61)을 보면 마디점 ξ_k 가 $k=0$ 부터 시작하는 것을 알 수 있다. 따라서 I_0 을 정의할 수 있다. 그러면 더 일반화해서 k가 음의 정수인 경우도 생각해 보자. 즉 $\xi_{-k} \equiv \xi_0 - k\Delta\xi$ 를 정의하면 I_{-1} 이나 I_{-2} 도 정의할 수 있게 된다. 물론 $\Delta\xi > 0$ 은 임의로 정할 수 있다. 식 (56)으로부터 $S_{-1}^{(1)} = I_{-1} \cup I_0$ 은 I와의 교집합이 유한한 길이를 가지는 구간 I_0가 되지만 $S_{-2}^{(1)} = I_{-2} \cup I_{-1}$ 은 I와의 교집합이 공집합이 된다. 그러면 I와의 교집합이 유한한 길이를 가지는 구간이 되는 받침들은 $-1 \le k \le M-1$에 대해서 얻어진다. 흥미로운 점은 $x \in I$ 인 모든 x에 대해서

$$\sum_{k=-1}^{M-1} B_k^{(1)}(x) = 1 \tag{11.65}$$

가 성립된다. 따라서 $-1 \le k \le M-1$ 인 $N = M+1$ 개의 받침 $S_k^{(n)}$ 들에 대한 기저함수 $B_k^{(n)}(x)$ 를 이용하여 식 (52)의 근사를 구하여야 한다. 만약에 $S_{-1}^{(n)}$ 에 대한 $B_{-1}^{(1)}(x)$ 를 식 (52)에서 배제하게 되면 구간 I_0 에서는 식 (52)의 우변은 항상 기울기가 $b_0/(\xi_1 - \xi_0)$ 인 직선만을 나타내게 된다.

지금까지의 논의를 요약하게 되면 일차 기저함수 $B_k^{(1)}(x)$ 는 I_k와 I_{k+1} 의 연이은 두 개의 기본 부분구간의 합집합을 받침으로 가지는 국부적으로 일차함수인 봉우리함수가 된다. 구간 I에 대해서 임의의 연속함수 $f(x)$ 를 근사하려면 $-1 \le k \le M-1$로 모두 $N = M+1$ 개의 기저함수 $B_k^{(1)}(x)$ 가 필요하게 된다.

이제 식 (62)를 확장하여 $n \geq 1$ 인 경우에 대한 다음 식을 생각해 보자.

$$B_k^{(n)}(x) = \frac{x-\xi_k}{\xi_{k+n}-\xi_k} B_k^{(n-1)}(x) + \frac{\xi_{k+n+1}-x}{\xi_{k+n+1}-\xi_{k+1}} B_{k+1}^{(n-1)}(x). \tag{11.66}$$

이 식을 콕스-드 부어 반복식(the Cox-de Boor recusion equation)이라고 한다. 식 (66)에 $n=1$ 을 대입하면 식 (62)이 얻어짐을 쉽게 알 수 있다. 먼저 $n=2$ 인 경우를 생각해 보면 $B_k^{(2)}(x)$ 의 받침은 식 (66)으로부터

$$S_k^{(2)} = S_k^{(1)} \cup S_{k+1}^{(1)} = I_k \cup I_{k+1} \cup I_{k+2} \tag{11.67}$$

이 됨을 쉽게 알 수 있으며 $S_k^{(2)}$ 는 연이은 기본 부분구간 세 개로 이루어졌음도 알 수 있다. 또한 $B_k^{(1)}(x)$ 와 $B_{k+1}^{(1)}(x)$ 가 모두 국부적으로 일차함수이니 $B_k^{(2)}(x)$ 는 국부적으로 2차 함수임을 알 수 있게 된다. 이차 기저함수 $B_k^{(2)}(x)$ 는 구간 I_k 에서는 순증가인 2차 함수이고 I_{k+1} 에서는 극대를 가지는 2차 함수이며 I_{k+2} 에서는 순감소인 2차 함수이다. 또한 세 2차 함수들은 경계점에서 연속이며 그 미분도 경계점에서 연속이 된다. 이차 기저함수 $B_k^{(2)}(x)$ 가 세 개의 기본 부분구간에 걸쳐 영이 아닌 함수가 되므로 $S_{-2}^{(k)} \cap I = I_0$, $S_{-1}^{(2)} \cap I = I_0 \cup I_1$ 가 됨을 알 수 있다. 따라서 $B_k^{(2)}(x)$ 를 이용한 구간 I에 대한 임의의 연속함수 $f(x)$ 의 근사는 식 (52) 대신에 다음과 같이 쓸 수 있다.

$$f(x) \approx \sum_{k=-2}^{M-1} b_h B_h^{(2)}(x). \tag{11.68}$$

즉, 모두 $N = M+2$ 개의 기저함수가 필요하게 된다. 식 (68)의 일반형은 다음이 된다.

$$f(x) \approx \sum_{k=-n}^{M-1} b_k B_k^{(n)}(x). \tag{11.69}$$

즉, 모두 $N = M+n$ 개의 기저함수가 필요하게 된다.

그림 11.8은 $B_k^{(0)}(x)$, $B_k^{(1)}(x)$, $B_k^{(2)}(x)$, $B_k^{(3)}(x)$ 를 비교한 것이다. 그림 11.8을 잘 살펴보면 식 (65)를 일반화한 다음의 항등식이 성립된다는 것을 짐작할 수 있을 것이다.

$$\sum_{k=-n}^{M-1} B_k^{(n)}(x) = 1. \tag{11.70}$$

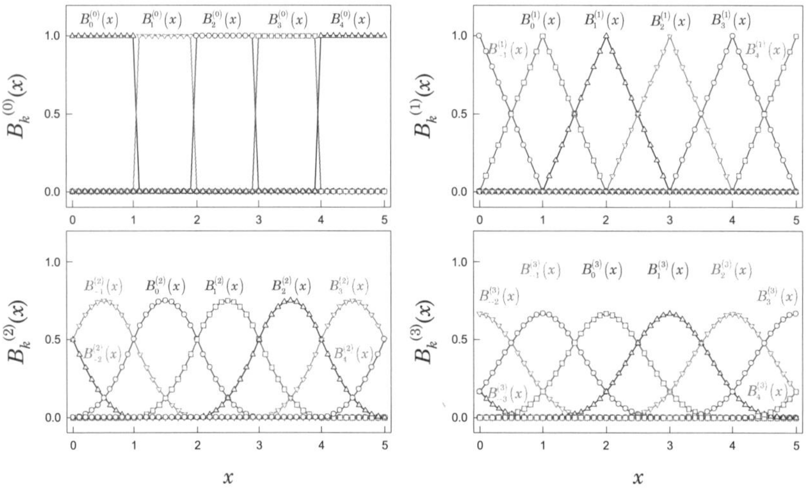

그림 11.8. 다양한 차수의 B-스플라인 기저함수.

식 (70)은 $n = 0$ 일 때 명확하고 $n=1$ 일 때는 식 (70)을 증명하는 것이 어렵지 않을 것이다. 그러면 식 (66)을 이용하여 일반적인 n에 대해서 식 (70)을 수학적 귀납법으로 증명할 수 있다.

콕스-드 부어 반복식[식 (66)]을 이용하게 되면 $B_k^{(2)}(x)$ 는 다음과 같이 계산된다.

$$B_k^{(2)}(x)=\begin{cases} \dfrac{x-\xi_{k-1}}{\xi_{k+1}-\xi_{k-1}}\dfrac{x-\xi_{k-1}}{\xi_k-\xi_{k-1}} & \text{for } x\in I_k \\ \dfrac{x-\xi_{k-1}}{\xi_{k+1}-\xi_{k-1}}\dfrac{\xi_{k+1}-x}{\xi_{k+1}-\xi_k}+\dfrac{\xi_{k+2}-x}{\xi_{k+2}-\xi_k}\dfrac{x-\xi_k}{\xi_{k+1}-\xi_k} & \text{for } x\in I_{k+1} \\ \dfrac{\xi_{k+2}-x}{\xi_{k+2}-\xi_k}\dfrac{\xi_{k+2}-x}{\xi_{k+2}-\xi_{k+1}} & \text{for } x\in I_{k+2} \\ 0 & \text{otherwise} \end{cases}. \tag{11.71}$$

하지만 $\max\left\{B_k^{(2)}(x)\right\}=1$ 의 추가적인 조건은 만족하지 않는다. 사실 이 추가적인 조건은 계수를 구하기 위해 도입된 임의적인 것이기 때문에 큰 의미는 없다.

영차 스플라인의 기저함수 $B_k^{(0)}(x)$ 의 받침은 $S_k^{(0)}=I_k$ 이므로 식 (63)으로부터 다음이 성립된다.

$$S_k^{(n)}=\bigcup_{m=0}^{n} I_{k+m} \tag{11.72}$$

그런데 $S_k^{(n)} \subset I$ 이거나 $S_k^{(n)} \cap I = \varnothing$ 이면 문제가 없지만 그렇지 않을 때는 몇 가지를 고려해야 한다. 가령 $n = 2$ 일 때 $k = 0$ 이면 $B_0^{(2)}(x)$ 의 받침은 $I_0 \cup I_1 \cup I_2$ 이다. 그러면 $S_0^{(2)} \cap I = I_1 \cup I_2$ 가 되는데 I_0 는 정의 하지 않았다. 이러한 문제는 $B_{-1}^{(2)}(x)$, $B_{M-1}^{(2)}(x)$, $B_M^{(2)}(x)$ 와 같이 $S_k^{(2)} \cap I \neq \varnothing$ 이면서 $S_k^{(2)} \not\subset I$ 인 $B_k^{(2)}$ 에 대해서 발생한다. 이러한 문제를 없애기 위해서는 가상의 ξ_{-2}, ξ_{-1}, ξ_{M+1}, ξ_{M+2} 를 만들어 주고 경계부근의 기저함수들을 식 (71)로 정의해주면 된다. 물론 회귀분석에는 이 함수들의 전체구간 I에서의 함수값만 사용하면 된다.

일차 스플라인에서는 식 (64)와 같이 대각선을 중심으로 3줄의 성분들을 제외한 나머지 비대각성분들이 영인 행렬이 사용되지만 $n = 2$ 인 경우에는 5줄을 제외한 비대각성분들이 영인 행렬이 사용되고 $n = 3$ 인 경우에는 7줄을 제외한 비대각 성분들이 영인 행렬이 사용된다. 물론 영이 아닌 부분도 대각성분이 제일 절대값이 크고 대각선에서 멀어질수록 성분의 크기가 작아지므로 정규방정식을 수치적으로 푸는데 있어 문제가 거의 없다. 하지만 n이 너무 크면 일반적인 다항식 회귀분석보다의 이점이 줄어들게 된다. 보통 $n = 2$ 나 $n = 3$ 을 선호하게 된다.

이제 실제적인 데이터에 대해서 식 (54)와 (55)를 이용하여 B-스플라인 회귀분석을 해 보자. 그림 11.9는 그림 11.6의 데이터를 1, 2, 3차 B-스플라인 회귀분석을 시행한 결과이다. 그림 11.9는 전체구간을 M 등분하여 부분구간을 만들고 그로부터 $n = 1,2,3$ 에 대해서 B-스플라인 회귀분석을 한 결과이다. 그림 11.8과 식 (67)에서 알 수 있듯이 부분구간의 개수가 M이면 $M + n$ 개의 계수가 필요하다. 따라서 그림 11.9의 세 결과는 모두 17개의 계수를 결정해야 하는 것이 된다. 이는 16차로 체비셰프 회귀분석을 하는 것과 같은 개수의 계수를 결정하는 것이 된다. 체비셰프 회귀분석과 비교하면 3차 B-스플라인 회귀분석이 유사한 결과를 주는 것으로 보인다. 일차나 이차의 B-스플라인 회귀분석은 16차 체비셰프 다항식을 이용한 회귀분석보다 못한 결과를 준다. 하지만 부분구간의 폭을 조정하게 되면 더 적은 개수의 계수를 사용하여 체비셰프 회귀분석과 유사한 결과를 얻을 수 있다. 두 회귀분석법의 차이는 수치미분을 공부할 때 더 배우기로 하자.

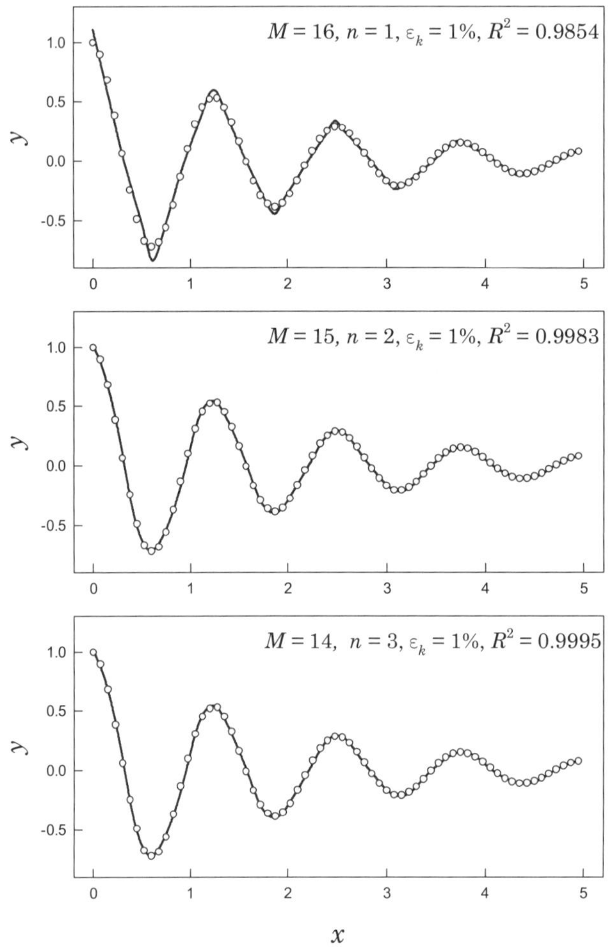

그림 11.9. 차수와 부분구간의 폭에 따른 B-스플라인 회귀분석의 비교.

11.4. 단순화된 담금질 기법

매개변수의 개수가 많고 그 크기의 차이가 로그 스케일로 클 경우, 매개변수의 크기에 대한 정확한 정보를 알지 못하면 일반적인 회귀분석법으로는 매개변수들을 쉽게 구하기 어렵다. 앞에서 매개변수의 로그 변환을 이용하여 어느 정도 성공을 거두기는 했지만 그래도 매개변수의 개수가 많을 경우 오차 제곱합의 전역적 최소를 구하기 매우 어렵다. 그래디언트를 활용한 알고리즘은 이러한 문제에 대해서 의미없는 극소점 중의 하나를 찾아주기 쉬워서이다.

만약 n개의 매개변수가 있다면 오차 제곱합 χ를 최소화시킨다는 것은 n차원 공간의 한 부분집합에서 최소조건을 만족하는 한 점을 찾는 것이 된다. 가장 간단하지만 무지막지한 계산량을 필요로 하는 방법은 n개의 매개변수의 범위를 N 등분하여 N^n 개의 작은 방의 중심값들 모두에 대한 χ를 구한 다음 이 중에서 최소값을 가지게 하는 것을 골라내는 것이다. 이러한 방법을 무차별 강제검색법(brute force search method)라고 부른다. 우리가 구하는 매개변수의 값은 결국 근사치이기 때문에 N을 충분히 크게 하면 좋은 근사치를 얻을 수 있겠지만 엄청난 계산량을 요구하게 된다. 예를 들어서 모든 매개변수가 0에서 1 사이의 실수라고 하자. 매개변수를 유효숫자 두자리까지 정확하게 얻으려면 $N > 100$ 이어야 한다. 그런데 매개변수의 개수가 $n = 10$ 이라고 한다면 계산회수는 $N^n > 10^{20}$ 이 된다. 컴퓨터가 매개변수 한 쌍들에 대해서 χ를 계산하는데 10^{-9} 초 걸린다면 계산시간은 $t_{cal} > 10^{11}$ s 가 되니 3000년이 넘는 시간이 걸린다. 매우 비효율적일 뿐만 아니라 불가능한 일이 된다.

Kirkpatrick, Gelatt and Vecchi, 1983은 현실적인 계산시간 내에 무차별 강제검색법만큼 정확하게 전역적인 최적화를 수행할 수 있는 통계적인 방법을 개발하였다. 이 방법을 담금질 기법(simulated annealing, SA)이라고 부르는데 이는 이 알고리즘이 금속공학에서 담금질(quenching)과 풀림(annealing)을 반복하여 금속재료의 물성을 올리는 것과 같이 작동되기 때문에 이름 붙인 것이다. 자세한 알고리즘은 Press *et al.*, 2002를 참조하기 바란다. 여기서는 SA를 단순화한 유사한 방법을 소개한다.

몬테 카를로 방법

컴퓨터는 결정론적 과정(deterministic process)으로 이루어져 있다. 즉, 주어진 입력에 대해서 그에 상응하는 유일한 결론을 출력하는 장치이다. 하지만 확률적 과정(stochastic process)을 모사(simulation)할 수 있는 방법이 있다. 즉, 0과 1사이의 실수를 무작위적으로 발생시키는 알고리즘이 개발되었다. 다르게 말하면 발생되는 난수(random number)는 균일한 확률밀도함수

$$p(x) = \Theta(x) - \Theta(x-1) = \begin{cases} 1 & \text{for } 0 \le x \le 1 \\ 0 & \text{otherwise} \end{cases} \tag{11.73}$$

을 따르는 확률변수를 모사할 수 있다. 어떻게 컴퓨터가 이러한 확률변수를 생성시

키는지에 대해서는 관련서적을 참조하기 바란다. 사실 컴퓨터가 발생시키는 난수는 진정한 난수가 아닌 가짜 난수이지만 시간을 씨앗 값(seed value)으로 사용하여 엄청나게 많은 개수(N_T)의 0에서 1 사이의 숫자들 중에서 원하는 개수(N) 의 숫자를 골라내는 것이다. 이 N개의 숫자로 이루어진 수열은 씨앗 값이 다를 때마다 다른 수열이 된다. 따라서 $N > N_T$ 가 되면 같은 패턴의 수열이 반복될 것이다. 이러한 이유 때문에 컴퓨터가 발생시키는 난수를 의사난수라고 부른다.

일단 식 (73)의 확률밀도함수를 만족하는 확률변수(난수)를 발생시킬 수 있다면 다양한 수학적 또는 수치해석적 기법을 사용하여 원하는 확률밀도함수를 따르는 확률변수도 발생시킬 수 있다[Kalos and Whitlock, 1986]. 일반적인 컴퓨터 언어들과 Matlab™이나 Sigmaplot™과 같은 프로그래밍 가능한 상용 프로그램들에는 식 (73)의 난수나 임의의 평균과 분산을 가지는 정규분포의 난수를 생성할 수 있는 함수를 제공한다.

난수발생 알고리즘이 있으면 다양한 분야에서 전산모사(computer simulation)가 가능해진다. 난수를 이용한 과학계산 방법들을 보통 몬테카를로 방법(Monte Carlo method)이라고 부르는데 이유는 몬테칼를로가 도박으로 유명한 도시이기 때문이다. 변수가 많은 함수의 다중적분은 다음절에서 소개하는 수치적분의 알고리즘으로 현실적인 계산시간 내에 수행할 수 없지만 난수발생기로 얻은 확률변수와 그에 대한 확률밀도함수의 특성을 잘 활용하면 현실적인 시간 내에 적분을 수행할 수 있게 된다. 이러한 기법을 활용하는 대표적인 분야가 통계역학(statistical mechanics)의 몬테카를로 모사(Monte Carlo simulation)이다[Tuckerman, 2010].

아주 간단한 몬테카를로 방법의 예는 무리수(irrational number) π의 계산이다. 균일한 확률분포를 따르는 두 종류의 독립적인 난수수열 $-1 \le x_n \le 1$ 과 $-1 \le y_n \le 1$ 을 아주 많이($N \gg 100$) 생성해 보자. 여기서 아래첨자 n은 단지 발생순서일 뿐이다. 이렇게 발생된 두 수열을 좌표로 하는 점들은 가로 세로의 길이가 2인 정사각형 안에 놓이게 된다. 그러면 $x_n^2 + y_n^2 \le 1$ 을 만족하는 점들의 개수를 N_{circle} 이라고 하면 발생된 난수 쌍의 개수 N이 매우 클 때

$$\frac{N_{\text{circle}}}{N} \approx \frac{A_{\text{circle}}}{A_{\text{rectangle}}} = \frac{\pi}{4} \tag{11.74}$$

가 될 것이다. 여기서 A_{circle} 은 그림 11.10에 나타낸 원의 면적이고 $A_{\mathrm{rectangle}}$ 은 가로 세로의 길이가 2인 정사각형의 면적이다. 따라서 두 면적의 비는

$$\pi = \lim_{N \to \infty} \frac{4N_{\mathrm{circle}}}{N} \tag{11.75}$$

가 된다.

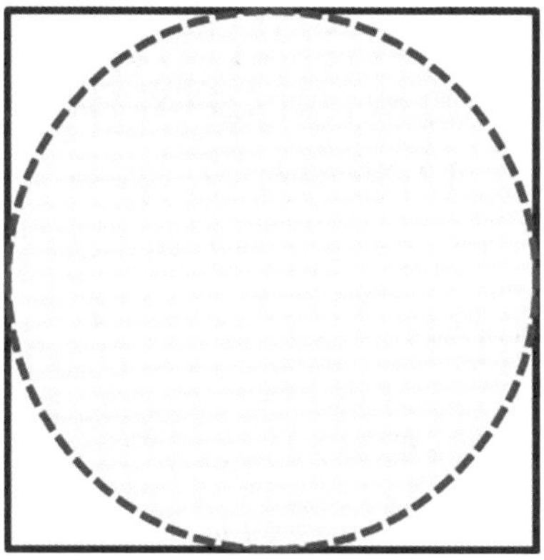

그림 11.10. 무리수 π를 구하기 위한 두 무작위수의 범위.

몬테카를로 회귀분석

매개변수의 개수가 많이 필요한 측정변수와 제어변수 사이의 관계

$$y_\alpha = \phi\left(x_\alpha, \{q_k\}_{k=1}^{k=n}\right) + e_\alpha \tag{11.76}$$

을 생각하자. 위 식에서 표현하였듯이 매개변수의 개수는 n이고 편의상 매개 변수의 값은 항상 양이어야 한다고 하자. 매개변수들의 크기 범위가 로그 스케일이면 고분자의 점도 모델인 까루 모델을 다룰 때와 같이 로그 변환을 사용하면 될 것이다. 이미 필요한 로그변환을 하였다고 생각하자. 그러면 선험적으로 각각의 매개변수는

$$q_k^{\min} \le q_k \le q_k^{\max} \tag{11.77}$$

의 범위에 있을 것으로 가정하자. 그러면 식 (77)의 범위에서 균일한 확률로 난수를 발생시킬 수 있을 것이다. 매개변수마다 N_R 개의 난수를 발생시키자. 여기서 난수의 개수는 매우 큰 수가 되어야 할 것이다. 이 매개변수에 대해서 결정계수

$$R^2 = 1 - \frac{SSE}{SST} \tag{11.78}$$

를 구하자. 물론 여기서

$$\begin{aligned} SST &= \sum_{\alpha=1}^{N_d} \left(y_\alpha - \overline{y}\right)^2; \quad \overline{y} \equiv \frac{1}{N_d} \sum_{\alpha=1}^{N_d} y_\alpha; \\ SSE &\equiv \chi = \sum_{\alpha=1}^{N_d} \left[y_\alpha - \phi\left(x_\alpha, \{q_k\}\right)\right]^2 \end{aligned} \tag{11.79}$$

이다. 그러면 N_R 개의 R^2 에 대해서 0과 1사이의 어떤 상수 $R_{ref}^{(1)}$ 보다 큰 경우들을 골라내자. 여기서 $R_{ref}^{(1)}$ 값은 처음에는 대략 0.6 정도로 설정하자. 이렇게 골라낸 매개변수들의 조합들에 대해서 각각의 최소치와 최대치를 구하게 되면 이를 $q_k^{\min(1)}$ 와 $q_k^{\max(1)}$ 라고 표시하게 되면 당연히

$$q_k^{\min} \le q_k^{\min(1)} \le q_k^{\max(1)} \le q_k^{\max} \tag{11.80}$$

이 될 것이다. 그러면 이제 $q_k^{\min(1)}$ 과 $q_k^{\max(1)}$ 을 각각 $q_k^{\min}$ 과 $q_k^{\max}$ 로 대체하자. 그리고 새로운 구간에서 균일한 확률분포의 난수를 발생시킨후 다시 각각의 매개변수 조합에 대해서 R^2 를 구한다. 그러면 당연히 대부분의 R^2 값들은 $R_{ref}^{(1)}$ 보다 클 것이다. 따라서 새로운 기준인 $R_{ref}^{(1)} < R_{ref}^{(2)} < 1$ 을 설정하고 새로 만들어진 N_R 개의 매개변수들의 조합 중에서 $R^2 > R_{ref}^{(2)}$ 인 것들을 골라낸다. 그리고 새로 얻은 매개변수들의 조합에 대해서 다시 하한과 상한을 구하고 각각 $q_k^{\min(2)}$ 과 $q_k^{\max(2)}$ 라고 하게 되면 당연히

$$q_k^{\min} = q_k^{\min(1)} \le q_k^{\min(2)} \le q_k^{\max(2)} \le q_k^{\max(1)} = q_k^{\max} \tag{11.81}$$

이 될 것이다. 이러한 작업을 m번을 하게 되면 $q_k^{\max(m)} - q_k^{\min(m)} \le \delta_k$ 가 되는 양의 작은 수인 공차(tolerance) δ_k 를 확인할 수 있게 된다. 그러면 정해 놓은 공차 $0 < \delta_{\max} \ll 1$ 에 대해서 모든 매개변수가 $\delta_k \le \delta_{\max}$ 를 만족하게 되면 최적의 매개변수는 $q_k^{\text{opt}} \equiv \frac{1}{2}\left(q_k^{\min(m)} + q_k^{\max(m)}\right)$ 로 결정할 수 있을 것이다.

이 방법이 성공적이기 위해서는 매 단계마다 $R_{ref}^{(r)}$ 의 증분(increment)를 너무 크게 하면 안될 것이다. 그리고 매 단계마다 발생시키는 난수의 개수 N_R 도 충분히 커야 할 것이다. Kim *et al.*, 2018은 이와 같은 몬테카를로 방법을 까루 모델, 이산형

완화시간분포, 고분자용액의 점도와 농도사이의 관계 등의 유변학적 모델에 적용하여 성공적인 결과를 얻었다. Kim *et al.*, 2018의 몬테카를로 방법은 담금질법에서 냉각과 풀림 과정을 생략하여 단순화한 것이다. 하지만 매개변수가 10여개 정도 되는 경우 시행착오 없이 수월하게 회귀분석을 할 수 있었다.

연습문제 11

[1] 다항함수 회귀분석에 대한 오차 제곱합은 다항함수의 계수들의 함수가 된다. 2차 함수에 대해서 오차 제곱합은 유일한 전역최소점을 가짐을 보여라.

[2] 식 (11.7)에서 반복회수 r이 무한대로 커가게 되면 x_{r+1} 과 x_r 은 결국 같은 값이 되어야 할 것이다. 그러면 $x_\infty \equiv \lim_{r\to\infty} x_r$ 이라고 하면 식 (11.7)은 결국 $f'(x_\infty) \neq 0$ 이라면 $f(x_\infty) = 0$ 된다. 따라서 뉴턴 방법은 반복식으로 해를 주게 된다. 그런데 $f(x) = [x - g(x)]h(x)$ 의 형태로 표현된다면 $h(x) \neq 0$ 이라는 조건에서 $f(x) = 0$ 을 푼다는 것은 $x = g(x)$ 를 푸는 것과 같아진다. 그러면

$$x_{r+1} = g(x_r) \tag{11.a}$$

의 반복식도 역시 $f(x) = 0$ 의 해를 주는 알고리즘이 될 것이다. 그러면 $0 < \alpha < 1$ 인 임의의 실수 α가 있을 때 만약에 임의의 두 실 수 x와 y에 대해서

$$|g(x) - g(y)| \leq \alpha |x - y| \tag{11.b}$$

가 항상 성립된다면 식 (11.a)가 해로 수렴하게 될까?

[3] 식 (11.25)와 식 (11.41)을 유도하라.

[4] 식 (11.66)의 콕스-드 부어 반복식을 이용하여 $B_k^{(2)}(x)$ 를 구하라.

[5] 어떤 실험이 시간의 함수로 $x(t)$ 를 시스템에 주고 시스템의 응답인 $y(t)$ 를 측정하는 것인데 이론에 의하면 $y(t)$ 와 $x(t)$ 사이에는

$$y(t) = \int_0^t R(\tau) x(t - \tau) \mathrm{d}\tau \tag{11.c}$$

가 성립됨이 알려져 있다고 하자. 만약 $x(t) = x_o [\Theta(t) - \Theta(t - \tau)]$ 로 실험을 하여 $y(t)$ 를 측정했다고 하자. 그러면 시스템의 특성인 $R(t)$ 를

$$R(t) \approx \sum_{n=-1}^{N} \rho_n B_n^{(1)}(t) \tag{11.d}$$

로 근사할 수 있다고 가정하고 ρ_n 을 구하면 $R(t)$ 를 추정할 수 있을 것이다. 라플라스 변환을 이용하여 ρ_n 을 구하는 방법에 대해서 논의하라.

12. 수치적분과 적분변환

실험 데이터로부터 유용한 정보를 추출하기 위해서 측정변수와 제어변수 사이의 함수관계보다 그 함수의 적분이 필요한 경우가 있다. 예를 들면 적외선 분광법(Infra Red spectroscopy)의 데이터는 파장별 흡광도를 나타내는데 특정 파장에서 봉우리 함수형태가 여러 개 겹쳐 있는 그래프를 보인다. 즉, 그림 11.1과 같은 형태의 그래프이다. 여러 가지 요인에 의해서 어떤 봉우리의 높이는 중심 파장에서의 흡광도를 대표하지 못하고 분리된 봉우리의 면적이 중심 파장에서의 흡광도가 된다. 그러면 전체 데이터를 그림 11.1과 같이 봉우리들을 회귀분석으로 분해하고 단일 봉우리의 함수를 적분해서 흡광도를 결정해야 한다. 이러한 경우는 적외선 분광 데이터 이외에도 X-선 산란 데이터, 크로마토그래피(chromatography) 데이터, 시차주사열량계(Differential Scanning Calorimetry) 데이터 등과 같이 데이터의 그래프가 봉우리 함수들의 선형 결합(linear combination)으로 그려지는 경우이다.

라플라스 변환은 선형 시스템을 규명하는데 있어 매우 중요한 역할을 하는 것을 이미 6절에서 배운 바 있다. 실험 데이터로부터 라플라스 변환을 구하려면 당연히 수치적분이 필요하게 된다. 필름을 생산하는 공정이 있다고 하자. 이 공정에서 필름의 두께는 생산되는 시간의 함수로 변동하게 된다. 이 데이터를 후리에 변환하였을 때 어떤 특정 주파수의 후리에 변환 강도(intensity)가 독보적으로 높다면 그 주파수로 얻어지는 주기를 가지는 어떤 변동 요인이 필름의 두께에 변화를 유발한다고 할 수 있다. 따라서 데이터의 후리에 변환이 필요한 경우가 있고 이를 위해서 실험 데이터의 후리에 변환 즉, 수치적분이 필요하게 된다.

12.1. 실험 데이터의 수치적분

일반적인 수치적분

함수 $y=f(x)$를 적분구간 $a \le x \le b$에 대한 정적분(definte integral)은 기초 미적분학에서 다음과 같이 정의된다.

$$
\begin{aligned}
\int_a^b f(x)\mathrm{d}x &= \lim_{N\to\infty}\sum_{k=0}^{N-1} f\left(a+\frac{k(b-a)}{N}\right)\frac{b-a}{N} \\
&= \lim_{N\to\infty}\sum_{k=1}^{N} f\left(a+\frac{k(b-a)}{N}\right)\frac{b-a}{N} \\
&= \lim_{N\to\infty}\sum_{k=0}^{N-1} f\left(a+\frac{(k+\frac{1}{2})(b-a)}{N}\right)\frac{b-a}{N}.
\end{aligned}
\tag{12.1}
$$

위의 세 극한식은 적분구간을 균일한 간격으로 N 등분하여 N개의 부분구간을 만든 후에 부분구간의 최소값에 대한 함수값을 부분구간의 대표값으로 한 것이 식 (1)의 첫 번째 식이고 부분구간의 중심에 대한 함수값을 대표값으로 한 것이 두 번째 식이고 부분구간의 최대값에 대한 함수값을 대표값으로 한 것이 마지막 식이다. 균등분할이기 때문에 부분구간의 폭은 $(b-a)/N$ 이 된 것이다.

부분구간을 나누는 방법을 임의로 하는 경우에 대해서도 생각해 보자. 즉 부분구간을 I_k 라고 하고 그 구간의 폭을 w_k 라고 할 때 균등분할이 아니더라도 구간의 개수 N이 커감에 따라서 $w_k \to 0$ 이 되며 모든 부분구간 폭의 합이 $b-a$가 되도록 극한을 취하자. 그러면 임의로 취한 $\xi_k \in I_k$ 에 대해서 정적분은 다음과 같이 된다.

$$
\int_a^b f(x)\mathrm{d}x = \lim_{N\to\infty} S_N; \quad S_N \equiv \sum_{k=1}^{N} f(\xi_k)w_k. \tag{12.2}
$$

수치적분에서는 무한대의 극한과정을 수행할 수 없다. 따라서

$$
0 < w_k \ll 1; \quad \sum_{k=1}^{N} w_k = b-a; \quad N \gg 1 \tag{12.3}
$$

일 때의 S_N 을 수치적분으로 간주하는 것이 수치적분이다. 그러면 수치적분은 ξ_k를 어떻게 정하느냐와 적분구간을 어떻게 분할하느냐 즉, w_k를 어떻게 선정하느냐에 따라서 정확도가 차이가 날 수 있다. 여기서는 가장 널리 사용되는 방법만을 생각하기로 한다.

실험 데이터의 수치적분

일반적인 수치해석 즉 정확한 함수관계 $y=f(x)$ 에 대한 수치해석은 사다리꼴 법칙(trapezoidal rule)이라는 다음의 알고리즘을 선호한다.

$$S_N = \sum_{k=1}^{N-1} \frac{f(x_k)+f(x_{k+1})}{2} w_k, \quad x_k = a + \frac{(k-1)(b-a)}{N}, \quad w_k = \frac{b-a}{N}. \tag{12.4}$$

이는 $f(\xi_k)$ 를 부분구간 $I_k = \{x | x_k \le x \le x_{k+1}\}$ 의 양 말단값인 x_k 와 x_{k+1} 에서의 함수값의 평균으로 설정한 것이다. 이는 또한 S_N 이 그림 12.1에 표시된 사다리꼴들의 면적의 합이 된다. 함수값이 음이면 음의 면적, 함수값이 양이면 양의 면적으로 정한 것이다.

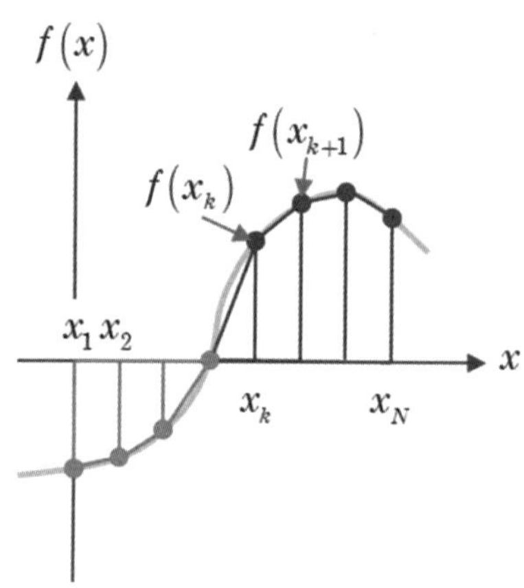

그림 12.1. 사다리꼴 법칙의 개념도.

실험 데이터는 식 (2.25)의 관계를 가지고 제어변수의 값들 사이의 간격이 균일하지 않은 것이 일반적이다. 하지만 충분히 작은 양의 실수 $0 < \Delta x \ll 1$ 에 대해서 모든 간격이 $|x_{\alpha+1} - x_\alpha| < \Delta x$ 를 만족한다면 식 (4)를 참조해서 다음과 같은 수치미분의 공식을 생각할 수 있다.

$$\int_{x_{\min}}^{x_{\max}} f(x)\mathrm{d}x \approx \sum_{\alpha=1}^{N_d-1} \frac{y_{\alpha+1}+y_\alpha}{2}(x_{\alpha+1}-x_\alpha) \equiv J_{\exp}. \tag{12.5}$$

여기서 모든 데이터가 $x_{\alpha+1} = x_\alpha + h$ 를 만족한다고 가정한다. 즉, 제어변수에 대해서 오름차순으로 정렬한 실험 데이터만을 생각하고 제어변수 사이의 간격이 h로

일정하다고 하자. 제어변수 사이의 간격 h는

$$h = \frac{x_{\max} - x_{\min}}{N_d - 1} > 0; \quad x_1 = x_{\min}; \quad x_{N_d} = x_{\max} \tag{12.6}$$

이 된다.

식 (5)의 근사가 어떻게 이루어지는지 알아보기 위해서 식 (5)에 식 (2.25)를 대입하면 다음이 얻어진다.

$$\begin{aligned} J_{\exp} &= \frac{h}{2}\sum_{\alpha=1}^{N_d-1}\left[f\left(x_{\alpha+1}+\delta_{\alpha+1}\right)+f\left(x_\alpha+\delta_\alpha\right)+\varepsilon_{\alpha+1}+\varepsilon_\alpha\right] \\ &\approx J_{\text{num}} + E_\varepsilon + E_\delta. \end{aligned} \tag{12.7}$$

여기서

$$\begin{aligned} &J_{\text{num}} \equiv \frac{h}{2}\sum_{\alpha=1}^{N_d-1}\left[f\left(x_{\alpha+1}\right)+f\left(x_\alpha\right)\right]; \quad E_\varepsilon \equiv \frac{h}{2}\sum_{\alpha=1}^{N_d-1}\left(\varepsilon_{\alpha+1}+\varepsilon_\alpha\right); \\ &E_\delta \equiv \frac{h}{2}\sum_{\alpha=1}^{N_d-1}\left[f^{(1)}\left(x_{\alpha+1}\right)\delta_{\alpha+1}+f^{(1)}\left(x_\alpha\right)\delta_\alpha\right] \end{aligned} \tag{12.8}$$

이다. 그런데 $h \propto N_d^{-1}$ 이므로 E_ε 은 측정오차의 평균에 해당한다. 그러면 식 (2.16)에 의해서 이 항은 영에 매우 가까운 값이 되고 이러한 경향은 데이터의 개수 N_d 가 커질수록 강화된다. 이에 대한 수학적 논의는 부록 B의 식 (B.9)에서 다루고 있다. 이는 또한 E_δ 에도 적용된다. 따라서

$$\lim_{N_d \to \infty} J_{\exp} - J_{\text{num}} \tag{12.9}$$

가 성립된다.

수치해석 교과서에 의하면 사다리꼴 구사(trapezoidal rule)와 정적분 사이의 오차는 다음이 되는 것으로 알려져 있다[Süli and Mayers, 2003].

$$\begin{aligned} E_{\text{num}} &\equiv \int_{x_{\min}}^{x_{\max}} f(x)\,\mathrm{d}x - \frac{h}{2}\sum_{\alpha=1}^{N_d-1}\left[f\left(x_{\alpha+1}\right)+f\left(x_\alpha\right)\right] \\ &= -\frac{\left(x_{\max}-x_{\min}\right)^3}{12N_d^2} f''(\xi). \end{aligned} \tag{12.10}$$

여기서 ξ는 $x_{\min}$ 과 $x_{\max}$ 사이의 어떤 값이고 $f''(x)$ 는 $f(x)$ 의 이차 도함수이다. 그러면 N_d 가 충분히 크면 식 (9)와 (10)에 의해서 식 (5)가 성립된다는 것을 알 수 있다.

지금까지의 논의에서 간과한 것이 하나 있다. 너무 당연한 것이지만 제어오차 δ_α 의 크기는 제어변수의 간격 h보다는 매우 작아야 한다. 그렇지 못하면 E_δ 에는 δ_α 의 고차항이 포함되어야만 하고 그렇게 되면 E_δ 는 무시할만큼 작은 값이 안될 수도 있다.

그림 12.2는 표준편차 1, 평균 0인 정규분포로부터 얻은 통계적 오차를 포함한 데이터와 수치적분으로 얻은 원시함수를 보여주고 있다. 즉 그림 12.2[a]는 $y_\alpha = f(x_\alpha) + \varepsilon_\alpha$ 의 그래프이며 오차수준이 각각 1%와 10%이며 그림 12.2[b]는 각각의 오차수준 데이터에 대한 수치적분

$$F(x_\alpha) \approx Y_\alpha \equiv \int_{x_{\min}=x_1}^{x_\alpha} f(x)\,\mathrm{d}x + E_{\mathrm{num}} + E_\alpha \tag{12.11}$$

의 그래프이다. 여기서 $f(x) = \operatorname{sech} x$ 이고

$$F(x) = \int_{x_{\min}}^{x} \operatorname{sech} t\,\mathrm{d}t \tag{12.12}$$

이다.

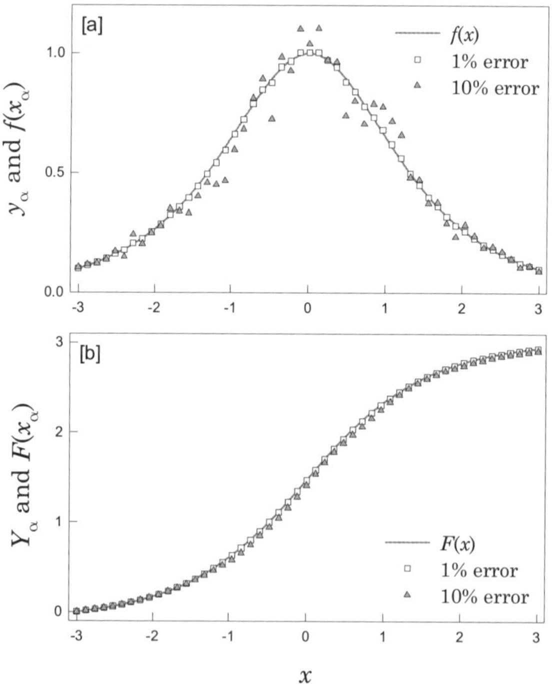

그림 12.2. 수치적분의 오차 안정화를 보여주는 개념도. 1%의 오차가 포함된 데이터의 적분과 10%의 오차가 포함된 데이터의 적분은 거의 정확한 함수의 적분과 일치하는 모습을 보이고 있다.

정확한 함수 $F(x)$와 수치적분 결과와 데이터를 이용한 수치적분 Y_α 사이의 오차가 대폭 감소한 것을 육안으로 확인할 수 있다. 물론 Y_α는 식 (5)를 다음과 같이 바꾸어서 구한 것이다.

$$Y_\alpha = \frac{1}{2}\sum_{\beta=1}^{\alpha-1}\left(y_{\beta+1} + y_\beta\right)\left(x_{\beta+1} - x_\beta\right) \tag{12.13}$$

식 (9)의 오차분석이 유효하다는 것을 짐작할 수 있다.

그림 12.2에서 짐작할 수 있는 흥미로운 것은 만약 그림 12.2[b]가 데이터로 주어지고 수치미분을 하여야 한다면 그림 12.2[a]가 얻어질 것이라는 추측이다. 아직 수치미분에 대해서는 공부하지 않았지만 미분과 적분은 서로 역의 관계인 수학적 변환이라고 생각한다면 이 추측은 당연하다. 나중에 13절에서 이러한 추측에 대해서 심도있게 공부하게 될 것이다.

이제 식 (9)의 오차분석이 올바른지를 알아보기 위해서 같은 오차수준(2%)의 데이터의 전구간에 대한 정적분을 데이터의 개수를 바꾸어가며 비교해 보자. 그 결과가 그림 12.3이다. 함수 $f(x) = \operatorname{sech} x$를 $-3 \le x \le 3$의 범위에서 균일한 간격으로 데이터의 개수를 25에서 150으로 늘려가면 2%수준의 통계적 오차를 포함하는 데이터 군들을 만들고 정적분값 J_{exp}를 구하였다. 그리고 오차가 없는 경우의 정적분값을 J_{num}과의 오차

$$\Delta J \equiv J_{\text{exp}} - J_{\text{num}} \tag{12.14}$$

를 구하였다. 이 적분오차 ΔJ는 통계적 오차를 발생시킬 때마다 다른 값을 가지므로 ΔJ_i 라고 표시하자. 그러면 이러한 작업을 $N_{\text{trial}} = 1000$ 번 수행하여 $\left\langle \Delta J^2 \right\rangle$를 다음과 같이 추정할 수 있다.

$$\sqrt{\left\langle \Delta J^2 \right\rangle} \approx \sqrt{\frac{1}{N_{\text{trial}} - 1}\sum_{i=1}^{N_{\text{trial}}}\left(\Delta J_i\right)^2} \equiv \sigma_{\Delta J} \tag{12.15}$$

을 구하였다. 보기좋은 크기의 그래프가 얻어지게 $100\sigma_{\Delta J}$를 $100/N_d$의 함수로 그린 것이 그림 12.3이다. 여기서 최소의 데이터 개수는 50이었고 최대의 데이터 개수는 150으로 그림 12.3의 데이터를 얻었다. 그림 12.3은 식 (9)와 컴퓨터 실험결과가 잘 일치한다는 것을 보여주고 있다. 실선은 경험식인 $\sigma_{\Delta J} \propto N_d^{\ 1}\sqrt{N_d - \frac{3}{2}}$ 과 매

우 일치한다.

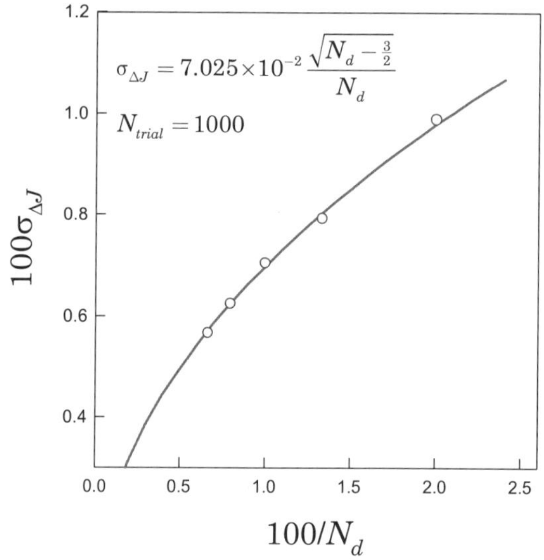

그림 12.3. 수치적분의 오차를 대표하는 $\sigma_{\Delta J}$는 데이터의 개수 N_d의 제곱근에 반비례하는 점근거동을 보여준다.

실험 데이터가 측정오차로 오염되어 있다고 해도 식 (6)과 (7)로 알 수 있듯이 이웃한 측정오차끼리 서로 상쇄되어 참값에 아주 가까운 결과가 얻어진다고 최종적인 결론을 내릴 수 있다. 이는 또한 실험 데이터의 적분은 데이터를 매끄럽게 만드는 효과(smoothening effect)를 가지고 있다는 것을 의미한다. 따라서 라플라스 변환과 같은 적분변환을 오차가 있는 실험 데이터에 적용하게 되면 매끄럽게 된 곡선을 얻을 수 있게 된다.

12.2. 실험 데이터의 라플라스 변환

라플라스 변환의 적분구간은 양의 실수 전체가 되는 반면에 실험 데이터는 유한한 구간에 대해서 이산적으로 측정되게 된다. 제어변수의 간격이 촘촘하다면 수치적분을 제어변수의 구간에 대해서 수행할 수 있지만 그 외의 구간에 대한 적분이 상대적으로 매우 작지 않다면 실험 데이터의 라플라스 변환을 근사적으로 구하는 것은 추가적인 정보가 없다면 매우 어려운 일이 된다. 라플라스 변환은 적분변환이므로 앞에서 배운 바대로 실험오차를 가진 데이터의 수치적분에서 실험오차의 기여는 데이터의 개수가 크면 미미하다는 것을 알았다. 따라서 실험 데이터의 라플라스 변환의 정확도는 제어변수의 범위의 유한함에 크게 영향을 받게 된다. 그래서 실험 오차의 효과는 무시하기로 한다.

제어변수의 구간을 $0 < x_{\min} \le x \le x_{\max}$ 라고 하자. 그러면 y_α 의 데이터에 대해서 라플라스 변환을 다음과 같이 세 적분의 합으로 볼 수 있다.

$$\begin{aligned}&\mathfrak{L}[y] \equiv \int_0^\infty f(x)e^{-sx}\mathrm{d}x = J_1 + J_2 + J_3;\\&J_1 \equiv \int_0^{x_{\min}} f(x)e^{-sx}\mathrm{d}x;\quad J_2 \equiv \int_{x_{\min}}^{x_{\max}} f(x)e^{-sx}\mathrm{d}x;\quad J_3 \equiv \int_{x_{\max}}^{\infty} f(x)e^{-sx}\mathrm{d}x.\end{aligned} \tag{12.16}$$

여기서

$$J_2 \approx \frac{1}{2}\sum_{\alpha=1}^{N_d-1}\left(x_{\alpha+1} - x_\alpha\right)\left(y_{\alpha+1}e^{-sx_{\alpha+1}} + y_\alpha e^{-sx_\alpha}\right) \tag{12.17}$$

로 근사할 수 있고 N_d 가 충분히 크고 $\max\{x_{\alpha+1} - x_\alpha\} \ll 1$ 이라면 이 근사는 앞에서 배운대로 매우 정확한 값이 될 것이다. 따라서 J_1 과 J_3 의 영향이 어떠한 지에 대해서 생각해 보아야 한다.

정적분 J_1 과 J_3 의 적분구간을 각각 I_1 과 I_3 라고 하자. 만약에 부분구간 I_1 과 I_3 에서 함수 $f(x)$ 의 점근거동을 알 수 있다면 즉 구간 I_1 에서 $f(x) \approx \phi_1(x)$ 이고 구간 I_3 에서 $f(x) \approx \phi_3(x)$ 라면 J_1 과 J_3 을 해석적으로나 수치적분으로 구할 수 있을 것이다. 만약 이러한 점근적인 거동을 알 수 없다면 정확한 라플라스 변환을 실험 데이터로부터 구할 수 없게 된다. 점근거동을 알 수 없을 때는 평균값 정리를 이용해서 계산으로부터 구할 수 있는 J_2 가 어떤 범위의 s에서 정확한 라플라스 변환과 얼마의 오차를 가지게 되는지를 분석해야 한다.

평균값 정리를 이용한 오차의 해석

평균값 정리는 적분구간 $a \le x \le b$ 에 속하며 다음을 만족하는 ξ가 반드시 적어도 하나는 존재한다는 것이다.

$$\int_a^b f(x)\mathrm{d}x = f(\xi)(b-a). \tag{12.18}$$

이는 또한 다음과 같이 일반화할 수 있다.

$$\int_a^b f(x)g(x)\mathrm{d}x = f(\xi)\int_a^b g(x)\mathrm{d}x \tag{12.19}$$

특히 식 (19)는 $g(x)$는 알고 있는 함수이고 $f(x)$는 잘 모르는 함수일 때 유용하다.

만약에 함수 $y = f(x)$가 구간 I_1에서 최대값과 최소값이 존재하게 되면 식 (19)는 J_1에 바로 적용할 수 있게 된다. 즉,

$$J_1 = f(\xi_1)\int_0^{x_{\min}} e^{-st}\mathrm{d}t = \frac{1-e^{-x_{\min}s}}{s} f(\xi_1) \tag{12.20}$$

을 만족하는 $0 \le \xi_1 \le x_{\min}$이 존재하게 된다. 하지만 $x \to 0$에 따라서 $f(x) \to \pm\infty$로 발산하게 되면 식 (20)은 유용하지 않게 될 수 있다. J_3는 적분상한이 무한 대이기 때문에 주의하여야 한다. 그런데 라플라스 변환이 존재한다면 $J_3 < \infty$ 이므로 J_3는 유한한 값을 가지게 된다. 그런데

$$\int_{x_{\max}}^{\infty} e^{-sx}\mathrm{d}x = \frac{e^{-x_{\max}s}}{s} \tag{12.21}$$

이고 구간 I_3에 대해서 $f_{\min} \equiv \min\{f(x)\}$, $f_{\max} = \max\{f(x)\}$가 존재한다면

$$f_{\min}\int_{x_{\max}}^{\infty} e^{-sx}\mathrm{d}x \le J_3 \le f_{\max}\int_{x_{\max}}^{\infty} e^{-sx}\mathrm{d}x \tag{12.22}$$

가 성립하므로

$$J_3 = \frac{e^{-x_{\max}s}}{s} f(\xi_3) \tag{12.23}$$

을 만족하는 $x_{\max} \le \xi_3 < \infty$가 존재하게 된다. 여기서도 구간 I_3에서 함수 $f(x)$의 최소값이 존재하지 않거나 최대값이 존재하지 않다면 어려움이 발생할 수 있다.

함수값이 유한한 범위에 있다면 최종적으로

$$\begin{aligned}&\mathfrak{L}[y] = \phi_1(s)f(\xi_1) + J_{\exp}(s) + \phi_3(s)f(\xi_3);\\ &\phi_1(s) \equiv \frac{1-e^{-x_{\min}s}}{s};\quad \phi_3(s) \equiv \frac{e^{-x_{\max}s}}{s}\end{aligned} \tag{12.24}$$

가 된다. 여기서 식 (20)과 (23)의 ξ가 다르기 때문에 ξ_1과 ξ_3를 사용하였고 J_2는 실험 데이터의 수치적분으로 구할 수 있기 때문에 $J_{\exp}(s)$로 표현하였다.

식 (24)는 엄밀한 것이지만 정확하게 두 상수 $f(\xi_1)$과 $f(\xi_3)$를 결정하여야만 한다. 원래 $x_{\min} \le x \le x_{\max}$의 범위의 데이터로부터 라플라스 변환을 구하려고 하는 문제이기 때문에 변수 s는 실험 데이터의 x에 대해서 역수관계이므로 실험 데이터의 적분으로 얻게 되는 라플라스 변환은 $I_s \equiv \left\{ s \middle| x_{\max}^{-1} \le s \le x_{\min}^{-1} \right\}$의 범위 이외에는 알 수 없게 된다. 계산이론만으로는 I_s보다 더 넓은 s에 대해서도 라플라스 변환을 구할 수는 있지만 실험으로 얻는 정보보다 더 많은 정보를 가지게 해주는 수학적 방법은 있을 수 없다. 물론 운이 좋은 경우에 s의 범위를 확장해도 바람직한 결과가 나오는 수도 있지만 도박을 할 수는 없다. 따라서 구간 I_s에서의 $\phi_1(s)$와 $\phi_3(s)$의 거동에 대해서 살펴볼 필요가 있다.

구간 I_s에서 두 함수 $\phi_1(s)$와 $\phi_3(s)$의 거동을 고찰하게 되면 어떻게 실험 데이터 $\{y_\alpha\}$로부터 $f(\xi_1)$과 $f(\xi_3)$를 추정할 수 있는 방법을 찾을 수도 있기 때문이다. 이 두 함수는 모두 감소함수이다. 따라서

$$\begin{aligned} 0 < \phi_1^{\min} \equiv \phi_1\left(\frac{1}{x_{\min}}\right) \le \phi_1(s) \le \phi_1\left(\frac{1}{x_{\max}}\right) \equiv \phi_1^{\max} \\ 0 < \phi_3^{\min} \equiv \phi_3\left(\frac{1}{x_{\min}}\right) \le \phi_3(x_{\max}s) \le \phi_3\left(\frac{1}{x_{\max}}\right) \equiv \phi_3^{\max} \end{aligned} \tag{12.25}$$

라는 것을 알 수 있다. 여기서 $f_1^{\min} \le f(\xi_1) \le f_1^{\max}$와 $f_3^{\min} \le f(\xi_3) \le f_3^{\max}$를 가정해보자. 즉, 함수 $f(x)$가 구간 I_1과 I_3에서 유계인 함수(bounded function)라고 가정하자. 그러면

$$f(\xi_1) = y_1 + \delta_1; \quad f(\xi_3) = y_{N_d} + \delta_3 \tag{12.26}$$

으로 표시하게 되면 당연히

$$|\delta_1| \le f_1^{\max} - f_1^{\min} \equiv \Delta f_1; \quad |\delta_3| \le f_3^{\max} - f_3^{\min} \equiv \Delta f_3 \tag{12.27}$$

이 될 것이다. 위 식들을 이용하게 되면 다음의 부등식이 얻어진다.

$$|J_1 - y_1\phi_1(s)| \le \Delta f_1 \Delta\phi_1; \quad |J_3 - y_{N_d}\phi_3(s)| \le \Delta f_3 \Delta\phi_3 \tag{12.28}$$

여기서 $\Delta\phi_I \equiv \phi_I^{\max} - \phi_I^{\min} > 0$ 이다. 계산을 해보면 $\varepsilon \equiv x_{\min}/x_{\max}$ 이 충분히 작을 경우

$$\Delta\phi_1 \approx \frac{\varepsilon}{e} \approx 0.3679\varepsilon; \quad \Delta\phi_3 \approx \frac{x_{\max}}{e} \approx 0.3679 x_{\max} \tag{12.29}$$

가 된다. 그림 12.4는 $\Delta\phi_1$ 과 $\Delta\phi_3$ 를 $x_{\max} = 1$ 로 두고 ε의 함수로 그린 것이다.

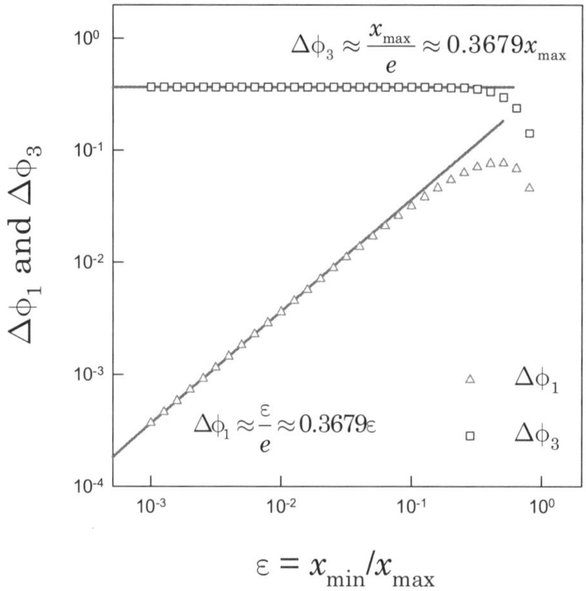

그림 12.4. 유계인 함수에 대한 수치 라플라스 변환의 보정에 대한 분석.

따라서 $\varepsilon \ll 1$ 이 된다면 그리고 $\Delta f_1 \sim 1$ 정도라면 $J_1 \approx y_1\phi(s)$ 로 근사가 매우 유효하게 된다. 반면에 $\Delta\phi_3$ 는 제어변수의 상한 $x_{\max}$ 이 클수록 커지기 때문에 Δf_3 가 매우 작지 않다면 $J_3 \approx y_{N_d}\phi_3(s)$ 의 근사를 사용하기 어려워진다. 그런데 구간 I_3는 구간의 폭이 무한대이기 때문에 구간 I_2에서 주어진 데이터만으로 Δf_3 가 매우 작다고 추정하는 것은 논리적으로 무리가 있다. 사실 구간 I_1에 대해서도 $\Delta f_1 \sim 1$ 이라는 가정도 실험 데이터만으로는 논리적 근거가 부족하다. 따라서 근본적으로는 실험 데이터 이외에 물리학적이건 화학적이건 다른 원리에 근거해서 Δf_1 과 Δf_3 의 크기를 추정할 수 있는 추가적인 정보가 필요하게 된다. 이는 유한 개수의 실험 데이터만으로 함수를 유일하게 확정할 수 없는 이유와 같다. 따라서

여러 사례에 대해서 성공적인 결과를 모아서 실패의 경우를 줄여나가는 경험적 지식이 필요하게 된다. 구간 I_2의 측정 데이터로 구간 I_1과 I_3에서의 $f(x)$를 추정할 수 있는 경우가 가장 효과적인 보정이 가능해진다. 즉, 외삽을 할 수 있는 경우에만 좋은 보정을 할 수 있지 그렇지 않을 경우에는 좋은 보정을 기대하기 어렵다. 특히 함수가 I_1 또는 I_2에서 유계가 아니라면 외삽이 더 필요하게 된다.

성공적인 간단한 사례

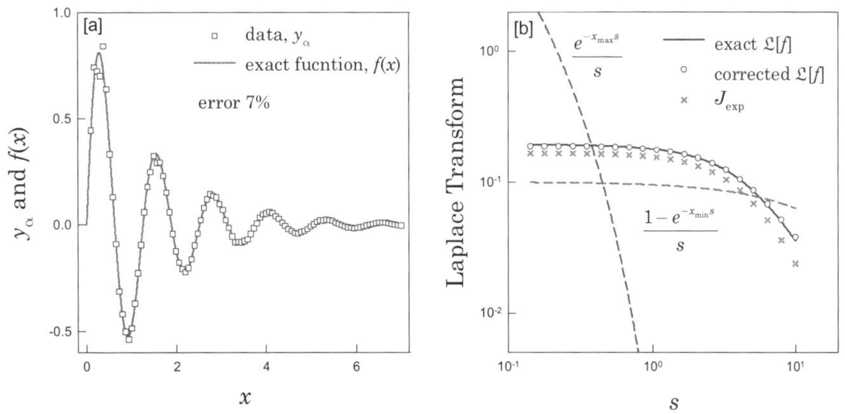

그림 12.5. 구간 I_1에서의 보정이 성공적인 사례.

그림 12.5[a]와 같은 실험결과가 있다고 하자. 가상의 실험 데이터는 $0.1 \le x_\alpha \le 7$에 대해서 $y_\alpha = \exp(-0.7x_\alpha)\sin 5x_\alpha + \varepsilon_\alpha$ 로 생성한 것이다. 여기서 오차의 수준은 7%로 하였다. 앞에서 공부한 바와 같이 이 정도의 오차수준으로도 $J_{\exp}(s)$는 오차없는 경우의 수치적분과 거의 같은 결과를 준다. 정확한 라플라스 변환은 물론

$$\mathfrak{L}[y] = \frac{5}{(s+0.7)^2 + 25} \tag{12.30}$$

이다. 그림 12.5[a]의 실선은 정확한 함수를 보여주고 있다. 데이터의 형태를 보면 $\Delta f_1 \approx y_1$ 처럼 보이고 Δf_3는 영에 가까운 값으로 보인다. 이 추정이 맞기를 바란다면 그리고 구간 I_1에서 $f(x) \propto x$ 라고 가정한다면 $f(\xi_1) \approx \frac{1}{2} y_1$ 으로 생각할 수 있을 것이고 $\Delta f_3 \approx 0$ 으로 추정하면 $f(\xi_3) \approx 0$ 으로 생각할 수 있을 것이다. 이러한

가정을 이용하여 $\mathfrak{L}[y]$, $J_{\exp}(s)$, 그리고 $J_{\exp}(s)+\frac{1}{2}y_1\phi_1(s)$ 을 비교한 것이 그림 12.5[b]이다. 구간 I_s 에서 추정한 라플라스 변환인 $J_{\exp}(s)+\frac{1}{2}y_1\phi_1(s)$ 가 정확한 라플라스 변환인 $\mathfrak{L}[y]$ 와 매우 잘 일치하는 것을 알 수 있다. $J_{\exp}(s)$ 는 $\mathfrak{L}[y]$ 와 유사한 거동을 보이지만 이중 로그 작도에서 아래로 수직이동한 것 같은 경향을 보여준다.

그림 12.5의 결과로부터 보정 항의 필요성을 확실하게 알 수 있다. 보정항이 없게 되면 $J_{\exp}(s)$ 만으로는 좋은 근사가 될 수 없다. 보정항을 계산할 수 있는 추가적인 정보가 반드시 필요하게 된다. 구간 I_1 에 대해서 $y=ax$ 로 근사할 수 있게 된다면 기울기 a는 $a \approx y_1/x_{\min}$ 이라고 할 수 있다. 이 경우

$$J_1 \approx \int_0^{x_{\min}} \frac{y_1}{x_{\min}} x e^{-sx} \mathrm{d}x = \frac{y_1}{x_{\min}} \frac{1-e^{-x_{\min}s}\left(1+x_{\min}s\right)}{s^2} \tag{12.31}$$

가 된다. 여전히 $J_3 \approx 0$ 으로 간주하면 보정항을 $J_1(s) \approx \frac{1}{2}y_1\phi_1(x)$ 로 사용한 것과 거의 같은 수준으로 $\mathfrak{L}[y]$를 근사할 수 있다.

이미 우리는 6절에서 응답함수의 라플라스 변환을 구하는 성공적인 사례를 공부한 적이 있다. 선형점탄성의 규명에 사용한 사례에 대해서는 Kim *et al.*, 2015를 참조하기 바란다.

파데-라플라스 방법

화학반응은 여러 개의 기초반응(elementary reaction)들의 연립으로 이루 어져 있다 [Silbey, Alberty and Bawendi, 2005]. 많은 경우에 반응물의 분자개수 $n(t)$ 는 다음과 같은 시간의 함수로 표현되는 경우가 있다.

$$n(t)=\sum_{i=1}^{N} \nu_i e^{-k_i t} \tag{12.32}$$

여기서 ν_i 는 여러 반응물과 생성물들의 초기 분자개수의 조합으로 이루어지는 상수이고 k_i 는 기초반응들의 반응속도상수(reaction constant)들의 조합으로 이루어지게 된다. 당연히 실험 데이터는 측정오차를 포함하게 되지만 N이 크지 않을 경우 비선형 회귀분석을 하면 $\{\nu_i, k_i\}$ 를 쉽게 구할 수 있을 것이다. 하지만 N이 크게 되면 비선형 회귀분석으로 구한 매개변수 $\{\nu_i, k_i\}$ 가 화학적으로 의미가 없는 즉 $k_i < 0$ 인

경우가 얻어질 수 있다[3절의 예제 3.2를 참조하기 바란다]. 경우에 따라서는 N을 정확하게 모르는 경우도 있다. Yeramian and Claverie, 1987은 측정 데이터의 라플라스 변환에 파데 근사를 이용하여 N에 대한 가정없이 N은 물론이고 매개변수 $\{\nu_i, k_i\}$ 를 결정할 수 있는 파데-라플라스 방법(Padé-Laplace method)을 개발하였다. Fulchi-ron *et al.*, 1993은 이 방법을 선형점탄성의 이산 완화시간 분포(discrete relaxation time spectrum)을 구하는데 응용하기도 하였다.

측정변수 y_α 가 식 (36)과 같은 형식의 관계식을 만족한다고 하자.

$$y_\alpha = \sum_{k=1}^{N} \gamma_k e^{-\beta_k x_\alpha} + \varepsilon_\alpha; \quad \forall \beta_k > 0. \tag{12.33}$$

그러면 정확한 라플라스 변환 $\mathfrak{L}[y]$은 다음이 될 것이다.

$$\mathfrak{L}[y] = \sum_{k=1}^{N} \frac{\gamma_k}{s + \beta_k}. \tag{12.34}$$

식 (34)는 다음과 같은 분수식으로 다시 쓸 수 있다.

$$\begin{aligned} \mathfrak{L}[y] &= \frac{Q_{N-1}(s)}{P_N(s)}; \quad P_N(s) \equiv \prod_{k=1}^{N} (s + \beta_k); \\ Q_{N-1}(s) &\equiv \sum_{k=1}^{N} \left[\prod_{j \neq k}^{N} (s + \beta_j) \right] \gamma_k. \end{aligned} \tag{12.35}$$

여기서 아직 우리는 N과 β_k 및 γ_k 를 모른다는 점을 상기하기 바란다. 일반적으로 관심의 대상이 되는 문제들은 모든 β_k 가 다른 값을 가지는 경우란 점도 상기하기 바란다.

파데-라플라스 방법을 사용하는 대부분의 연구자들은 실험 데이터로부터 구한 $J_{\exp}(s)$ 을 라플라스 변환의 근사함수로 사용하는 경우가 대부분인데 우리는 이미 이러한 근사는 오차가 상당할 수 있다는 것을 배운 바있다. 보정항을 사용하건 아니건 실험으로 구한 라플라스 변화의 근사함수를 $J_{\exp}(s)$ 라고 표기하기로 하자. 파데-라플라스 방법은 이 근사함수를 다음과 같은 다항식으로 간주한다.

$$J_{\exp}(s) = \sum_{k=0}^{M} a_k (s - s_c)^k \tag{12.36}$$

여기서 s_c 는 실험으로 구한 라플라스 변환과 결과가 잘 일치하도록 정하는 테일러 선

개의 중심으로 $s \in I_s$ 이다. 다음과 같은 다항식 $P_{N_{\text{trial}}}(s)$ 와 $Q_{N_{\text{trial}}-1}(s)$ 을 생각해보자.

$$P_{N_{\text{trial}}}(s) = \sum_{k=0}^{N_{\text{trial}}} b_k (s - s_c)^k; \quad Q_{N_{\text{trial}}-1}(s) = \sum_{k=0}^{N_{\text{trial}}-1} c_k (s - s_c)^k \tag{12.37}$$

그러면 라플라스 변환은

$$J_{\exp}(s) = \frac{Q_{N_{\text{trial}}-1}(s)}{P_{N_{\text{trial}}}(s)} \tag{12.38}$$

이라고 할 수 있을 것이다. 직접 식 (38)을 이용하여 계수 $\{b_k\}_{k=0}^{N_{\text{trial}}}$ 과 $\{c_k\}_{k=0}^{N_{\text{trial}}-1}$ 을 비선형 회귀분석으로 구할 수도 있겠지만 이 보다는 식 (36)을 이용한 다항식 회귀분석으로 계수 $\{a_k\}_{k=0}^{M}$ 를 구하고 다항식의 항등조건을 이용하여 계수 $\{b_k\}_{k=0}^{N_{\text{trial}}}$ 과 $\{c_k\}_{k=0}^{N_{\text{trial}}-1}$ 을 구하는 것이 더 안정적이다. 이에 대한 자세한 방법은 Press *et al.*, 2002을 참조하기 바란다. 물론 여기서 $2N_{\text{trial}} - 1 = M$ 이 되도록 N_{trial} 을 정한다.

이제 계수 $\{b_k\}_{k=0}^{N_{\text{trial}}}$ 과 $\{c_k\}_{k=0}^{N_{\text{trial}}-1}$ 가 결정되었다면 β_k 는 $P_{N_{\text{trial}}}(s) = 0$ 을 만족시키는 해 s_k 와 다음의 관계를 가진다.

$$\beta_k = -s_k \tag{12.39}$$

다항식의 모든 실수해를 구하는 수치해법도 역시 Press *et al.*, 2002를 참조하기 바란다. 그러면 $J_{\exp}(s)$ 가 식 (35)를 만족한다면

$$\gamma_k = \left[\frac{(s + \beta_k) Q_{N_{\text{trial}}-1}(s)}{P_{N_{\text{trial}}}(s)}\right]_{s=-\beta_k} \tag{12.40}$$

이 됨은 자명하다. 만약에 $N_{\text{trial}} > N$ 이 되었다고 해도 두 다항식 $P_{N_{\text{trial}}}(s)$ 와 $Q_{N_{\text{trial}}-1}(s)$ 사이에 약분이 일어나서 결과는 변하지 않게 된다[Press *et al.*, 2002]. 물론 $N_{\text{trial}} < N$ 이라면

$$y_\alpha \approx \sum_{k=1}^{N_{\text{trial}}} \gamma_k e^{-\beta_k x_\alpha} \tag{12.41}$$

의 근사오차가 커져서 원래의 실험데이터와 차이가 상당하게 될 것이다. 따라서 식 (34)에 대한 결정계수가 1에 가장 가까운 $\{\beta_k, \gamma_k\}_{k=1}^{N_{\text{trial}}}$ 에 대해서 $N = N_{\text{trial}}$ 이라고 할 수 있을 것이다.

12.3. 후리에 변환

후리에 근사

폐구간 $I \equiv \{x | x_{\min} \le x \le x_{\max}\}$ 에서 연속인 함수는 N차 다항식으로 근사가 가능하고 차수를 높이면 더 정확한 근사가 얻어진다는 것을 배운 바 있다. 이와 마찬가지로 임의의 폐구간 I에서 정의되는 함수 $f(x)$ 에 대해서 독립변수를

$$\xi \equiv \frac{2x - x_{\max} - x_{\min}}{x_{\max} - x_{\min}} \tag{12.42}$$

으로 변환하게 되면 $f(x) = \bar{f}(\xi)$ 를 만족하는 $-1 \le \xi \le 1$ 의 함수 $\bar{f}(\xi)$ 를 생각할 수 있다. 그러면 체비세프 다항식을 이용하여

$$\bar{f}(\xi) \approx \sum_{n=0}^{N} a_n T_n(\xi) \tag{12.43}$$

의 근사가 성립되며 N이 커감에 따라서 이 근사는 더 정확하게 된다.

그런데 왜 후리에 근사를 논의하는데 체비세프 다항식을 다루는가? 그 이유는 체비세프 다항식이 다음과 같은 성질을 가지기 때문이다.

$$T_n(\xi) = \cos(n \arccos \xi). \tag{12.44}$$

사실 $-1 \le \xi \le 1$ 이므로 $\xi = \cos\theta$ 라고 한다면 식 (43)은 다음과 같이 표시할 수 있다.

$$g(\theta) = \bar{f}(\xi) = \sum_{n=0}^{N} a_n \cos n\theta. \tag{12.45}$$

그렇다면 폐구간 $I_L \equiv \{x | -L \le x \le L\}$ 에서 정의되는 함수 $f(x)$ 를

$$f(x) = a_0 + \sum_{n=1}^{\infty} \left(a_n \cos\frac{n\pi x}{L} + b_n \sin\frac{n\pi x}{L} \right) \tag{12.46}$$

으로 표현할 수 있을까? 식 (46)이 성립된다는 것은 잘 알려져 있으며 식 (46)을 후리에 급수(Fourier series)라고 한다. 무한급수는 컴퓨터로 완벽하게 구현할 수 없는 것이므로

$$f(x) \approx f_N(x) \equiv a_0 + \sum_{n=1}^{N} \left(a_n \cos\frac{n\pi x}{L} + b_n \sin\frac{n\pi x}{L} \right) \tag{12.47}$$

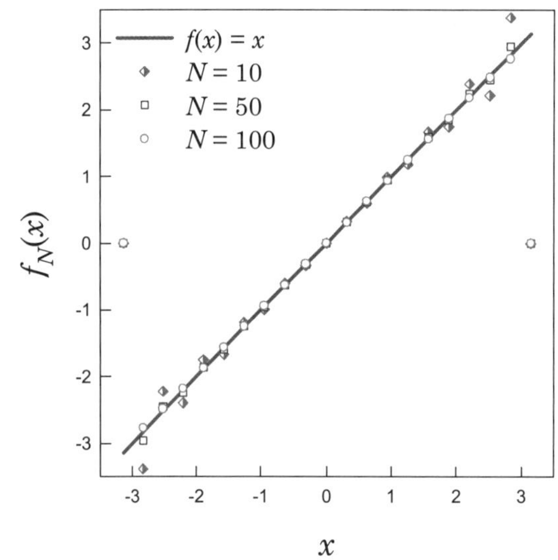

그림 12.6. 후리에 급수의 수렴성.

을 생각할 수 있을 것이다. 일반적으로 유한한 N에 대해서 식 (43)과 식 (47)을 비교하면 함수근사의 정확도는 식 (43)이 훨씬 더 좋은 경우가 많다. 하지만 후리에 급수의 계수들은 $n = 0,1,2,\cdots$ 에 대해서

$$a_n = \frac{1}{L}\int_{-L}^{L} f(x)\cos\frac{n\pi x}{L}\mathrm{d}x; \quad b_n = \frac{1}{L}\int_{-L}^{L} f(x)\sin\frac{n\pi x}{L}\mathrm{d}x \tag{12.48}$$

로 쉽게 계산할 수 있다. 물론 임의의 폐구간 $I \equiv \{x | x_{\min} \le x \le x_{\max}\}$ 에 대한 함수도 적절한 변수변환

$$\xi = 2x - x_{\min} - x_{\max} \tag{12.49}$$

을 사용하면 $L \equiv x_{\max} - x_{\min} > 0$ 으로 정하게 되면 $-L \le \xi \le L$ 이 되므로 식 (47)과 (48)은 매우 유용한 수학공식이다. 따라서 구간 I_L 에 대해서만 생각하기로 하자.

먼저 $L = \pi$ 인 구간 I_π 에서 정의된 함수 $f(x) = x$ 를 생각해 보자. 이 함수에 대해서 식 (48)을 적용하게 되면

$$f(x) = 2\sum_{k=1}^{\infty}(-1)^{k+1}\frac{\sin kx}{k} \tag{12.50}$$

가 됨을 알 수 있다. 그림 12.6은 N이 커감에 따라서 후리에 급수가 점점 원래 함

수에 가까이 다가감을 알 수 있다. 여기서 $x = \pm\pi$ 에서 $f_N(x) \approx 0$ 이 얻어지는 이유는 $\sin kx$ 가 영이 되기 때문이다. 경계점을 제외하면 $N \to \infty$ 에 따라서 $f_N(x) \to x$ 가 됨을 알 수 있다. 그러면 독자들 중에는 후리에 급수의 수학이론이 실험 데이터를 해석하는데 있어서 어떻게 중요하게 되는가란 의문을 가지는 사람이 있을 것이다. 이에 대해서 생각해 보기로 하자.

구간 I_π 에서 데이터가 촘촘하게 있어서 식 (48)을 수치적분으로 대체 가능하다고 하자. 실험 데이터는 물론 측정오차를 가지고 있다고 하자. 평균 0, 표준편차 1의 정규분포로부터 통계적인 오차를 50% 수준으로 만들어 함수 $y_\alpha = f(x_\alpha)$ 에 더해서 가상의 실험 데이터를 만들어 보자. 그림 12.7[a]의 데이터는 세 개의 봉우리를 이루고 있는 것 같다. 이 데이터는 함수

$$f(x) = \cos x + 2\cos 3x + \frac{1}{2}\sin 5x \tag{12.51}$$

에 50%의 오차를 더한 것이다. 식 (48)을 데이터에 대한 수치적분으로 구한 결과

$$a_1 \approx 0.983; \quad a_3 \approx 2.02; \quad b_5 \approx 0.551 \tag{12.52}$$

을 제외하고 모든 후리에 계수들의 절대값은 0.05이하였다. 그림 12.7[b]는 $n = 10$ 까지 구한 후리에 계수를 후리에 모드(Fourier mode) n의 함수로 그린 것이다. 그림 12.7[a]의 실선은 식 (52)의 계수만을 이용하고 나머지 계수는 0으로 두었을 때의

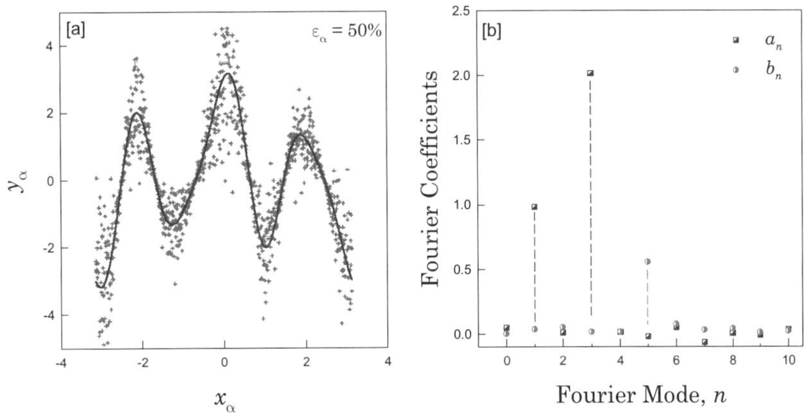

그림 12.7. 주어진 데이터[a]와 그로부터 얻은 후리에 계수[b].

후리에 급수 $f_N(x)$ 를 나타낸다. 측정오차의 기여는 매우 작은 후리에 계수로 나타난다고 가정한다면 지배적인 크기를 가지는 후리에 계수에 의한 기여만을 선택하는 것은 일종의 소음제거과정과 같은 역할을 한다고 할 수 있다.

이산 후리에 변환

오일러 공식 $e^{i\theta} = \cos\theta + i\sin\theta$ 를 이용하게 되면 사인과 코사인 함수는 다음과 같이 나타낼 수 있다.

$$\sin\theta = \frac{e^{i\theta} - e^{-i\theta}}{2i}; \quad \cos\theta = \frac{e^{i\theta} + e^{-i\theta}}{2} \tag{12.53}$$

식 (53)을 이용하게 되면 식 (47)은 다음과 같이 표시할 수 있다.

$$\begin{aligned} f_N(x) &= a_0 + \sum_{n=1}^{N}\left(a_n \frac{e^{i\omega_n x} + e^{-i\omega_n x}}{2} - ib_n \frac{e^{i\omega_n x} - e^{-i\omega_n x}}{2}\right) \\ &= \sum_{n=-N}^{N} c_n e^{-i\omega_n x} \end{aligned} \tag{12.54}$$

여기서 $\omega_n = n\pi/L$ 이고 $\omega_{-n} = -\omega_n$ 이며

$$c_n \equiv \frac{a_n + ib_n}{2}; \quad c_{-n} \equiv \frac{a_n - ib_n}{2}; \quad c_0 = a_0 \tag{12.55}$$

이다. 물론 $n = 1, 2, 3, \cdots$ 이다.

이제 데이터의 개수가 N_d 라면 $2N + 1 = N_d$ 로 정하고

$$y_\alpha = \sum_{n=-N}^{N} c_n e^{i\omega_n x_\alpha} \tag{12.56}$$

이라고 해보자. 데이터의 범위로부터 모든 주파수 ω_n 을 알고 있으므로 식 (56)을 만족하는 c_n 을 구하는 것은 계수가 $A_{\alpha n} \equiv e^{i\omega_n x_\alpha}$ 이고 구해야 할 해가 c_n 인 다음의 연립방정식을 푸는 것과 같다.

$$y_\alpha = \sum_{n=-N}^{N} A_{\alpha n} c_n. \tag{12.57}$$

그런데 제어변수가 등간격으로 I_L 에 분포하게 된다면 제어변수의 색인 $\alpha = 1, 2, \cdots, N_d = 2N + 1$ 을 다음과 같이 바꾸어

$$x_k = \frac{L}{N}k \tag{12.58}$$

라고 할 수 있을 것이다. 여기서 $k = \alpha - N - 1$ 로

$$k = -N, -N+1, \cdots, -1, 0, 1, 2, \cdots, N-1, N \tag{12.59}$$

이다. 측정변수에 대해서도 마찬가지로 색인을 바꾼다. 그러면 식 (57)의 행렬은

$$A_{nk} = \exp\left(\mathrm{i}\frac{Ln}{N}\frac{\pi k}{L}\right) = W^{n+k} \tag{12.60}$$

가 된다. 여기서

$$W \equiv e^{\mathrm{i}\omega}; \quad \omega = \frac{\pi}{N} \tag{12.61}$$

이 된다. 그러면 식 (57)의 연립방정식은 다음이 된다.

$$y_n = \sum_{k=-N}^{N} W^{n+k} c_k \tag{12.62}$$

여기서 $-2N \le n+k \le 2N$ 이 됨을 알 수 있는데 $W^N = -1$ 이므로

$$W^{N+1} = -W \tag{12.63}$$

인 성질이 성립된다. 식 (62)를 풀어 c_k 를 구하는 것을 이산 후리에 변환(discret Fourier transform: DFT)이라고 한다.

만약 N이 매우 크면 식 (62)의 연립방정식을 푸는데는 필요한 컴퓨터의 계산시간은 수치해석 교과서에서 기본적으로 배우는 가우스 소거법(Gaussian elimination)으로 풀게 된다면 N_d^3 에 비례하는 시간이 된다. 하지만 식 (63)의 성질을 이용하여 재귀적인 방법(recursive method)으로 풀게 되면 계산시간은 $N_d \log N_d$ 에 비례하는 시간이 걸리게 된다. 이렇게 재귀적인 방법으로 c_k 를 구하는 방법을 고속 후리에 변환(fast Fourier transform: FFT)이라고 부른다. 즉, FFT는 DFT를 수행하는 효과적인 알고리즘을 말한다. FFT의 알고리즘을 적용하려면 데이터의 개수가 $N_d = 2^K$ 인 조건을 만족하여야 한다. 이 조건이 맞지 않을 때도 처리하는 방법이 있으니 큰 문제가 되지는 않는다. 하지만 만약 $N_d \sim 10^3$ 정도로 데이터의 개수가 매우 크지 않다면 요즘 개인용 컴퓨터의 속도가 매우 빠르기 때문에 식 (62)를 일반적인 수치해법

으로 풀어도 큰 문제가 되지는 않는다.

FFT에 대해서는 다양한 알고리즘이 개발되어 왔으며 SigmaPlot™이나 MATLAB™ 등의 상용화된 프로그램들에는 FFT 기능이 갖추어져 있으니 이를 활용하면 된다. 이산 후리에 변환은 적외선 분광법(infra red spectroscopy: IR)이나 핵자기 공명 분광법(nuclear magnetic resonance spectroscopy: NMR) 등의 분석장비에서 데이터 처리에 많이 사용되고 있다. FFT가 개발되어 사용된 IR을 FT-IR이라고 부르는데 이전의 기계적인 방식으로 작동되던 IR의 측정시간이 수 시간이었다면 FT-IR의 측정시간은 수 분정도로 매우 빠르고 더 정확하다.

후리에 적분변환

식 (54)에서 L을 무한대로 극한을 취하게 되면 $\omega_n = n\pi/L$은 연속변수 ω로 생각할 수 있으며 합은 적분으로 대체되며 후리에 계수 c_n은 ω의 함수로 간주할 수 있게 된다. 따라서 다음이 얻어진다.

$$f(x) = \frac{1}{2\pi}\int_{-\infty}^{\infty} \hat{f}(\omega)e^{-i\omega x}d\omega. \tag{12.64}$$

이와 같은 적분을 만족시키는 주파수의 함수 $\hat{f}(\omega)$를 함수 $f(x)$의 후리에 변환이라고 부른다. 후리에 변환에 대해서 다음이 성립됨이 증명되었다.

$$\hat{f}(\omega) = \int_{-\infty}^{\infty} f(x)e^{i\omega x}dx. \tag{12.65}$$

후리에 변환이 존재하면 유일하다는 것도 증명이 되었다[Arfken, Weber and Harris, 2012].

만약에 식 (54)에서 $c_n = a_n - ib_n$으로 정의하게 되면 식 (54)의 두 번째 등식은

$$f_N(x) = \sum_{n=-N}^{N} c_n e^{i\omega_n x} \tag{12.66}$$

이 된다. 그러면 여기서 $L \to \infty$의 극한을 취하면 식 (64) 대신에

$$f(x) = \frac{1}{2\pi}\int_{-\infty}^{\infty} \hat{f}(\omega)e^{i\omega x}dx \tag{12.67}$$

로 정의하고 식 (65) 대신에

$$\hat{f}(\omega) = \int_{-\infty}^{\infty} f(x) e^{-i\omega x} dx \tag{12.68}$$

로 정의할 수도 있다. 따라서 후리에 변환에 대해서는 다양한 정의가 있을 수 있다. 라플라스 변환과의 직접적인 연관성을 위해서 6절에서는 식 (64)와 (65) 의 후리에 변환을 생각했었다. 어떤 것을 후리에 적분변환으로 사용할 것이냐는 선택의 문제이기 때문에 여기서는

$$\begin{aligned} \mathfrak{F}[f(x)] &= \hat{f}(\omega) = \int_{-\infty}^{\infty} f(t) e^{-i\omega x} dx \\ \mathfrak{F}^{-1}\left[\hat{f}(\omega)\right] &= f(x) = \frac{1}{2\pi} \int_{-\infty}^{\infty} \hat{f}(\omega) e^{i\omega x} d\omega \end{aligned} \tag{12.69}$$

로 정의하기로 한다.

후리에 변환이 존재하려면 $f(x)$ 는 다음의 조건을 만족하여야 한다.

$$\int_{-\infty}^{\infty} |f(x)|^2 \, dx < \infty. \tag{12.70}$$

역변환 공식이 성립되려면 또한 다음의 조건을 만족하여야 한다.

$$\int_{-\infty}^{\infty} \left|\hat{f}(\omega)\right|^2 d\omega = 2\pi \int_{-\infty}^{\infty} |f(x)|^2 \, dx < \infty. \tag{12.71}$$

라플라스 변환도 유일하게 결정되지만 라플라스 변환이 존재할 조건은 식 (70)과 (71)보다는 각박하지 않다. 왜냐하면 핵함수(kernel function)가 e^{-sx} 이므로 $f(x)$ 가 증가함수일지라도 지수함수같이 증가하지만 않는다면 라플라스 변환의 적분이 정의되기 때문이다. 하지만 후리에 변환의 핵함수는 $e^{-i\omega x}$ 이므로 $|x| \to \infty$ 에 대해서 함수 $f(x)$ 의 절대값이 감소하지 않으면 식 (69)와 같은 적분이 유한하지 않게 된다.

후리에 변환과 라플라스 변환의 비교

실험 데이터로부터 유용한 정보를 얻거나 오차의 영향을 배제하는데 있어서 라플라스 변환과 후리에 변환 모두는 각각의 역할을 하고 있다. 실험 데이터의 분석이라는 관점에서 볼 때, 두 적분변환에 대한 큰 차이점 중의 하나는 후리에 변환에 대해서는 이산 후리에 변환이 있지만 라플라스 변환에 대해서는 그러한 변환이 없

다는 점이다. 따라서 유한한 범위의 데이터에 대해서 라플라스 변환은 보정을 위한 노력이 필요한 반면에 이산 후리에 변환은 데이터의 범위 안에서 많은 것을 해결할 수 있는 장점이 있다.

12.4. 몬테 카를로 적분

앞에서 12.1절에서 공부한 수치적분은 일변수 함수에 관한 것이었지만 다변 수 함수에 대한 다중적분에도 적용이 가능하다. 예를 들어 다음과 같은 적분을 생각해 보자.

$$J_n \equiv \int_{a_1}^{b_1}\int_{a_2}^{b_2}\cdots\int_{a_n}^{b_n} f(x_1, x_2, \cdots, x_n)\,\mathrm{d}x_1\mathrm{d}x_2\cdots\mathrm{d}x_n. \tag{12.72}$$

이 다중적분의 수치적분은 구간 $I_k \equiv \{x_k | a_k \le x_k \le b_k\}$ 를 N 개의 균일 간격을 가지는 부분 구간들로 나누고 각각의 부분구간의 길이가 충분히 작게 하고 $(w_k \equiv N^{-1}(b_k - a_k) \ll 1)$, 각각의 부분구간의 중심값을 $x_m^{(k_m)}$ 이라고 하면

$$J_n \approx w_1 w_2 \cdots w_n \sum_{k_1=1}^{N}\sum_{k_2=1}^{N}\cdots\sum_{k_n=1}^{N} f\left(x_1^{(k_1)}, x_2^{(k_2)}, \cdots, x_n^{(k_n)}\right) \tag{12.73}$$

이 될 것이다. 식 (73)은 N^n 번의 합을 실행해야 얻을 수 있는 값이다. 만약에 $N = 1000$ 이고 $n = 10$ 이라면 계산회수는 $N_{\mathrm{sum}} = 10^{30}$ 이 된다. 한번의 덧셈에 10^{-12} 초가 걸린다면 계산시간은 10^{18} 초가 된다. 일년은 대략 $3\times10^7\mathrm{s}$ 이므로 계산시간은 약 300억년이라는 시간이 된다. 따라서 12.1절의 알고리즘으로는 계산이 불가능하다. 이러한 이유 때문에 몬테 카를로 적분이 필요하게 된다.

먼저 일변수 함수의 적분을 몬테카를로 적분으로 구하는 경우를 생각해 보자.

$$J_1 = \int_a^b f(x)\,\mathrm{d}x \tag{12.74}$$

라고 할 때 $a \le \xi \le b$ 의 구간에서 균일한 확률밀도함수는

$$p(\xi) \equiv \begin{cases} \dfrac{1}{b-a} & \text{for } a \le \xi \le b \\ 0 & \text{otherwise} \end{cases} \tag{12.75}$$

가 된다. 그러면 식 (74)를 다음과 같이 표현할 수 있다.

$$J_1 = (b-a)\int_a^b f(\xi)p(\xi)\mathrm{d}\xi = (b-a)\langle f(\xi)\rangle \tag{12.76}$$

여기서 $\langle\cdots\rangle$ 는 확률밀도함수 $p(\xi)$ 에 대한 평균을 의미한다. 그러면 확률밀도함수 $p(\xi)$ 를 따르는 N개의 확률변수를 독립적으로 발생시켜서 그 확률변수에 대한 함수값을 $f_k \equiv f(\xi_k)$ 라고 한다면

$$J_1 \approx \frac{1}{N}\sum_{k=1}^{N} f_k \equiv J_1^{(N)} \tag{12.77}$$

이라고 할 수 있을 것이다. 이 근사는 N이 클수록 참값에 가까워질 것이다.

그림 12.8은 $f(x)=x$ 인 경우와 $f(x)=x^2$ 인 두 경우에 대해서 적분구간 $0 \le x \le 1$ 에 대한 적분과 몬테카를로 적분의 상대오차를 확률변수를 생성시킨 회수 N의 함수로 하여 비교한 결과이다. 상대 오차 Δ_N 을 정확한 적분값 J_1과 몬테카를로 적분치 $J_1^{(N)}$ 에 대해서 $\Delta_N \equiv \left|1 - J_1^{(N)}/J_1\right|$ 으로 정의하였다. 사다리꼴 법칙으로 적분하게 되면 분할의 개수를 N이라고 하면 오차는 N^{-2} 에 비례하는 반면에 몬테카를로 적분의 경우는 그림에서 볼 수 있듯이 대략 $N^{-1/3}$ 정도를 보이고 있다. 즉 일변수 함수인 경우 몬테카를로 적분이 비효율적이라고 할 수 있다.

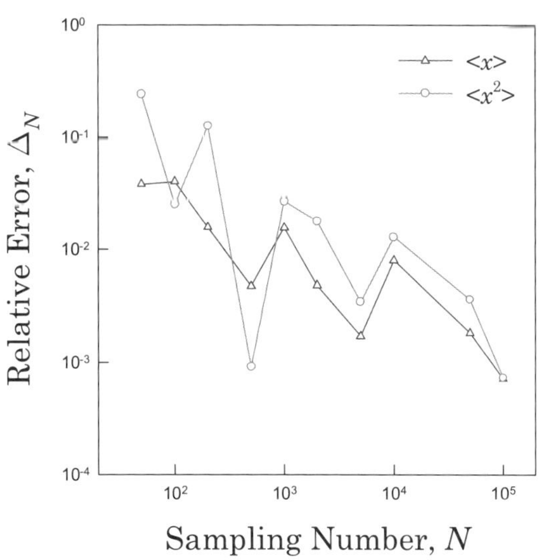

그림 12.8. 무작위수 발생회수에 따른 몬테 카를로 적분의 오차.

연습문제 12

[1] 실험 데이터 $\{(x_n, y_n) | n = 1, 2, \cdots, N\}$ 이 있는데 제어변수 x_n 를

$$\log_{10} x_{n+1} - \log_{10} x_n = 0.01 \tag{12.a}$$

로 실험한 결과라고 한다. 그런데 $y \approx f(x)$ 라고 한다. 그러면

$$I_1 \equiv \sum_{n=1}^{N-1} \frac{y_{n+1} + y_n}{2} (x_{n+1} - x_n) \tag{12.b}$$

와

$$I_2 \equiv \frac{h}{2} \sum_{n=1}^{N-1} \left(\frac{y_{n+1}}{x_{n+1}} + \frac{y_n}{x_n} \right) \tag{12.c}$$

중에서

$$I = \int_{x_1}^{x_N} f(x) \mathrm{d}x \tag{12.d}$$

와 더 가까운 값을 보이는 것은 무엇일까? $f(x) = 1/(1+x^2)$, $x_1 = 0.001$, $N = 100$ 으로 해서 비교하라.

[2] $t_{\min} = t_1 = 0$, $t_{\max} = t_{100} = 20$ 로 다음의 함수로 데이터를 생성하고

$$G(t) = \sum_{n=1}^{3} e^{-t/\lambda_n}, \quad \lambda_1 = 1, \quad \lambda_2 = 7, \quad \lambda_3 = 18 \tag{12.e}$$

로 데이터를 생성하고 비선형 회귀분석으로 구한 λ_n 과 파데-라플라스 방법으로 구한 λ_n 을 비교하라. 만약에 이 데이터에 무작위수로 만든 오차를 부가하게 되면 두 방법 중에 어떤 것이 더 좋을지도 분석하라.

[3] 평균이 0이고 표준편차가 1인 정규분포로부터 n번째로 발생시키는 무작위수를 ξ_n 라고 하자. 구간 $0 \le t_n \le 10$ 에서 1000개의 균일 간격으로 t_n 을 만들고 $y_n = \sin t_n + \xi_n$ 으로 데이터를 발생시켜라. 이 데이터로 후리에 변환을 하면 어떤 결과가 나올까?

[4] 다음의 정적분을 생각해 보자.

$$I_\infty \equiv \int_{-\infty}^{\infty} e^{-t^2/2} \sin t \mathrm{d}t \tag{12.f}$$

구간 $0 \le t \le R$ 에서 균일한 확률분포 함수로부터 발생시키는 무작위수를 이용한 몬테카를로 적분과 평균0, 표준편차 1인 정규분포로부터 발생시키는 무작위수를 이용한 몬테카를로 적분으로 I_∞ 를 구해서 어떤 것이 더 정확한 값 0이 되는지를 평가해 보라. 적분값을 무작위수의 개수로 그래프를 그려라.

13. 수치미분

픽(Adolf Fick)은 후리에의 열전도 이론을 확산에 적용시킬 수 있다고 가정하여 확산법칙을 실험으로 증명하였다. 간단하게 말하면 픽은 후리에 열전도 이론에서 온도를 농도로 대체하는 아이디어를 낸 것이다. 확산방정식은 식 (9.29)인데 좌변은 농도의 시간에 대한 일차미분이고 우변은 농도의 공간에 대한 이차미분으로 이루어졌다. 이 방정식이 올바른지를 보이려면 농도 데이터로부터 시간에 대한 일차미분과 공간에 대한 이차미분을 구하고 두 미분이 비례 관계인지를 보이면 된다. 화학반응의 시간에 따른 변화를 다루는 화학반응 속도론에서 반응속도법칙은 특정 생성물이나 반응물의 농도에 대한 시간미분이 반응물과 생성물의 농도의 함수로 주어진다. 따라서 화학 반응속도법칙은 연립 상미분방정식이다. 이 반응속도법칙이 올바른 것인지를 확인하기 위해서는 연립 상미분방정식을 풀어서 실험과 비교하는 것이 필요하고 따라서 회귀분석이 필요하게 될 것이다. 그런데 복잡한 화학반응의 경우, 화학 반응속도법칙은 비선형 연립 상미분방정식을 경우가 많아 해석해를 구할 수 없을 수 있다. 이 경우 미분방정식을 푸는 것보다는 농도의 시간미분을 실험 데이터로부터 구하여 실험과 비교하는 것이 더 간단하다. 따라서 이 절에서는 실험 데이터로부터 어떻게 도함수를 구하느냐에 대해서 공부한다.

13.1. 일반적인 수치미분

실험오차가 있는 데이터의 수치미분을 다루기 전에 실험오차가 개입되지 않은 유한개의 제어변수와 측정변수의 순서쌍에 대한 미분을 생각해 보자.

수치미분의 기본식은 이미 식 (5.2)에서 한번 다룬 적이 있다. 이는 바로 뉴턴 몫

에서 극한과정을 제외한 것일 뿐이다. 함수관계 $y=f(x)$를 생각해 보자. 도함수의 정의는

$$f'(x)=\lim_{h\to 0}\frac{f(x+h)-f(x)}{h} \tag{13.1}$$

이다. 여기서 h가 충분히 작으면

$$f'(x)\approx\frac{f(x+h)-f(x)}{h}\equiv f'_{\text{num}}(x) \tag{13.2}$$

가 얼마나 정확한 근사식일까? 일반적인 수치해석 교과서는 테일러 전개를 활용한다[Süli and Mayers, 2003]. 즉, 다음을 생각해 보자.

$$f(x+h)=f(x)+f'(x)h+\frac{f''(x)}{2}h^2+\cdots, \tag{13.3}$$

식 (3)을 $f'(x)$에 대해서 정리하면 다음이 된다.

$$f'(x)=\frac{f(x+h)-f(x)}{h}-\sum_{k=1}^{\infty}\frac{f^{(k+1)}(x)}{(k+1)!}h^k. \tag{13.4}$$

여기서 물론

$$f^{(n)}(x)\equiv\frac{d^n f}{dx^n} \tag{13.5}$$

이다.

식 (4)의 우변의 마지막 항을 $R(h)$로 표시하면

$$\lim_{h\to 0}\frac{R(h)}{h}=\frac{f''(x)}{2} \tag{13.6}$$

이 된다. 식 (6)처럼 $\lim_{h\to 0}h^{-n}R(h)$가 영이 아닌 유한한 값을 가지는 모든 함수를 $O(h^n)$라고 표시하자. 그러면 h가 영으로 근접하게 되면 $R(h)$도 영으로 수렴하게 된다. 그러면 식 (4)는

$$|f'(x)-f'_{\text{num}}(x)|\le O(h) \tag{13.7}$$

이라고 할 수 있다. 즉, 진짜 미분과 수치미분의 오차가 Mh보다 작게하는 양의 실

수 M이 존재한다는 것을 의미한다.

식 (1)은 다음과 같이 쓸 수도 있다.

$$f'(x) = \lim_{h \to 0} \frac{f(x+h) - f(x-h)}{2h}. \tag{13.8}$$

이 식으로부터 수치미분을

$$f'_{\text{num}}(x) \equiv \frac{f(x+h) - f(x-h)}{2h} \tag{13.9}$$

라고 정의할 수도 있다. 이는 다음과 같은 테일러 전개로부터 얻을 수 있다.

$$f(x+h) - f(x-h) = 2f'(x)h + \sum_{k=1}^{\infty} \frac{2f^{(2k+1)}(x)}{(2k+1)!} h^{2k+1}. \tag{13.10}$$

따라서 식 (9)는

$$f'_{\text{num}}(x) = f'(x) + O(h^2) \tag{13.11}$$

을 의미한다. 식 (2)의 수치미분의 오차는 $O(h)$이지만 식 (9)의 수치미분의 오차는 $O(h^2)$이 되므로 식 (9)의 수치미분이 더 정확하다고 할 수 있다. 왜냐하면 $O(h)$는 h가 영으로 근접함에 따라서 h에 비례해서 영으로 줄어드는 함수이지만 $O(h^2)$은 h^2에 비례하기 때문이다.

데이터가 $y_k = f(x_k)$로 제어오차와 측정오차 모두가 없는 정확한 데이터라고 하자. 여기서 정확하다는 것은 반올림 오차와 절단 오차를 무시한다는 것을 의미한다. 편의상 $x_k = x_1 + (k-1)h$라고 하자. 데이터의 개수가 N개이면 식 (2)를 사용할 경우 x_k에서의 미분을 $(y_{k+1} - y_k)/h$로 할 것인지 아니면 $(y_k - y_{k-1})/h$로 할 것인지 정해야 하는데 여기서 발생하는 오차는 h만 충분히 작다면 그렇게 심각하지 않다. 하지만 식 (2)를 이용한 미분 데이터는 $N-1$개가 된다. 반면에 식 (9)의 수치미분을 사용하게 되면 x_k에서의 미분이 명확하게 $(y_{k+1} - y_{k-1})/h$가 되지만 $N-2$개의 미분 데이터를 얻게 된다. 그런데 만약에

$$y_k = f(x_k) + \varepsilon_k \tag{13.12}$$

의 측정오차 ε_k가 측정변수의 데이터에 포함되어 있다고 하자. 식 (9)의 수치 미분을 사용하게 되면

$$y_k' = f_{\text{num}}'(x_k) + \frac{\varepsilon_{k+1} - \varepsilon_{k-1}}{2h} = f'(x_k) + O(h^2) + \Delta_k \tag{13.13}$$

이 얻어진다. 여기서

$$\Delta_k \equiv \frac{\varepsilon_{k+1} - \varepsilon_{k-1}}{2h} \tag{13.14}$$

이다. 만약에 $f(x)$ 가 증가함수라고 하자. 그런데 h가 충분히 작아도 $f(x_k+h)-f(x_k-h) \geq 0$ 이지만 $y_{k+1} - y_{k-1} < 0$ 이 될 수도 있다. 이는 $|\varepsilon_{k+1} - \varepsilon_{k-1}|$ 이 매우 작아도 $h \ll 1$ 이기 때문에 Δ_k 의 절대값은 터무니 없이 커질 수 있다는 것이다.

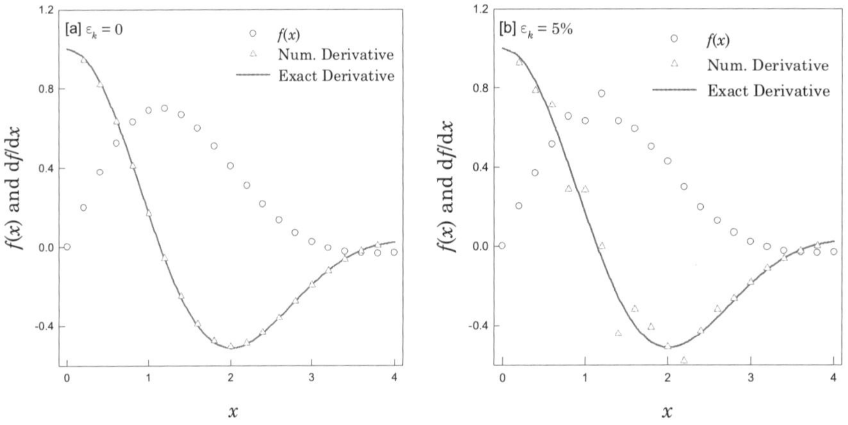

그림 13.1. 제어변수 간격이 $h = 0.2$ 일 때 식 (13.9)를 이용한 수치미분.
[a] 데이터에 오차가 없는 경우; [b] 오차 5%가 포함된 경우.

다음의 함수에 대해서 $0 \leq x \leq 4$ 의 범위를 $h = 0.2$ 로 해서 수치미분을 구해보았다.

$$f(x) = e^{-x^2/5} \sin x. \tag{13.15}$$

그림 13.1[a]는 측정오차를 도입하지 않은 것인데 $h = 0.2$ 임에도 불구하고 수학적으로 구한 미분과 식 (9)의 수치미분이 매우 잘 일치하는 것을 볼 수 있다. 그림 13.1[b]는 5% 수준의 정규분포 오차를 도입한 데이터에 대해서 식 (9)의 수치미분을 수학적 미분과 비교한 것이다. 오차가 확연히 보이지만 그런대로 수학적 미분에

가깝다. 일반적인 수치미분 공식이 그런대로 쓸만해 보인다.

그렇다면 $h = 0.04$ 로 줄이게 되면 어떤 일이 일어날까? 제어변수의 구간은 고정되었지만 h가 줄었으므로 더 많은 데이터가 측정된 경우이다. 수치미분이 더 정확해질까? 그 결과를 그림 13.2에 나타냈다. 측정오차가 없을 때는 여전히 수학적 미분과 수치미분이 일치하였다. 식 (11)에 의하면 h가 작아졌으니 수치미분의 정확도가 더 증가했을 것이지만 육안으로는 그 차이를 알아보기 어렵다. 하지만 5%로 오차의 수준은 같지만 h가 1/5로 줄었는데 수치미분은 아주 큰 산포도를 보인다. 도저히 수학적 미분과 수치미분을 비교하기 어렵다.

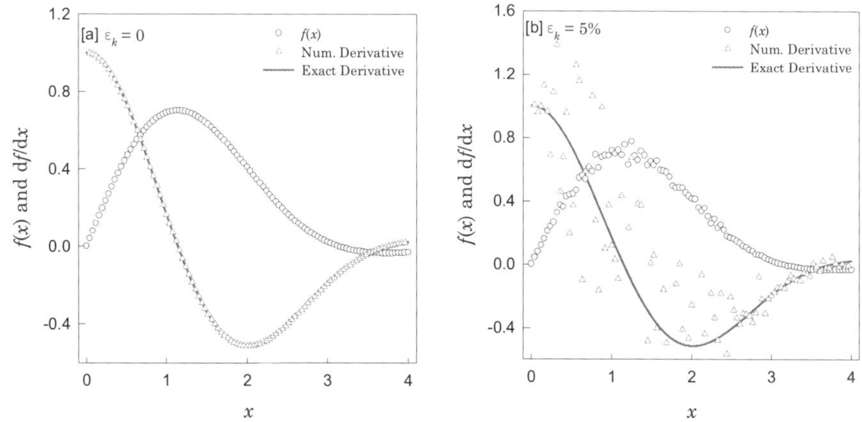

그림 13.2. 제어변수 간격이 $h = 0.04$ 일 때 식 (13.9)를 이용한 수치미분.
[a] 데이터에 오차가 없는 경우; [b] 오차 5%가 포함된 경우.

원 데이터에 있는 작은 오차가 수치미분을 통해서 급격히 증폭되었다. 일반적인 수치미분의 경우 h를 줄일수록 더 정확해져야 하는데 그 반대의 결과가 나온 것이다. 이러한 오차의 증폭을 최소화할 수 있는 수치미분 알고리즘이 있겠는가?

13.2. 회귀분석을 이용한 수치미분

그림 13.2[b]의 $f(x)+\varepsilon$의 그래프를 보면 거의 $f(x)$와 닮아보인다. 인접한 데이터 5~6개 정도를 모아서 보면 국부적으로

$$f(x) \approx a_0 + a_1 x + a_2 x^2 \tag{13.16}$$

처럼 보인다. 그러면 $\left\{x_{k-[m/2]}, x_{k-[m/2]+1}, \cdots, x_k, \cdots, x_{k+[m/2]}\right\}$ 에 대한 데이터를 식 (16)으로 회귀분석한 다음 수치미분을

$$f'_{\text{num}}\left(x_k\right) = a_1 + 2a_2 x_k \tag{13.17}$$

이라고 하면 어떤 결과가 나올까? 그림 13.2[b]의 데이터에 이 방법을 적용해 보자. 그림 13.3이 이 방법으로 얻은 결과이다. 그림 13.3[a]는 $m = 5$ 일 때이고 그림 13.3[b]는 $m = 11$ 일 때이다. 더 많은 데이터를 이용하게 되면 더 정확한 수치미분이 얻어졌다.

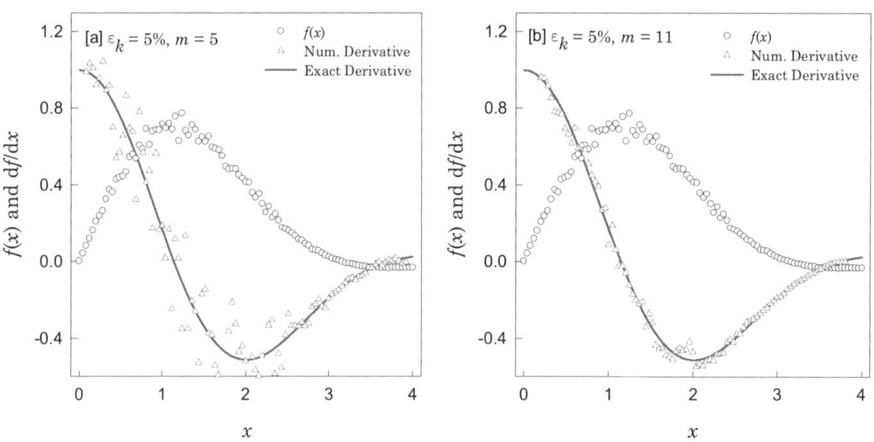

그림 13.3. 제어변수 간격이 $h = 0.04$ 이며 오차 5%가 포함된 데이터를 m개씩 묶어서 식 (13.16)으로 회귀분석하고 식 (13.17)을 미분으로 택한 수치미분: [a] $m = 5$; [b] $m = 11$.

구간별로 이차식으로 회귀분석을 하는 방법은 몇 개의 데이터를 한 묶음 으로 회귀분석을 해야하는지에 대한 결정을 해주어야 한다. 시행착오를 통해서 m을 구한다는 것은 임시방편적인 알고리즘으로 보인다. Cho, 2016의 4.2절에는 정규화 방법(regularization method)과 B-spline 방법을 이용한 수치미분법이 소개되어 있다. 이를 여기서 소개하려면 제법 복잡한 수학이론을 포함해야 하므로 흥미있는 독자는 Cho, 2016과 부록 E를 참조하기 바란다.

13.3. 수치미분의 응용: 확률밀도함수

어떤 조건에서 재료가 파괴될 것인지 아닌지는 공학자에게 중요한 관심사이다. 그런데 아무리 정밀하게 시료를 준비하더라도 완벽하게 동일한 구조를 가지는 시료를 준비하기 어렵다. 일단 파괴가 되면 그 시료를 다시 파괴시험에 사용할 수 없으므로 매번 다른 시료를 시험해야 하므로 시험결과는 확률적이라고 할 수 있다. 따라서 시험조건의 제어변수를 확률변수로 간주해야 하는데 그 확률분포가 궁금해진다. 실험으로 확률분포를 어떻게 알아낼 수 있을까?

이를 위해서 먼저 확률분포에 대해서 공부할 필요가 있다. 확률분포에는 확률밀도함수(probability density function)와 누적확률분포(cumulative proba-bility distribution) 두 가지를 생각할 수 있다. 확률변수를 ξ, 누적확률분포를 $P(\xi)$, 확률밀도함수를 $p(\xi)$라고 하자. 확률변수 ξ가 특정한 값 x 이하일 확률을

$$P(x) \equiv \Pr(\xi \le x) \tag{13.18}$$

로 정의한다. 그러면 $x - \frac{1}{2}\mathrm{d}x \le \xi \le x + \frac{1}{2}\mathrm{d}x$ 일 확률은

$$\begin{aligned} \Pr\left(x - \tfrac{1}{2}\mathrm{d}x \le \xi \le x + \tfrac{1}{2}\mathrm{d}x\right) &= \Pr\left(\xi \le x + \tfrac{1}{2}\mathrm{d}x\right) - \Pr\left(\xi \le x - \tfrac{1}{2}\mathrm{d}x\right) \\ &= P\left(x + \tfrac{1}{2}\mathrm{d}x\right) - P\left(x - \tfrac{1}{2}\mathrm{d}x\right) \\ &= \frac{\mathrm{d}P}{\mathrm{d}x}\mathrm{d}x \end{aligned} \tag{13.19}$$

가 된다. 따라서 확률밀도함수를

$$p(x) \equiv \frac{\mathrm{d}P}{\mathrm{d}x} \tag{13.20}$$

으로 정의하자. 누적확률분포는 정의에 의해서 증가함수일 수 밖에 없다. 따라서

$$p(x) \ge 0 \tag{13.21}$$

이 된다. 그리고 확률변수의 범위가 $x_{\min} \le \xi \le x_{\max}$ 라면

$$P(x) = \int_{x_{\min}}^{x} p(\xi)\,\mathrm{d}\xi \tag{13.22}$$

가 된다. 그리고 $\xi < x_{\min}$ 이거나 $\xi > x_{\max}$ 이 될 확률은 0이 되어야 하므로 이 범위에 대해서는 $p(x) = 0$ 이 되어야 한다. 그러면 확률밀도함수가 이 조건을 만족한다

고 하면 식 (22)에서 $x_{\min}$ 을 $-\infty$ 로 대체해도 좋다. 그러면 $P(x_{\max})=1$ 이며 $P(x_{\min})=0$ 이지만 $P(-\infty)=0$, $P(\infty)=1$ 도 성립하게 된다. 누적확률 분포는 0에서 1사이의 값을 가지는 증가함수이다.

확률밀도함수가 누적확률분포보다 편리한 이유는 평균 $\langle x\rangle$, 분산 σ^2 등을 쉽게 계산해주기 때문이다.

$$\begin{aligned}\langle x\rangle &= \int_{-\infty}^{\infty} xp(x)\mathrm{d}x = \int_{x_{\min}}^{x_{\max}} xp(x)\mathrm{d}x;\\ \sigma^2 &= \left\langle\left(x-\langle x\rangle\right)^2\right\rangle = \int_{-\infty}^{\infty}\left(x-\langle x\rangle\right)^2 p(x)\mathrm{d}x = \left\langle x^2\right\rangle - \langle x\rangle^2.\end{aligned} \tag{13.23}$$

물론 만약에 확률변수의 범위가 유한하면 부분적분을 이용하여 평균과 분산은 다음과 같이 표현될 수 있다.

$$\begin{aligned}\langle x\rangle &= x_{\max} - \int_{x_{\min}}^{x_{\max}} P(x)\mathrm{d}x;\\ \sigma^2 &= 2\int_{x_{\min}}^{x_{\max}} \left(x_{\max}-x\right)P(x)\mathrm{d}x - \left[\int_{x_{\min}}^{x_{\max}} P(x)\mathrm{d}x\right]^2.\end{aligned} \tag{13.24}$$

하지만 확률변수의 범위가 $-\infty<\xi<\infty$ 라면 식 (24)는 발산하기 때문에 사용할 수 없다. 한눈에 보아도 식 (23)이 식 (24)보다 더 간단하다. 게다가 누적확률분포는 일반적으로 S자형 함수이지만 확률밀도함수는 봉우리함수이기 때문에 시각적으로도 확률밀도함수가 더 많은 정보를 주게 된다. 그런데 실험 데이터로부터 직접 확률밀도함수를 구하는 것은 어렵지만 누적확률분포를 직접 구하기 편리하다.

표본의 크기가 충분히 크면 정규화한 빈도수는 확률분포에 가까워진다. 이를 이용하면 실험 데이터로부터 누적확률분포를 근사적으로 구할 수 있게 된다. 일단 제어변수가 응력의 한 성분 τ, 하나인 경우를 생각한다. 이 경우 측정변수는 실수값을 가지는 것이 아니라 파괴냐 아니냐이다. 시편 1을 파괴가 일어날 때까지 일정 비율로 τ를 증가시켜서 파괴가 일어났을 때의 응력 값을 τ_1 이라고 하자. 만약 N개의 시료에 대해서 파괴응력을 측정하면 $\left\{(k,\tau_k)\middle|1\le k\le N\right\}$ 의 데이터를 얻게 된다. 물론 여기서 k는 시편번호이다. 이 데이터를 τ_k 에 대해서 오름차순으로 정리해서 $\left\{(\tau_k,k/N)\middle|1\le k\le N\right\}$ 의 데이터 집합을 구해보자. 즉, $i<k$ 이면 항상 $\tau_i\le\tau_k$ 이

다. 영과 1 사이의 수 k/N 은 응력이 τ_k 이하인 시편의 개수가 k라는 것을 의미하고 전체 N개 중에 k개가 있으니

$$\Pr(\tau \le \tau_k) \approx \frac{k}{N} \equiv P_k \tag{13.25}$$

를 의미한다. 즉,

$$\lim_{N\to\infty} \frac{k}{N} = \Pr(\tau \le \tau_k) \tag{13.26}$$

이 되는데 이를 대수 법칙(law of large numbers)라고 부른다[Hogg and Craig, 1978]. 따라서 가로축을 τ_k , 세로축을 P_k 로 그리면 S자형 곡선이 얻어질 것이다. 따라서

$$P_k = P(\tau_k) + \varepsilon_k \tag{13.27}$$

이라고 할 수 있다. 여기서 ε_k 는 N이 크지만 무한대가 아니기 때문에 발생하는 오차이다. 식 (20)은 데이터 (τ_k, P_k) 를 수치미분하면 확률밀도함수를 구할 수 있게 해준다는 것을 의미한다.

지금까지의 논의가 잘 맞는지 알아보기 위한 간단한 컴퓨터 실험을 해보자. Sigmaplot™에는 user-defined transform이라는 인터프리터(interpreter) 프로그래밍 기능이 있다. 이 프로그래밍 기능에는 random이라는 내장함수가 있는데 random(N, 0/0, a, b)라고 쓰면 $a \le x \le b$ 에서 균일한 확률밀도함수를 따르는 확률변수가 N개 발생하게 된다. 이를 이용하여 누적확률분포의 근사를 그래프로 그리면 그림 13.4와 같다. 그림 13.4는 $a=0$, $b=2$ 를 사용한 것으로 이 때의 확률밀도함수는

$$p(x) = \begin{cases} \frac{1}{2} & \text{for } 0 \le x \le 2 \\ 0 & \text{otherwise} \end{cases} \tag{13.28}$$

이다. 그림 13.4의 실선이 식 (28)의 확률밀도함수를 보여준다. 단위계단함수 $\Theta(x)$ 를 사용하면 식 (28)은 다음과 같이 다시 쓸 수 있다.

$$p(x) = \frac{1}{2}\left[\Theta(x) - \Theta(x-2)\right]. \tag{13.29}$$

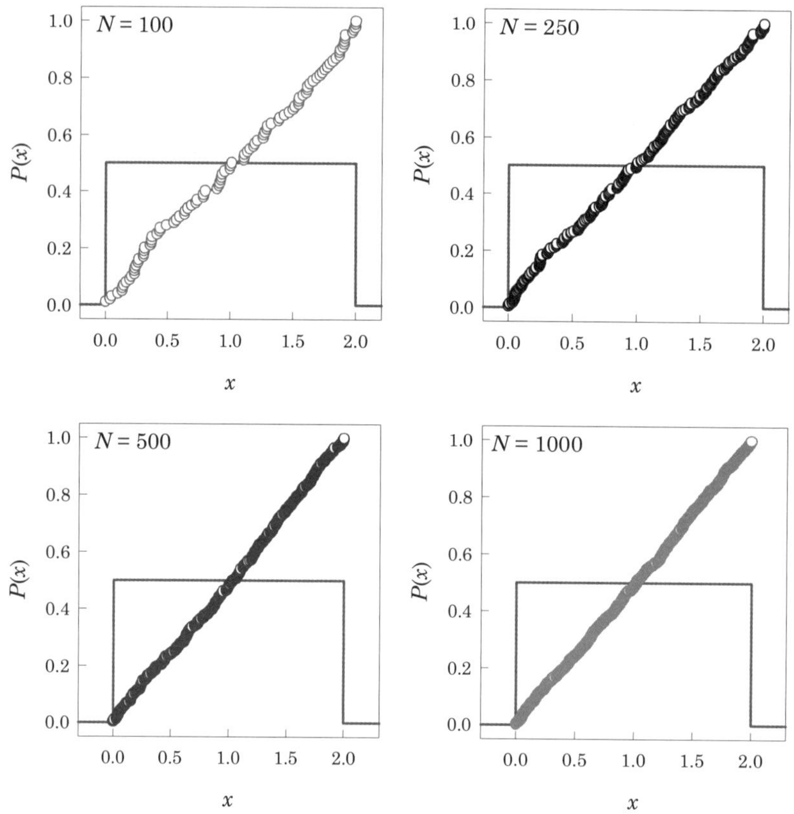

그림 13.4. 균등한 확률밀도 함수(실선)를 이용한 컴퓨터 실험으로 구한 누적확률분포(기호). 무작위수의 개수 N이 증가할수록 모사된 누적확률분포가 이상적인 누적확률분포에 근접하는 것을 볼 수 있다.

그림 13.4를 보면 확률변수의 개수 N이 커감에 따라서 그래프는

$$P(x)=\begin{cases}0 & \text{for } x<0\\ \frac{1}{2}x & \text{for } 0\le x\le 2\\ 1 & \text{for } 2<x\end{cases} \tag{13.30}$$

에 가까워진다는 것을 알 수 있다. 식 (29)로부터

$$P(x)=\int_{-\infty}^{x}p(x)\mathrm{d}x=\frac{1}{2}x\left[\Theta(x)-\Theta(x-2)\right] \tag{13.31}$$

이 된다.

따라서 그림 13.4의 데이터를 $P(x)=ax$로 회귀분석하여 a를 구한다음 미분을

해주면 확률밀도함수를 구할 수 있는 것이다. 만약에 일반적인 수치미분으로 그림 13.4의 데이터를 미분하면 어떤 일이 일어날까? 아마도 그림 13.2[b]와 같은 당황스러운 결과가 나올 것이다. $N = 1000$ 인 경우가 가장 매끄러운 결과가 나왔으므로 이 데이터에 일반적인 수치미분을 적용해 보자. 그 결과는 그림 13.5이다. 원점을 지나는 선형회귀분석 결과는 $a = 0.4953$ 으로 이론값인 $\frac{1}{2}$ 와 매우 가깝다. 역시 일반적인 수치미분은 식 (27)의 오차 ε_k 때문에 실망스러운 결과를 준다는 것을 알 수 있다.

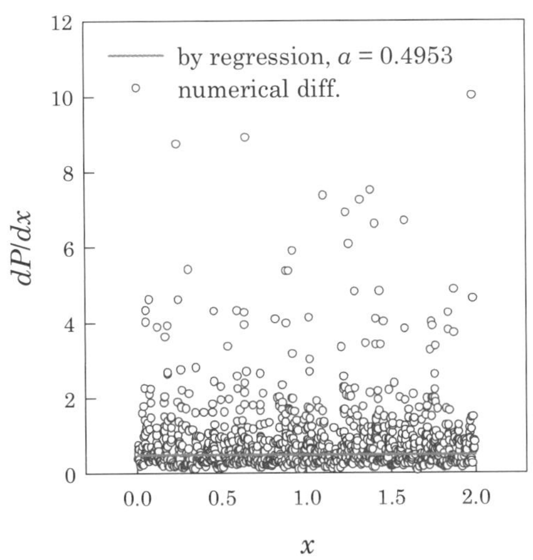

그림 13.5. 그림 13.4의 $N = 1000$ 인 데이터를 식 (13.9)를 이용하여 수치미분하여 구한 확률밀도함수(기호)와 누적확률분포를 선형회귀하여 구한 기울기를 확률밀도함수로 표기한 것(실선)의 비교.

Sigmaplot™에는 또한 gaussian이라는 내장함수가 있다. 이는 평균과 표준편차를 지정해 주면 정규분포함수를 따르는 확률변수를 발생시키는 내장함수이다. 이 내장함수를 이용하여 그림 13.4과 같이 누적확률분포를 그린 것이 그림 13.6이다. 이 그림에서 실선은 평균 0, 표준편차 1의 정규분포이고 이 확률밀도함수로부터 확률변수를 발생시켜 실험적으로 구한 누적확률분포를 기호로 나타냈다.

식 (28)의 균등한 확률밀도함수의 경우(그림 13.4)와는 달리 그림 13.6의 컴퓨터 실험으로 구한 누적확률분포는 S자형의 곡선을 보이는 것 같으며 역시 확률변수 발생 개수가 증가할수록 산포도가 작은 부드러운 곡선이 되는 것을 알 수 있다.

즉, 확률변수는 다음과 같은 확률밀도함수

$$p(x) = \frac{e^{-x^2/2}}{\sqrt{2\pi}} \tag{13.32}$$

로부터 발생시킨 것이다. 그림 13.4의 데이터를 회귀분석을 이용한 수치미분으로 확률밀도함수를 구하는 것은 매우 쉬워보였지만 그림 13.6의 데이터는 수치미분으로 식 (32)가 얻어질지 확신이 가질 않는다.

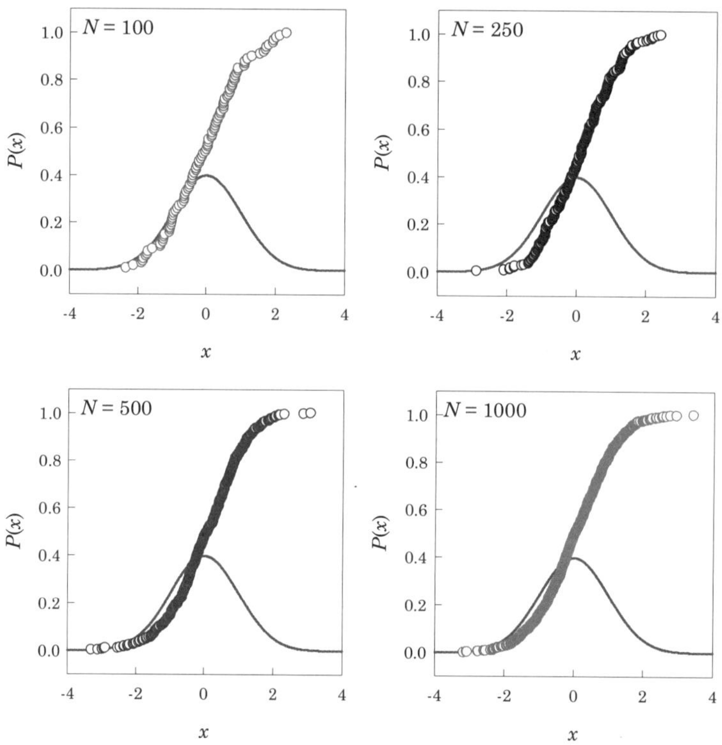

그림 13.6. 평균 0, 표준편차 1인 정규분포(실선)으로부터 발생시킨 무작위수로 구한 누적확률분포(기호). 무작위수의 개수가 늘어날수록 곡선이 더 매끄러워지고 있다.

이미 앞에서 본 바와 같이 가장 간단한 균일확률분포인 경우에도 일반적인 수치미분은 황당한 결과를 주지만 회귀분석을 이용한 수치미분은 긍정적인 결과를 준다. 그런데 그림 13.6의 데이터를 회귀분석할 수 있는 좋은 방법은 무엇인가? 함수형태에 대한 정보가 부족할 경우 가장 일반적인 어림함수는 다항함수이다. 따라서

$$P_L(x)=\sum_{n=0}^{L}a_n x^n \tag{13.33}$$

또는

$$Q_{N/M}(x)=\frac{\sum_{n=0}^{N}a_n x^n}{1+\sum_{m=1}^{M}b_m x^m} \tag{13.34}$$

를 $P(x)$의 어림함수로 사용하는 것이다. 그런데 모든 $x_{\min}\le x\le x_{\max}$에 대해서 $P(x)$는 다음을 만족해야만 한다.

$$P(x)\ge 0;\quad \frac{dP}{dx}\ge 0;\quad \lim_{x\to x_{\min}}P(x)=0;\quad \lim_{x\to x_{\max}}P(x)=1. \tag{13.35}$$

마지막 두 극한식은 $x_{\min}$와 $x_{\max}$의 근처에서 $P(x)$는 0이나 1의 값으로 수평선을 보여주어야 한다. 그런데 식 (33)과 (34) 모두는 그러한 경향과 거리가 멀 것 같아 보인다. 하지만 회귀분석은 적어도 $x_{\min}\le x\le x_{\max}$에서는 식 (35)의 모든 조건을 만족하는 결과를 준다. 물론 회귀분석으로 구한 계수 a_n과 b_n으로 $x_{\min}\le x\le x_{\max}$보다 더 넓은 구간을 그려보면 구간 $x_{\min}\le x\le x_{\max}$ 밖에서 식 (35)를 만족하지 못하는 결과를 줄 수 있다. 하지만 dP_L/dx와 $dQ_{N/M}/dx$를 식 (32)의 정규확률분포와 비교하면 만족스러운 결과가 얻어지지는 않는다. 식 (32)는 짝 함수(even function)인데 dP_L/dx와 $dQ_{N/M}/dx$는 그러한 대칭성이 미약하기 때문이다.

그림 13.6의 누적확률분포는 $(0,\frac{1}{2})$에 대해서 대칭인 모양을 가지는 것으로 보인다. 따라서 $\Pi(x)\equiv P(x)-\frac{1}{2}$는 원점에 대해서 대칭인 모양을 가질 것이므로 즉, $\Pi(x)=-\Pi(-x)$를 만족하게 될 것이므로 식 (33)과 (34)의 특별한 형태인 다음을 어림함수로 생각하는 것이 더 좋을 것같다.

$$P_L(x)=\frac{1}{2}+\sum_{k=1}^{L}c_k x^{2k-1};\quad Q_{N/M}(x)=\frac{1}{2}+\frac{\sum_{n=1}^{N}a_n x^{2n-1}}{1+\sum_{m=1}^{M}b_m x^{2m}}. \tag{13.36}$$

식 (36)을 미분하면 당연히 짝함수가 얻어진다. 그림 13.6에서 1000개의 난수로 얻은 데이터를 식 (36)의 어림함수로 회귀분석하여 계수들을 구하고 그 어림 함수의 미분을 식 (32)의 정규분포와 비교한 것이 그림 13.7이다.

그림 13.7에서 알 수 있듯이 $x=0$ 부근에서 정규분포보다 낮은 값이 나왔지만 그 외의 x에 대해서는 매우 높은 일치를 보인다. 따라서 데이터의 특성을 잘 파악해서 적절한 어림함수를 선정하고 회귀분석을 한 후, 어림함수의 미분을 수치미분으로 대체하면 좋은 결과가 얻어진다는 것을 알 수 있다.

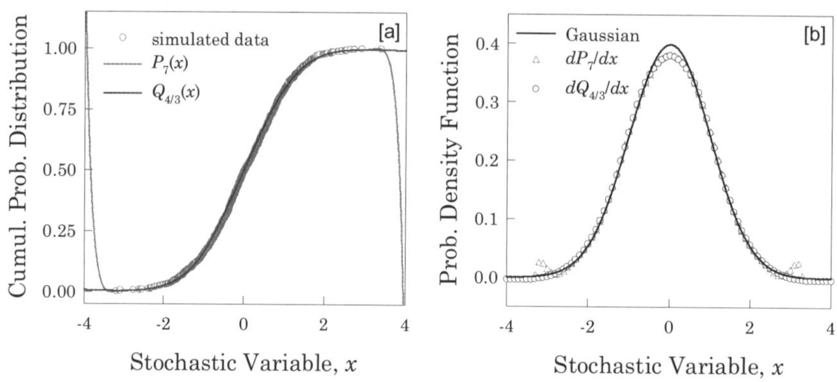

그림 13.7. 무작위수로 얻은 누적확률분포의 회귀분석결과[a]와 회귀분석으로 얻은 어림함수의 미분으로 구한 확률밀도함수와 정확한 확률밀도함수의 비교[b].

누적확률분포의 회귀분석을 보면 $P_7(x)$는 데이터 범위 밖에서 비현실적인 경향을 보이는데 이는 S자형 함수 형태의 데이터를 다항함수로 회귀분석을 할 때 흔히 발생하는 문제이다. 반면에 $Q_{4/3}(x)$는 데이터의 범위보다 넓은 구간에서도 누적확률분포의 특성을 잘 보여주는 것 같지만

$$\lim_{|x|\to\infty} Q_{4/3}(x) = \frac{1}{2} + \lim_{|x|\to\infty} \frac{a_4 x^7}{b_3 x^6} = \frac{1}{2} + \lim_{|x|\to\infty} \frac{a_4}{b_3} x = \mathrm{sign}\left(\frac{a_4}{b_3}\right)\infty \tag{13.37}$$

이 되므로 절대값이 매우 큰 x에 대해서는

$$Q_{4/3}(x) \approx \frac{a_4}{b_3} x + c \tag{13.38}$$

의 점근서동을 보일 것이다. 여기서 c는 계수 $\{a_k\}$와 $\{b_k\}$에 의해서 결정되는 상수로 $x<0$일 때와 $x>0$을 때 다른 값을 가질 것이다.

두 어림함수의 미분에 대해서도 유사한 거동이 목격된다. 그림 13.7[b]를 보면 데

이터의 범위 밖에서 dP_7/dx 는 음과 양으로 요동치는 결과를 보이는 반면 $dQ_{4/3}/dx$ 는 확률밀도함수의 거동인 0으로 수렴하는 거동을 보인다. 하지만

$$\lim_{|x|\to\infty}\frac{dQ_{4/3}}{dx}=\frac{7a_4}{b_3}-\frac{6a_4b_3}{b_3^2}=\frac{a_4}{b_3} \tag{13.39}$$

이므로 식 (39)의 우변이 영이되는 계수를 선정하게 되면 즉, $a_4=0$ 이 되면 확률밀도함수의 거동을 만족하게 된다. 그런데 이 조건은

$$Q_{4/3}(x)=Q_{3/3}(x)=\frac{1}{2}+\frac{a_1x+a_2x^3+a_3x^5}{1+b_1x^2+b_2x^4+b_3x^6} \tag{13.40}$$

을 의미하게 되고 이 어림함수로 회귀분석을 하면 그림 13.7[a]를 다르게 만들 것이다. 종합하면 두 어림함수 모두는 데이터의 구간 안에서만 누적확률 분포와 확률밀도함수를 잘 어림할 뿐이다.

이러한 문제를 해결하는 좋은 방법은 저자가 보기에는 B-spline을 이용한 수치미분을 사용하는 것이다. Cho, 2016을 참조하기 바란다.

13.4. 수치미분의 응용: 화학반응속도론

화학반응속도론은 화학관련학과의 학부 2학년과정에서 배우는 물리화학의 한 부분이다. 대부분의 화학반응은 다음과 같은 일차 상미분방정식으로 표현된다.

$$\frac{dA}{dt}=f(A,B);\quad \frac{dB}{dt}=g(A,B). \tag{13.41}$$

여기서 A와 B는 반응물 또는 생성물의 분자수 또는 농도이고 t는 시간이며 f와 g는 연속함수이다. 화학반응속도론은 함수 f와 g를 규명하는 것이라고도 할 수 있다. 물론 다양한 이론적 배경이 있어 대략적인 f와 g의 함수구조를 제시할 수 있지만 이를 실험으로 확인해야 한다.

식 (41)은 너무 일반적이므로 독자의 이해를 돕기 위해서 이보다 더 간단한 다음의 경우를 생각해 보자.

$$\frac{dA}{dt}=-kA^2. \tag{13.42}$$

여기서 k는 양의 실수이다. 식 (42)는 A분자 두 개가 만나서 다른 분자가 되는 반

응에 대해서 화학반응이 일어날 확률은 두 개의 A분자가 만날 확률에 비례할 것이고 그 확률은 A의 농도의 제곱에 비례할 것이라는 직관적 해석에 의해서 만든 수식이다. 따라서 식 (42)의 가정이 맞다면 실험으로 측정한 dA/dt 를 A^2 의 함수로 그렸을 때 기울기가 음인 직선이 될 것이다. 그런데 실험으로 측정할 수 있는 것은 오로지 시간에 따른 A분자의 개수일 것이다. 따라서 dA/dt 를 실험 데이터로부터 구하려면 수치미분이 필요하게 된다. 물론 수학을 잘하는 실험자라면 식 (42)의 미분방정식을 풀어서

$$\frac{1}{A}-\frac{1}{A_0}=kt \tag{13.43}$$

을 얻을 것이다. 여기서 A_0 는 시각 $t=0$ 에서 A분자의 개수이다. 실험으로 측정 시간 마다의 A분자의 개수를 측정할 수 있으므로 식 (43)의 실험 값을 구할 수 있으므로 $A^{-1}-A_0^{-1}$ 를 시간 t의 함수로 그렸을 때 원점을 지나는 직선이 나온다면 식 (42)의 가정이 맞다는 것을 확인할 수 있을 것이다.

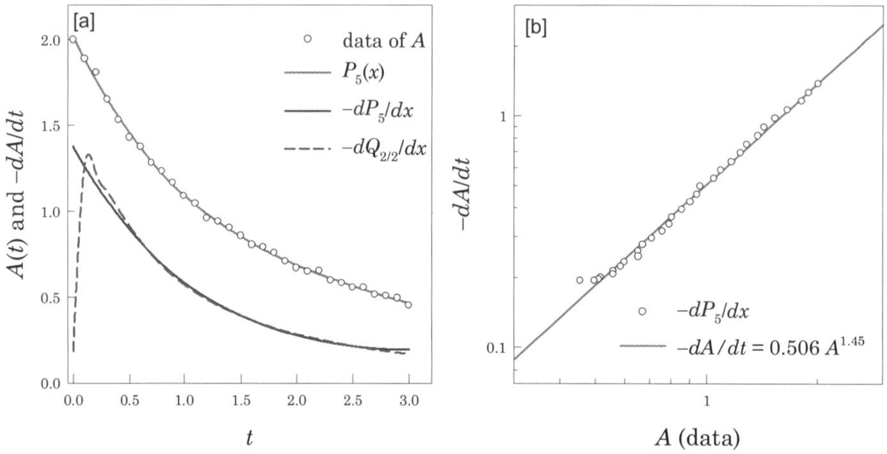

그림 13.8. 전산 모사로 구한 A의 데이터와 그에 대한 회귀분석 및 어림함수의 미분[a]; 다항함수의 미분(기호)과 이를 이중 로그 작도에서 선형회귀분석한 것(실선)의 비교[b]. 여기서 [b]의 가로축이 오차를 포함한 A이기 때문에 수치 미분이 [a]와 다르게 산포를 보이는 점을 유의하기 바란다.

따라서 화학반응속도식 (41)의 타당성을 확인하는 방법은 두 가지가 있다. 첫번째 방법은 식 (41)의 미분방정식을 풀수 있다면 그 해를 회귀분석해서 타당성을 밝

히는 것이고 두번째 방법은 수치미분을 이용해서 좌변과 우변의 함수를 비교하는 것이다. 첫번째 방법은 두 가지 조건을 만족할 때 가능하다. 첫째 조건은 함수 f와 g를 설정할 수 있어야 하는 것이고 둘째는 해석해를 구할 수 있어야 하는 것이다. 두번째 방법은 함수 f와 g를 알지 못하는 경우에도 적용할 수 있다. 1장에서 배운 작도법을 이용해서 두 함수의 형태를 규명할 수도 있기 때문이다. 두 함수의 형태를 선정할 수 있지만 해석적 해를 구할 수 없을 때 두번째 방법이 큰 역할을 할 수 있다는 것은 자명하다. 식 (42)의 지수를 2 대신에 아직 모르는 $n > 1$ 으로 대체한 비교적 간단한 문제에 대해서 생각해 보자.

이 문제의 경우 미분방정식의 해는 다음이 된다.

$$A^{-n+1} - A_0^{-n+1} = k(n-1)t \Rightarrow A = \frac{1}{\left[A_0^{-(n-1)} + k(n-1)t\right]^{1/(n-1)}}. \tag{13.44}$$

시각 t_α 에서의 데이터를 $A_\alpha = A(t_\alpha) + \varepsilon_\alpha$ 로 $0 \le t_\alpha \le 3$ 의 범위에서 t_α 들의 간격이 일정하도록 31개의 데이터를 발생시켰다. 물론 여기서 ε_α 는 평균이 0이고 표준편차가 0.02인 정규분포에서 발생시킨 무작위수이다.

그림 13.8[a]는 A의 데이터와 5차 다항식 $P_5(x)$ 로 회귀분석한 결과(실선)를 비교한 것과 $-dP_5/dt$ (실선), $-dQ_{2/2}/dt$ (점선)를 같이 보여주고 있다. 여기서 $-dQ_{2/2}/dt$ 는 데이터를

$$Q_{2/2}(t) = \frac{a_0 + a_1 t + a_2 t^2}{1 + b_1 t + b_2 t^2} \tag{13.45}$$

로 회귀분석하고 미분하여 구한 것이다. $P_5(t)$ 로 회귀분석한 것보다 $Q_{2/2}(t)$ 로 회귀분석한 것이 더 높은 결정계수를 보여주지만 두 어림함수의 미분을 비교하면 dP_5/dt 가 더 실제 데이터의 미분과 더 일치하는 것처럼 보인다. 왜냐하면 $-dQ_{2/2}/dt$ 는 $t = 0.1$ 부근에서 극대를 보이지만 데이터의 미분은 단조함수처럼 보이기 때문이다.

그림 13.8[b]는 $P_5(t)$ 로 회귀분석하고 미분한 것을 $-dA/dt$ 로 정하고 이를 A의 데이터의 함수로 그린 것을 보여준다. 로그-로그 작도에서 직선성을 보이므로

$$\log\left(\frac{dA}{dt}\right) = a\log t + b \tag{13.46}$$

를 따르는 것 같다. 그림 13.8[b]의 직선은 식 (46)을 이용한 회귀분석의 결과이고

$$\frac{dA}{dt} \approx -0.506A^{1.45} \tag{13.47}$$

를 의미한다. 즉 반응속도 상수 k는 0.506이고 반응차수인 n은 1.45라는 것을 의미한다. 원래의 데이터는 $k = \frac{1}{2}$, $n = \frac{3}{2}$로 발생시킨 것이지만 오차의 영향으로 이러한 수치가 얻어진 것이다.

연습문제 13

[1] 여러 번 미분이 가능한 함수 $f(x)$에 대해서

$$\begin{aligned} f(t+h) &= f(t) + f'(t)h + \frac{1}{2!}f''(t)h^2 + \frac{1}{3!}f'''(t)h^3 + O(h^4), \\ f(t-h) &= f(t) - f'(t)h + \frac{1}{2!}f''(t)h^2 - \frac{1}{3!}f'''(t)h^3 + O(h^4) \end{aligned} \tag{13.a}$$

가 성립된다. 그러면 이 식을 이용하여

$$f''(t) = \frac{f(t+h) - 2f(t) + f(t-h)}{h^2} + O(h^2) \tag{13.b}$$

가 성립됨을 보여라.

[2] 문제 [1]의 방법을 이용해서 다음이 성립됨을 보여라.

$$\begin{aligned} f'(t) &= \frac{-f(t+2h) + 8f(t+h) - 8f(t-h) + f(t-2h)}{12h} + O(h^4), \\ f''(t) &= \frac{-f(t+2h) + 16f(t+h) - 30f(t) + 16f(t-h) - f(t-2h)}{12h^2} \\ &\quad + O(h^4). \end{aligned} \tag{13.c}$$

[3] 조화 진동자의 문제는

$$\frac{d^2x}{dt^2} = -\omega^2 x \tag{13.d}$$

의 미분방정식을 기술될 수 있다. 여기서 $x(t)$는 변위, $\omega = \sqrt{k/m}$는 진동자의

각주파수, k는 용수철 상수, m은 진동자의 질량이다. 초기조건이 $x(0)=1$, $v(0)=(dx/dt)_{t=0}=0$ 일때의 해는

$$x(t)=\cos\omega t \tag{13.e}$$

임은 당연하다. 그러면 식 (13.e)와 $\omega=1$ 을 이용하여 데이터를 $0 \le t \le 6.3$ 에서 균등간격으로 100개를 생성하고 이를 실험 데이터로 간주하라. 그러면 수치미분을 식 (13.b)와 식 (13.c)$_2$를 이용하여 구해서 식 (13.d)가 성립함을 보여라. 데이터를 생성하는데 1%, 5%, 10%의 무작위수 오차를 첨가하여 같은 문제를 풀어라. 오차가 있는 데이터에 대해서는 어떤 방법으로 수치미분을 할 것인가? 미분방정식의 해를 못구한다고 가정하고 풀어라. 즉, 식 (13.e)를 사용하지말고 오차가 있는 데이터의 수치미분을 구하라.

[4] 어떤 데이터가 $y_n=G(t_n)+\varepsilon_n$ 를 만족한다고 하자. 그런데 이 함수관계는 $0<t$ 에 대해서 성립되며 $0<t$ 에 대해서 항상 $0<G(t)$ 이라고 알려져 있다. 그러면 $G(t)=1\Big/\left[1+(t/3)^2\right]^{1/3}$ 이라고 하고 $t_{\min}=0.001$, $t_{\max}=10$ 으로 해서 로그 스케일로 균등간격으로 t_n 을 50개 발생시키고 그에 따라서 y_n 도 발생시켜라. 오차 ε_n 은 평균 0, 표준편차 0.05인 정규분포로부터 발생시킨 무작위수를 사용하라. 그러면

$$G(t)\approx\frac{a_0+a_1t+a_2t^2+\cdots+a_Mt^M}{1+b_1t+b_2t^2+\cdots+b_{M+1}t^{M+1}} \tag{13.f}$$

로 회귀분석하고 구한 수치미분 y_n' 과

$$G(t)\approx\exp\left[\frac{\alpha_0+\alpha_1\log t+\alpha_2(\log t)^2+\cdots+\alpha_M(\log t)^M}{1+\beta_1\log t+\beta_2(\log t)^2+\cdots+\beta_{M+1}(\log t)^{M+1}}\right] \tag{13.g}$$

로 회귀분석하고 구한 수치미분 y_n' 을 정확한 미분과 비교하라.

14. 중첩곡선

많은 자연과학이나 공학 문제에 있어서 n개의 제어변수들에 대한 한 개의 측정

변수를 얻는 경우가 있다. 2장에서 눈금맞춤 이론을 이용하여 이러한 함수 관계를 일변수함수로 환원시키는 경우에 대해서 배운 바 있다. 이를 수학적으로 표현하면 $y = f(x_1\ x_2, \cdots, x_n)$ 에 대해서 다음을 만족하는 함수 $\xi = \xi(x_1\ x_2, \cdots, x_n)$ 가 존재한다가 된다.

$$y = \psi(x_1\ x_2, \cdots, x_n)\tilde{f}\left[\xi(x_1\ x_2, \cdots, x_n)\right]. \tag{14.1}$$

만약에 함수식 $\xi = \xi(x_1\ x_2, \cdots, x_n)$ 를 차원해석, 자기상사성 등의 눈금맞춤 이론으로 구할 수 있다면 좋겠지만 이러한 함수관계가 존재할 것 같은 심증만 있고 수식을 모른다면 실험결과로부터 이와 같은 함수식을 찾을 수 있을까? 이 절에서는 이러한 문제를 해결하기 위한 수치해법에 대해서 공부하게 된다.

14.1. 시간-온도 중첩

유변학에서 선형 점탄성물질의 유변물성 중의 하나인 완화탄성률 G는 다음 과 같은 시간 t와 온도 T의 함수로 알려져 있다.

$$G = G(t, T). \tag{14.2}$$

그런데 고분자 물질의 완화탄성률을 이중 로그 작도로 시간의 함수로 그리게 되면 같은 온도의 데이터는 하나의 곡선을 이루게 된다. 그러면 다른 두 온도의 데이터들은 서로 다른 두 개의 곡선을 이루게 된다. 그런데 두 곡선은 이중 로그 작도에서 거의 같은 모양이고 단지 수평 및 수직 이동을 하면 겹쳐질 것 같은 형태이다. 그러면 N개의 서로 다른 온도의 곡선들을 비교하면 측정온도에 따라 이동 간격만 다를 뿐 수평 및 수직이동으로 모든 곡선이 하나의 곡선으로 겹쳐질 것 같은 형태를 가지고 있다는 것을 알 수 있다. 이를 수식으로 표현하면 다음과 같다.

$$G(t, T) = b(T, T_{\text{ref}})\tilde{G}\left(\frac{t}{a(T, T_{\text{ref}})}, T_{\text{ref}}\right). \tag{14.3}$$

여기서 $a(T, T_{\text{ref}})$, $b(T, T_{\text{ref}})$ 는 각각 수평 및 수직 이동인자라고 부르며 기준온도 T_{ref} 와 임의의 온도 T 모두의 함수이지만 기준온도는 실험자의 목적에 따라서 선정할 수 있는 상대적인 온도라는 것을 유의하기 바란다. 따라서 완화탄성률을 시간의 함수로 그린다면 식 (3)의 우변은 모든 온도의 데이터가 하나의 곡선에 올려지게 된다는 것을 의미한다. 이를 중첩곡선(master curve)이라고 하자. 영어 master curve를 전역곡선으로 번역할 수도 있는데 그 이유는 측정기기의 한계로 일정한 시간범위에 대해서만 그 온도에서의 완화탄성률을 측정할 수 있어 두 온도의 데이터를 비교하면 두 온도의 곡선 모두는 어떤 곡선의 일부분을 떼어 수평 및 수직 이동을 한 것으로 보이기 때문이다. 그러면 역으로 여러 온도에 측정한 데이터들을 적정한 수평 및 수직 이동인자를 이용하여 이동시키면 매우 긴 시간 범위에서 그려질 수 있는 곡선을 얻을 수 있다는 것을 의미한다.

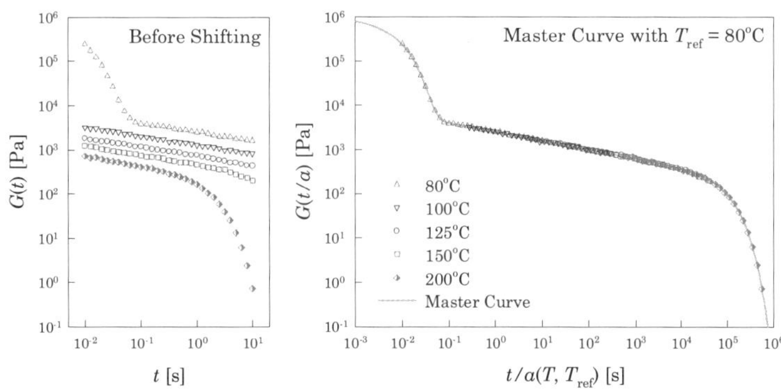

그림 14.1. 전산 모사로 구한 여러 온도의 완화탄성률(왼쪽)과 중첩곡선(오른쪽).

그림 14.1은 전형적인 고분자를 여러 온도에 대해서 측정한 완화탄성률을 모사한 데이터이다. 여러 온도에 대해서 $10^{-2}\,\mathrm{s} < t \le 10\ \mathrm{s}$ 의 범위에서 측정한 것을 모사한 것이 왼쪽 그래프인데 모든 온도에 대해서 $b(T, T_{\mathrm{ref}}) = 1$ 로 가정한 것이다. 수평 이동을 하게되면 오른쪽 그래프가 얻어진다. 측정기기의 한계로 넓은 시간 범위로 측정이 가능하지 않기 때문에 왼쪽 그래프와 같은 데이터만 얻어지지만 이웃한 두 온도의 데이터는 수평이동으로 겹쳐질 것 같아 보인다. 두 온도의 데이터가 잘 겹쳐질 수 있는 이동인자를 구해서 기준온도부터 중첩을 하면 오른쪽 그래프가 얻어지는 것이다.

그러면 수평 및 수직 이동인자의 성질에 대해서 생각해 보자. 완화탄성률과 시간의 그래프를 이중 로그 작도로 그렸을 때 수평 및 수직이동으로 중첩이 되므로

$$\begin{aligned} &\mathcal{G}_T(\tau) \equiv \log G(t, T); \quad \tau \equiv \log t; \\ &\alpha(T, T_{\mathrm{ref}}) = \log a(T, T_{\mathrm{ref}}); \quad \beta(T, T_{\mathrm{ref}}) = \log b(T, T_{\mathrm{ref}}) \end{aligned} \tag{14.4}$$

라고 하면 식 (3) 을 다음과 같이 쓸 수 있다.

$$\mathcal{G}_T(\tau) = \mathcal{G}_{T_{\text{ref}}}\left(\tau - \alpha(T, T_{\text{ref}})\right) + \beta(T, T_{\text{ref}}). \tag{14.5}$$

그림 14.1의 오른쪽 그래프의 실선은 실험 데이터 범위를 넘어서는 범위까지 확대해서 그린 $\mathcal{G}_{T_{\text{ref}}}(\tau)$를 그린 것이다.

그러면 어떻게 실험 데이터로부터 이동인자 $\alpha(T, T_{\text{ref}})$ 와 $\beta(T, T_{\text{ref}})$ 를 구할까? 주어진 데이터 범위에 대해서 $\mathcal{G}_{T_{\text{ref}}}(\tau)$는 다항함수로 근사할 수 있다고 하자. 즉,

$$\mathcal{G}_{T_{\text{ref}}}(\tau) \approx P_N(\tau) \equiv \sum_{n=0}^{N} g_n \tau^n \tag{14.6}$$

이라고 하자. 온도는 $N_T + 1$ 개가 있다고 하고 각각의 온도 T_i 에 대해서 N_i 개의 t_{ik} 에서 완화탄성률을 측정했다고 하자. 즉, 주어진 i에 대해서 k는 1에서 N_i 까지 있다. 온도가 다르면 k번째 시각 t_{ik} 도 달라짐을 유의하라. 그러면 온도 T_i 의 이동인자를 간략하게

$$\alpha_i \equiv \alpha(T_i, T_{\text{ref}}); \quad \beta_i \equiv \beta(T_i, T_{\text{ref}}) \tag{14.7}$$

로 표시하기로 한다. Honerkamp and Weese, 1993은 다음을 최소화하는 방법을 제시하였다.

$$\chi = \sum_{i=1}^{N_T} \sum_{k=1}^{N_i} \left[\mathcal{G}_{ik} - \sum_{m=0}^{M_i} c_m^{(i)} (\tau_{ik} - \alpha_i)^m - \beta_i \right]^2. \tag{14.8}$$

여기서 $\mathcal{G}_{ik} \equiv \mathcal{G}_{T_i}(\tau_{ik}) + \varepsilon_{ik}$ 로 온도 T_i, 시각 t_{ik} 에서 측정된 완화탄성률에 해당하고 M_i 는 온도 T_i 에서 측정된 데이터를 어림하는 다항식의 차수이고 $\tau_{ik} = \log t_{ik}$ 이다. 그러면 회귀분석으로 구해야 하는 매개변수는 $(M_i + 1)N_T$ 개의 $c_m^{(i)}$, N_T 개의 α_i 와 N_T 개의 β_i 가 있다. 온도의 개수는 $N_T + 1$ 이지만 이 온도 중에 하나를 기준온도로 선정하기 때문이다. 즉 모두 $N_p = (M_i + 3)N_T$ 개의 매개변수를 결정해야 한다. 하지만 식 (8)은 다음과 같이 다시 쓸 수 있다는 점을 유의해야 한다.

$$\chi = \sum_{i=1}^{N_T} \sum_{k=1}^{N_i} \left[\mathcal{G}_{ik} - \sum_{m=1}^{M_i} c_m^{(i)} (\tau_{ik} - \alpha_i)^m - \left(c_0^{(i)} + \beta_i\right) \right]^2. \tag{14.9}$$

즉, 일반적인 회귀분석으로는 $c_0^{(i)} + \beta_i$ 를 결정해 줄 수는 있지만 $c_0^{(i)}$ 와 β_i 를 개별적으로 결정해 줄 수는 없다. 게다가 α_i 에 대해서는 χ가 완전 제곱형이

아니기 때문에 전역적인 극소가 존재하지 않을 수 있으며 각 온도에 대한 다항식의 차수 M_i 를 어떻게 최적화해야 하는지의 문제도 가지고 있다.

Honerkamp and Weese, 1993의 단점을 극복하기 위해서 Kim et al., 2018의 몬테 카를로 방법과 다항회귀분석을 사용할 필요가 있다. 먼저 $2N_T$ 개의 $a_i \equiv a(T_i, T_{\text{ref}})$ 와 $b_i \equiv b(T_i, T_{\text{ref}})$ 를 무작위수로 발생시키고

$$\xi_\nu \equiv \log\frac{t_{ik}}{a_i}; \quad \hat{G}_\nu \equiv \mathcal{G}_{ik} + \log b_i; \quad \nu = N_i(i-1) + k \tag{14.10}$$

로 정의하면 다음과 같은 오차제곱합을 생각할 수 있다.

$$\chi = \sum_{\nu=1}^{N_{\text{total}}}\left(G_\nu - \sum_{m=0}^{M} c_m \xi_\nu^m\right)^2. \tag{14.11}$$

여기서

$$N_{\text{total}} = \sum_{i=1}^{N_T} N_i \tag{14.12}$$

이고 다항식의 차수 M은 전체 데이터의 개수인 N_T 보다는 충분히 작지만 큰 수로 정한다. 대략 $\frac{1}{2}N_{\text{total}}$ 보다 작아도 충분할 것으로 보인다. 주어진 $2N_T$ 개의 무작위 수 쌍에 대해서 계수 c_m 은 유일하게 결정될 수 있다는 것을 쉽게 알 수 있다. 만약 무작위로 추출한 이동인자에 대한 결정계수가 1에 가깝지 않다면 올바른 이동인자가 아닌 것이고 0.99 정도로 1에 매우 가깝다면 올바른 이동인자일 가능성이 높아진다. 체계적으로 무작위수를 발생시키며 결정계수를 비교하는 방법은 Kim et al., 2018을 참조하기 바란다.

사실 이동인자를 결정하는 데 있어서 식 (8)이나 식 (11)의 다항식 계수는 중요하지 않다. 다만 회귀분석의 정도인 결정계수가 얼마냐가 더 중요할 뿐이 다. 결정계수가 낮다면 데이터들이 중첩되지 않았다는 것을 의미하기 때문이다. 데이터의 중첩의 정도를 계량화하기 위해서 Cho and Bae, 2011은 전역곡선의 곡선길이를 사용하기도 했다. 하지만 이 방법은 데이터의 조밀성이 부족할 경우 이동인자의 정밀도가 낮아지는 단점이 있다.

14.2. 중첩 가능성의 확인

그림 14.1의 왼쪽은 전체의 부분들로 이루어진 정보의 파편들이라고 할 수 있다. 이러한 파편들로부터 중첩이 가능하다고 생각하고 이를 밝힌 것은 대단한 관찰력이라고 할 수 있다. 사실 가까운 온도의 두 데이터는 수평과 수직이동으로 겹쳐질 것 같아 보일 뿐 온도 차이가 매우 큰 두 데이터를 비교하면 즉, 80°C와 200°C의 두 데이터만 보고 수평과 수직이동으로 두 데이터가 겹칠 것이라고 생각할 사람은 없을 것이다. 하지만 80°C와 100°C를 비교하고 100°C와 125°C를 비교하는 방식으로 데이터를 관찰하면 전체적으로 하나의 중첩곡선이 되지 않을까하는 추정을 하게 된다.

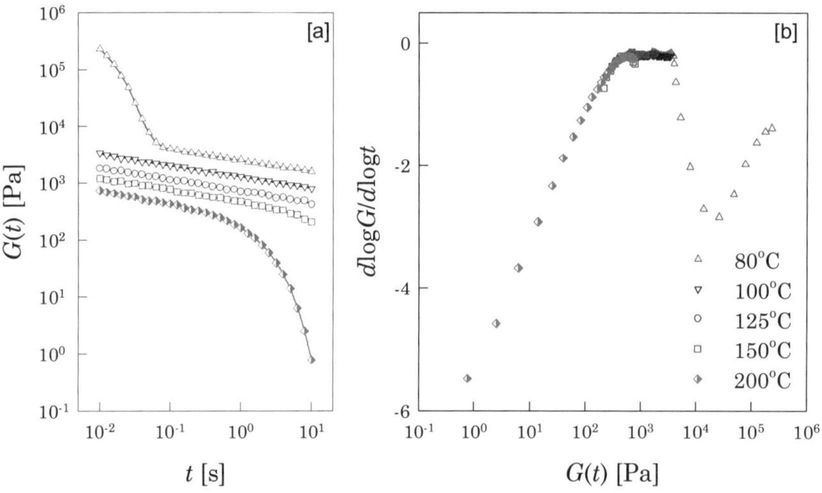

그림 14.2. 온도별 완화탄성률 데이터의 회귀분석[a]과 완화탄성률의 함수로 그린 회귀분석 어림함수의 미분으로 구한 수치미분[b].

그러면 처음하는 실험의 데이터를 보고 중첩이 될지 아닐지를 어떻게 판별할 수 있을까? 식 (3)의 양변에 로그를 취하고 온도를 고정한 $\log t$ 에 대한 미분을 하면 다음이 얻어진다.

$$\frac{d\log G(t,T)}{d\log t}=\frac{d\log\tilde{G}\left(t/a(T,T_{\text{ref}}),T_{\text{ref}}\right)}{d\log\left[t/a(T,T_{\text{ref}})\right]}. \tag{14.13}$$

식 (13)의 미분은 이중 로그 작도에서 곡선의 기울기이므로 수평 및 수직이동으로 변하지 않는 것이 당연하다. 그러면 세로축을 $d\log G/d\log t$ 로하고 가로축을 $G(t,T)$ 로 그래프를 그리면 식 (3)과 식 (13)에 의해서 온도에 무관하게 데이터들은 하나의 곡선에 놓이게 된다. 그림 14.1의 데이터로부터 이러한 작도 를 그린 것이 그림 14.2이다.

그림 14.2[a]의 실선은 다음의 어림함수를 회귀분석한 것이다.

$$\phi(\tau)=\exp\left(\frac{a_0+a_1\tau+a_2\tau^2+a_3\tau^3+a_4\tau^4}{1+b_1\tau+b_2\tau^2+b_3\tau^3}\right),\quad \tau\equiv\log\tau. \tag{14.14}$$

데이터와 회귀분석으로 구한 함수식이 잘 일치하는 것을 알 수 있다. 식 (14)의 모든 계수를 결정하였다고 해도 이를 해석적으로 미분하면 너무 번거로운 일이다. 따라서 식 (13)의 미분을 구하기 위해서 식 (13.2)의 수치미분을 이용하는 것이 편리하다. 매우 작은 수 $h=10^{-6}$ 을 정하고 α번째 시간에 대한 τ_α 에서의 미분을 다음과 같이 정의한다.

$$\left.\frac{d\log G(t_\alpha,T)}{d\log t}\right|_{\text{num}}\equiv\frac{\log\phi(\tau_\alpha+h)-\log\phi(\tau_\alpha-h)}{2h}. \tag{14.15}$$

회귀분석으로 계수 $\{a_k\}$ 와 $\{b_k\}$ 를 결정한 다음에 식 (14)에 대해서 식 (15)의 일반적인 수치미분을 하였으므로 데이터에 포함된 실험 오차에 의한 문제는 저절로 해결됨을 유의하기 바란다. 그림 14.2[b]는 식 (15)를 이용한 수치미분으로 구한 것이다. 예상대로 새로운 중첩곡선이 얻어짐을 알 수 있다. 만약에 어떤 데이터가 그림 14.2[b]와 같은 중첩곡선을 형성하지 못한다면 이 데이터는 이중 로그 작도에서 수평 및 수직 이동으로 중첩될 수 없는 데이터이다.

점탄성 데이터의 이중 로그 작도는 국부적으로 직선적인 모양을 취하고 있기 때문에

$$\psi(\tau)=\exp\left(\sum_{n=0}^{N}c_n\tau^n\right),\quad \tau\equiv\log t \tag{14.16}$$

보다 더 정밀도 높은 회귀분석 결과를 준다. 하지만 식 (16)은 보통 데이터의 구간 양쪽 끝에서 수치미분에 현실적이지 않는 우글거림(artifactive waviness)을 심하게 발생시킬 수 있다.

14.3. 더 정확한 대응원리

그림 8.8을 보면 데이터의 중첩이 완벽하지 않은 것 같다. 이러한 불완전한 중첩은 실험오차에 의한 것일까 아니며 다른 이유가 있을까? 혹시 식 (8.79)의 변수 이외에 인식하지 못한 것이 있지 않을까? 식 (8.79)는 식 (8.78)의 매우 간단한 분자간 상호작용을 가정한 것이다. 즉, 다양한 형태의 분자를 구형의 입자로 간주하고 표현한 것이다. 만약에 기다란 막대형 분자라면 두 분자 사이의 거리이외에 두 막대가 이루는 삼차원적인 각도에 따라서도 상호작용 포텐셜이 달라질 수 있을 것이다.

식 (8.79)에 분자의 형태를 나타내는 무차원수 ω를 추가해 보자. 이 무차원수는 분명히 분자의 종류에 따라서 결정되는 물질상수일 것이다. 분자의 형태가 구형에서 얼마나 벗어나는지를 나타내는 무차원수라고 대략적인 개념을 세우자. 완벽한 구형의 분자로는 헬륨(helium), 아르곤(argon) 등이 있다. 이러한 분자들에 대해서는 $\omega = 0$ 을 정의하자. 그러면

$$F(z, p, k_B T, m, \varepsilon, d, \omega) = 0 \tag{14.17}$$

로부터 차원해석의 방법을 도입하면 식 (8.82) 대신에 다음을 얻게 될 것이다.

$$z = \bar{\Pi}_3(p_r, T_r, \omega). \tag{14.18}$$

이 식을 ω에 대해서 테일러 전개를 하면 다음이 됨은 자명하다.

$$z = z_0(p_r, T_r) + z_1(p_r, T_r)\omega + z_2(p_r, T_r)\omega^2 \cdots. \tag{14.19}$$

만약 헬륨과 아르곤 같은 구형분자들이 식 (19)를 따른다고 하면 $\omega = 0$ 이므로 이러한 분자들의 압축인자의 거동은 같아야 한다. 즉, $z = z_0(p_r, T_r)$ 가 되어야 하므로 함수 $z_0(p_r, T_r)$ 는 완벽한 구형 분자들의 데이터로부터 구할 수 있게 된다. 이 가정이 맞다면 주기율표의 18족 원소들인 불활성 기체(noble gas) 7개에 대한 압축인자의 거동이 실험오차 범위에서 같아야만 한다. 그러면 $z_0(p_r, T_r)$ 를 규명할 수 있게 된다. 이 무차원수 ω를 구형에서 벗어난 정도를 나타낸다하여 편심인자(acentric factor)라고 부르자.

개념적으로 편심인자 ω가 있을 것 같은데 이 무차원수가 존재한다는 것을 보일

려면 어떻게 해야할까? 과감한 가정을 하자. 삼차원적 구조를 아는 분자들 중에 구형은 아니지만 구형에 가까운 분자들은 분명 영에 가까운 ω값을 가질 것이다. 그러면 이러한 기체분자들에 대해서는 식 (19)를

$$z = z_0(p_r, T_r) + z_1(p_r, T_r)\omega \tag{14.20}$$

이라고 가정할 수 있을 것이다. 좌변은 측정으로 가능하고 우변의 첫째항인 z_0는 불활성 기체로부터 구할 수 있는 것이므로 $\zeta \equiv z - z_0$ 라고 하여 구형에 가까운 분자들의 $\log\zeta$ 를 고정된 T_r에 대해서 p_r 의 함수로 그려보자. 그러면 식 (20)이 맞다면 분자의 종류에 따라서 그래프의 형태는 같지만 ω만큼 수직이동한 것으로 보일 것이다. 그러면 분자종 하나를 골라서 기준으로 삼고 수직이동으로 모든 분자종의 $\log\zeta$ 데이터를 중첩시키면 하나의 곡선을 구할 수 있게 된다. 이런 데이터 처리를 여러 T_r에 대해서 반복하게 되면 $z_1(p_r, T_r)\omega_{ref}$ 를 파악할 수 있게 된다. 하지만 아직 ω_{ref} 가 어떤 값인지는 실험 데이터로 결정할 수는 없다. 만약 α번째 화학종의 ζ를 ζ_α 라고 하고 기준으로 선택한 구형이 아닌 분자의 ζ를 ζ_{ref} 라고 하고 하면 식 (20)으로부터

$$\frac{\zeta_\alpha}{\zeta_{ref}} = \frac{z_1(p_r, T_r)\omega_\alpha}{z_1(p_r, T_r)\omega_{ref}} = \frac{\omega_\alpha}{\omega_{ref}} \tag{14.21}$$

이 된다. 즉, 압축인자 ζ의 데이터 만으로는 상대적인 편심인자의 비율만을 결정할 수 있을 뿐 편심인자의 절대적인 수치를 결정할 수는 없다.

편심인자는 Pitzer와 공동연구자들에 의해서 처음으로 제안되었고[Pitzer, 1955, Pitzer et. al., 1955] 식 (20)의 3변수 대응원리는 Lee and Kesler, 1975에 의해서 제안되었다. 편심인자는 증기압을 임계압력으로 무차원화한 무차원 압력 $p_r^{(vap)} \equiv p_{vap}/p_{critical}$ 을 이용하여 다음과 같이 정의한다[Pitzer et. al., 1955].

$$\omega \equiv -\log_{10} p_r^{(vap)} - 1 \text{ at } T_r = 0.7. \tag{14.22}$$

왜 이러한 정의를 사용하였는지와 이 수치가 어떻게 분자의 형태와 관련되는지에 대해서는 위의 세 논문을 참조하기 바란다.

연습문제 14

[1] 어떤 특정한 지점 x에서의 농도를 시간과 온도의 함수로 측정하였다. 물론 이 실험조건은 1차원 확산으로 가정하자. 그러면 이 데이터도 시간-온도 중첩의 원리를 만족할까? 만족한다면 그 이유는 무엇인가?

귀뜸1: 자기상사성

귀뜸2: 물질의 확산계수는 온도의 함수이다.

[2] 축중합으로 중합되는 고분자의 점도를 중합과정 중에 여러 온도에 대해서 시간의 함수로 측정하였다. 즉, 점도는 $\eta = \eta(t, T)$ 라고 할 수 있다. 이 데이터가 시간-온도 중첩의 원리를 만족한다면 그 이유는 무엇이겠는가?

귀뜸1: 고분자의 점도는 분자량의 함수이다. $\eta \propto M^{\mu}$

귀뜸2: 축중합은 2차 반응이다. $dA/dt = -kA^2$

귀뜸3: 축중합되는 고분자의 분자량은 반응정도의 함수이다.

[3] 어떤 화학반응에서 한 성분의 농도를 여러 온도에 대해서 시간의 함수로 측정하였더니 시간-온도 중첩이 발견되었다면 그 이유는 무엇이겠는가? 이는 모든 화학반응에서도 타당하다고 보는가?

귀뜸1: 화학반응속도식에서 시간의 무차원화

귀뜸2: 화학반응상수는 온도의 함수이다. $k = k_o \exp(-E/RT)$

[4] 만약에 수직이동인자가 모든 온도에 대해서 $b(T, T_{\text{ref}}) = 1$ 가 아니라도 그림 14.2[b]의 중첩이 성립하는 이유를 말하라.

[5] 여러 순수한 금속 고체의 정적 열용량(heat capacity at constant volume) C_V 를 온도의 함수로 측정하였다. 금속 고체에 열을 가하면 결정 격자 내의 원자들이 진동을 더 강렬하게 할 것이다. 그리고 열용량은 크기 변수이므로 고체 내의 원자수 N 에 비례하는 양이 된다. 뒬롱-프티의 법칙(Dulong-Petit law)에 의하면 다음이 성립된다고 한다.

$$\lim_{T \to \infty} C_V = 3Nk_B. \tag{14.a}$$

측정된 데이터는 다음과 같다. 금속의 양은 원자개수 1mole이다.

알루미늄		구리		은		납	
$T(K)$	C_V (J/K)	$T(K)$	C_V (J/K)	$T(K)$	C_V (J/K)	$T(K)$	C_V (J/K)
82.5	4.81	18.6	4.17E-4	14.8	2.60E-3	9.50	0.113
161	15.4	35.3	0.306	30.8	1.14	15.1	1.83
240	20.0	67.3	5.44	64.3	10.6	23.9	7.71
318	21.9	128	15.6	134	20.2	38.0	15.2
397	23.0	244	21.9	280	23.7	60.3	20.4
475	23.5	463	24.0			95.8	23.0
						152	24.1

이 데이터의 온도를 금속의 종류에 따라 다른 값을 가지는 아인슈타인 온도 (Einstein temperature) T_{E} 로 무차원화하면 즉, C_V 를 $\Theta \equiv T/T_{\mathrm{E}}$ 의 함수로 그리면 금속의 종류에 상관없이 중첩된 곡선을 얻을 수 있다고 한다. 그러면 각 금속의 아이슈타인 온도를 실험 데이터로부터 구하라. 데이터 만으로 T_{E} 를 구할 수는 없지만 중첩곡선은 얻을 수 있다고 생각하는가? 통계역학 등 물리 이론을 사용하지 않고 데이터 처리만으로 문제를 풀어야 한다.

귀뜸1: 온도와 관련된 물성에서 자주 사용되는 무차원변수는 볼쯔만 인자 $\exp(-E/RT)$ 이다. 그러면 아인슈타인 온도는 $T_E = E/R$ 이라고 할 수 있다.

귀뜸 2: 문제는 $\bar{C}_V = 3R\Pi(\Theta)$ 라는 것을 의미한다.

제4장

종합적 응용

이장에서는 앞의 세 장의 내용을 종합해서 응용하는 예들에 대해서 분야별로 공부하기로 한다.

15. 열물리적 물성

15.1. 흑체복사

모든 물질은 양전하를 가지는 원자핵과 음전하를 가지는 전자로 이루어져 있다. 전하를 가지는 입자들의 운동은 전자기파를 발생시킨다. 분자를 포함하는 모든 입자들의 운동은 온도가 올라갈수록 빨라진다. 그러면 온도가 높을수록 더 높은 에너지의 전자기파가 물질에서 방출되게 된다.

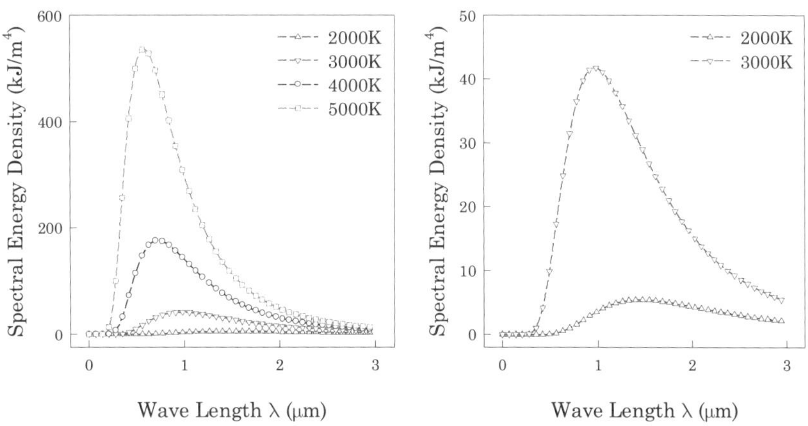

그림 15.1. 파장의 함수로 그린 여러 온도의 분광 에너지 밀도.
오른쪽은 온도 2000K와 3000K의 그래프를 확대한 것이다.

흑체복사(black body radiation)는 열적 평형상태에 있는 물체에서 나오는 이상적인 복사를 의미한다. 단위 입체각(solid angle), 단위 부피, 단위시간에 복사되는 에너지를 측정할 수 있다. 이 에너지를 분광해서 파장(wave length)으로 나눈 파장에 따른 에너지 분포를 스펙트럼이라고 부르면 이를 $P(\lambda, T)$로 표시 하자. 여기서 λ는 파장이고 T는 절대온도이다. 이 실험결과를 19세기 말에 고전 물리학으로 설명하려고 하였지만 모순적인 결과만 나왔다. 에너지의 양자화(quantization of energy)를 이용하여 플랑크(Max K. Planck)가 1900년에 스펙트럼의 공식을 유도하였다. 이 것은 양자역학 이론 탄생의 계기가 된다. 플랑크의 방정식은 다음과 같다.

$$P(\lambda, T) = \frac{8\pi hc}{\lambda^5}\frac{1}{\exp(hc/\lambda k_B T) - 1}. \tag{15.1}$$

여기서 $h = 6.626 \times 10^{-34}\,\mathrm{J \cdot s}$ 는 플랑크 상수(Planck's constant), k_B 는 볼쯔만 상수(Boltzmann's constant), $c = 2.998 \times 10^{8}\,\mathrm{m\ s^{-1}}$ 는 빛의 속도이다. 식 (1)의 $P(\lambda, T)$ 를 분광 에너지 밀도(spectral energy density)라고 부른다[송희성, 1984].

물론 이 책은 물리학 서적이 아니므로 식 (1)에 대한 유도라던지 배경에 대해서 더 이상 다루지 않을 것이다. 다만 여러 온도에 대해서 $P(\lambda, T)$ 를 파장의 함수로 측정한 결과가 나왔을 때 식 (1)과 같은 식을 몇 가지 가정만을 이용하여 어림 식으로 얻을 수 있는지에 대해서 설명하고자 한다.

측정결과는 그림 15.1과 같이 봉우리 함수형태로 얻어진다. 온도가 높을수록 봉우리의 위치(최고점의 파장)는 점점 길어지고 봉우리의 높이는 높아지는 것을 알 수 있다. 봉우리의 위치를 λ_{max} 라고 하고 봉우리의 높이를 P_{max} 라고 하자. 당연히 λ_{max} 와 P_{max} 는 온도의 함수일 것이다.

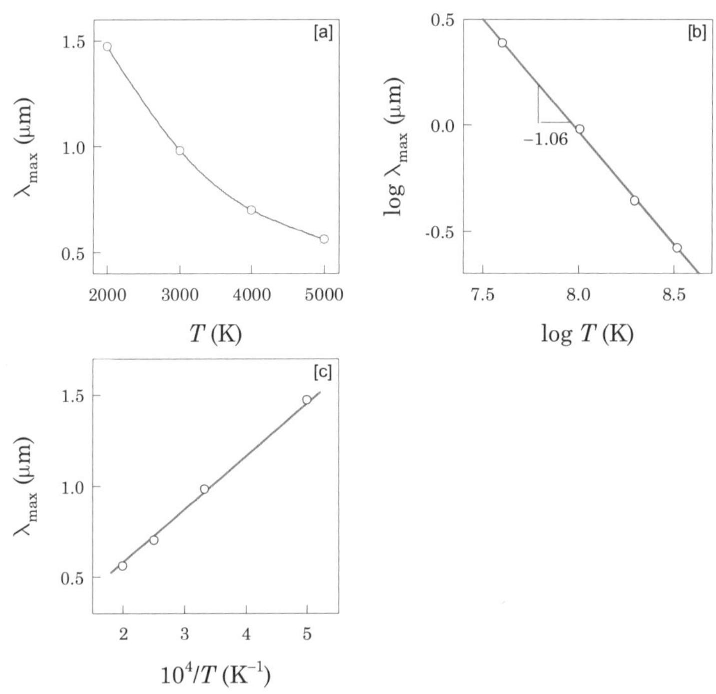

그림 15.2. 봉우리 위치의 온도의존성의 규명을 위한 작도과정.

그림 15.1의 주어진 온도의 $P(\lambda, T)$ 데이터 중에서 가장 큰 값과 그에 해당 하는 파장을 구하여 이 둘을 각각 P_{max} 와 λ_{max} 라고 하자. 봉우리의 위치를 온도의

함수로 그린 것이 그림 15.2[a]이다. 봉우리의 위치 λ_{max} 가 온도에 대한 감소함수이므로 지수적인 감소인지 아니면 멱함수(power function)의 관계를 가지는지를 알아보기 위해서 이중 로그로 작도하여 그림 15.2[b]를 얻었다. 기울기가 −1.06인 것을 보니 아마도 $\lambda_{max} \approx a + bT^{-1}$ 의 관계를 가질 것 같다. 이 식을 이용하여 회귀분석을 하니 $a = -5.201 \times 10^{-2} \mu m$, $b = 3053\, \mu m \cdot K$ 가 나왔다. 이는 $T \to \infty$ 에 대해서 $\lambda_{max} < 0$ 이 된다는 것을 의미한다. 이럴 수는 없으므로 그리고 실험한 온도 구간 $2000K \le T \le 5000K$ 에서의 b/T 에 비해서 a가 상당히 작으므로 $a \ne 0$ 은 오차에 기인한 것으로 보인다. 그래서 $\lambda_{max} = bT^{-1}$ 로 다시 회귀분석을 하니 $b = 2909 \mu m \cdot K$ 가 얻어졌다. 이 관계식을 빈의 변위 법칙(Wien's displacement law)이라고 한다. 그림 15.2[c]는 $\lambda_{max} = bT^{-1}$ 로 회귀분석한 결과를 보여준다[송희성, 1984].

마찬가지로 P_{max} 를 온도의 함수로 구한 것이 그림 15.3[a]이다. P_{max} 는 온도의 증가함수인데 그 함수형태를 명확하게 하기 위해서 그림 15.3[b]와 같이 이중 로그로 그래프를 그렸더니 $\log P_{max} = 4.997 \log T - 36.28$ 의 결과가 나왔다. 이를 보기 좋은 형태로 바꾸면

$$P_{max} = \left(\frac{T}{T_c} \right)^{4.997}, \quad T_c = 1422K \tag{15.2}$$

가 된다. 지수값이 거의 5이므로 $P_{max} = (T/T_c)^5$ 를 어림함수로 하여 회귀분석을 다시 하고 T_c를 구했더니 $T_c = 1423K$ 가 얻어졌다. 그런데 식 (2)는 물리 공식으로는 부족해보인다. 왜냐하면 좌변의 단위는 Jm^{-4} 인데 우변은 무차원이기 때문이다. 이를 보완해주려면 식 (2) 대신에

$$P_{max} = c \left(\frac{T}{T_c} \right)^5, \quad c = 1\, Jm^{-4}, \quad T_c = 1423K \tag{15.3}$$

을 사용하여야 할 것이다. 물론 c의 수치가 1이라서 식 (3)은 번거로워 보이지만 단위를 맞추어야 나중에 예기치 못한 오류를 방지할 수 있다. 그림 15.3[c]는 식 (3)이 올바르다는 것을 보여주고 있다.

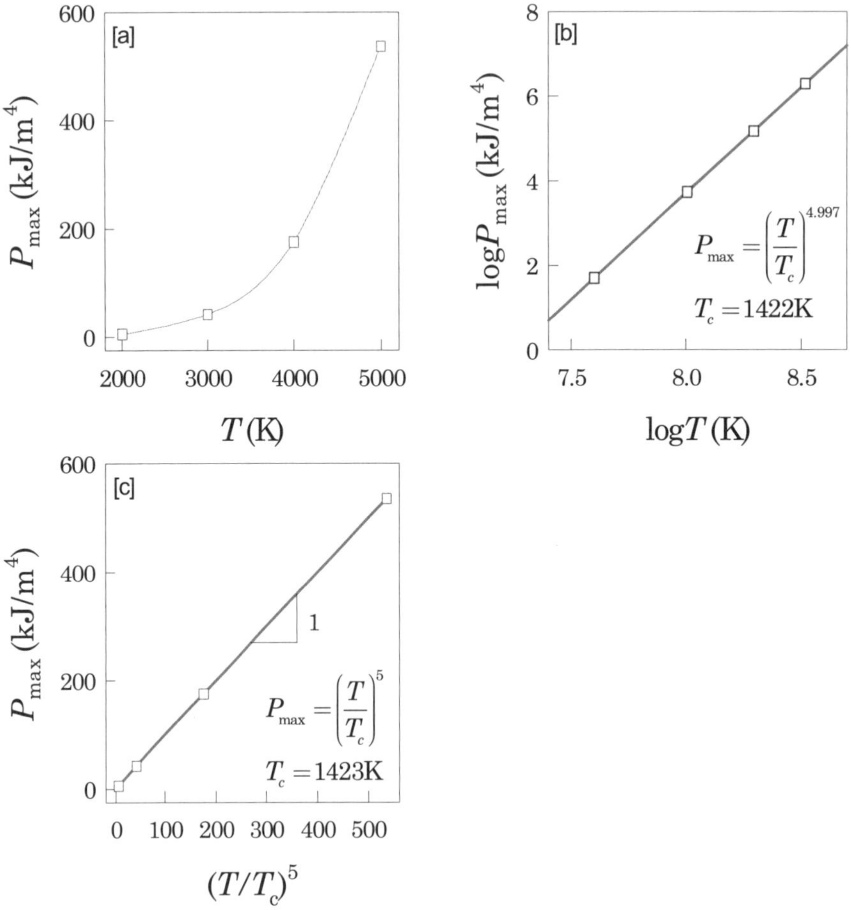

그림 15.3. 봉우리 높이의 온도의존성의 규명을 위한 작도과정.

그림 15.1을 보면 온도가 다른 봉우리 함수들은 다른 모양의 곡선으로 그려지는 것 같아 보인다. 당연히 이중 로그 작도로 그려도 모양이 비슷한지를 판별하기 어렵다. 그런데 제어변수와 측정변수를 무차원화하면 생각지도 못한 결과가 나오는 경우가 많다. 그래서 P/P_{max} , λ/λ_{max} 로 무차원화하였더니 그림 15.4와 같은 중첩곡선이 얻어졌다. 그림 15.4의 곡선은 그림 15.1의 5000K와 매우 유사한 모양을 가지고 있다. 중첩곡선의 어림함수를 구하면 혹시 식 (1)과 같은 결과가 나올까? 그런데 그림 15.4의 중첩곡선은 완벽한 중첩을 보이고 있지않다. 물론 곡선의 특이점인 (λ_{max}, P_{max}) 를 이용하여 무차원화를 하였지만 중첩이 정말 이루어지는지 의심이 된다.

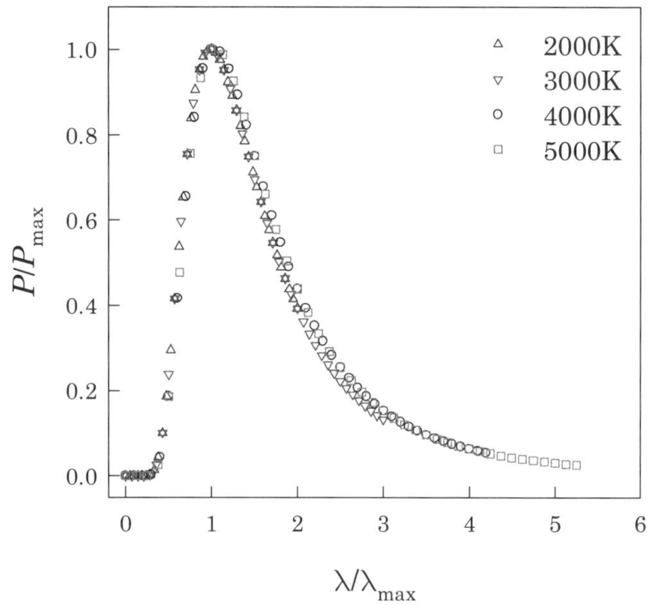

그림 15.4. 여러 온도의 분광 에너지 밀도를 봉우리 높이와 봉우리 위치로 무차원화한 중첩곡선.

분광 에너지 밀도는 온도 의존성을 가지는 함수이다. 온도 의존성을 가지는 대부분의 물리량들은 볼쯔만 인자의 함수로 표현된다[§8절의 볼쯔만 인자를 참조바람]. 그러면 전자기파의 에너지를 알아야 한다. 전자기파의 에너지는 진동수 ν에 비례한다고 가정하고 그 비례상수를 H로 표시하자. 그러면 볼쯔만 인자 B는 다음이 된다.

$$B = \exp\left(-\frac{H\nu}{k_B T}\right) = \exp\left(-\frac{Hc}{k_B T\lambda}\right). \tag{15.4}$$

여기서 진동수, 파장, 빛의 속력 사이의 관계식 $\nu = c/\lambda$ 를 사용하였다. 당연히 상수 H의 차원은 다음이 된다.

$$[H] = \mathbb{ML}^2\mathbb{T}^{-1}. \tag{15.5}$$

SI 단위계에서 $c \sim 10^8$, $k_B \sim 10^{-23}$ 이다. 실험범위를 보면 $T \sim 10^3$, $\lambda \sim 10^{-6}$ 이다. 그러면 $c/k_B T\lambda \sim 10^{34}$ 가 된다. 무차원수 $Hc/k_B T\lambda \sim 10^0$ 이 되려면 $H \sim 10^{-34}$ 가 되어야 할 것이다. 그렇지 않으면 볼쯔만 인자가 너무 커지거나 너무 작아져서 영향이 미미해진다. 잠정적으로 $H = 10^{-34}$ J·s 로 정하자.

분광 에너지 밀도는 이제 볼쯔만 인자를 이용하여 다음과 같이 표현할 수 있게 된다.

$$P(\lambda, T) = P(\lambda, c, H, B). \tag{15.6}$$

그러면 분광 에너지 밀도의 무차원화를 위해서 λ, c, H를 이용하여 분광 에너지 밀도의 특성치 P_c를 구하면

$$P_c = \frac{Hc}{\lambda^5} \tag{15.7}$$

이 된다. 기본 차원의 수가 3이고 분광 에너지 밀도의 유차원 독립변수들의 개수가 3이므로

$$\frac{P}{P_c} = \Pi(B) \tag{15.8}$$

이라고 할 수 있다. 하지만 H의 크기 $H \sim 10^{-34}$ 는 추정되었지만 정확한 값은 모르기 때문에 식 (8)보다는

$$\frac{P}{P_c} = \Pi(B^{\mu}) \tag{15.9}$$

가 정확한 표현이다. 여기서 정확한 상수를 H_{exact} 라고 하면

$$B^{\mu} = \exp\left(-\frac{\mu Hc}{k_B T\lambda}\right) = \exp\left(-\frac{H_{\text{exact}}c}{k_B T\lambda}\right) \tag{15.10}$$

이어야 하므로 지수 μ 는 다음이 된다.

$$\mu = \frac{H_{\text{exact}}}{H}. \tag{15.11}$$

그러면 실험 데이터만으로 지수 μ 를 구하고 이를 이용해 식 (11)로 정확한 상수 H_{exact} 를 구할 수 있을까?

여러 온도의 데이터에 대해서 시험삼아 정한 $H = 1\times10^{-34}\,\mathrm{J\cdot s}$ 로 Π 를 B의 함수로 그리면 그림 15.5의 왼쪽 위의 그래프이고 $H = 5\times10^{-34}\,\mathrm{J\cdot s}$ 로 그린 것이 오른쪽 위, $H = 9\times10^{-34}\,\mathrm{J\cdot s}$ 로 그린 것이 왼쪽 아래의 그래프이다. 놀랍게도 그림 15.4보다 훨씬 정확한 중첩이 일어남을 알 수 있다. 이 세 그래프는 식 (9)가 타당

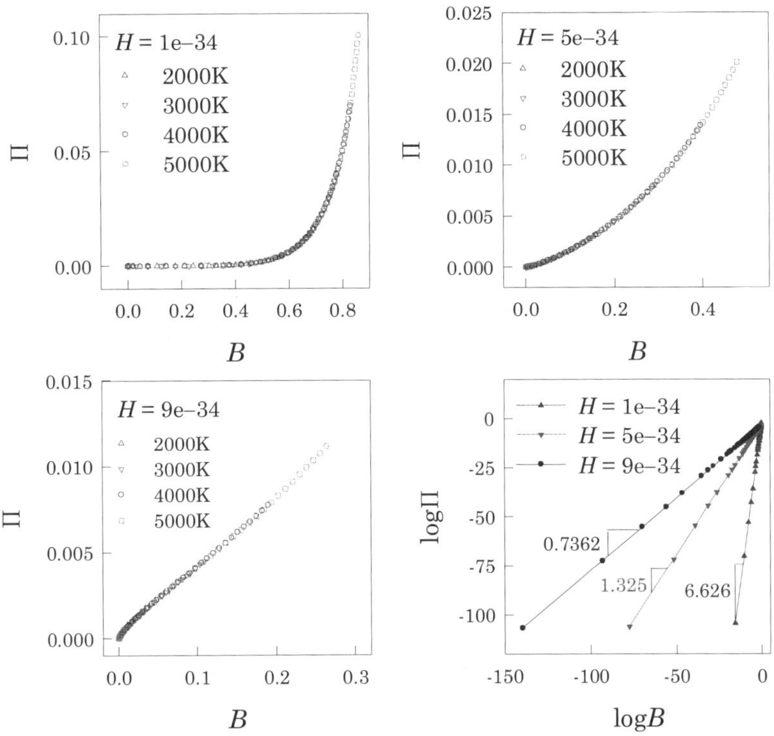

그림 15.5. 전자기파 에너지 상수 *H*를 도입한 무차원화와 상수 *H*를 결정하기 위한 작도과정.

하다는 것을 의미한다. 흥미로운 것은 추정한 *H*값에 따라서 함수의 형태가 비교적 많이 변한다는 것이다. Π값이 작은 두 경우에는 아래로 볼록인 증가함수인 반면에 *H*값이 가장 큰 경우에는 위로 볼록인 증가함수의 형태를 보여주고 있다. 그래서 이중 로그 작도로 세 그래프를 다시 그린 것이 마지막 그래프이다(오른쪽 아래). 완전한 직선성을 보이지만 이는 착시이다. 왜냐하면 $\log B$ 가 영에 가까운 부근과 영에서 떨어진 대부분의 범위에서의 기울기가 다르기 때문이다. 하여간 $|\log B| < 1$ 을 제외한 대부분의 구간에서 $\log \Pi \propto \log B$ 의 경향을 보인다. 이 직선의 기울기는 H 값에 따라서 다른데 이 기울기와 *H*값을 곱한 값은 항상 일정하게 6.626×10^{-34} 이었다. 즉 이 기울기는 μ 이고

$$H_{\text{exact}} = 6.626 \times 10^{-34}\,\text{J} \cdot \text{s} \tag{15.12}$$

라는 것을 알 수 있다. 이 수치는 식 (1)의 플랑크 상수와 일치한다.

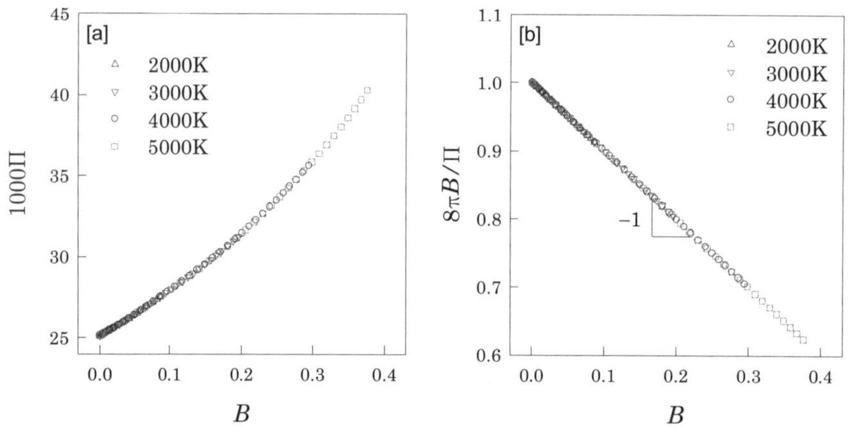

그림 15.6. 무차원함수 Π의 볼쯔만 인자에 대한 의존성 규명을 위한 작도과정.

그래도 식 (1)의 존재를 모르는 척하고 그림 15.5의 마지막 그래프의 의미를 생각해 보자. 구간 $|\log B| \gg 1$ 에서 직선성이 나오니 이 구간에서는 $H = H_{\text{exact}}$ 로 선정하게 되면 $\Pi \approx B$ 가 된다는 것을 알게 된다. 이제 정확한 H값을 알고 있으 니 지금부터는 이 값을 사용한다. 아직 $|\log B| < 1$ 에서의 함수구조를 모르니 Π/B 를 B의 함수로 그려보자. 그림 15.6[a]가 그 결과이다. B가 영으로 접근하면 Π/B 가 $25.133 \approx 8\pi$ 로 수렴한다는 것을 데이터로부터 확인할 수 있다. 이는

$$\frac{\Pi}{B} = 25.133\tilde{\phi}(B); \quad \tilde{\phi}(B) \geq 1; \quad \frac{d\tilde{\phi}}{dB} > 0; \quad \lim_{B \to 0^+} \tilde{\phi}(B) = 1 \tag{15.13}$$

을 만족하는 함수 $\tilde{\phi}(B)$ 가 존재한다는 것을 의미한다. 그래프 모양이 비교적 단순하기 때문에 다항함수로 어림할 수 있을 것이다. 사실 B의 범위가 $0 < B < 1$ 이기 때문에 이는 어려운 일이 아니다. 하지만 적어도 3차 다항함수가 필요하고 상수항을 1로 정하므로 적어도 3개의 매개변수가 필요하다. 매개변수의 개수가 더 작은 어림함수를 구하기 위해서 $\Pi/(25.133B)$ 와 B의 그래프를 가로축만 로그로, 세로축만 로그로, 가로 세로 모두를 로그로 바꾸는 등의 시도를 해보지만 직선 그래프는 얻어지지 않는다. 그런데 그림 5.5에서 보여준 2차 화학반응의 경우 분자수의 역수와 시간 사이의 그래프가 1차 함수가 되는 경험을 이용해서 $\tilde{\phi}(B) = 25.133B/\Pi(B)$ 를 B의 함수로 그래프를 그려보았다. 그 결과가 그림 15.6[b]이다. 기울기가 −1이

고 절편이 1인 직선이 얻어진다. 따라서

$$\tilde{\phi}(B) = \frac{1}{1-B} \tag{15.14}$$

이므로 분광 에너지 밀도는 최종적으로 H를 플랑크 상수 h로 대체해서

$$P(\lambda, T) = 25.133 \frac{hc}{\lambda^5} \frac{\exp(-hc/k_B T\lambda)}{1-\exp(-hc/k_B T\lambda)}, \quad h = 6.626 \times 10^{-24} \, \mathrm{J \cdot s} \tag{15.15}$$

라는 것을 알 수 있다. 여기서 25.133을 8π로 대체하고 분모와 분자를 $\exp(-hc/k_B T\lambda)$로 나누어 주면 식 (1)의 플랑크 복사 법칙이 얻어진다.

이론은 비례상수가 8π 라는 것을 알려주지만 실험은 8π 의 어림값인 25.133만을 알려준다. 실험 데이터만으로 식 (1)과 동일한 식 (15)를 도출할 수는 있지만 에너지가 양자화된다는 개념을 도출할 수는 없다. 왜 그런 방정식이 얻어지는지에 대한 설명도 얻기 어렵다. 실험으로 이론을 대체할 수는 없다.

빈(Wilhelm Wien)은 빈의 변위 법칙뿐만 아니라 다음과 같은 빈의 분포법칙을 1898년에 이론적으로 유도한 바 있다.

$$P_{\mathrm{Wien}}(\lambda, T) = \frac{8\pi hc}{\lambda^5} \exp\left(-\frac{hc}{k_B T\lambda}\right). \tag{15.16}$$

이 식은 파장이 짧은 영역에서는 실험결과와 잘 맞지만 파장이 긴 영역에서는 잘 맞지 않았나. 만약 그림 15.5의 오른쪽 아래 그래프를 보고 전 영역에서 $\Pi = B$로 판단했다면 식 (16)이 얻어졌을 것이다. 하지만 장파장 영역인 $|\log B| < 1$ 인 영역에서 기울기가 달라진다는 것을 관찰하였기 때문에 그림 15.6의 데이터 변환과 작도를 시행하고 식 (15)를 얻게 된 것이다. 식 (15)에서 $B \ll 1$ 이면 식 (16)으로 어림된다는 것을 유의하기 바란다. 실험 데이터를 관찰할 때 넓은 영역으로 조감도 필요하지만 좁은 영역에 대한 세세한 비교도 필요하다. 사실 지금까지의 데이터 변환과 작도는 현대의 컴퓨터와 프로그램이 있기 때문에 가능한 것이다. 저자가 학부생이었을 1980년대 중후반에서는 이러한 작업을 한다는 엄두를 내지 못했을 것이다.

15.2. 열중량분석기(TGA) 데이터의 분석

열중량분석기(TGA, ThermoGravimetric Analysis)란 물질을 가열하여 온도에 따라서 어떻게 질량이 감소하게 되는지를 측정하여 물질의 열안정성을 평가하는 분석기기이다. 이 분석기기의 구조는 정밀한 저울과 온도계가 연결된 개방된 도가니(furnace)로 이루어져 있다. 도가니에 미량의 시료를 담고 일정한 승온속도로 가열을 하며 온도에 따라서 어떻게 도가니의 질량이 감소하는지를 측정한다. 물론 도가니는 내열재료라서 측정하는 온도범위에서 분해되지 않으므로 질량감소는 온전히 시료에 의한 것이다. TGA 분석의 실험목적이나 실험방법 등 자세한 내용은 분석화학이나 기기분석 교과서를 참조하기 바라며 독자는 이에 대한 충분한 지식을 가지고 있다고 가정한다. 여기서는 단지 얻어진 데이터를 어떻게 수학적으로 분석하는지에 대해서 논의한다.

TGA는 물질이 열분해라는 화학반응을 온도에 따라서 어떻게 일으키는지를 관찰할 수 있는 좋은 계측기기이다. 시료는 고체나 액체이기 때문에 시료에서 분해반응이 일어나면 분해생성물은 기체상태로 휘발하게 되어 도가니의 질량이 감소하게 된다. 질량이 늘어나는 예외적인 경우는 다루지 않기로 한다. 일반적인 TGA는 시간과 온도에 따라 초기 질량으로 해당 시점(온도)에서의 질량을 나눈 백분율 데이터 W와 이 백분율을 온도나 시간으로 미분한 데이터 dW/dT를 제공 한다. 그림 15.7은 PLA(polylactide), 비정질 PHA(aPHA, amorphous poly hydroxy alkanoate), PBAT

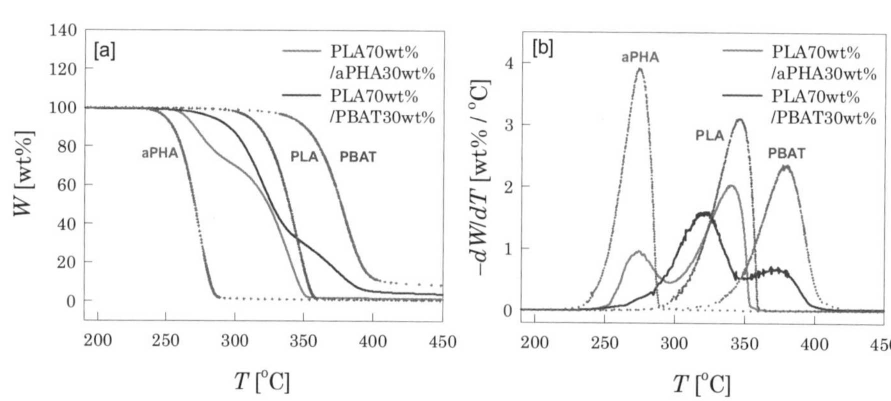

그림 15.7. 세 가지 고분자(PLA, aPHA, PBAT)와 이들의 혼합물의 TGA 데이터. [a] 온도에 따른 질량변화; [b] 미분 그래프. (출처: 경북대학교 고분자공학과 정민영의 2024년도 석사학위논문)

(polybutylene adipate terephthalate), 그리고 PLA 70wt%, aPHA 30wt% 혼합물과 PLA 70wt%, PBAT 30wt% 혼합물의 TGA 데이터를 보여주고 있다. 이 데이터는 경북대학교 고분자공학과 정민영의 석사학위 논문에서 얻은 것이다[정민영, 2024]. 그림 15.7[b]의 미분 데이터는 TGA의 소프트 웨어가 제공하는 것이 노이즈를 많이 포함한 것이 있어 안정적인 수치미분법을 그림 15.7[a]의 데이터에 적용하여 구한 것이다.

데이터의 축약

먼저 이 데이터를 수학적으로 분석하기 전에 다루어야 할 것이 있다. 현대 분석기기의 계측기와 데이터 저장능력은 대단해서 한 시료의 TGA 데이터는 40,000개 이상의 온도에 대한 W와 dW/dt를 제공한다. 그림 15.7에만 5개의 시료가 있으므로 20만개의 온도에 대한 데이터를 다루어야 한다. 한 온도에 T, W, dW/dt 세 숫자가 있으니 모두 60만개 이상의 숫자들을 다루어야 한다. Sigmaplot™의 transform 기능을 활용하여 데이터를 처리하게 되면 취약점 중의 하나는 이렇게 많은 숫자들을 다루다보면 메모리 문제로 프로그램이 서버리고 그때 그때 저장해 놓지 않으면 마지막에 저장한 내용만 저장되어 그동안의 노력이 수포로 돌아가게 된다. 따라서 큰 실험 데이터를 어떻게 정보의 누락없이 축약하여 다루느냐를 생각해 보아야 한다.

사실 그림 15.7의 aPHA 데이터는 상온에서 800°C까지의 데이터를 190 °C 에서 450°C 의 구간만 보여준 것이다. 그래도 데이터의 양이 많기 때문에 데이터의 양을 줄인 것이다. $T < 240\,°\mathrm{C}$ 와 $390\,°\mathrm{C} < T$ 이 구간의 데이터는 거의 수평선이므로 이 구간의 데이터는 적어도 문제가 없을 것이다. 하지만 $240°\mathrm{C} < T < 390°\mathrm{C}$ 의 구간은 데이터의 데이터의 간격을 온도로 기준했을 때 기준으로 했을 때 촘촘해야 $-dW/dT$ 가 어떤 형태의 봉우리함수인지를 확인할 수 있다. 온도의 간격이 일정한 1000개의 데이터 $T_1, T_2, T_3, \cdots, T_{1000}$ 를 100개 정도로 줄이는 간단한 방법은 $T_1, T_{11}, T_{21}, \cdots, T_{991}$ 만을 선택하거나 $T_5, T_{15}, T_{25}, \cdots, T_{995}$ 만을 선택하는 것이다. 그러면 봉우리 구간이 중요한데도 불구하고 수평선 구간에 더 많은 데이터가 있게 된다.

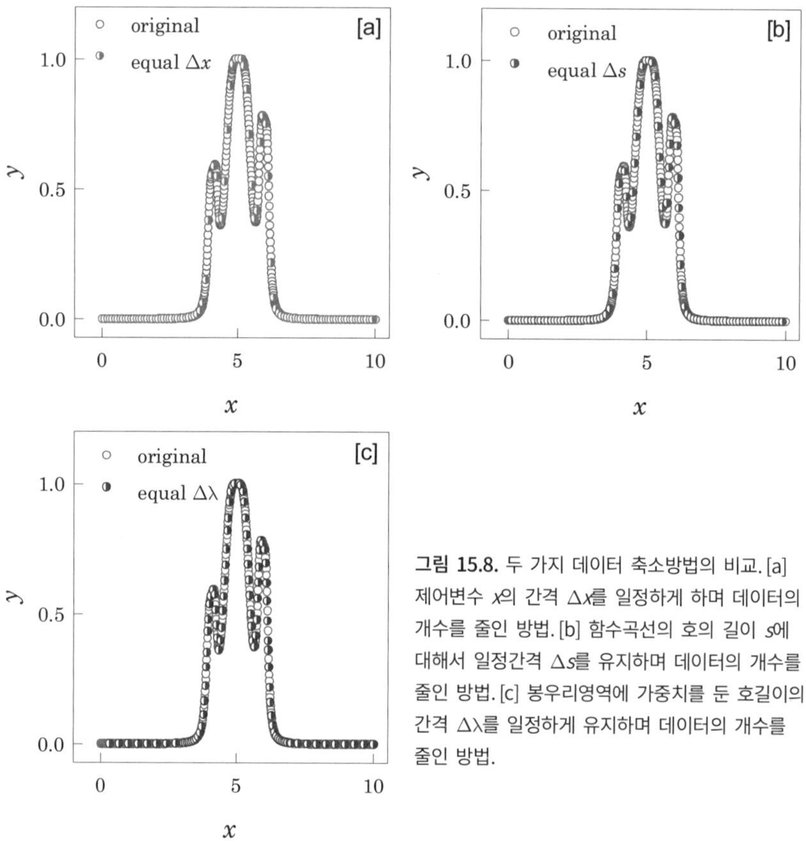

그림 15.8. 두 가지 데이터 축소방법의 비교. [a] 제어변수 x의 간격 Δx를 일정하게 하며 데이터의 개수를 줄인 방법. [b] 함수곡선의 호의 길이 s에 대해서 일정간격 Δs를 유지하며 데이터의 개수를 줄인 방법. [c] 봉우리영역에 가중치를 둔 호길이의 간격 $\Delta\lambda$를 일정하게 유지하며 데이터의 개수를 줄인 방법.

이 문제를 해결하기 위해서 $\left\{(x_i, y_i)\right\}_{i=1}^{i=1000}$ 의 1000개의 데이터를 형성했다. 여기서 $y_i = f(x)$ 으로 했고 $0 \le x_i \le 10$ 으로 균등간격 $\delta x = \text{constant}$ 로 생성했다. 1000개의 이 데이터를 x가 균등간격을 가지도록 선택하는 방법은

$$\hat{x}_k \equiv x_{n(k)}, \quad n(k) = 10(k-1)+1, \quad \hat{y}_k = f(\hat{x}_k), \quad k = 1, 2, \cdots, 100 \tag{15.17}$$

이다. 이 때 x의 간격은 $\Delta x = 10\delta x$ 가 된다. 이 두 데이터 집단을 그래프로 그린 것이 그림 15.8[a]이다. 봉우리 구간의 데이터 개수가 수평선 부근에 비해서 너무 적게 선택되었다.

원래 데이터가 형성하는 함수 곡선의 호길이(arc length)를 다음과 같이 어림할 수 있다.

$$s(x) = \int_{x_{\min}}^{x} \sqrt{1+\left(\frac{df}{dx}\right)^2}\,\mathrm{d}x \approx s_n = \sum_{i=2}^{n} \sqrt{\left(x_i - x_{i-1}\right)^2 + \left(y_i - y_{i-1}\right)^2}. \qquad (15.18)$$

여기서 $s_1 = 0$ 으로 정의한다. 이를 이용하여 원래 데이터에 호길이를 배정할 수 있게 된다. 그러면 모든 n에 대해서 $s_{n+1} > s_n$ 이 됨을 알 수 있고 $s_{1000} = \max\{s_k\}$ 가 됨도 알 수 있다. 그러면 $\Delta s \equiv s_{1000}/100$ 으로 정의하고 s_k 가 $n\Delta s$ 와 가장 가까운 것만을 골라서 100개의 데이터를 선택할 수 있을 것이다. 이렇게 선택한 데이터를 원래의 데이터와 같이 그린 그래프가 그림 15.8[b]이다.

그림 15.8의 두 그래프 [a]와 [b]를 비교하면 호길이를 균등간격으로 선택한 경우가 봉우리 구간에서 더 많은 데이터가 선택된다는 것을 알 수 있다. 하지만 여전히 수평선 영역에 더 많은 데이터가 있다. 이를 해결하기 위해서 다음과 같은 가중치를 적용한 호길이 λ_n 을 사용한다.

$$\lambda_n = \lambda_{n-1} + \Delta\lambda_n,$$
$$\Delta\lambda_n = \begin{cases} \dfrac{\left|x_i - x_{i-1}\right|}{5} & \text{if } \left|\dfrac{y_n - y_{n-1}}{x_n - x_{n-1}}\right| < 0.01 \\ \sqrt{\left(x_i - x_{i-1}\right)^2 + \left(y_i - y_{i-1}\right)^2} & \text{otherwise} \end{cases}. \qquad (15.19)$$

수평선영역에서는 여전히 제어변수의 간격 $\Delta x \equiv x_n - x_{n-1}$ 은 일정하지만 $\left|y_n - y_{n-1}\right|$ 은 Δx 에 비해 매우 작으므로 호길이 λ_n 이 적게 증가하게 한 것이다. 이렇게 데이터를 선택하여 원래 데이터와 비교한 것이 그림 15.8[c]이다. 봉우리구간에서 훨씬 많은 데이터가 선택되었다는 것을 쉽게 알 수 있다.

치우친 봉우리 함수

표기를 간다하게 하기 위해서 $P(T) \equiv -dW/dT$ 를 사용하기로 하자. 그림 15.7[b]를 보면 순수한 고분자들의 $P(T)$ 는 왼쪽으로 치우친 분포(left-skew distribution)라는 것을 알 수 있다. 1장의 4.3절에서 봉우리 함수들에 대해서 배웠는데 거기서는 오로지 치우침이 없는 분포들만을 다루었다. 치우침이 있는 봉우리 함수의 수학적 표현을 알게 되면 §11절에서 사용한 비선형 회귀분석을 이용하여 혼합물의 $P(T)$ 를 분석할 것이다.

Azzalini, 1985는 치우침이 없는 분포함수로부터 왼쪽으로 치우친 분포로 부터 오른쪽으로 치우친 분포함수까지 수식화하는 방법을 창안하였다. 정규분포의 확률 밀도함수와 같은 치우침이 없는 봉우리 함수 $\phi(x)$에 대한 누적확률 분포에 해당하는 S자 함수

$$\Phi(x) \equiv \int_{-\infty}^{x} \phi(\xi)\mathrm{d}\xi, \quad -\infty < x < \infty \tag{15.20}$$

을 알고 있다면 치우침 인자를 α라고 할 때 다음과 같은 치우침이 있는 봉우리 함수를 만들어낼 수 있다.

$$\phi_{\alpha}(x) = 2\phi(x)\Phi(\alpha x). \tag{15.21}$$

여기서 2가 도입된 이유는 $\alpha = 0$ 일 때 $\Phi(0) = \frac{1}{2}$ 이므로 $\phi_{\alpha=0}(x) = \phi(x)$ 가 되게 하기 위함이다. 만약 $\alpha < 0$ 이면 왼쪽으로 치우친 분포함수가 되고 $\alpha > 0$ 이면 오른쪽으로 치우진 분포함수가 된다.

치우침이 없는 봉우리 함수로 정규분포를 이용하면 $\Phi(x)$ 가 기초함수(elementary function)가 아니기 때문에 즉, 비기초함수(non-elementary func-tion)이기 때문에 회귀분석을 하기 쉽지 않다. 따라서 코쉬-로렌츠 분포함수(Cauchy-Lorentz distribution function)를 사용하면 다음이 됨을 알 수 있다.

$$\phi(x) = \frac{1}{\pi w}\frac{1}{1+z^2}, \quad z \equiv \frac{x - x_o}{w}; \quad \Phi(x) = \frac{1}{\pi}\arctan\frac{x - x_o}{w} + \frac{1}{2}. \tag{15.22}$$

이에 착안해서 $P(T)$를 다음과 같이 모형화한다.

$$\begin{aligned} P(T) &= Ap(T)\left[\Pi(\alpha T)\right]^4, \\ p(T) &= \frac{1}{\left(1+\tau^4\right)}, \quad \tau \equiv \frac{T - T_d}{T_w}, \\ \Pi(T) &= \arctan\tau + \frac{\pi}{2}. \end{aligned} \tag{15.23}$$

여기서 $p(T)$는 치우침이 없는 봉우리 함수이고 $\Pi(T)$는 S자형 함수이다. 온도 T_d는 열분해가 가장 강렬하게 일어날 것으로 생각하는 온도로 $P(T)$의 최대값에서의 온도에 가까운 값을 가질 것으로 예상한다. T_w 는 치우친 봉우리함수의 폭을

조절하는 매개변수이고 $\Pi(\alpha T)$ 대신에 $[\Pi(\alpha T)]^4$ 를 사용하는 이유는 $\Pi(\alpha T)$ 는 그림 15.7[b]의 뾰족한 봉우리를 표현하기 어렵기 때문에 사용한 것이다. 무차원 매개변수 μ도 마찬가지 이유로 도입하였다. 마지막으로 매개변수 A는 봉우리함수의 높이를 조절하기 위해서 도입된 것이다.

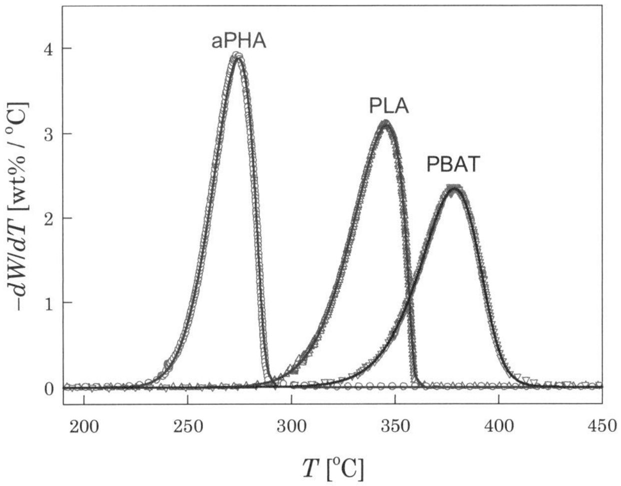

그림 15.9. 세 가지 고분자(PLA, aPHA, PBAT)의 식 (15.23)을 이용한 회귀분석 결과. 세 경우 모두 r^2는 0.99이상이다.

표 15.1. 식 (15.23)을 이용한 회귀분석 결과

고분자	T_d (°C)	T_w (°C)	α	A(% / °C)
PLA	359	30.2	−12.6	0.0410
aPHA	287	24.1	−7.47	0.0596
PBAT	398	34.9	−7.27	0.0362

식 (23)은 그림 15.7[b]의 뾰족한 봉우리 데이터들의 회귀분석을 Sigmaplot™의 regression wizard로 쉽게 할 수 있는 형태이다. 그림 15.9는 순수한 고분자 세 종의 회귀분석결과이고 매개변수의 값을 표 15.1에 나타냈다. 모든 회귀분석의 정밀도는 $r^2 > 0.99$ 로 매우 정확하였다. 식 (23)의 $p(T)$ 와 $\Pi(T)$ 는 정규화된 것이 아니므로 A가 크다고 해서 봉우리의 높이가 높다는 것을 의미하지는 않는다는 것

을 주의하기 바란다.

혼합물의 분석

혼합물의 $-dW/dT$ 를 다음과 같이 모형화할 수 있을 것이다.

$$P_{\text{mix}}(T)=\sum_{k=1}^{3}w_kP_k(T). \tag{15.24}$$

여기서 아래첨자 k가 1이면 PLA, 2이면 aPHA, 3이면 PBAT를 의미하며 w_k 는 각 성분의 질량분율이다. 식 (24)이 실험결과와 일치한다면 각 성분의 분해과정이 독립적으로 일어난다는 것을 의미한다.

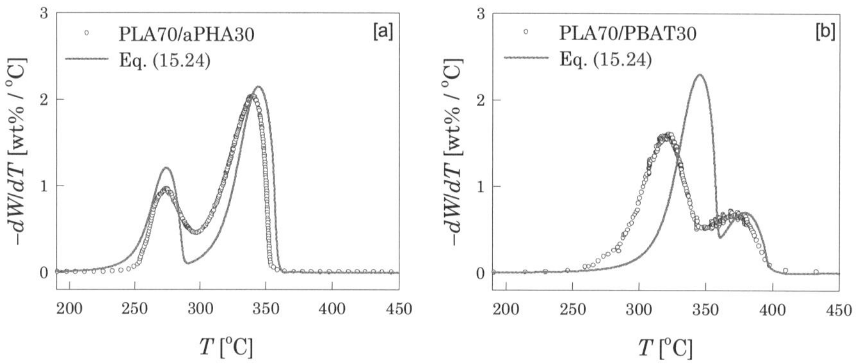

그림 15.10. 두 혼합물의 TGA 미분 그래프와 식 (15.24)와의 비교.
[a] PLA 70wt% aPHA 30wt% 혼합물. [b] PLA 70wt% PBAT 30 wt% 혼합물.

그림 15.10[a]를 보면 PLA 70wt% aPHA 30wt% 혼합물의 $-dW/dT$ 는 겉보기에 식 (24)를 따르는 것처럼 보인다. 반면에 PLA 70wt% PBAT 30wt% 혼합물은 두 개의 봉우리가 합쳐져 있는 모양의 $-dW/dT$ 를 보여주지만 각각의 봉우리들의 위치는 순수한 PLA와 순수한 PBAT 봉우리의 위치와 차이를 보이며 특히 왼쪽 봉우리의 위치는 순수한 PLA의 봉우리의 위치와 큰 차이를 보인다(그림 15.10[b]). 따라서 PLA와 aPHA 혼합물의 경우 두 성분 고분자의 열분해가 완벽하지는 않지만 상호작용이 없는 것으로 보이는 반면에 PLA와 PBAT 혼합물의 경우 두 성분 고분자는 열분해시 서로 상호작용을 한다고 볼 수 있다. 여기서 상호작용은 두 고분자가

열분해하면서 다른 고분자의 열분해 반응 메커니즘에 영향을 준다는 것을 의미한다. 이 가정을 실험적으로 뒷받침하기 위해서는 PLA와 aPHA를 여러 함량비율로 혼합한 시료의 데이터가 필요하다. 실험은 항상 미처 생각하지 못한 요인들이 있을 수 있기 때문에 경향성을 파악할 수 있는 시료 제작이 필요하다. 이는 PLA와 PBAT 혼합물에 대해서도 마찬가지일 것이다.

여기서 독자는 왜 식 (23)에 볼쯔만 인자가 포함되지 않는가란 질문을 할 수도 있을 것이다. TGA 데이터는 수학적으로 볼 때, 여러 개의 화학반응속도 미분방정식들과 기체의 확산과정 및 에너지 교환과정과 관련된 미분방정식들이 결합된 비등온 과정의 결과이다. 따라서 흑체복사와 같이 등온과정의 측정결과와 비교하기 어렵다. 이런 이유로 식 (23)에 볼쯔만 인자가 포함되지 않을 수 있다.

15.3. 혼합물의 혼합물성

기초이론

혼합물에 대한 평형 열역학적 물리량에 대해서 8.4절에서 논의한 바 있다. 여기서는 상태변수를 압력 p, 온도 T와 성분들의 몰수 $\{n_i\}_{i=1}^{i=N}$ 로 선정한 경우에 대해서 공부한다. 크기 변수인 어떤 열역학적 물리량 $\Xi(p, T, n_1, \cdots, n_L)$에 오일러의 동차함수정리를 적용하면 다음이 된다는 것을 알 수 있다.

$$\Xi = \sum_{k=1}^{N} \hat{\Xi}_k n_k, \quad \hat{\Xi}_k \equiv \frac{\partial \Xi}{\partial n_k}. \tag{15.25}$$

여기서 편미분은 p, T와 k번째 성분을 제외한 모든 성분들의 몰수를 고정하고 k번째 성분의 몰수로 편미분 한다는 것을 의미하며 $\hat{\Xi}_k$ 를 Ξ의 분몰 물성(partial molar quantity)이라고 부른다. 즉, $\Xi = V$ 이면 $\hat{V}_k$는 k번째 성분의 분몰 부피이다.

성분들 사이에 아무런 상호작용이 없다면 순수한 성분의 1몰당 물성을 Ξ_k 라고 하면 아마도 혼합물의 물성 Ξ는 다음이 될 것이다.

$$\Xi_{\text{no int}} = \sum_{k=1}^{N} \Xi_k n_k. \tag{15.26}$$

여기서 당연히 Ξ_k 는 p와 T만의 함수이지만 분몰 물성 $\hat{\Xi}_k$ 는 p와 T뿐만 아니라 각 성분의 몰분율

$$x_k \equiv \frac{n_k}{n_T}, \quad n_T \equiv \sum_{k=1}^{N} n_k \tag{15.27}$$

의 함수가 된다. 이는 $\Xi_{\text{no int}}$ 와 Ξ 모두가 크기 변수이므로 $\bar{\Xi}_k$ 와 $\hat{\Xi}_k$ 모두는 세기 변수가 되어야 하기 때문이다.

혼합이 일어나기 전에 각 성분은 나뉘어져 있으므로 서로 상호작용을 하지 않는 것으로 간주할 수 있으므로 혼합전 계의 물성 Ξ는 $\Xi_{\text{no int}}$ 가 되어야 한다. 따라서 혼합전의 물성이므로 이를 Ξ_{before} 라고 하자. 그러면 혼합이 일어난 후의 물성은 Ξ_{after} 라고 표시할 수 있고 이는 식 (25)로 표현될 것이다. 그러면 혼합물성(quantity of mixing)을 다음과 같이 정의하자.

$$\Xi_{\text{mix}} \equiv \Xi_{\text{after}} - \Xi_{\text{before}}. \tag{15.28}$$

그러면 식 (25)와 (26)으로부터 다음이 얻어진다.

$$\Xi_{\text{mix}} = \sum_{k=1}^{N} \left(\hat{\Xi}_k - \bar{\Xi}_k\right) n_k. \tag{15.29}$$

식 (29)의 양변에 n_T 를 나누면 좌변은 1몰당 혼합물성이 된다. 이를 $\bar{\Xi}_{\text{mix}}$ 라고 표시하면 다음이 된다.

$$\bar{\Xi}_{\text{mix}} = \sum_{k=1}^{N} \left(\hat{\Xi}_k - \bar{\Xi}_k\right) x_k. \tag{15.30}$$

그런데 $\hat{\Xi}_k = \hat{\Xi}_k\left(p, T, x_1, \cdots, x_N\right)$ 이고 $\bar{\Xi}_k = \bar{\Xi}_k\left(p, T\right)$ 이므로 식 (30)은

$$\bar{\Xi}_{\text{mix}} = \bar{\Xi}_{\text{mix}}\left(p, T, x_1, \cdots, x_N\right) \tag{15.31}$$

이 됨을 알려준다.

사실 알고자하는 혼합물의 물성은 $\bar{\Xi}\left(p, T, x_1, \cdots, x_N\right) \equiv \Xi/n_T$ 이다. 그런데 $\bar{\Xi}_{\text{mix}}$ 를 생각하는 이유는 식 (31)이 만족해야만 하는 조건을 이용하여 $\bar{\Xi}_{\text{mix}}$ 를 실험으로 쉽게 파악할 수있기 때문이다. 예를 들어 $x_k = 1$ 인 경우를 생각해 보자. 그러면 몰분율은 임의의 $1 \le i \le N$ 에 대해서 항상

$$0 \le x_i \le 1, \quad \sum_{i=1}^{N} x_i = 1 \tag{15.32}$$

을 만족해야 하므로

$$\Xi_{\text{mix}}(p,T,1,0,\cdots,0)=\Xi_{\text{mix}}(p,T,0,1,\cdots,0)=\cdots$$
$$=\Xi_{\text{mix}}(p,T,0,\cdots,0,1)=0 \tag{15.33}$$

이 성립되어야 한다. 왜냐하면 한 성분의 몰분율만 1이고 나머지 몰분율들은 모두 0인 경우는 그 성분만 순수하게 있는 경우이기 때문이다. 이 조건을 만족시키기 위해서 Ξ_{mix} 는 다음의 함수조건을 만족해야만 한다.

$$\Xi_{\text{mix}}(p,T,x_1,\cdots,x_N)=x_1x_2\cdots x_N\bar{\Phi}_{\text{mix}}(p,T,x_1,\cdots,x_N). \tag{15.34}$$

여기서 $\bar{\Phi}_{\text{mix}}$ 는 식 (33)을 만족하지 않는 함수이다.

실험으로 Ξ를 측정할 수 있고 순수한 물질의 물성 Ξ_k 도 측정할 수 있으므로 결국 실험으로 Ξ_{mix} 를 조성비 $\{x_k\}_{k=1}^{k=N}$ 에 따라 결정할 수 있다. 따라서 실험으로 $\bar{\Phi}_{\text{mix}}$ 의 함수구조를 파악할 수 있다면 결국

$$\Xi(p,T,x_1,\cdots,x_N)=\sum_{k=1}^{N}\Xi_k(p,T)x_k+\Xi_{\text{mix}}(p,T,x_1,\cdots,x_N) \tag{15.35}$$

를 이용하여 Ξ의 함수구조를 파악할 수 있게 된다.

식 (35)가 결정되면 분몰 물성 $\hat{\Xi}_k$ 를 다음과 같이 구할 수 있다.

$$\hat{\Xi}_k=\frac{\partial}{\partial n_k}n_T\Xi=\Xi+n_T\frac{\partial\Xi}{\partial n_k}=\Xi+n_T\sum_{i=1}^{N}\frac{\partial\Xi}{\partial x_i}\frac{\partial x_i}{\partial n_k}. \tag{15.36}$$

몰 분율 x_i는 식 (27)로부터 알 수 있듯이 모든 n_i 들의 함수이므로

$$\frac{\partial n_T}{\partial n_i}=1;\quad \frac{\partial x_i}{\partial n_k}=\frac{\delta_{ik}}{n_T}-\frac{n_i}{n_T^2}\frac{\partial n_T}{\partial n_k}=\frac{\delta_{ik}-x_i}{n_T} \tag{15.37}$$

이다.

이성분 혼합물

성분의 개수 N이 2인 혼합물을 생각하자. 여기서는 Zarei and Shahvarpour, 2008가 측정한 1-propanol과 물의 이성분 혼합액체의 몰당 혼합 부피(volume of mixing) $\bar{V}_{\text{mix}}(p,T,x_1,x_2)$ 데이터를 예로 활용한다. 이들은 $p=81.5\text{kPa}$ 의 고정된 압력에서 293.15K, 303.15K, 313.15K, 323.15K의 네 온도에서의 $\bar{V}_{\text{mix}}$ 를 1-propanol의 몰분율 x_1 의 함수로 측정하였다. 데이터는 표 15.2에 나타냈다. 디 다

양한 수치 데이터가 이 논문에 있으니 데이터 분석의 연습이 필요한 독자는 이를 활용하기 바란다.

표 15.2. 1-Propanol/water 이성분 혼합액의 온도 및 조성에 따른 혼합부피 데이터.[Zarei and Shahvarpour, 2008]

1-propanol mole fraction x_1	Volume of Mixing, V_{mix} (cm^3/mol), $p = 81.5\ \mathrm{kPa}$			
	293.15K	303.15K	313.15K	323.15K
1.0000	0.0000	0.0000	0.0000	0.0000
0.9052	−0.2380	−0.2190	−0.1950	−0.1520
0.8383	−0.3610	−0.3350	−0.3010	−0.2500
0.7485	−0.4880	−0.4520	−0.4100	−0.3540
0.6792	−0.5570	−0.5180	−0.4730	−0.4160
0.5986	−0.6260	−0.5840	−0.5380	−0.4830
0.5197	−0.6720	−0.6300	−0.5840	−0.5310
0.4399	−0.6810	−0.6380	−0.5940	−0.5440
0.3599	−0.6790	−0.6360	−0.5940	−0.5500
0.2798	−0.6610	−0.6180	−0.5800	−0.5410
0.2000	−0.6290	−0.5810	−0.5470	−0.5130
0.1202	−0.5270	−0.4880	−0.4570	−0.4300
0.0401	−0.2380	−0.2290	−0.2230	−0.2180
0.0000	0.0000	0.0000	0.0000	0.0000

혼합부피 $\bar{V}_{\mathrm{mix}}$는 $x_1 = 0$, $x_2 = 1$일 때와 $x_1 = 1$, $x_2 = 0$일 때 당연히 0이어야 하므로 다음과 같은 식으로 표현될 것이다.

$$\bar{V}_{\mathrm{mix}} = x_1 x_2 \Phi(p, T, x_1, x_2) \tag{15.38}$$

그런데 $x_1 + x_2 = 1$이므로 x_1을 1-propanol의 몰 분율로 하여 다음과 같은 식으로 표현될 것이다.

$$\bar{V}_{\mathrm{mix}} = x_1(1-x_1)\Phi(p, T, x_1, 1-x_1) \tag{15.39}$$

이제 표 15.2의 데이터를 이용하여 함수 $\Phi(p, T, x_1, 1-x_1)$을 구하면 된다. 그런데 압력은 고정되어 있으므로 간단하게 다음과 같이 표현할 수 있을 것이다.

$$\bar{V}_{\mathrm{mix}} = -x_1(1-x_1)\sum_{k=0}^{N} b_k(T) x_1^k. \tag{15.40}$$

여기서 다항식의 계수 b_k 는 온도의 함수이므로 역시 다항식으로 어림한다면

$$b_k(T) = \sum_{n=0}^{N_T} b_{kn} T^n \tag{15.41}$$

이라고 할 수 있을 것이다. 따라서 식 (40)과 (41)은 가장 일반적인 어림함수라고 할 수 있지만 모두 $(N+1)\times(N_T+1)$ 개의 매개변수를 가지게 된다. 다항식의 차수가 올라갈수록 매개변수의 개수가 늘어나는 문제가 유발된다.

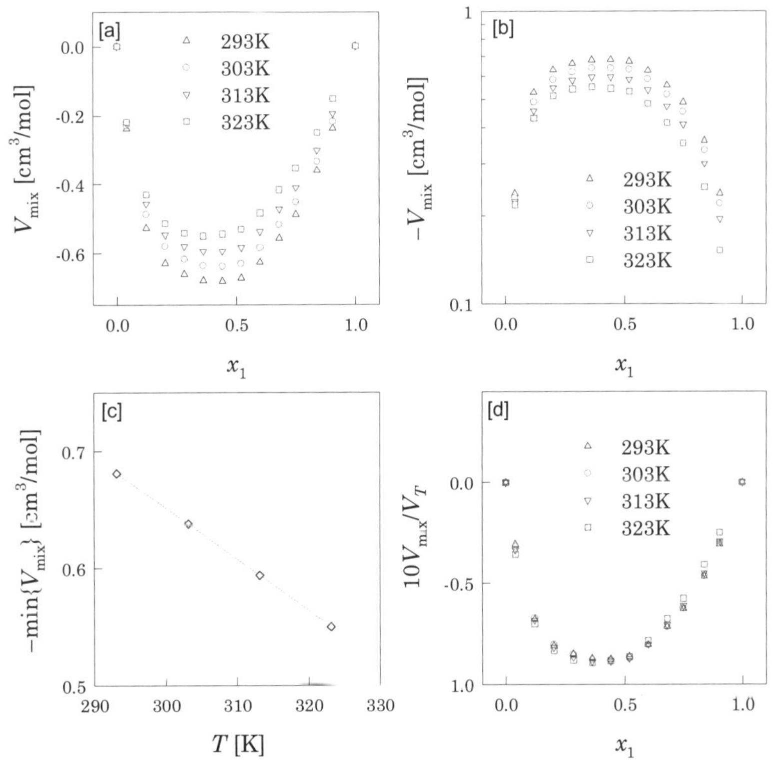

그림 15.11. 물과 1-propanol 혼합액의 혼합 부피(volume of mixing). 여기서 x_1은 1-propanol의 몰 분율이다. [a] 원본 데이터, [b] 수직이동 여부를 확인하기 위햇 $-V_{mix}$를 상용로그로 그린 그래프, [c] 각 온도의 실험 값에 구한 $-V_{mix}$의 최대치를 온도의 함수로 그린 그래프, [d] 수직 이동인자 V_T로 나눈 중첩곡선. 데이터는 Zarei and Shahvarpour, 2008의 Table 2에서 얻음.

그림 15.11[a]는 표 15.2의 데이터를 그린 그래프이다. 온도가 올라갈수록 $\bar{V}_{mix}$ 의 x_1 에 대한 함수곡선의 모양은 크게 변하지 않고 수직이동을 하는 것 같다. 이를 확

실히 알기 위해서는 $\bar{V}_{mix} \leq 0$ 이므로 $-\bar{V}_{mix}$ 의 로그 값을 x_1 의 함수로 그려볼 필요가 있다. 그림 15.11[b]를 보면 이러한 예상이 맞을 것 같다. 실험 데이터가 이산적이라서 정확하게 $-\bar{V}_{mix}$ 의 최대값을 정확하게 구하기 어렵지만 표 15.2의 각 온도에 대한 14개의 숫자 중의 최대값을 온도의 함수로 그려본 것이 그림 15.11[c]이다. 명확한 일차함수의 관계를 가지므로

$$\begin{aligned} &\bar{V}_{mix} = -x_1(1-x_1)V_T\left(1+\beta_1 x_1+\beta_2 x_1^2+\beta_3 x_1^3+\beta_4 x_1^4+\beta_5 x_1^5\right), \\ &V_T \equiv V_o\left(1-\frac{T}{T_o}\right) \end{aligned} \tag{15.42}$$

의 근사식을 생각할 수 있다. 회귀분석으로 V_T 를 각 온도에 대해서 구해서 $\bar{V}_{mix}/V_T$ 를 x_1 의 함수로 그린 것이 그림 15.11[d]이다. 중첩이 상당히 높은 정밀도로 이루어진 것 같다.

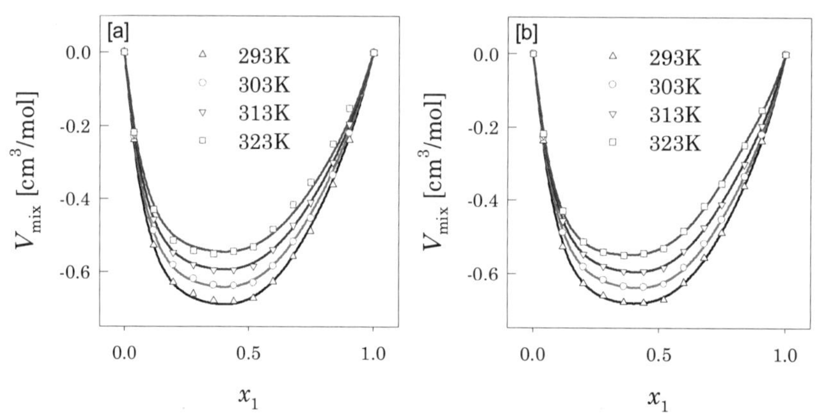

그림 15.12. 두 모델의 비교. [a] 식 (15.42)를 이용한 회귀분석 결과. [b] 식 (15.40)을 이용한 회귀분석 결과.

식 (40)과 (41)에서 $N = 4$, $N_T = 2$ 로 회귀분석을 한다면 모두 15개의 매개변수를 구해야 하는 반면에 식 (42)를 이용한다면 7개의 매개변수만 결정하면 된다. 따라서 식 (42)가 더 우월한 모형이라고 할 수 있을 것이다. 하지만 매개변수의 개수가 많을수록 더 정밀도가 높은 어림식이 되는 것이 일반적이다. 그래서 식 (42)로 회귀분석한 결과와 $N = 4$, $N_T = 2$ 로 하여 식 (40)으로 회귀분석한 결과를 비교

한 것이 그림 15.12이다. 식 (40)을 이용한 결과가 더 정밀하다는 것을 눈으로 확인할 수 있다. 식 (42)를 이용한 회귀분석결과의 결정계수는 $r^2 = 0.998$ 이지만 식 (40)을 이용한 회귀분석결과는 $r^2 > 0.999$ 이다. 결정계수의 차이는 매우 작지만 식 (42)가 덜 정밀한 이유는 Φ/V_T 를 x_1의 함수로 그려보면 알 수 있다. 이 중첩곡선은 $x_1 \approx 0$ 이나 $x_1 \approx 1$ 부근에서 상당한 편차를 보이는 것을 알 수 있다. 그림 15.11[d]의 중첩보다 큰 편차를 보이는 이유는 $x_1(1-x_1)$ 항 때문이라고 할 수 있다.

연습문제 15

[1] 금속 고체의 열용량 C_V 에 대한 아인스타인의 이론에 의하면

$$C_V = 3Nk_B \left(\frac{\varepsilon}{k_B T}\right)^2 \frac{e^{\varepsilon/k_B T}}{\left(e^{\varepsilon/k_B T} - 1\right)^2} \tag{15.a}$$

가 된다. 흑체복사의 데이터로부터 식 (15.1)을 유도하였듯이 데이터만 주어져도 이 식을 작도법만으로 유도할 수 있겠는가?

1.1. $f(x) = x^{-2}e^{1/x}\left(e^{1/x}-1\right)^2$ 의 $0 < x \ll 1$ 에서의 점근거동을 구하라.

1.2. $f(x) = x^{-2}e^{1/x}\left(e^{1/x}-1\right)^2$ 의 $1 \ll x$ 에서의 점근거동을 구하라.

[2] 어떤 이성분 혼합물의 물성 $g(x_1, x_2)$ 는 성분 1의 몰 분율 x_1 과 성분 2의 몰 분율 x_2 의 함수로 알려져 있다. 이 물성은 순수한 상태에서는 0이 되어야 한다. 따라서

$$g(x_1, x_2) - x_1 x_2 \phi(x_1, x_2) \tag{15.b}$$

라고 할 수 있다. 그런데 $\phi(x_1, x_2)$ 는 2차 함수로 충분히 정확하게 어림할 수 있다고 하자. 즉,

$$\phi(x_1, x_2) = a_0^{(0)} + a_1^{(1)} x_1 + a_2^{(1)} x_2 + a_{11}^{(2)} x_1^2 + a_{12}^{(2)} x_1 x_2 + a_{22}^{(2)} x_2^2 \tag{15.c}$$

라고 하자. 그러면 6개의 계수를 다음의 실험 데이터만으로 구할 수 있을까?

x_1	0.1	0.2	0.3	0.4	0.5	0.6	0.7	0.8	0.9
g	0.112	0.218	0.302	0.355	0.372	0.350	0.293	0.208	0.105

귀뜸: $x_1 + x_2 = 1$

[3] 왜 $\hat{\Xi}_k = \hat{\Xi}_k(p, T, n_1, n_2, \cdots, n_N)$ 이 아니라 $\hat{\Xi}_k = \hat{\Xi}_k(p, T, x_1, x_2, \cdots, x_N)$ 가 되어야 하는가?

[4] Zarei and Shahvarpour, 2008는 식 (15.40)대신에

$$\bar{V}_{\text{mix}} = x_1 x_2 \sum_{p=0}^{4} \left(\sum_{q=0}^{2} A_{pq} T^q \right) (x_1 - x_2)^p \tag{15.d}$$

를 사용하였다. 무슨 차이가 있을까?

[5] 식 (15.40)을 이용하여 $\hat{V}_1$ 과 $\hat{V}_2$ 를 구하라.

16. 점탄성 진동계

자동차를 비롯한 많은 기계장치에는 진동으로부터 기계의 보호, 소음저감, 승차감 등의 이유로 용수철(spring)과 댐퍼(damper)로 이루어진 충격 흡수장치(shock absorber)가 사용된다. 하지만 충격 흡수장치는 경우에 따라서 무겁고 큰 부피를 차지하기 때문에 내구성이나 다른 요구조건이 강하지 않으면 고무와 같은 고분자 재료로 대체할 수 있을 것이다. 부피도 작고 구조도 간단하기 때문이다.

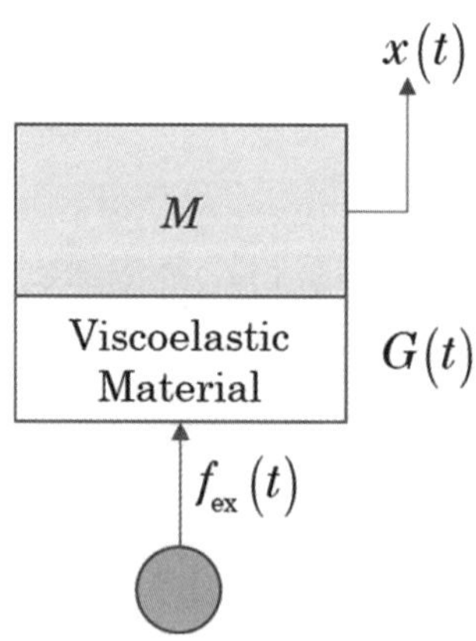

그림 16.1. 완화탄성률이 $G(t)$인 선형점탄성체로 지지되는 질량 M의 강체인 부품이 외부력 $f_{ex}(t)$를 받는 진동계.

이러한 장치는 그림 16.1과 같이 간략하게 표시할 수 있다. 점탄성체 위에 있는 기계장치는 변형이 전혀없는 강체(rigid body)로 간주한다. 물론 금속으로 제작되어 있어도 변형할 수 있지만 점탄성체는 보통 고무와 같은 연성물질이므로 금속재질의 기계장치가 변형되는 정도는 연성물질에 비하면 미미하다고 할 수 있기에 강체로 간주하는 것이다. 기계장치의 질량을 M이라고 하고 기계장치에 변위 $x(t)$를 측정할 수 있는 계측기가 있고 측정결과를 컴퓨터에 저장한다고 하자. 동시에 기계장치와 점탄성체로 이루어진 진동계에 외부힘 $f_{ex}(t)$가 주어지고 이 힘은 인위적으로 제어가능하다고 하자. 그러면 제어변수는 힘 $f_{ex}(t)$가 되고 이에 대한 계의 응답은 측정변수 $x(t)$가 된다.

역학 원리를 이용하게 되면 변위 $x(t)$와 힘 $f_{ex}(t)$ 사이에는 다음과 같은 운동 방정식이 성립된다.

$$M\frac{d^2x}{dt^2}+f(t)=f_{ex}(t),\quad f(t)=\int_0^t K(t-\tau)\frac{dx}{d\tau}d\tau. \tag{16.1}$$

여기서 $K(t)$는 점탄성체의 강직도(stiffness)이며 이는 점탄성체의 완화탄성률 $G(t)$에 비례하는 시간에 대한 감소함수이다.

$$K(t)=\alpha G(t). \tag{16.2}$$

여기서 상수 α는 점탄성체의 모양과 크기에 의해서 결정되는 양의 상수로 형태계수(shape factor)이다. 식 (1)의 적분은 볼쯔만 중첩원리이다[Cho, 2016]. 즉, 식 (1)의 적분항은 점탄성체에 작용되는 힘으로 $f(t)$로 표시할 수 있을 것이다. 볼쯔만 중첩원리를 사용하였으므로 이 물질은 선형물질이라고 할 수 있다.

만약 함수 $K(t)$를 안다면 식 (1)의 양변에 라플라스 변환을 취하여 다음이 얻어진다.

$$M\left[s^2\tilde{x}(s)-sx(0^-)-v(0^-)\right]+s\tilde{K}(s)\tilde{x}(s)=\tilde{f}_{ex}(s),\quad v(t)\equiv\frac{dx}{dt}. \tag{16.3}$$

여기서 '~'는 라플라스 변환을 의미하며

$$\tilde{x}(s)=\int_0^\infty x(t)e^{-st}\mathrm{d}t \tag{16.4}$$

이다. 초기조건은 $x(0)=v(0)=0$으로 간주한다.

만약 $K(t)$ 와 $f_{ex}(t)$ 를 안다면 식 (1)과 관련된 문제는 변위 $x(t)$ 를 구하는 진동학 문제가 될 것이다. 하지만 이 책의 주제는 실험 데이터로부터 실험계의 특성을 파악하는 것이므로 실험 목적은 제어한 $f_{ex}(t)$ 와 측정한 $x(t)$ 의 정보로 부터 점탄성체의 응답함수인 $K(t)$ 를 규명하는 것이다. 식 (1)이 선형 적미분 방정식(linear integro-differential equation)이므로 라플라스 변환의 합성곱 정리를 이용하여 $\tilde{K}(s)$ 의 함수구조를 파악하는 것이다. 식 (1)에 라플라스 변환을 적용하고 정리하면 다음이 얻어진다.

$$\tilde{K}(s)=\frac{\tilde{f}_{ex}(s)-Ms^2\tilde{x}(s)}{s\tilde{x}(s)}=\frac{\tilde{f}_{ex}(s)}{s\tilde{x}(s)}-Ms. \tag{16.5}$$

여기서 유변학적 지식이 조금 필요하다. 점탄성체는 형체를 유지할 수 있는 것이어야만 구조의 구성부가 될 수 있으므로 $K(t)$ 는 다음과 같은 수학적 형태를 가져야 한다.

$$K(t)=K_\infty+K_1\Phi(t). \tag{16.6}$$

여기서

$$0\le\Phi(t)\le1;\quad \frac{d\Phi}{dt}\le0;\quad \Phi(0)=1;\quad \lim_{t\to\infty}\Phi(t)=0 \tag{16.7}$$

이다.

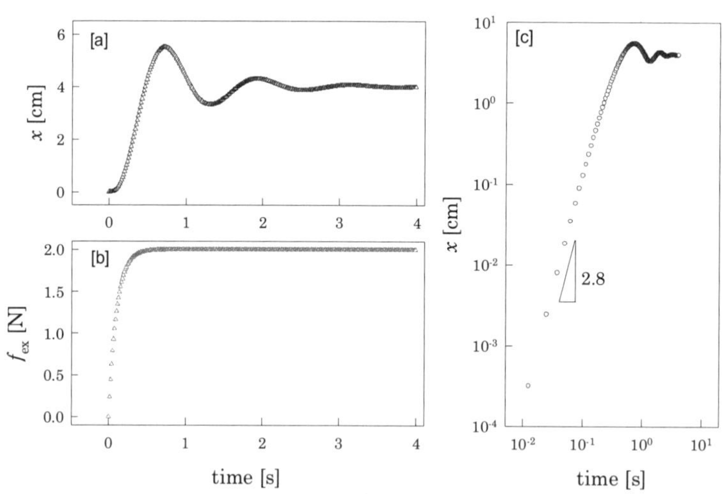

그림 16.2. 외부력 $f_{ex}(t)=f_0[1-\exp(-t/t_0)]$와 그림 16.1의 진동계의 변위와 외부력에 대한 응답. [a] 변위의 선형작도; [b] 외부력; [c] 변위의 이중 로그 작도. 매우 짧은 시간에 변위는 t^2에 비례 하는 초기거동을 보임을 [c]에서 명확하게 알 수 있다.

그림 16.2는 질량이 2kg인 기계장치가 $K(t)$ 가 알려져 있지 않은 점탄성 고체 위에 올려져 있고 외부력 $f_{ex}(t) = f_o\left(1 - e^{-t/t_o}\right)$ 이 주어졌을 때 측정한 변위를 보여준다. 외부력은 $f_o = 2\text{N}$, $t_o = 0.1\text{ s}$ 로 발생시켰다고 하자. 변위는 영에서 시작해서 증가하다가 감쇄하는 진동을 보인후 일정한 변위값을 유지하는 것으로 보인다. 이는 외부력이 처음에는 직선적으로 증가하다가 일정한 값을 유지하기 때문이다[그림 16.2[b]]. 초기시간의 거동을 명확하게 알아보기 위해서 그림 16.2[a]를 이중 로그 작도로 다시 그린 것이 그림 16.2[c]이다. 초기에 $x \propto t^{2.8}$ 임을 쉽게 알 수 있다.

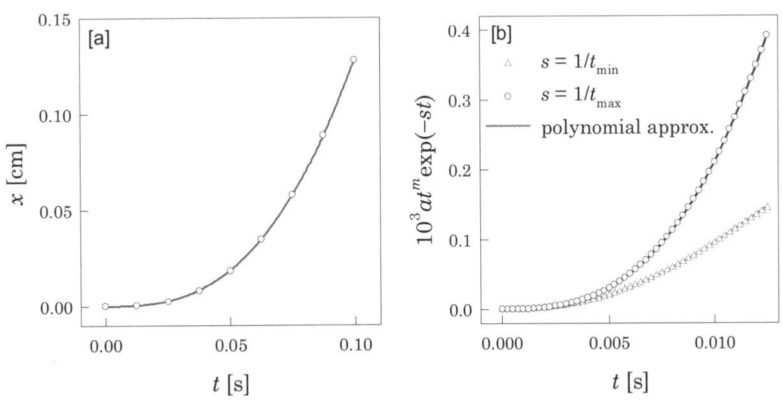

그림 16.3. 초기 데이터의 점근거동[a]와 식 (16.8)의 다항식 어림과 정확한 함수의 비교[b]. 여기서 $s = 1/t_{max}$와 $s = 1/t_{min}$은 각각 실험 데이터로 얻을 수 있는 s의 최소와 최대에 해당한다.

이제 변위의 라플라스 변환을 구해야 한다. 식 (12.16)을 참조하기 바란다. 변위는 $0 < t \ll 1$ 에서는 $x(t) \approx at^{\mu}$ 의 점근거동을 보이니까 식 (12.16)의 J_1은 다음과 같이 어림할 수 있다.

$$J_1 \approx \int_0^{t_{min}} at^{\mu} e^{-st} \mathrm{d}t. \tag{16.8}$$

여기서 계수 a와 지수 μ 는 가장 짧은 시간의 데이터 몇 개를 이용하여 회귀분석으로 구하는데 그 결과는 $a = 77.86\text{ cm}\cdot\text{s}^{-2.784}$, $\mu = 2.784$ 이다[그림 16.3[a]]. 식 (8)의 우변을 해석적으로 구할 수 있지만 감마 함수(gamma function)을 이용하여야 하는데 이는 동어반복의 느낌이 난다. 그런데 $t_{min} \ll 1$ 이 일반적이므로

$$e^{-st} \approx 1 - st + \frac{(st)^2}{2} - \frac{(st)^3}{6} + \frac{(st)^4}{24} \tag{16.9}$$

를 사용하여도 그림 16.3[b]에서 볼 수 있듯이 식 (8)의 피적분함수는 매우 정확하게 어림할 수 있다. 따라서 식 (8)의 적분은 다음과 같이 어림할 수 있다.

$$\begin{aligned}\int_0^{t_{\min}} at^{\mu}e^{-st}\mathrm{d}t &\approx \int_0^{t_{\min}} at^{\mu}\sum_{n=0}^{4}\frac{(-st)^n}{n!}\mathrm{d}t = a\sum_{n=0}^{4}\frac{(-s)^n}{n!}\int_0^{t_{\min}} t^{\mu+n}\mathrm{d}t \\ &= a\sum_{n=0}^{4}\frac{(-1)^n}{n!}\frac{t_{\min}^{\mu+n+1}}{\mu+n+1}s^n.\end{aligned} \tag{16.10}$$

긴 시간 영역에서는 $x(t)\approx b\approx 3.99\,\mathrm{cm}$ 의 거동을 보이므로 식 (12.16)의 J_3 는 다음과 같이 어림할 수 있다.

$$J_3 \approx \int_{t_{\max}}^{\infty} be^{-st}\mathrm{d}t = b\frac{e^{-st_{\max}}}{s}. \tag{16.11}$$

이제 라플라스 변환은 수치적분인 J_2 만 남았다. 이는 그림 16.2의 데이터가 충분히 촘촘하므로 사다리꼴 알고리즘을 사용하여도 충분할 것이다. 측정구간이 유한하므로 라플라스 변환의 변수인 s의 의미있는 범위는

$$\frac{1}{t_{\max}} \le s \le \frac{1}{t_{\min}} \tag{16.12}$$

가 된다. 그런데 그림 16.4는

$$\frac{1}{10t_{\max}} \le s \le \frac{10}{t_{\min}} \tag{16.13}$$

으로 계산한 것이다. 식 (10)의 J_1 에 대한 어림계산은 따라서 식 (12)의 범위에 대해서는 정확하지 않을 수 있다. 그림 16.4에서 볼 수 있듯이 $J_1+J_2+J_3$ 가 $s>t_{\min}^{-1}$ 에서 증가함수가 되는 비현실적인 결과가 나왔다. 라플라스 변환은 항상 s 에 대한 단조적인 감소함수여야 하는데 증가하는 구간이 발생된 이유는 $s>t_{\min}^{-1}$ 에서 식 (10)이 부정확하기 때문이다. 하지만 식 (12)의 구간만을 보면 그림 16.4의 기호로 나타낸 $J_1+J_2+J_3$ 는 라플라스 변환으로 타당해 보이며 J_1 의 보정효과는 거의 없지만 J_3 의 보정효과는 s가 $t_{\max}^{-1}$ 에 근접할수록 커짐을 알 수 있다. 사실 $x(t)$ 가 $t\to\infty$ 에 따라서 $b\approx 3.99\,\mathrm{cm}$ 로 수렴하는 것이 물리적으로 타당하므로 $t_{\max}$ 가 충분히 크면 매우 정확한 보정이라고 할 수 있다. 따라서 $s<t_{\max}^{-1}$ 인 구간

에서 $J_2 + J_3$ 는 타당한 라플라스 변환이라고 생각할 수 있다. 그래서 그림 16.4의 계산결과를 $s < t_{\min}^{-1}$ 까지 확대해서 사용하여도 문제가 없을 것으로 보인다.

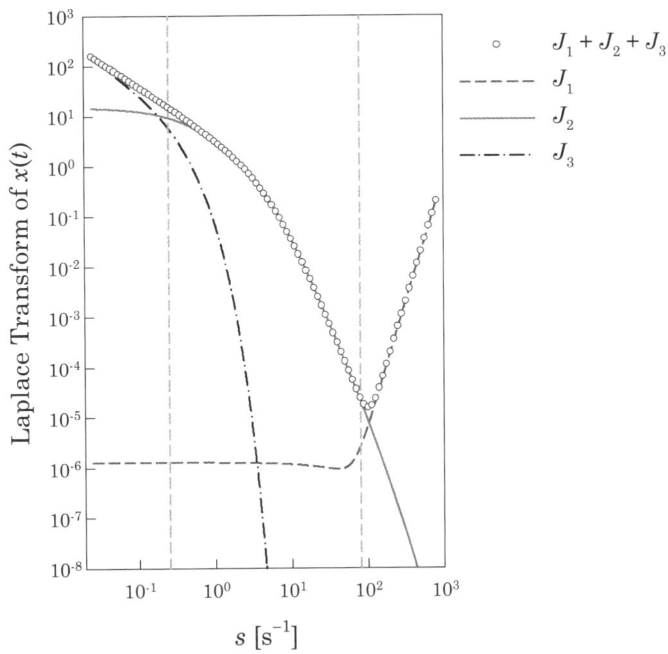

그림 16.4. 실험 데이터로 구한 변위 x의 라플라스 변환. 회색의 수직 점선 두개는 실험범위에 해당하는 s의 최대와 최소치를 표시한다. J_1은 exp(-st)를 4차까지 테일러 전개하여 어림했기 때문에 실험구간 밖에서 비현실적인 결과를 준다 라플라스 변환은 s에 대한 감소함수임을 유의하기 바란다.

식 (5)의 구성요소 중에서 $\tilde{x}(s)$ 를 구했으므로 $\tilde{f}_{ex}(s)$ 만 계산해 주면 된다. 제어 장치가 정확하게 원하는 $f_{ex}(t) = f_o\left(1 - e^{-t/t_o}\right)$ 를 제공한다면 $\tilde{f}_{ex}(s)$ 는 다음과 같이 해석적으로 구해진다.

$$\tilde{f}_{ex}(s) = f_o \frac{t_o s}{s(1 + t_o s)}. \tag{16.14}$$

이미 질량 $M = 2\ \mathrm{kg}$ 을 알고 있으므로 식 (5)는 다음이 된다.

$$\tilde{K}(s) = \frac{f_o t_o s}{s^2 \tilde{x}(s)(1 + t_o s)} - Ms. \tag{16.15}$$

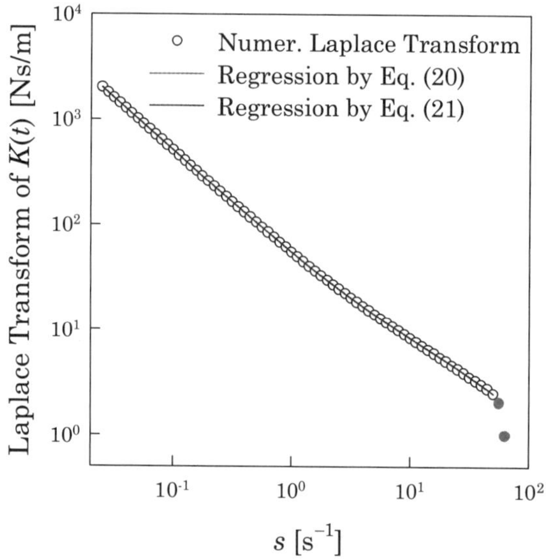

그림 16.5. 식 (16.15)를 이용하여 구한 라플라스 변환(기호)와 식 (16.20)과 식 (16.21)로 회귀분석한 결과(실선). 속이 찬 기호는 계산오차로 발생한 것으로 회귀분석에서는 제외하였다.

이제 유변학 지식을 이용하여 $\tilde{K}(s)$의 수식형태를 추정해 보자. 선형점탄성 고체의 경우 $K(t)$ 식 (6)을 따르는데 다음과 같은 수식을 잘 표현되는 것이 알려져 있다[Cho, 2016].

$$K(t) = K_\infty + \sum_{n=1}^{N} K_n e^{-t/\lambda_n}. \tag{16.16}$$

이 함수를 라플라스 변환을 하면 다음이 얻어진다.

$$\tilde{K}(s) = \frac{K_\infty}{s} + \sum_{n=1}^{N} \frac{K_n \lambda_n}{1+\lambda_n s}. \tag{16.17}$$

이 식을 통분하면

$$\tilde{K}(s) = \frac{\tilde{P}_N(s)}{\tilde{Q}_N(s)}; \quad \tilde{P}_{N-1}(s) = \sum_{n=0}^{N} p_n s^n; \quad \tilde{Q}_{N+1}(s) = s + \sum_{n=2}^{N+1} q_n s^n. \tag{16.18}$$

이 된다. 그리고 모든 계수 $\{p_n\}$과 $\{q_n\}$은 양수이다.

식 (15)를 이용하여 얻은 $\tilde{K}(s)$를 그림 16.5에 기호로 나타냈다. 속이 찬 원으로 표현된 두 점은 아무래도 식 (15)가 두 식의 차이로 이루어졌는데 식 (15)의 우변의 첫번째 항의 계산에서 발생하는 계산오차때문인 것으로 추정된다. 라플라스 주파수 s가 $68\ \mathrm{s}^{-1} < s \le t_{\min}^{-1} = 80\ \mathrm{s}$ 에 해당하는 $\tilde{K}(s)$ 는 심지어 음의 값을 보이는 것을 보니 이 추정이 맞는 것 같다. 그래서 속이 찬 원에 해당하는 데이터를 제외하고 식 (17)의 $N=1$ 인 경우와 $N=2$ 인 경우에 대해서 Sigmaplot™의 Regression Wizard 기능을 이용하여 회귀분석을 하였다. 그런데 $p_n > 0$ 이고 $q_n > 0$ 이어야 하므로

$$p_n \equiv e^{a_n}; \quad q_n \equiv e^{b_n} \tag{16.19}$$

의 매개변수 변환을 이용하였다. 즉,

$$\tilde{K}(s) = \frac{e^{a_0} + e^{a_1}s}{s + e^{b_2}s^2} \tag{16.20}$$

과

$$\tilde{K}(s) = \frac{e^{a_0'} + e^{a_1'}s + e^{a_2'}s^2}{s + e^{b_2'}s^2 + e^{b_3'}s^3} \tag{16.21}$$

의 두 함수를 이용하여 두 번 회귀분석을 하였다.

회귀분석의 결과는 그림 16.5에 실선으로 표시하였다. 두 함수식 모두 겹쳐지는 결과가 나왔지만 계수를 비교하면 다음과 같다. 식 (20)의 계수는 다음과 같다.

$$\begin{aligned} &p_0 = e^{3.9144} = 50.1; \quad p_1 = e^{1.9444} = 6.99; \\ &q_2 = e^{-3.1275} = 0.0438. \end{aligned} \tag{16.22}$$

식 (21)의 계수는

$$\begin{aligned} &p_0 = e^{3.9144} = 50.1; \quad p_1 = e^{1.9444} = 6.99; \quad p_2 = e^{-37774} \approx 0; \\ &q_2 = e^{-3.1275} = 0.0438, \quad q_3 = e^{-161.3} \approx 0 \end{aligned} \tag{16.23}$$

이다. 두 회귀분석결과를 비교하면 $p_2 \approx 0$ 이고 $q_3 \approx 0$ 이므로 $N=1$ 이 맞는 경우라고 할 수 있다.

식 (17)을 $N=1$ 으로 하여 통분하고 정리하면 다음이 된다.

$$\tilde{K}(s) = \frac{K_\infty + K_0\lambda s}{s(1+\lambda s)}, \quad K_0 = K_1 + K_\infty \tag{16.24}$$

이 식을 회귀분석결과와 비교하면

$$\lambda \approx 0.0438 \text{ s}; \quad K_\infty \approx 50.1 \text{ Nm}^{-1}; \quad K_1 = 109.5 \text{ Nm}^{-1} \tag{16.25}$$

이다.

사실 그림 16.2의 데이터는 $\lambda = 0.05$ s , $K_\infty = 50$ Nm^{-1} , $K_1 = 100$ Nm^{-1} 로 오차 추가없이 계산한 데이터이다. K_∞ 는 정확한 편이지만 나머지 두 물질상수는 약간의 오차를 보인다. 이는 변위의 라플라스 변환을 구하는데 실험 데이터의 구간이 유한한 점과 실험구간 밖의 영영에 대한 보정항의 오차 등의 계산오차 때문인 것으로 추정된다.

식 (16)의 모형은 이산 완화시간분포(discrete relaxation time spectrum) 또는 일반화된 맥스웰 모형(generalized Maxwell model)에 해당하는 것인데 주어진 $K(t)$ 데이터에 대해서 유일하게 매개변수의 집합 $\{K_n, \lambda_n\}_{n=1}^{n=N}$ 이 정해지지 않는다. 수학적으로는 주어진 $K(t)$ 에 대해서

$$K(t) = K_\infty + \int_{-\infty}^{\infty} H(\lambda) e^{-t/\lambda} \mathrm{d} \log \lambda \tag{16.26}$$

를 만족하는 함수 $H(\lambda)$ 가 유일하게 존재한다는 것을 보일 수 있다. 왜냐하면 $K(t) - K_\infty$ 와 $H(\lambda)$ 의 사이에는 라플라스 변환의 관계가 성립되기 때문이다[Cho et al., 2024, 연습문제 16의 문제 [3]도 참조하기 바란다.]. 여기서 $H(\lambda)$ 를 연속 완화시간분포(continuous relaxation spectrum)라고 한다. 이산 완화시간분포는 단지 연속완화시간분포의 어림식일 뿐이기에 유일하지 않은 것이다. 이에 대한 더 깊은 지식을 원하는 독자는 Bae and Cho, 2016을 참조하기 바란다.

지금까지의 분석은 응력제어 회전형 레오미터(stress-controlled rotational rheometer)에서도 적용할 수 있는 방법론으로 크립 진동(creep ringing)의 문제를 해결하기 위해서 Kim et al., 2015에 의해서 처음 개발되었다. Kim et al., 2015을 보면 $\tilde{K}(s)$ 로부터 어떻게 $H(\lambda)$ 를 구하는지를 알 수 있을 것이다.

연습문제 16

[1] 식 (16.1)의 강직도 $K(t)$ 의 차원과 SI 단위는 무엇인가?

[2] 만약에 $K(t)=K_0\Theta(t)+H_0\delta(t)$ 라고 하면 $f_{ex}(t)=f_o\Theta(t)$ 로 주어졌을 때 $x(t)$가 진동하지 않을 조건에 대해서 논의하라. 즉, M, K_0, H_0, f_0로 이루어진 부등식이 만족되면 진동이 없는 그러한 부등식을 찾아라.

귀뜸1: 이 문제는 진동학을 수강한 학부 3, 4학년의 기계공학 전공학생이면 쉽게 풀 수 있다.

귀뜸2: 기계공학 전공이 아니더라도 2차 선형 미분방정식의 해법을 배운 공학전공자이면 풀 수 있다.

[3] 식 (16.26)에서 $K(t)-K_\infty$와 $H(\lambda)$ 사이의 관계를 라플라스 변환관계로 표현할 수 있다. 관계식을 찾아라.

귀뜸 1: 변수변환 $\tau \equiv 1/\lambda$, $\sigma = t$ 라고 하면 $e^{-t/\lambda}=e^{-\sigma\tau}$ 라고 할 수 있다.

귀뜸 2: $\int_{-\infty}^{\infty} f(\lambda)\,\mathrm{d}\log\lambda = \int_0^{\infty} \lambda^{-1} f(\lambda)\,\mathrm{d}\lambda$

[4] 그림 16.2에서 $\lim_{t\to\infty} x(t) = f_o/K_\infty$ 가 성립될까?

[5] 만약 $f_{ex}(t)=f_o \sin\omega t$ 로 하여 실험을 한다면 아주 오랜 시간 후의 응답은 $x(t)=x_\infty \sin(\omega t+\delta)$가 될 것 같고 위상차 δ는 주파수 ω만의 함수인 반면 진폭 x_∞는 $f_o\xi(\omega)$의 형태를 가질 것 같다. 정말 그럴까?

17. 체류시간분포

17.1. 기본원리

반응기나 혼합기 등으로 이루어진 화학공정을 어떤 기하학적 구조를 가진 영역으로 유체가 들어가고 나오는 것으로 단순화해서 볼 수 있다. 이러한 관점에서 보면 GPC(Gel Permeation Chromatography)나 HPLC(High Perfor-mance Liquid Chromatography) 등의 분석기기도 초소형 화학공정이라고 할 수 있다.

유체가 머무르는 공정역역을 시스템이라고 하자. 시스템은 3차원 구조이지만 유체는 단지 입구를 통해서만 시스템 안으로 들어갈 수 있고 오로지 출구를 통해서만 시스템 밖으로 나올 수가 있다. 시각 t에서 입구에서의 유체의 양을 $c_{in}(t)$라고 표시하고 시각 t에서 출구에서의 유체의 양을 $c_{out}(t)$ 라고 하자[그림 17.1]. 시각 t에

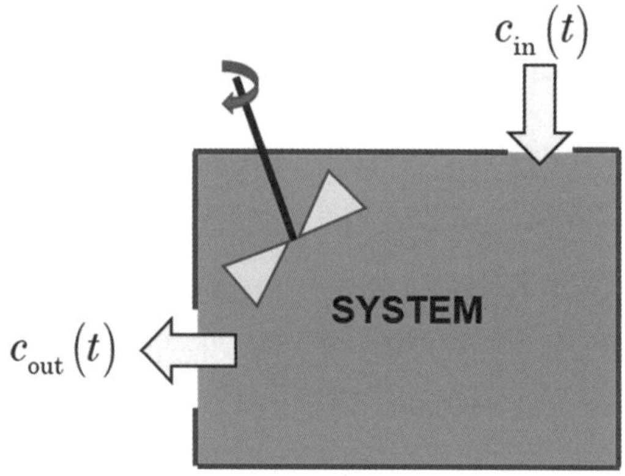

그림 17.1. 화학공정을 간단하게 표현한 개념도.

서 투입된 물질 모두가 시각 t에서 토출될 수는 없다. 투입된 물질은 유동과 확산의 과정을 통해서 시스템 내부의 여러 곳을 거쳐서 출구를 통과할 것이므로 만약 $c_{\text{in}}(t)$가

$$c_{\text{in}}(t) = c_{\text{o}}\delta(t) \tag{17.1}$$

이라고 하자. 일단 논의를 쉽게 하기 위해서 화학반응은 없는 것으로 가정하자. 그러면 투입된 물질은 아마도 어떤 특정시간 이전에는 토출되지 않을 것이기에 $t < t_{\text{min}}$ 에 대해서 $c_{\text{out}}(t) = 0$ 을 만족하는 $t_{\text{min}} > 0$ 이 존재할 것이고 $t_{\text{min}} \le t \le t_{\text{max}}$ 에서만 $c_{\text{out}}(t) \ge 0$ 이며 $t > t_{\text{max}}$ 에서는 출구에서 물질이 거의 검출되지 않을 시각 $t_{\text{max}} > t_{\text{min}}$ 이 존재할 것이다. 이는 검출기의 검출능력이 $t_{\text{max}} < t$ 에서는 물질을 확인할 수 없다는 것을 의미한다. 검출기가 물질을 확인할 수 없다고 해도 $t_{\text{max}} < t$ 에서 $c_{\text{out}}(t)$가 영이 아닐 수도 있을 것이므로 질량보존의 법칙에 따라서

$$\int_0^{\infty} c_{\text{in}}(t)\,\mathrm{d}t = \int_0^{\infty} c_{\text{o}}\delta(t)\,\mathrm{d}t = \int_0^{\infty} c_{\text{out}}(t)\,\mathrm{d}t = \int_{t_{\text{min}}}^{\infty} c_{\text{out}}(t)\,\mathrm{d}t \tag{17.2}$$

라고 할 수 있을 것이다.

입력함수 $c_{\text{in}}(t) = c_{\text{o}}\delta(t)$ 에서의 출력함수 $c_{\text{out}}(t)$ 는 물질이 시스템에 머무르는 시간의 분포를 나타낸다고 할 수 있다. 식 (2)에 의해서

$$c_o = \int_0^\infty c_{out}(t)\,dt \tag{17.3}$$

이다. 그러면

$$R(t) \equiv \frac{c_{out}(t)}{c_o} \tag{17.4}$$

로 체류시간분포(residence time distribution)를 정의할 수 있다. 이는 마치 확률밀도함수와 유사한 다음과 같은 특징을 가지기 때문이다.

$$R(t) \geq 0; \quad \int_{-\infty}^{\infty} R(t)\,dt = \int_0^\infty R(t)\,dt = 1. \tag{17.5}$$

여기서 $t \leq 0$ 일 때 당연히 $c_{out}(t) = 0$ 이므로 $R(t)$ 의 적분하한을 $-\infty$ 까지로 확장해도 된다. 식 (4)의 의미는 $c_{in}(t) = \delta(t)$ 일 때의 $c_{out}(t)$ 이 $R(t)$ 라는 것을 의미한다.

만약에 $c_{in}(t) = c_1\delta(t) + c_2\delta(t - \Delta t)$ 이라고 하자. 물론 여기서 $0 < \Delta t \leq t_{max}$ 이라고 하자. 그러면

$$c_{out}(t) = \begin{cases} 0 & \text{for } t < t_{min} \\ c_1 R(t) & \text{for } 0 \leq t < \Delta t + t_{min} \\ c_1 R(t) + c_2 R(t - \Delta t) & \text{for } \Delta t + t_{min} \leq t \leq t_{max} \\ c_2 R(t - \Delta t) & \text{for } t_{max} \leq t \leq \Delta t + t_{max} \\ 0 & \text{for } \Delta t + t_{max} < t \end{cases} \tag{17.6}$$

이라고 할 수 있다[그림 17.2를 참조]. 이는 구간 $\Delta t + t_{min} \leq t \leq t_{max}$ 에서 $\delta(t)$ 에 의한 영향과 $\delta(t - \Delta t)$ 에 의한 영향 사이에 아무런 상호작용이 없다는 가정을 한 것이다. 그리고 식 (6)은 물질의 체류에 대해서 시스템은 선형적이라는 것을 가정한 것이기도 하다.

입력함수 $c_{in}(t)$ 가 임의의 연속함수인 경우 디랙 델타함수를 이용하여

$$c_{in}(t) = \int_0^\infty c_{in}(\tau)\delta(t - \tau)\,d\tau \tag{17.7}$$

이라고 표현할 수 있다. 식 (7)은 매우 작은 양수 ε 을 이용하여

$$c_{in}(t) = \int^{t+\varepsilon} c_{in}(\tau)\delta(t - \tau)\,d\tau \tag{17.8}$$

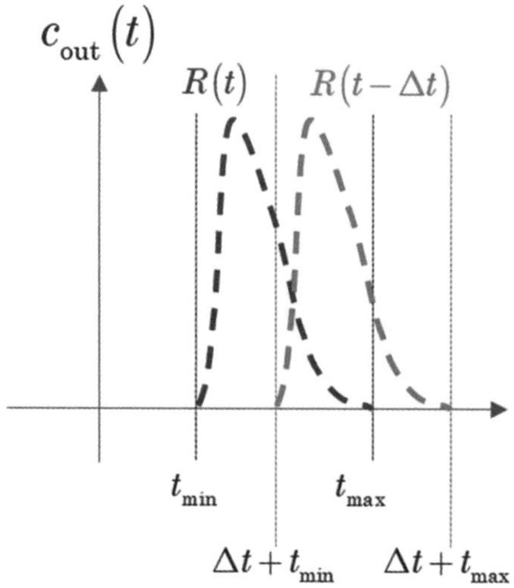

그림 17.2. 입력함수가 δ(t)일 때와 δ(*t*-Δ*t*)일 때의 출력함수 $c_{out}(t)$.

이라고도 쓸 수 있다. 적분은 구간을 무수히 많이 나누고 다시 더하는 것이다 따라서 식 (6)에 의해서 식 (8)의 입력함수에 의해 발생되는 토출은 $\delta(t-\tau)$ 들에 의한 토출들의 선형결합으로 나타난다는 것을 의미하므로 다음이 성립된다.

$$c_{\text{out}}(t) = \int_0^t c_{\text{in}}(\tau) R(t-\tau) \mathrm{d}\tau. \tag{17.9}$$

여기서 디랙 델타 함수의 특성을 이용하면 ε 은 임의의 작은 양수이므로 적분상한을 $t+\varepsilon$ 대신에 t로 대체하였다[Bošković and Loebbecke, 2008].

이는 임의의 연속함수로 입력함수가 선택되었을 때의 출력함수는 입력함수와 체류시간분포의 합성곱으로 표현된다는 것을 의미한다. 사실 입력함수를 정확하게 디랙 델타 함수로 주는 실험은 실행할 수 없다. 하지만 식 (9)를 이용하면 두 입/출력 함수 사이의 관계를 알 수 있다. 시스템의 특성을 파악한다는 것은 결국 체류시간 분포 $R(t)$ 를 구하는 것인데 우리가 실험으로 알 수 있는 정보는 오로지 입/출력 함수일 뿐이다. 이제 실험으로 $R(t)$ 를 구하는 방법에 대해서 공부해 보자.

식 (9)는 라플라스 변환의 합성곱이므로 양변에 라플라스 변환을 취하면 다음이 된다.

$$\tilde{R}(s) = \frac{\tilde{c}_{\text{out}}(s)}{\tilde{c}_{\text{in}}(s)}. \tag{17.10}$$

여기서 $c_{\text{in}}(t)$ 는 제어할 수 있는 함수이므로 $\tilde{c}_{\text{in}}(s)$ 는 해석적으로 구할 수 있고 $c_{\text{out}}(t)$ 는 측정할 수 있는 함수이므로 수치적인 라플라스 변환으로 역시 $\tilde{c}_{\text{out}}(s)$ 를 구할 수 있다. 그러면 식 (10)으로부터 $\tilde{R}(s)$ 의 데이터가 얻어지게 되는 것이다. 체류시간분포의 라플라스 변환에 대해서 다음과 같은 성질이 성립됨을 쉽게 알 수 있다.

$$\langle t^n \rangle \equiv \int_0^\infty t^n R(t)\,\mathrm{d}t = (-1)^n \frac{d^n \tilde{R}(s)}{ds^n}; \quad \tilde{R}(s) = \sum_{n=0}^\infty \frac{(-1)^n \langle t^n \rangle}{n!} s^n. \tag{17.11}$$

여기서 $n = 1$ 에 해당하는 $\langle t \rangle$ 를 평균체류시간이라고 부른다.

17.2. 라플라스 변환을 이용한 방법

실험으로 입력함수를 $c_{\text{in}}(t) = c_{\text{o}}\delta(t)$ 로 발생시키는 것은 불가능하다. 식 (10)을 이용하여 체류시간분포를 구하고 싶다면 실험적으로 정확하게 제어가 가능한 입력함수를 발생시켜야 한다. 예를 들어

$$c_{\text{in}}(t) = c_{\text{o}}\left[\Theta(t) - \Theta(t - t_{\text{o}})\right] \tag{17.12}$$

의 입력함수를 정확하게 제어할 수 있다고 가정하자. 그러면

$$\tilde{c}_{\text{in}}(s) = c_{\text{o}} \frac{1 - e^{-t_{\text{o}}s}}{s} \tag{17.13}$$

이 된다.

식 (12)에 의해서 $t > 0$ 에서 물질이 시스템 안으로 들어가지만 나오는 데는 시간이 걸리기 때문에 예를 들어 어떤 시각 $t_{\text{out}} > 0$ 이후에나 출구에서 물질이 검출될 것이다. 따라서 $t > 0$ 에 대해서 측정을 해도 영이 아닌 $c_{\text{out}}(t)$ 가 측정되는 것은 $t_{\text{out}} < t$ 일 때이므로 $c_{\text{out}}(t)$ 의 라플라스 변환을 수치적분으로 수행할 때 데이터의 구간이 $t_{\min} \le t_\alpha \le t_{\max}$ $(1 \le \alpha \in \mathbb{N} \le N)$로 유한하여도 $0 < t < t_{\min}$ 에서의 적분

$$J_1(s) = \int_0^{t_{\min}} c_{\text{out}}(t) e^{-st}\,\mathrm{d}t \tag{17.14}$$

를 걱정할 필요가 없을 것이다. 왜냐하면 $J_1(s)=0$ 이 분명하기 때문이다. 또한 실험시간의 상한 $t_{\max}$ 이 충분히 길면 즉, $t_o+t_{out} \ll t_{\max}$ 이라면 $t_{\min} \le t < \infty$ 에서 $c_{out}(t)=0$ 임이 명확하므로

$$J_3(s) \equiv \int_{t_{\max}}^{\infty} c_{out}(t)e^{-st}\mathrm{d}t = 0 \tag{17.15}$$

도 명확하다. 따라서 $c_{out}(t)$ 의 라플라스 변환은 다음의 수치적분으로 매우 정확하게 계산될 수 있다.

$$\mathfrak{L}[c_{out}(t)] = \tilde{c}_{out}(s) \approx \frac{1}{2}\sum_{\alpha=1}^{N-1}(t_{\alpha+1}-t_\alpha)\left[c_{out}(t_\alpha)e^{-t_\alpha s}+c_{out}(t_{\alpha+1})e^{-t_{\alpha+1}s}\right]. \tag{17.16}$$

그러면 두 라플라스 변환의 비율인 $\mathfrak{L}[c_{out}(t)]/\mathfrak{L}[c_{in}(t)]$ 는 식 (10)에 의해서 체류시간분포의 라플라스 변환이라고 할 수 있을 것이다. 즉, §16절에서 사용한 데이터의 외삽이 필요없게 된다.

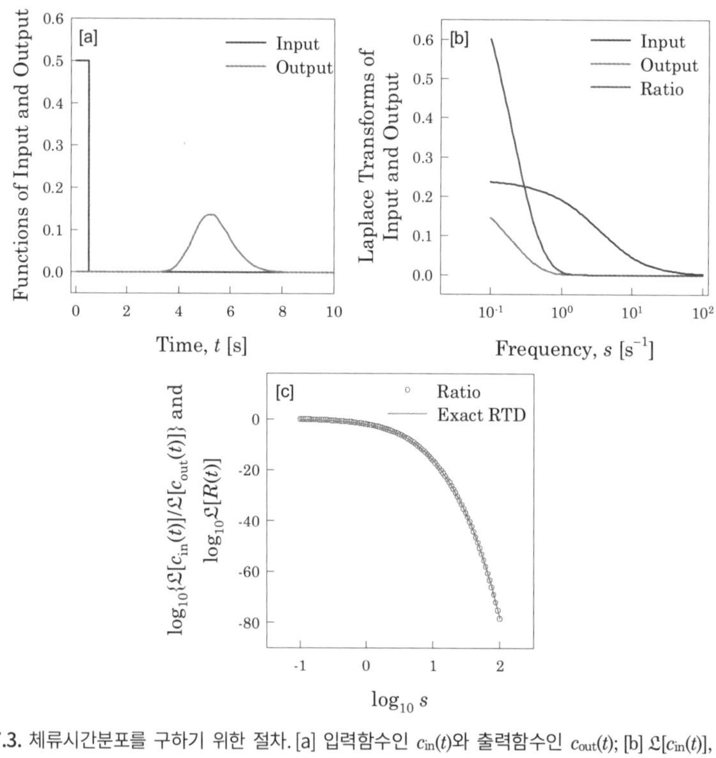

그림 17.3. 체류시간분포를 구하기 위한 절차. [a] 입력함수인 $c_{in}(t)$와 출력함수인 $c_{out}(t)$; [b] $\mathfrak{L}[c_{in}(t)]$, $\mathfrak{L}[c_{out}(t)]$과 $\mathfrak{L}[c_{out}(t)]/\mathfrak{L}[c_{in}(t)]$; [c] 정확환 체류시간분포의 라플라스 변환 $\mathfrak{L}[R(t)]$와 $\mathfrak{L}[c_{out}(t)]/\mathfrak{L}[c_{in}(t)]$의 비교.

그림 17.3[a]는 식 (12)에서 $t_o = 0.5\ \mathrm{s}$, $c_o = 0.5$로 해서 다음과 같은 체류 시간 분포를 이용하여 식 (9)로 계산한 $c_{\text{out}}(t)$를 보여주고 있다.

$$R(t) = \sqrt{\frac{Pe}{4\pi\tau_o t}} \exp\left[-\frac{Pe\tau_o}{4t}\left(1-\frac{t}{\tau_o}\right)^2\right]. \tag{17.17}$$

여기서 Pe는 페클레 수(Péclet number)로 특성 속도를 u, 특성 길이를 L, 특성 확산계수를 D라고 하면 $Pe = Lu/D$로 정의되는 무차원 수이고 τ_o는 시스템의 특성을 나타내는 평균체류시간이다. 식 (17)에 대해서는 Bošković and Loebbecke, 2008을 참조하기 바란다. 그림 17.3의 계산에는 $Pe = 100$, $\tau_o = 5\ \mathrm{s}$를 사용하였다.

그림 17.3[b]는 그림 17.3[a]의 두 입/출력 함수의 라플라스 변환과 두 라플라스 변환의 비율을 그린 것이다. 가로축은 로그 눈금으로 그렸지만 세로축을 선형 눈금으로 그린 이유는 s가 클 때 라플라스 변환의 값이 10^{-80}까지 감소하기 때문이다. 식 (17)을 수치적분으로 라플라스 변환한 것은 정확한 체류시간분포의 라플라스 변환이라고 보고 $\mathfrak{L}[c_{\text{out}}(t)]/\mathfrak{L}[c_{\text{in}}(t)]$과 비교한 것이 그림 17.3[c]이다. 두 라플라스 변환 모두는 양수이기에 상용로그로 변환하여 그렸다. 그림 17.3[c]의 $\mathfrak{L}[c_{\text{out}}(t)]/\mathfrak{L}[c_{\text{in}}(t)]$를

$$\frac{\mathfrak{L}[c_{\text{out}}(t)]}{\mathfrak{L}[c_{\text{in}}(t)]} \approx \exp\left[\frac{a_0 + a_1 \log s + a_2 (\log s)^2}{1 + b_1 \log s + b_2 (\log s)^2}\right] \tag{17.18}$$

로 회귀분석한 결과는 $r^2 = 0.999978$이므로 $\mathfrak{L}[R(t)]$와 거의 일치한다고 할 수 있다. 회귀분석결과

$$\begin{aligned} &a_0 = -4.7180; \quad a_1 = -3.7987; \quad a_2 = -1.0954; \\ &b_1 = -0.25561; \quad b_2 = 0.020253 \end{aligned} \tag{17.19}$$

가 얻어졌다.

이제 식 (18)과 같이 체류시간분포의 라플라스 변환을 수식화했으니 이를 역전시켜 체류시간분포를 구해야 한다. 체류시간분포는 당연히 $t < 0$에서는 0인 응답함수이다. §6절의 선형시스템에 대해서 배운 바대로

$$R(\mathrm{i}\omega) = \int_0^\infty R(t) e^{-\mathrm{i}\omega t} \mathrm{d}t = \int_{-\infty}^\infty R(t) e^{-\mathrm{i}\omega t} \mathrm{d}t = \mathfrak{F}[R(t)] \equiv \hat{R}(\omega) \tag{17.20}$$

이 성립된다. 오일러 공식을 이용하면 체류시간분포의 후리에 변환 $\hat{R}(\omega)$ 는 다음과 같이 표현할 수 있다.

$$\hat{R}(\omega) = R'(\omega) - \mathrm{i}R''(\omega). \tag{17.21}$$

여기서

$$\begin{aligned} R'(\omega) &\equiv \int_0^\infty R(t)\cos\omega t \mathrm{d}t = \mathrm{Re}\left\{\hat{R}(\omega)\right\} = \mathrm{Re}\left\{\tilde{R}(\mathrm{i}\omega)\right\}; \\ R''(\omega) &\equiv \int_0^\infty R(t)\sin\omega t \mathrm{d}t = -\mathrm{Im}\left\{\hat{R}(\omega)\right\} = -\mathrm{Im}\left\{\tilde{R}(\mathrm{i}\omega)\right\} \end{aligned} \tag{17.22}$$

이다. 그러면 후리에 역변환 공식에 의해서 다음이 성립된다.

$$\begin{aligned} R(t) &= \frac{1}{2\pi}\int_{-\infty}^{\infty} \hat{R}(\omega)e^{\mathrm{i}\omega t}\mathrm{d}\omega \\ &= \frac{1}{2\pi}\int_{-\infty}^{\infty} \left[R'(\omega) - \mathrm{i}R''(\omega)\right](\cos\omega t + \mathrm{i}\sin\omega t)\mathrm{d}\omega \\ &= \frac{1}{2\pi}\int_{-\infty}^{\infty} \left[R'(\omega)\cos\omega t + R''(\omega)\sin\omega t\right]\mathrm{d}\omega \\ &= \frac{1}{2\pi}\int_{-\infty}^{\infty} \left[\mathrm{Re}\left\{\tilde{R}(\mathrm{i}\omega)\right\}\cos\omega t - \mathrm{Im}\left\{\tilde{R}(\mathrm{i}\omega)\right\}\sin\omega t\right]\mathrm{d}\omega. \end{aligned} \tag{17.23}$$

여기서 $R(t)$, $R'(\omega)$, $R''(\omega)$ 가 실수값을 가지는 함수라는 것을 이용하였다. 이제 $\tilde{R}(\mathrm{i}\omega)$ 의 실수부와 허수부를 계산하는 방법만 알면 원하는 체류시간분포 $R(t)$ 를 구할 수 있게 된다. 그런데 식 (22)를 보면 $\cos\omega t$ 가 ω 의 짝함수이고 $\sin\omega t$ 가 ω 의 홀함수이므로

$$R'(-\omega) = R'(\omega); \quad R''(-\omega) = -R''(\omega) \tag{17.24}$$

가 성립된다. 그러면 식 (23)은 다음과 같이 간단히 할 수 있다.

$$\begin{aligned} R(t) &= \frac{1}{\pi}\int_0^\infty \left[R'(\omega)\cos\omega t + R''(\omega)\sin\omega t\right]\mathrm{d}\omega \\ &= \frac{1}{\pi}\int_0^\infty \left[\mathrm{Re}\left\{\tilde{R}(\mathrm{i}\omega)\right\}\cos\omega t - \mathrm{Im}\left\{\tilde{R}(\mathrm{i}\omega)\right\}\sin\omega t\right]\mathrm{d}\omega. \end{aligned} \tag{17.25}$$

복소수의 극형식을 이용하면 $\omega \in \mathbb{R}$ 이므로 다음이 성립된다.

$$\begin{aligned}
&\log(\mathrm{i}\omega) = \log\left(\omega e^{\mathrm{i}\pi/2}\right) = \log\omega + \mathrm{i}\frac{\pi}{2}; \\
&\left[\log(\mathrm{i}\omega)\right]^2 = (\log\omega)^2 - \frac{\pi^2}{4} + \mathrm{i}\pi\log\omega.
\end{aligned} \tag{17.26}$$

식 (26)을 이용하여 다음을 계산할 수 있다.

$$\begin{aligned}
\tilde{R}(\mathrm{i}\omega) &\approx \exp\left[\frac{a_0 + a_1\left(\log\omega + \mathrm{i}\frac{\pi}{2}\right)a_2\left(\log\omega + \mathrm{i}\frac{\pi}{2}\right)^2}{1 + b_1\left(\log\omega + \mathrm{i}\frac{\pi}{2}\right) + b_2\left(\log\omega + \mathrm{i}\frac{\pi}{2}\right)^2}\right] \\
&= \exp\left[\frac{A'(\omega) + \mathrm{i}A''(\omega)}{B'(\omega) + \mathrm{i}B''(\omega)}\right] = \exp\left[\Xi(\omega) + \mathrm{i}\Phi(\omega)\right] \\
&= \exp\left[\Xi(\omega)\right]\cos\Phi(\omega) + \mathrm{i}\exp\left[\Xi(\omega)\right]\sin\Phi(\omega).
\end{aligned} \tag{17.27}$$

여기서

$$\begin{aligned}
&A'(\omega) \equiv a_0 - \tfrac{1}{4}\pi^2 a_2 + a_1\log\omega + a_2(\log\omega)^2; \\
&A''(\omega) \equiv \pi\left(\tfrac{1}{2}a_1 + a_2\log\omega\right); \\
&B'(\omega) \equiv 1 - \tfrac{1}{4}\pi^2 b_2 + b_1\log\omega + b_2(\log\omega)^2; \\
&B''(\omega) \equiv \pi\left(\tfrac{1}{2}b_1 + b_2\log\omega\right); \\
&\Xi(\omega) \equiv \frac{A'(\omega)B'(\omega) + A''(\omega)B''(\omega)}{\left[B'(\omega)\right]^2 + \left[B''(\omega)\right]^2}; \\
&\Phi(\omega) \equiv \frac{A''(\omega)B'(\omega) - A'(\omega)B''(\omega)}{\left[B'(\omega)\right]^2 + \left[B''(\omega)\right]^2}
\end{aligned} \tag{17.28}$$

이다. 식 (27)을 식 (25)에 적용하면 최종적으로 다음이 얻어진다.

$$\begin{aligned}
R(t) &= \frac{1}{\pi}\int_0^\infty e^{\Xi(\omega)}\left[\cos\Phi(\omega)\cos\omega t - \sin\Phi(\omega)\sin\omega t\right]\mathrm{d}\omega \\
&= \frac{1}{\pi}\int_0^\infty e^{\Xi(\omega)}\cos\left[\Phi(\omega) + \omega t\right]\mathrm{d}\omega.
\end{aligned} \tag{17.29}$$

식 (25)는 결국 식 $(23)_1$과 동등한 것인데 $R(t)$가 봉우리 함수이므로 $|t| > T$인 영역에서 $R(t) \approx 0$인 양의 실수 T가 반드시 존재할 것이다. 그러면 아마도 식 (25)의 피적분함수도 역시 봉우리 함수일 것이고 $|\omega| > \Omega$에서 거의 영이 되는 양의 실수 Ω가 존재할 것이다. 그러면 식 (29)는

$$R(t) \approx \frac{1}{\pi}\int_0^{\Omega} F(\omega, t)\,\mathrm{d}\omega, \quad F(\omega, t) \equiv e^{\Xi(\omega)}\cos[\Phi(\omega) + \omega t]. \tag{17.30}$$

이라고 할 수 있으므로 수치적분으로 $R(t)$를 구할 수 있을 것이다.

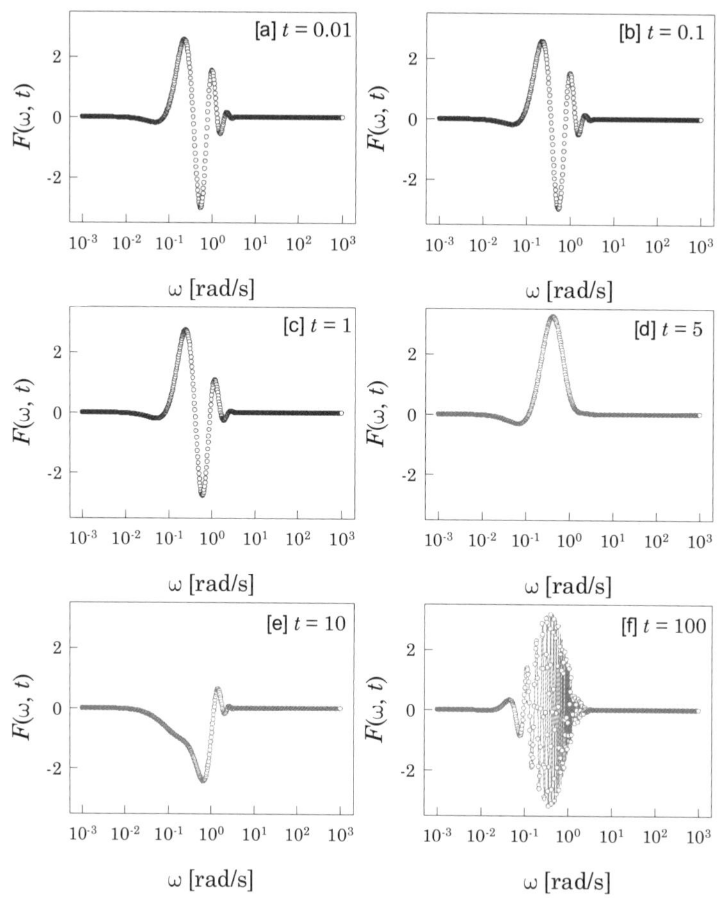

그림 17.4. 식 (17.30)의 피적분 함수. [a] $t = 0.01$; [b] $t = 0.1$; [c] $t = 1$; [d] $t = 5$; [e] $t = 10$; [f] $t = 100$.

그림 17.4는 식 (30)의 피적분함수 $F(\omega, t)$를 여러 시간에 대해서 보여주고 있다. 시각 t가 1보다 작을 때에는 $\Delta \log t \equiv \log_{10} t_{\alpha+1} - \log_{10} t_{\alpha}$ 를 0.01정도로만 해도 충분하겠지만 $t > 1$ 이 되면 $\Delta \log t$ 를 더 작게 해야 할 것같다. 적분구간은

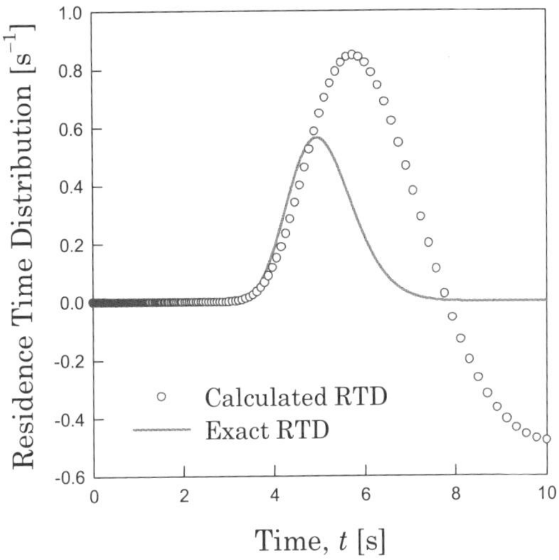

그림 17.5. 라플라스 변환을 이용한 계산된 체류시간분포(기호)와 데이터를 생성시킨 정확한 체류시간분포(실선). 초기부분은 비슷하지만 계산된 체류시간분포는 음의 값을 가지는 비현실적인 결과가 나왔다.

$-3 \le \log_{10} \omega \le 2$ 정도면 충분할 것 같다. 그러면 식 (28)을 로그 눈금에 대한 것으로 다음과 같이 변경한다.

$$R(t) \approx \frac{1}{\pi} \int_{\log \omega_{\min}}^{\log \omega_{\max}} \omega F(\omega, t) \, d \log \omega \approx \frac{h}{2\pi} \sum_{\alpha=1}^{N} \left[\omega_\alpha F(\omega_\alpha, t) + \omega_{\alpha+1} F(\omega_{\alpha+1}, t) \right]. \tag{17.31}$$

여기서

$$h = \frac{1}{N-1} \log \frac{\omega_{\max}}{\omega_{\min}}; \quad \log \omega_\alpha = h(\alpha - 1) + \log \omega_{\min}; \quad \log \omega_{\min} = -3 \times 2.303; \quad \log \omega_{\max} = 2 \times 2.303 \tag{17.32}$$

이다.

사실 이 예제에 사용된 오차가 없는 이상적인 데이터는 식 (17)의 체류시간 분포를 이용하여 생성한 것이다. 그러면 식 (31)를 이용하여 계산한 결과와 식 (17)을 비교해보자. 이를 그림 17.5에 나타냈다. 불행하게도 기호로 나타낸 계산 결과는 실선으로 표시한 정확한 체류시간분포와 초기 시간에서는 비슷하지만 5초 이후에는 매우 다르다는 것을 알 수 있다. 특히 계산된 체류시간분포가 8초부터는 음의 값을 가지는 비현실적인 결과가 얻어졌다. 식 (18)의 라플라스 변환의 어림함수는 체류시간분포의 어림함수가 항상 음이 아니란 것을 보장하는 것이 아니기 때문이다. 그러면 시간의 함수인 서로 다른 두 봉우리 함수가 매우 비슷한 라플라스 변환을 가질 수 있을까?

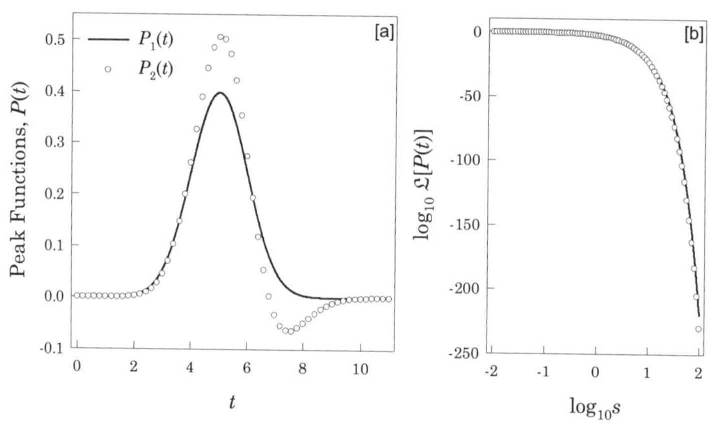

그림 17.6. 전혀 다른 두 봉우리 함수의 비슷한 라플라스 변환.

이를 알아보기 위해서 다음과 같은 두 개의 봉우리 함수를 비교하기로 하자.

$$P_1(t) = P_G(t, t_c, t_w) \equiv \frac{1}{\sqrt{2\pi}\, t_w} \exp\left[-\frac{(t-t_c)^2}{2t_w^2}\right];$$
$$P_2(t) = 1.795 P_G(t, 1.05t_c, t_w) - 0.8 P_G(t, 1.2t_c, 1.2t_w). \tag{17.33}$$

여기서 $t_c = 5$, $t_w = 1$로 계산하여 보면 $P_1(t)$와 $P_2(t)$의 그래프는 그림 17.6[a]와 같고 이 두 함수의 라플라스 변환을 이중 로그 작도로 그리면 그림 17.6[b]와 같다. 그림 17.5는 그림 17.6과 거의 같은 결과라고 할 수 있다.

왜 이러한 결과가 나오는 지를 알아보기 위해서 가우스 봉우리 함수(Gaussian peak function) $P_G(t, t_c, t_w)$의 라플라스 변환을 계산해 보자. 그러면

$$\mathcal{L}[P_G(t, t_c, t_w)] \equiv \tilde{P}_G(s, t_c, t_w) = \frac{1}{2} e^{-t_c s + t_w^2 s^2/2} \mathrm{erfc}\left(\frac{t_w s}{\sqrt{2}}\right) \tag{17.34}$$

가 된다. 여기서

$$\mathrm{erfc}(x) \equiv \frac{2}{\sqrt{\pi}} \int_x^{\infty} e^{-t^2} \mathrm{d}t \tag{17.35}$$

여오차함수(餘誤差函數, complementary error function)라고 한다. 가우스 봉우리 함수의 라플라스 변환은 기초함수(elementary function)가 아니기 때문에 웬지 불편하다. 하지만 그래프를 그릴 수는 있다. 그러면 라플라스 변환이 기초함수로 표현될 수 있는 봉우리 함수도 생각해 보자. 첫째는 단위 계단함수의 조합으로 만든 구형함수(矩形函數, rectangular function 또는 gate function)

$$R(t, t_c, t_w) \equiv \Theta\left(t - t_c + \tfrac{1}{2} t_w\right) - \Theta\left(t - t_c - \tfrac{1}{2} t_w\right) \tag{17.36}$$

이고 둘째는 삼각형 모양의 삼각형 함수

$$\begin{aligned} T(t, t_c, t_w) \equiv & \frac{1}{t_w}(t - t_c + t_w)\left[\Theta(t - t_c + t_w) - \Theta(t - t_c)\right] \\ & - \frac{1}{t_w}(t - t_c - t_w)\left[\Theta(t - t_c) - \Theta(t - t_c - t_w)\right] \end{aligned} \tag{17.37}$$

이다. 이 두 함수의 라플라스 변환은 다음과 같다.

$$\tilde{R}(s, t_c, t_w) = 2\frac{e^{-t_c s}}{s} \sinh \frac{t_w s}{2}; \quad \tilde{T}(s, t_c, t_w) = \frac{2}{t_w} \frac{e^{-t_c s}}{s^2} (\cosh t_w s - 1). \tag{17.38}$$

이 두 봉우리 함수와 가우스 봉우리 함수의 개형을 그림 17.7[a]에 나타냈다. 가우스 봉우리 함수의 t_w 를 1/2로 하고 나머시 두 봉우리 함수의 t_w 를 2로 정하고 그린 것이며 세 봉우리 함수의 중심인 t_c 를 공통의 값 5로 정하고 그린 것이다. 비교가 쉽도록 봉우리의 높이를 모두 1이 되도록 조정하였다. 식 (34)와 (38)로 세 봉우리 함수의 라플라스 변환을 구한 뒤에 $s = 0.01$ 에서의 값이 1이 되도록 정규화해서 그린 것이 그림 17.7[b]이다. 놀랍게도 세 봉우리 함수들의 라플라스 변환이 거의 일치하는 것으로 보인다.

여오차함수는 수치적분으로 구할 수 있겠지만 많은 유용한 어림식이 제안되었다. 그 중에 Wikipedia에 있는 어림함수를 소개하면 다음과 같다.

$$\begin{aligned} & \mathrm{erfc}(x) \approx e^{-x^2} P_5(\tau), \quad P_5(\tau) \equiv \sum_{n=1}^{5} a_n \tau^n, \quad \tau \equiv \frac{1}{1 + px}, \\ & p = 0.3275911, \quad a_1 - 0.254829592, \quad a_2 = -0.284496736, \\ & a_3 = 1.421413741, \quad a_4 = -1.453152027, \quad a_5 = 1.061405429. \end{aligned} \tag{17.39}$$

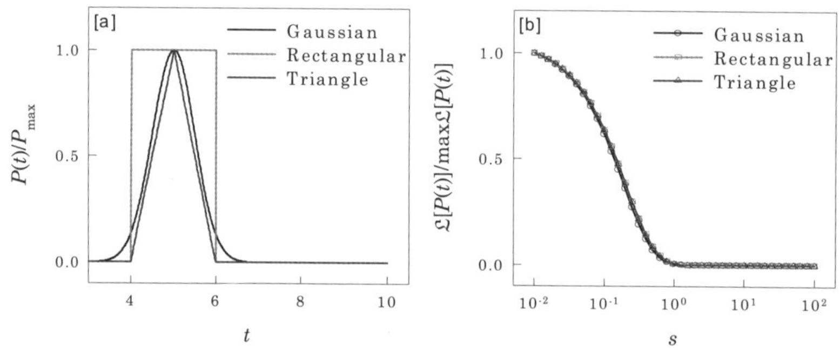

그림 17.7. 세 가지 봉우리 함수와 그들의 라플라스 변환. 이 세 함수의 매개변수의 값들에 대해서는 본문을 참조하기 바란다.

이 어림식의 모든 $x>0$ 에 대한 최대 오차는 1.5×10^{-7} 으로 알려져 있다. 식 (39)를 식 (34)에 적용하면 $\tilde{P}_G(s,t_c,t_w)\sim e^{-t_c s}$ 라는 것을 알 수 있다. 이러한 특징은 식 (38)에서도 볼 수 있다. 원래 서로 다른 세 봉우리 함수의 라플라스 변환이 이렇게 유사하게 보인다는 것은 라플라스 역변환을 이용한 체류시간분포를 정확하게 결정하기 어렵다는 것을 의미한다.

17.3. 최소 제곱법을 이용한 방법

체류시간분포 $R(t)$ 는 절대로 음의 값을 가지지 않는 함수이고 일종의 봉우리함수일 것이므로 $R(t)$ 는 다음과 같이 잘 정의된 봉우리 함수들의 일차결합으로 근사될 것이다.

$$R(t)\approx\sum_{n=1}^{N}r_n p\left(\frac{t-t_n}{t_w}\right), \tag{17.40}$$

여기서 $p(t)$ 는 봉우리의 중심이 $t=0$ 이고 봉우리의 높이는 1, $|t|>1$ 에서는 $p(t)\approx0$ 인 봉우리 함수이다. 그러면 $p((t-t_n)/t_w)$ 는 봉우리의 중심이 t_n 이고 높이는 1이지만 $|t-t_n|>w$ 에서는 $p((t-t_n)/t_w)\approx0$ 인 봉우리 함수들이다. 매개변수 t_n 과 w를 사용자의 경험이나 직관에 의해서 미리 설정하게 되면 근사의 정밀도는 계수 r_n 을 어떻게 선정하느냐에 따라서 결정될 것이다. 그런데 $R(t)$ 가 어떤 함수인지 모르기 때문에 그림 11.1과 같은 회귀분석으로 계수 r_n 을 구할 수는 없을

것이다. 우리가 알고 있는 $R(t)$ 에 대한 정보는 이미 알고 있는 $c_{\text{in}}(t)$, $c_{\text{out}}(t)$ 에 대해서 식 (9)가 성립된다는 것 뿐이다.

식 (9)에 식 (40)을 대입해 보자. 그러면 다음이 얻어진다.

$$c_{\text{out}}(t) \approx \sum_{n=1}^{N} r_n q_n(t), \quad q_n(t) \equiv \int_0^t p\left(\frac{t-t_n}{t_w}\right) c_{\text{in}}(t-\tau)\,\mathrm{d}\tau. \tag{17.41}$$

실험에서 제어함수 $c_{\text{in}}(t)$ 는 해석적으로 주어지므로 봉우리 함수 $p(t)$ 를 적절하게 선정하면 $q_n(t)$ 를 해석적으로 구할 수 있을 것이다. 식 (41) 첫번째 식의 좌변과 우변의 차이가 최소화되도록 계수 r_n 을 구해보자.

오차 제곱합의 최소화를 다음의 두 오차 제곱합를 고려할 수 있다.

$$\begin{aligned} \chi_L &\equiv \int_{t_{\min}}^{t_{\max}} \left[c_{\text{out}}(t) - \sum_{n=1}^{N} r_n q_n(t)\right]^2 \mathrm{d}t; \\ \chi_R &\equiv \int_{t_{\min}}^{t_{\max}} \left[1 - \frac{1}{c_{\text{out}}(t)} \sum_{n=1}^{N} r_n q_n(t)\right]^2 \mathrm{d}t. \end{aligned} \tag{17.42}$$

여기서 χ_L 은 일반적인 오차 제곱합으로 함수값이 작을 때의 기여가 무시되는 단점을 가지고 있는 반면에 상대적인 오차 제곱합 χ_R 은 이러한 문제를 보완해 주는 장점을 가지고 있다. 하지만 $t_{\min} \le t \le t_{\max}$ 의 어느 부분구간에서는 $c_{\text{out}}(t) = 0$ 이기 때문에 χ_R 을 사용하는 것은 체류시간분포 문제의 경우 사용하기 어려울 것으로 보인다.

식 (42)의 χ_L 은 계수 r_n 의 이차 함수이므로 전역적 최소가 존재한다. 최소점은 $\partial\chi_L/\partial r_n = 0$ 으로 구할 수 있다. 그러면 다음의 선형 연립방정식을 풀어야 한다.

$$\sum_{m=1}^{N} S_{nm} r_m = b_n, \quad S_{mn} \equiv \int_{t_{\min}}^{t_{\max}} q_m(t) q_n(t)\,\mathrm{d}t; \quad b_n \equiv \int_{t_{\min}}^{t_{\max}} q_n(t) c_{\text{out}}(t)\,\mathrm{d}t. \tag{17.43}$$

여기서 $N \times N$ 행렬 S_{mn} 은 대칭이고 양의 정치(positive definite)이기 때문에 역행렬을 가지고 있다. 따라서 그 역행렬을 T_{mn} 이라고 하면 다음이 얻어진다.

$$r_n = \sum_{m=1}^{N} T_{nm} b_m. \tag{17.44}$$

이제 최적의 r_n 을 구했으므로 식 (40)을 이용하여 체류시간분포의 어림함수를 구할 수 있게 된다.

식 (12)의 $c_{\text{in}}(t)$ 을 사용하기로 하자. 봉우리 함수로는 비교적 간단한

$$p(t)=\begin{cases} t+1 & -1\le t<0 \\ 1-t & 0\le t\le 1 \\ 0 & \text{otherwise} \end{cases} \tag{17.45}$$

을 사용하기로 하자. 그러면

$$p_n(t)=\begin{cases} t_w^{-1}(t-t_n)+1 & t_n-t_w\le t<t_n \\ 1-t_w^{-1}(t-t_n) & t_n\le t\le t_n+t_w \\ 0 & \text{otherwise} \end{cases} \tag{17.46}$$

이 된다.

그런데 $0\le t\le t_{\text{out}}$ 에서 $c_{\text{out}}(t)=0$ 이 자명한 $0<t_{\text{out}}$ 이 존재하므로 자연수 $M\ge 2$를 선정하여 $t_{\text{out}}=Mt_w$ 가 되도록 t_w 를 선정하고 $t_n=nt_w$ 로 하자. 그러면

$$\tilde{p}_n(s)=\int_0^\infty p_n(t)e^{-st}\mathrm{d}t=\frac{e^{-(n-1)t_ws}-2e^{-nt_ws}+e^{-(n+1)t_ws}}{t_ws^2} \tag{17.47}$$

이고 $\tilde{c}_{\text{in}}(s)$ 는 식 (13)이므로

$$\begin{aligned}\mathfrak{L}\left[\int_0^t p_n(\tau)c_{\text{in}}(t-\tau)\mathrm{d}\tau\right]&=c_\text{o}\frac{e^{-(n-1)t_ws}-2e^{-nt_ws}+e^{-(n+1)t_ws}}{t_ws^3}\\&\quad-c_\text{o}\frac{e^{-[(n-1)t_w+t_\text{o}]s}-2e^{-(nt_w+t_\text{o})s}+e^{-[(n+1)t_w+t_\text{o}]s}}{t_ws^3}\end{aligned} \tag{17.48}$$

이 된다. 그런데

$$\mathfrak{L}^{-1}\left[\frac{e^{-\tau s}}{s^{n+1}}\right]=\frac{(t-\tau)^n}{n!}\Theta(t-\tau) \tag{17.49}$$

이므로

$$q_n(t)=\int_0^t p_n(\tau)c_{\text{in}}(t-\tau)\mathrm{d}\tau=c_\text{o}\frac{Q_{n-1}(t)-2Q_n(t)+Q_{n+1}(t)}{2t_w} \tag{17.50}$$

이 된다. 여기서

$$Q_n(t) \equiv (t-t_n)^2\,\Theta(t-t_n) - (t-t_n-t_\text{o})^2\,\Theta(t-t_n-t_\text{o}) \tag{17.51}$$

이다.

함수 $q_n(t)$ 는 $t_{n-1} \le t \le t_{n+1}+t_\text{o}$ 에서는 양수이고 나머지 구간에서는 영이며 $t=t_n+\frac{1}{2}t_\text{o}$ 에서 최고치가 되는 봉우리 함수이다. 봉우리 함수 $q_n(t)$ 의 모식도가 그림 17.8이다. 따라서 이 봉우리 함수의 영이 아닌 구간의 폭은 $2t_w+t_\text{o}$ 이므로 두 봉우리 함수 $q_m(t)$ 와 $q_n(t)$ 의 봉우리 중심사이의 시간차는 $|m-n|t_w$ 가 된다. 따라서

$$|m-n|t_w > t_w + \tfrac{1}{2}t_\text{o} \tag{17.52}$$

이면

$$q_m(t)q_n(t) = 0 \tag{17.53}$$

이 된다. 즉, $|m-n| > 1 + t_\text{o}/t_w$ 이면

$$S_{mn} = \int_{t_\text{min}}^{t_\text{max}} q_m(t)q_n(t)\,\mathrm{d}t = 0 \tag{17.54}$$

가 되는 것이다. 그러면 행렬 S_{mn} 의 대각선 부근의 성분들만 영이 아니고 나머지 비대각 성분분들은 모두 영이 된다.

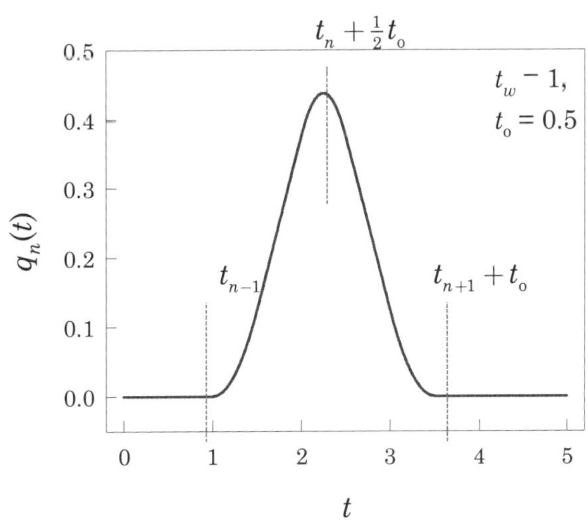

그림 17.8. 식 (17.12)의 입력함수와 식 (17.46)의 삼각형 봉우리함수의 합성곱 $q_n(t)$의 모식도 [식 (17.50) 참조].

물론 식 (50)과 같이 $q_n(t)$를 해석적으로 구할 수 있지만 임의의 자연수 m과 n에 대해서 $q_m(t)q_n(t)$의 해석적인 수식을 구하고 그에 따라서 해석적으로 S_{mn}을 구하는 것보다는 식 (54)를 수치적분으로 구하는 것이 더 편리할 것이고 해석적인 적분과의 오차도 매우 작아 무시할 만할 것이다.

행렬 S_{mn}은 대칭이고 양의 정치이므로 역행렬이 존재하므로 이제 식 (43)을 풀어 r_n을 구하고 식 (40)의 어림식으로 체류시간분포를 구해보자. 마디 점 t_n의 개수를 N을 10, 20, 40, 100으로 하여 구한 근사적인 체류시간분포(기호로 표시)와 원래의 정확한 체류시간분포(실선으로 표시)를 비교한 것이 그림 17.9이다. 즉, N은 봉우리 함수 $q_n(t)$의 개수에 해당하며 더 많은 마디점을 사용할수록 식 (40)의 어림식이 원래의 정확한 체류시간분포 $R(t)$에 더 가까워짐을 볼 수 있다.

식 (46)의 봉우리 함수는 두 개의 일차함수로 이루어져 있다. 세 개의 이차 함수를 사용하면 역시 식 (46)과 유사한 봉우리 함수를 만들 수 있고 네 개의 삼차함수를 이용하여도 역시 봉우리 함수를 만들 수 있다. 이에 대한 체계적인 방법을 B-스플라인(B-spline)이라고 하며 더 자세한 정보가 필요한 독자는 부록 E와 Süli and Mayers, 2003를 참조하기 바란다.

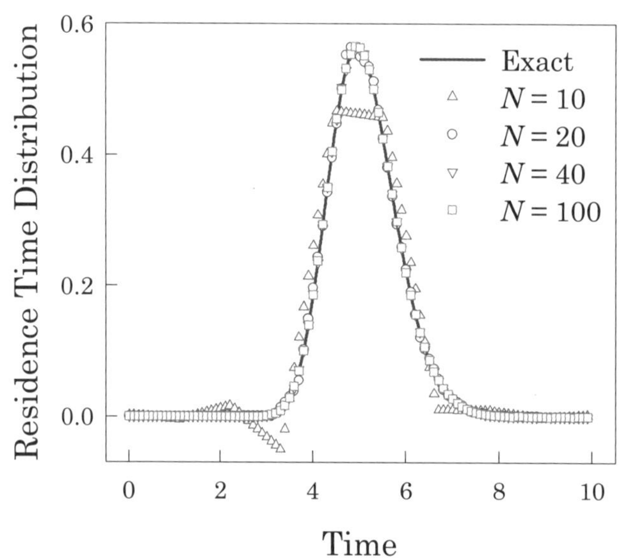

그림 17.9. 봉우리 함수 $q_n(t)$의 개수 N에 따른 체류시간분포의 계산결과와 원래의 정확한 체류시간분포의 비교. N이 커감에 따라서 더 정확한 결과가 계산됨을 알 수 있다.

지금까지의 논의는 실험결과에 오차가 없는 경우를 가정하여 어떻게 수치 적인 방법으로 체류시간분포를 구하는지에 대한 것이었다. 물론 $c_{\text{out}}(t)$ 에 난수를 발생시켜 통계적인 오차를 도입하고 그에 대한 영향을 볼 수도 있지만 이는 연습문제로 남기기로 한다.

연습문제 17

[1] 만약에 입력함수를 $c_{\text{in}}(t) = c_{\text{o}}\Theta(t)$ 로 주고 $c_{\text{out}}(t)$ 를 얻었다면 $R(t)$ 를 어떻게 구할 수 있겠는가?

[2] 만약에 입력함수를

$$c_{\text{in}}(t) = \frac{1}{t_w}\left[\Theta(t) - \Theta(t - t_w)\right] \tag{17.a}$$

로 주고 $c_{\text{out}}(t)$ 를 측정하는데 t_w 를 1, 0.1, 0.01, 0.001로 바꿔가며 실험을 했다고 하자. 그러면 이 데이터를 이용하여 $R(t)$ 를 구하는 방법에 대해서 논의하라.

[3] 이 실험에서 나오는 세 함수 $c_{\text{in}}(t)$, $R(t)$, $c_{\text{out}}(t)$ 는 모두 후리에 변환이 가능한 함수들이다. 그러면 라플라스 변환대신에 후리에 변환을 이용하여 데이터로부터 $R(t)$ 를 구할 수 있을 것이다. 이 방법이 최소제곱법으로 구한 결과보다 좋지 않을 이유가 있을까?

[4] 이 절에서의 방법으로 고분자의 분자량분포를 구할 수 있을까? 이에 대해서 논의하라.

[부록 A] 테일러 급수 전개

A1. 일변수 함수에 대한 테일러 전개

원하는 만큼 미분하여도 연속함수가 얻어지는 함수 $f(x)$ 에 대해서 n차 도함수를 $f^{(n)}(x)$ 라고 표시하자. 그러면 임의의 실수 a에 대해서

$$f(x)-f(a)=\int_a^x f^{(1)}(t)\mathrm{d}t \tag{A.1}$$

이 성립됨은 당연하다. 그런데

$$f^{(1)}(t)=\frac{d}{dt}\left[(t-a)f^{(1)}(t)\right]-(t-a)f^{(2)}(t) \tag{A.2}$$

는 항등식이므로 식 (2)를 식 (1)에 대입하면 다음이 얻어진다.

$$f(x)=f(a)+f^{(1)}(x)(x-a)-\int_a^x (t-a)f^{(2)}(t)\mathrm{d}t. \tag{A.3}$$

이는 부분적분(integration by parts)를 이용한 것이다. 우변에 $f^{(1)}(a)(x-a)$ 를 더해주고 빼주면 식 (3)은 다음이 된다.

$$\begin{aligned}f(x)=f(a)+f^{(1)}(a)(x-a)+\left[f^{(1)}(x)-f^{(1)}(a)\right](x-a)\\ -\int_a^x (t-a)f^{(2)}(t)\mathrm{d}t.\end{aligned} \tag{A.4}$$

그런데 식 (4)의 각진 괄호는

$$f^{(1)}(x)-f^{(1)}(a)=\int_a^x f^{(2)}(t)\mathrm{d}t \tag{A.5}$$

이므로 이를 식 (4)에 적용하면 다음이 얻어진다.

$$f(x)=f(a)+f^{(1)}(a)(x-a)+\int_a^x (x-t)f^{(2)}(t)\mathrm{d}t. \tag{A.6}$$

편의상

$$R_1(x)\equiv\int_a^x (x-t)f^{(2)}(t)\mathrm{d}t \tag{A.7}$$

이라고 정의하자.

식 (7)의 $R_1(x)$에 부분적분을 적용하여 보자. 그러면 다음이 얻어진다.

$$\begin{aligned} R_1(x) &= \left[\frac{2xt-t^2}{2}f^{(2)}(t)\right]_{t=a}^{t=x} - \int_a^x \frac{2xt-t^2}{2}f^{(3)}(t)\,\mathrm{d}t \\ &= \frac{x^2}{2}f^{(2)}(x) - \frac{2xa-a^2}{2}f^{(2)}(a) - \int_a^x \frac{2xt-t^2}{2}f^{(3)}(t)\,\mathrm{d}t. \end{aligned} \tag{A.8}$$

여기에 다시 우변에 $\frac{1}{2}x^2 f^{(2)}(a)$를 더해주고 빼주면 식 (8)은 다음과 같이 정리된다.

$$\begin{aligned} R_1(x) &= \frac{(x-a)^2}{2}f^{(2)}(x) + \frac{x^2}{2}\left[f^{(2)}(x) - f^{(2)}(x)\right] - \int_a^x \frac{2xt-t^2}{2}f^{(3)}(t)\,\mathrm{d}t \\ &= \frac{(x-a)^2}{2}f^{(2)}(x) + \frac{x^2}{2}\int_a^x f^{(3)}(t)\,\mathrm{d}t - \int_a^x \frac{2xt-t^2}{2}f^{(3)}(t)\,\mathrm{d}t \\ &= \frac{(x-a)^2}{2}f^{(2)}(x) + \int_a^x \frac{(x-t)^2}{2}f^{(3)}(t)\,\mathrm{d}t. \end{aligned} \tag{A.9}$$

그러면 식 (9)를 식 (6)에 대입하면 다음이 얻어진다.

$$f(x) = f(a) + f^{(1)}(a)(x-a) + \frac{f^{(2)}(a)}{2}(x-a)^2 + R_2(x). \tag{A.10}$$

여기서

$$R_2(x) \equiv \int_a^x \frac{(x-t)^2}{2}f^{(3)}(t)\,\mathrm{d}t \tag{A.11}$$

이다.

식 (6), (7), (10), (11)을 비교하면 다음과 같은 규칙성이 성립될 것 같아 보인다.

$$f(x) = \sum_{n=0}^{N}\frac{f^{(n)}(a)}{n!}(x-a)^n + R_N(x); \quad R_N(x) \equiv \int_a^x \frac{(x-t)^N}{N!}f^{(N+1)}(t)\,\mathrm{d}t \tag{A.12}$$

여기서 $f^{(0)}(x) = f(x)$를 나타낸다. 식 (12)는 $N = 1, 2$에 대해서 성립함을 식 (6), (7), (10), (11)이 보여준다. 그러면

$$R_N(x) = \frac{f^{(N+1)}(a)}{(N+1)!}(x-a)^{N+1} + R_{N+1}(x) \tag{A.13}$$

이 성립됨을 증명하면 수학적 귀납법에 의해서 식 (12)가 임의의 자연수 N에 대해서 성립된다는 것이 증명된다.

그런데 x를 고정하면

$$\frac{d}{dt}(x-t)^{N+1} = -(N+1)(x-t)^{N} \tag{A.14}$$

이므로 $R_N(x)$에 부분적분을 다음과 같이 적용한다.

$$\begin{aligned} R_N(x) &= -\int_a^x \frac{1}{(N+1)!} f^{(N+1)}(t) \frac{d(x-t)^{N+1}}{dt} \mathrm{d}t \\ &= -\left[\frac{(x-t)^{N+1}}{(N+1)!} f^{(N+1)}(t) \right]_{t=a}^{t=x} + \int_a^x \frac{(x-t)^{N+1}}{(N+1)!} f^{(N+2)}(t) \mathrm{d}t \\ &= \frac{f^{(N+1)}(a)}{(N+1)!}(x-a)^{N+1} + R_{N+1}(x) \end{aligned} \tag{A.15}$$

식 (13)이 얻어졌으므로 증명이 끝났으므로 식 (12)도 증명되었다. 식 (12)를 테일러 정리(Taylor's theorem)라고 한다.

잔류항 $R_N(x)$ 에 평균값 정리(mean value theorem)을 적용해 보자. 그러면 $a \le \tau \le x$ 이며 다음을 만족하는 τ가 존재한다.

$$R_N(x) \equiv \frac{(x-\tau)^N}{N!} f^{(N+1)}(\tau)(x-a). \tag{A.16}$$

양변에 절대값을 적용하면 $|x-\tau| \le |x-a|$ 이므로 다음의 부등식이 성립된다.

$$|R_N(x)| \le \frac{|x-a|^{N+1}}{N!} \left| f^{(N+1)}(\tau) \right|. \tag{A.17}$$

임의의 차수의 도함수 $f^{(N+1)}(\tau)$ 가 $a-r \le \tau \le a+r$ 의 범위에서 항상 유한한 값을 가진다고 하자. 물론 r은 유한한 양수이다. 즉

$$\left| f^{(N+1)}(\tau) \right| \le M_r^{(N)} \tag{A.18}$$

을 만족하는 양의 실수 $M_r^{(N)}$ 이 모든 자연수 N에 대해서 존재한다고 하자. 그러면 식 (17)은 다시 다음과 같이 쓸 수 있다.

$$|R_N(x)| \le \frac{M_r^{(N)}}{N!} r^{N+1}. \tag{A.19}$$

계승 $N!$은 $N \gg 1$일 때 다음과 같은 근사가 성립된다.

$$N! \approx \left(\frac{N}{e}\right)^N. \tag{A.20}$$

이를 스털링 근사식(Stirling's approximation)이라고 한다[Arfken, Weber and Harris, 2012]. 여기서 e는 자연로그의 밑이다. 식 (20)을 식 (19)에 적용하면 다음이 된다.

$$|R_N(x)| \le M_r^{(N)} \left(\frac{er^{(N+1)/N}}{N}\right)^N \approx M_r^{(N)} \left(\frac{er}{N}\right)^N. \tag{A.21}$$

따라서 $er \ll N$이 되면 $|R_N(x)| \approx 0$이라는 것을 알 수 있다. 즉 함수 $f(x)$의 모든 차수의 도함수가 유한하면 다음의 테일러 급수는 수렴하게 된다.

$$f(x) = \lim_{N\to\infty} \sum_{n=0}^{N} \frac{f^{(n)}(a)}{n!}(x-a)^n. \tag{A.22}$$

A2. 다변수 함수에 대한 테일러 전개

유클리드 공간(Euclidean space) $\mathbb{R}^N$의 N차원 벡터에 실수를 대응시키는 실함수

$$\mathbf{x} \in \mathbb{R}^N \to f(\mathbf{x}) \in \mathbb{R} \tag{A.23}$$

을 생각해 보자. 이 함수로부터 다음과 같은 일변수 함수 $\phi(\tau)$를 정의할 수 있다.

$$\phi(\tau) = f(\mathbf{x} + \tau\mathbf{h}) \tag{A.24}$$

여기서 $\mathbf{h} \in \mathbb{R}^N$는 임의의 벡터라고 하자. 그런데 $\phi(\tau)$가 테일러 급수전개를 만족하는 함수라고 하자. 그러면

$$\phi(\tau) = \sum_{n=0}^{\infty} \frac{\phi^{(n)}(0)}{n!} \tau^n \tag{A.25}$$

를 만족하게 될 것이다.

먼저 $\phi^{(1)}(\tau)$를 구해보자. 이를 위해서 $\mathbf{x} = (x_1, x_2, \cdots, x_N)$으로 표시하자. 그러면 다음이 얻어진다.

$$\phi^{(1)}(\tau) = \frac{\partial}{\partial \tau} f(\mathbf{x} + \tau\mathbf{h}) = \sum_{\alpha=1}^{N} \left(\frac{\partial f}{\partial x_\alpha} \right)_{\mathbf{x}+\tau\mathbf{h}} \frac{\partial (x_\alpha + \tau h_\alpha)}{\partial \tau} = \sum_{\alpha=1}^{N} \left(\frac{\partial f}{\partial x_\alpha} \right)_{\mathbf{x}+\tau\mathbf{h}} h_\alpha \tag{A.26}$$

이 된다. 그러면 식 (25)는 다음이 된다.

$$\begin{aligned} \phi(\tau) &= f(\mathbf{x} + \tau\mathbf{h}) = f(\mathbf{x}) + \phi^{(1)}(0)\tau + \sum_{n=2}^{\infty} \frac{\phi^{(n)}(0)}{n!} \tau^n \\ &= f(\mathbf{x}) + \left(\sum_{\alpha=1}^{N} \left(\frac{\partial f}{\partial x_\alpha} \right)_{\mathbf{x}} h_\alpha \right) \tau + \sum_{n=2}^{\infty} \frac{\phi^{(n)}(0)}{n!} \tau^n. \end{aligned} \tag{A.27}$$

여기서 $\tau = 1$ 을 대입하여도 성립하므로 다음을 얻게 된다.

$$f(\mathbf{x} + \mathbf{h}) = f(\mathbf{x}) + \sum_{\alpha=1}^{N} \frac{\partial f}{\partial x_\alpha} h_\alpha + \sum_{n=2}^{\infty} \frac{\phi^{(n)}(0)}{n!} \tag{A.28}$$

식 (28)의 우변의 두번째 항은 벡터 표기로 다음과 같이 쓸 수 있다.

$$\sum_{\alpha=1}^{N} \frac{\partial f}{\partial x_\alpha} h_\alpha = \mathbf{h} \cdot \nabla f \tag{A.29}$$

그러므로 $\mathbf{z} \equiv \mathbf{x} + \mathbf{h}$ 라고 하면

$$f(\mathbf{z}) = f(\mathbf{x}) + \mathbf{h} \cdot \nabla f + R_2(\mathbf{h}) \tag{A.30}$$

가 얻어진다. 물론 여기서

$$R_2(\mathbf{h}) \equiv \sum_{n=2}^{\infty} \frac{\phi^{(n)}(0)}{n!} \tag{A.31}$$

이다.

식 (26)으로부터 $\phi^{(2)}(\tau)$ 는 다음과 같이 얻어진다.

$$\phi^{(2)}(\tau) = \frac{\partial}{\partial t} \sum_{\alpha=1}^{N} \left(\frac{\partial f}{\partial x_\alpha} \right)_{\mathbf{x}+\tau\mathbf{h}} h_\alpha = \sum_{\alpha=1}^{N} \sum_{\beta=1}^{N} \left(\frac{\partial^2 f}{\partial x_\alpha \partial x_\beta} \right)_{\mathbf{x}+\tau\mathbf{h}} h_\alpha h_\beta. \tag{A.32}$$

식 (32)를 이용하면 식 (25)는 다음이 된다.

$$\begin{aligned} \phi(\tau) &= f(\mathbf{x}) + \left[\sum_{\alpha=1}^{N} \left(\frac{\partial f}{\partial x_\alpha} \right)_{\mathbf{x}} h_\alpha \right] \tau \\ &\quad + \left[\frac{1}{2} \sum_{\alpha=1}^{N} \sum_{\beta=1}^{N} \left(\frac{\partial^2 f}{\partial x_\alpha \partial x_\beta} \right)_{\mathbf{x}} h_\alpha h_\beta \right] \tau^2 + R_3(\mathbf{h}, \tau). \end{aligned} \tag{A.33}$$

여기서

$$R_3(\mathbf{h},\tau)\equiv\sum_{n=3}^{\infty}\frac{\phi^{(n)}(0)}{n!} \tag{A.34}$$

이다. 식 (33)에 $\tau=1$ 을 사용하면

$$f(\mathbf{x}+\mathbf{h})=f(\mathbf{x})+\sum_{\alpha=1}^{N}\left(\frac{\partial f}{\partial x_\alpha}\right)_{\mathbf{x}}h_\alpha+\frac{1}{2}\sum_{\alpha=1}^{N}\sum_{\beta=1}^{N}\left(\frac{\partial^2 f}{\partial x_\alpha\partial x_\beta}\right)_{\mathbf{x}}h_\alpha h_\beta+R_3(\mathbf{h},1) \tag{A.35}$$

가 된다. 여기서 헤시안 행렬(Hessian matrix), **H**를 다음과 같이 정의하면

$$[\mathbf{H}(\mathbf{x})]_{\alpha\beta}\equiv\left(\frac{\partial^2 f}{\partial x_\alpha\partial x_\beta}\right)_{\mathbf{x}} \tag{A.36}$$

식 (35)는 다음과 같은 벡터 표기로 표현할 수 있다.

$$f(\mathbf{x}+\mathbf{h})=f(\mathbf{x})+\mathbf{h}\cdot\nabla f+\frac{1}{2}\mathbf{h}\cdot\mathbf{H}\cdot\mathbf{h}+R_3(\mathbf{h},1). \tag{A.37}$$

식 (35)를 3차까지 전개한 것은 다음이 된다.

$$\begin{aligned}f(\mathbf{x}+\mathbf{h})=f(\mathbf{x})&+\sum_{\alpha=1}^{N}\left(\frac{\partial f}{\partial x_\alpha}\right)_{\mathbf{x}}h_\alpha+\frac{1}{2}\sum_{\alpha=1}^{N}\sum_{\beta=1}^{N}\left(\frac{\partial^2 f}{\partial x_\alpha\partial x_\beta}\right)_{\mathbf{x}}h_\alpha h_\beta\\&+\frac{1}{3!}\sum_{\alpha=1}^{N}\sum_{\beta=1}^{N}\sum_{\gamma=1}^{N}\left(\frac{\partial^3 f}{\partial x_\alpha\partial x_\beta\partial x_\gamma}\right)_{\mathbf{x}}h_\alpha h_\beta h_\gamma+R_4(\mathbf{h},1)\end{aligned} \tag{A.38}$$

헤시안 행렬은 델 연산자를 이용하여 다음과 같이 표현하기도 한다.

$$\mathbf{H}(\mathbf{x})=\nabla\nabla f(\mathbf{x}) \tag{A.39}$$

그러면 $\|\mathbf{h}\|\ll 1$ 일 때 $|R_3(\mathbf{h},1)|\approx 0$ 이라고 할 수 있으므로 식 (37)은 다음과 같이 쓸 수 있다.

$$f(\mathbf{x}+\mathbf{h})\approx f(\mathbf{x})+\mathbf{h}\cdot\nabla f+\frac{1}{2}\mathbf{h}\cdot\mathbf{H}\cdot\mathbf{h} \tag{A.40}$$

만약 $\mathbf{x}=\mathbf{x}^*$ 일 때 $\nabla f(\mathbf{x}^*)=\mathbf{0}$ 이라고 하자. 그러면 식 (40)은

$$f(\mathbf{x}^*+\mathbf{h})-f(\mathbf{x}^*)=\frac{1}{2}\mathbf{h}\cdot\mathbf{H}(\mathbf{x}^*)\cdot\mathbf{h} \tag{A.41}$$

이 된다.

어떤 행렬 S가 임의의 영이 아닌 벡터 $\mathbf{h}$에 대해서 항상

$$Q(\mathbf{h}) \equiv \mathbf{h} \cdot \mathbf{S} \cdot \mathbf{h} > 0 \tag{A.42}$$

를 만족하면 이 행렬은 양의 정치(positive definite)라고 한다. 만약

$$Q(\mathbf{h}) < 0 \tag{A.43}$$

이라면 이 행렬은 음의 정치(negative definite)라고 한다.

만약 $\mathbf{H}(\mathbf{x}^*)$이 양의 정치라고 하자. 그러면 식 (41)은 다음을 의미하게 된다.

$$f(\mathbf{x}^* + \mathbf{h}) - f(\mathbf{x}^*) \geq 0 \tag{A.44}$$

여기서 등호가 성립되는 경우는 $\mathbf{h} = \mathbf{0}$ 인 경우이다. 식 (44)가 의미하는 바는 $\mathbf{x} = \mathbf{x}^*$ 에서 $f(\mathbf{x})$는 국부적으로 최소, 즉 극소라는 것을 의미한다. 만약에 $\mathbf{H}(\mathbf{x}^*)$이 양의 정치라고 하면 식 (41)은 $\mathbf{x} = \mathbf{x}^*$ 에서 $f(\mathbf{x})$는 국부적으로 최대, 즉 극대라는 것을 의미한다.

헤시안 행렬은 정의에 의해서 정방행렬이며 대칭행렬이다. 헤시안 행렬이 양의 정치인지 음의 정치인지를 어떻게 알아볼 수 있을까?

선형대수학 이론에 의하면 대칭인 정방행렬 S는 다음과 같이 대각화가 가능하다고 한다.

$$\mathbf{S} = \mathbf{R}^T \cdot \mathbf{D} \cdot \mathbf{R}. \tag{A.45}$$

여기서 $\mathbf{R} \cdot \mathbf{R}^T = \mathbf{I}$ 이며 $\mathbf{D}$는 다음과 같은 대각행렬이다.

$$[\mathbf{D}] = \begin{bmatrix} \sigma_1 & 0 & \cdots & 0 \\ 0 & \sigma_2 & 0 & 0 \\ 0 & 0 & \ddots & \vdots \\ 0 & 0 & \cdots & \sigma_N \end{bmatrix}. \tag{A.46}$$

대각성분을 행렬 S의 고유치라고 한다. 식 (45)가 성립된다면 N차 방정식

$$P(\sigma) \equiv \det(\mathbf{S} - \sigma\mathbf{I}) = 0 \tag{A.47}$$

의 해는 σ_k 가 된다는 것을 쉽게 증명할 수 있다. 만약에 모든 고유치에 대해서

$\sigma_k > 0$ 이라고 하면 행렬 $\mathbf{S}$는 양의 정치가 되고 $\sigma_k < 0$ 이라고 하면 음의 정치가 된다. 왜냐하면 임의의 벡터 $\mathbf{h}$에 대해서

$$Q(\mathbf{h}) = \mathbf{h}\cdot\mathbf{R}^T\cdot\mathbf{D}\cdot\mathbf{R}\cdot\mathbf{h} = \mathbf{g}\cdot\mathbf{D}\cdot\mathbf{g} = \sum_{n=1}^{N}\sigma_n\left(g_n\right)^2 \tag{A.48}$$

이 되기 때문이다. 여기서 $\mathbf{g}\equiv\mathbf{R}\cdot\mathbf{h}$ 이고

$$\mathbf{h}\cdot\mathbf{R}^T\cdot\mathbf{D}\cdot\mathbf{R}\cdot\mathbf{h} = (\mathbf{R}\cdot\mathbf{h})\cdot\mathbf{D}\cdot(\mathbf{R}\cdot\mathbf{h}) \tag{A.49}$$

이다.

A3. 다변수 함수의 극대와 극소

다변수 함수 $f(x_1, x_2, \cdots, x_N)$ 을 생각해 보자. 순서쌍 $(x_1, x_2, \cdots, x_N)$ 를 간단히 벡터 $\mathbf{x}$ 로 표시하기로 하면 이 함수를 $f(\mathbf{x})$ 로 표현할 수 있다. 식 (37)에서 $|R_3(\mathbf{h}, 1)|$ 이 영에 가까워 무시할만 하다고 하자. 벡터 $\mathbf{h}$의 크기가 매우 작을 때 이러한 가정이 성립될 것이다. 그러면

$$f(\mathbf{x}+\mathbf{h}) - f(\mathbf{x}) = \mathbf{h}\cdot\nabla f + \frac{1}{2}\mathbf{h}\cdot\mathbf{H}(\mathbf{x})\cdot\mathbf{h} \tag{A.50}$$

이 된다. 그런데 $\mathbf{x} = \mathbf{x}_o$ 에서 함수 $f(\mathbf{x})$ 의 그래디언트가 영이라고 한다면 식 (50)은 다음과 같이 더 간단해진다.

$$f(\mathbf{x}_o+\mathbf{h}) - f(\mathbf{x}_o) = \frac{1}{2}\mathbf{h}\cdot\mathbf{H}(\mathbf{x}_o)\cdot\mathbf{h} \tag{A.51}$$

그래디언트가 영이 되는 벡터 $\mathbf{x}_o$ 를 함수 $f(\mathbf{x})$의 극점이라고 한다.

그러면 $\mathbf{x}_o + \mathbf{h}$ 는 극점 부근의 벡터가 된다. 백터 $\mathbf{h}$ 의 크기가 임의의 작은 벡터이고 헤시안 행렬 $\mathbf{H}(\mathbf{x}_o)$ 가 양의 정치이면 식 (51)의 우변은 $\mathbf{h}$ 가 어떤 것이어도 항상 양이 된다. 즉, $f(\mathbf{x}_o+\mathbf{h}) - f(\mathbf{x}_o) > 0$ 이 되므로 극점 $\mathbf{x}_o$ 에서의 함수값은 주변의 어떤 벡터에서의 함수값보다 작아지게 되므로 극점 $\mathbf{x}_o$ 는 국부적으로 최소이다. 반대로 만약 $\mathbf{H}(\mathbf{x}_o)$ 가 음의 정치이면 $f(\mathbf{x}_o+\mathbf{h}) - f(\mathbf{x}_o) < 0$ 이 되어 극점 $\mathbf{x}_o$ 에시의 함수값은 주변의 어떤 벡터에서의 함수값보다 크게 되므로 극점 $\mathbf{x}_o$ 는 국부적으로 최대이다. 헤시안 행렬 $\mathbf{H}(\mathbf{x}_o)$ 가 양의 정치도 음의 정치노 아니라면 벡터

$\mathbf{h}$ 에 따라서 식 (51)의 우변은 음일 수도 양일 수도 또는 경우에 따라서 영일 수도 있다. 그러면 벡터 $\mathbf{h}$ 의 방향에 따라서 함수는 증가할 수도 감소할 수도 있기에 극점 $\mathbf{x}_o$ 는 안장점(saddle point)이 된다.

[부록 B] 오차의 통계학과 정규분포

오차를 확률변수로 간주할 때 몇 가지 의문이 생긴다. 여러 번의 동일 조건에서 시행하는 측정에서 발생되는 오차는 모두 같은 확률분포를 가질 것인가? 또한 N번의 시행에서 오차가 $\varepsilon_1, \varepsilon_2, \cdots, \varepsilon_N$ 발생한다면 확률변수의 순서쌍 $\boldsymbol{\varepsilon} \equiv (\varepsilon_1, \varepsilon_2, \cdots, \varepsilon_N)$의 확률분포 함수는 무엇이 될까?

만약 측정이 같은 조건으로 시행된다면 ε_i와 ε_k의 확률분포가 다를 것이란 특별한 이유를 생각하기 어렵다. 따라서 ε_i가 확률분포 함수 $\psi(\varepsilon_i)$를 따른다면 ε_k의 확률분포도 $\psi(\varepsilon_k)$로 같을 것이다. 첫 번째 질문에 대한 답을 이렇게 정하기로 하자.

간단하게 두 번의 실험을 시행한다고 하자. 첫 번째 시행에서의 오차 ε_1이 어떤 값을 가지느냐에 따라서 두 번째 시행의 오차 ε_2의 값이 영향을 받을까? 만약 영향을 받지 않는다면 두 확률변수의 확률분포 함수 $\Psi(\varepsilon_1, \varepsilon_2)$는 무엇이 될까? 서로 영향을 받지 않는 경우를 통계적 독립(statistical independence 또는 stochastic independence)이라고 부른다. 통계적 독립일 경우

$$\Psi(\varepsilon_1, \varepsilon_2) = \psi(\varepsilon_1)\psi(\varepsilon_2) \tag{B.1}$$

이 된다는 것이 수학적으로 유도된다[Hogg and Craig, 1978]. 이를 $\boldsymbol{\varepsilon} \equiv (\varepsilon_1, \varepsilon_2, \cdots, \varepsilon_N)$인 경우로 일반화하면

$$\Psi(\varepsilon_1, \varepsilon_2, \cdots, \varepsilon_N) = \prod_{i=1}^{N} \psi(\varepsilon_i) = \psi(\varepsilon_1)\psi(\varepsilon_2)\cdots\psi(\varepsilon_N) \tag{B.2}$$

가 된다.

식 (2)로부터 알수 있는 중요한 정보를 하나 생각해 보자. 즉 평균(expectation)을

$$\langle \varepsilon_\alpha \varepsilon_\beta \rangle = \int_{-\infty}^{\infty} \cdots \int_{-\infty}^{\infty} \varepsilon_\alpha \varepsilon_\beta \Psi(\varepsilon_1, \varepsilon_2, \cdots, \varepsilon_N) d\varepsilon_1 \cdots d\varepsilon_N \tag{B.3}$$

으로 정의하게 되면 통계적 독립일 경우 식 (2)에 의해서 다음이 얻어진다. 먼저 $\alpha \neq \beta$일 때 다음이 된다.

$$\begin{aligned}\langle \varepsilon_\alpha \varepsilon_\beta \rangle &= \int_{-\infty}^{\infty} \varepsilon_\alpha \psi(\varepsilon_\alpha) d\varepsilon_\alpha \int_{-\infty}^{\infty} \varepsilon_\alpha \psi(\varepsilon_\alpha) d\varepsilon_\alpha \prod_{i \neq \alpha, \beta}^{N} \int_{-\infty}^{\infty} \psi(\varepsilon_i) d\varepsilon_i \\ &= \langle \varepsilon_\alpha \rangle \langle \varepsilon_\beta \rangle \left[\int_{-\infty}^{\infty} \psi(\varepsilon) d\varepsilon \right]^{N-2} \\ &= 0. \end{aligned} \tag{B.4}$$

여기서 오차의 통계적 성질인 식 (2.17)을 사용하였다. 만약 $\alpha = \beta$ 라면 식 (3)은 다음이 된다.

$$\langle \varepsilon_\alpha \varepsilon_\beta \rangle = \int_{-\infty}^{\infty} \varepsilon_\alpha^2 \psi(\varepsilon_\alpha) d\varepsilon_\alpha \prod_{i \neq \alpha}^{N} \int_{-\infty}^{\infty} \psi(\varepsilon) d\varepsilon = \sigma_\varepsilon^2. \tag{B.5}$$

여기서 식 (2.22)를 사용하였다. 식 (4)와 (5)를 통합하여 다음과 같이 표현할 수 있다.

$$\langle \varepsilon_\alpha \varepsilon_\beta \rangle = \sigma_\varepsilon^2 \delta_{\alpha\beta}; \quad \delta_{\alpha\beta} = \begin{cases} 1 & \text{if } \alpha = \beta \\ 0 & \text{if } \alpha \neq \beta \end{cases}. \tag{B.6}$$

식 (2)가 성립된다면 식 (2.16)이 성립되는 것을 수학적으로 설명할 수 있다. 오차의 표본평균과 표본분산을 다음과 같이 정의하자.

$$\bar{\varepsilon}_M \equiv \frac{1}{M} \sum_{\alpha=1}^{M} \varepsilon_\alpha; \quad \sigma_M^2 \equiv \frac{1}{M} \sum_{\alpha=1}^{M} (\varepsilon_\alpha - \bar{\varepsilon}_M)^2. \tag{B.7}$$

여기서 확률분포를 이용한 평균을 취하면 다음이 얻어진다.

$$\begin{aligned} \langle \bar{\varepsilon}_M \rangle &= \frac{1}{M} \sum_{\alpha=1}^{M} \langle \varepsilon_\alpha \rangle = 0; \\ \langle \sigma_M^2 \rangle &= \frac{1}{M} \sum_{\alpha=1}^{M} \langle (\varepsilon_\alpha - \bar{\varepsilon}_M)^2 \rangle = \frac{1}{M} \sum_{\alpha=1}^{M} \langle \varepsilon_\alpha^2 \rangle = \sigma_\varepsilon^2. \end{aligned} \tag{B.8}$$

그런데 표본평균의 분산은 다음과 같이 정의되고 계산된다.

$$\begin{aligned} \sigma_{\bar{\varepsilon}_M}^2 &= \langle (\bar{\varepsilon}_M - \langle \bar{\varepsilon}_M \rangle)^2 \rangle = \langle \bar{\varepsilon}_M^2 \rangle = \frac{1}{M^2} \sum_{\alpha=1}^{M} \sum_{\beta=1}^{M} \langle \varepsilon_\alpha \varepsilon_\beta \rangle = \frac{1}{M^2} \sum_{\alpha=1}^{M} \sum_{\beta=1}^{M} \sigma_\varepsilon^2 \delta_{\alpha\beta} \\ &= \frac{1}{M^2} \sum_{\alpha=1}^{M} \sigma_\varepsilon^2 = \frac{\sigma_\varepsilon^2}{M}. \end{aligned} \tag{B.9}$$

표본평균의 평균은 영이고 표본평균의 분산 $\sigma_{\bar{\varepsilon}_M}^2$ 이 데이터의 개수 M에 반비례하므로 데이터의 개수가 충분히 높으면 $\bar{\varepsilon}_M$ 의 절대값이 영에서 의미있게 벗어날 가능성이 매우 낮다는 것을 알 수 있다.

오차 ε_α 의 확률분포가 $\psi(\varepsilon_\alpha)$ 로 동일하고 오차들은 통계적 독립이라면 오차의 표본평균 $\bar{\varepsilon}_M$ 의 확률분포는 무엇이 되는가? 보다 일반적으로 확률변수 x_k 의 평균이 $\bar{x}$ 이고 표준편차가 σ_x 일 때 x_k 들의 표본평균 $\bar{x}_M$ 의 확률분포는 M이 커감에 따라서 평균 $\langle \bar{x}_M \rangle = \bar{x}$ 표준편차 $\sigma_{\bar{x}_M} = \sigma_x / \sqrt{M}$ 인 정규분포로 수렴하게 된다. 이는 수학적으로 증명된 중심 극한정리(central limit theorem)이다[Hogg and Craig, 1978]. 정규분포(normal distribution 또는 Gauss distribution)는 다음과 같다.

$$\psi_{\mu,\sigma}(\xi) = \frac{1}{\sqrt{2\pi\sigma^2}} \exp\left[-\frac{(\xi-\mu)^2}{2\sigma^2}\right]. \tag{B.10}$$

여기서

$$\mu = \int_{-\infty}^{\infty} \xi \psi_{\mu,\sigma}(\xi) d\xi; \quad \sigma^2 = \int_{-\infty}^{\infty} (\xi-\mu)^2 \psi_{\mu,\sigma}(\xi) d\xi. \tag{B.11}$$

이다.

실험오차는 평균이 영인 확률변수라고 할 수 있다 ($\mu = 0$). 만약에 제어오차 δ_α 가 정규분포를 따르는 확률변수라면 식 (2.33)의 $\langle \delta_i^n \rangle$ 을 계산할 수 있을 것이다. 즉, 다음이 얻어진다.

$$\langle \delta_i^n \rangle = \frac{1}{\sqrt{2\pi\sigma_\delta^2}} \int_{-\infty}^{\infty} \delta_i^n \exp\left(-\frac{\delta_i^?}{2\sigma_\delta^2}\right) d\delta_i. \tag{B.12}$$

식 (12)에 부분적분을 적용하면 다음이 얻어진다.

$$\begin{aligned}
\langle \delta_i^n \rangle &= \int_{-\infty}^{\infty} \left\{ \frac{d}{dx}\left[\frac{x^{n+1}}{n+1}\psi_{0,\sigma_\delta}(x)\right] - \frac{x^{n+1}}{n+1}\frac{d\psi_{0,\sigma_\delta}}{dx} \right\} dx \\
&= \left[\frac{x^{n+1}}{n+1}\psi_{0,\sigma_\delta}(x)\right]_{x=-\infty}^{x=\infty} - \int_{-\infty}^{\infty} \frac{x^{n+1}}{n+1}\left(-\frac{x}{\sigma_\delta^2}\right)\psi_{0,\sigma_\delta}(x) dx \\
&= \frac{\langle \delta_i^{n+2} \rangle}{\sigma_\delta^2 (n+1)}.
\end{aligned} \tag{B.13}$$

여기서

$$\frac{d\psi_{0,\sigma_\delta}(x)}{dx} = -\frac{x}{\sigma_\delta^2}\psi_{0,\sigma_\delta}(x); \quad \lim_{x\to\pm\infty} x^n \psi_{0,\sigma_\delta}(x) = 0 \tag{B.14}$$

를 이용하였다. 식 (13)은

$$\left\langle \delta_i^{n+2} \right\rangle = \sigma_\delta^2 (n+1) \left\langle \delta_i^n \right\rangle \tag{B.15}$$

를 의미하므로 $\left\langle \delta_i^0 \right\rangle$ 과 $\left\langle \delta_i^1 \right\rangle$ 을 알면 모든 자연수 n에 대해서 $\left\langle \delta_i^n \right\rangle$를 계산할 수 있게 된다. 그런데 $\left\langle \delta_i^1 \right\rangle = 0$ 이므로 n이 홀수이면 $\left\langle \delta_i^n \right\rangle = 0$ 이 됨을 알 수 있다. 그리고 $\left\langle \delta_i^0 \right\rangle = 1$ 은 자명하므로

$$\left\langle \delta_i^{2m} \right\rangle = \sigma_\delta^{2m} \prod_{k=1}^{m} (2k+1) \tag{B.16}$$

이 됨을 알 수 있다.

[부록 C] 버킹엄 파이 정리의 증명

물리공식이라면 단위계를 변경하여도 그 수식관계의 수학적 형태는 변하지 않아야 한다. 즉 한 단위계에서의 물리공식이

$$F(x_1, x_2, \cdots, x_n) = 0 \tag{C.1}$$

이라고 하자. 여기서 n개의 변수 중에서 하나는 측정변수이고 나머지는 제어변수라고 할 수도 있고 n개 중에서 $r < n$ 개만이 제어변수이고 나머지는 이 제어변수들에 의존하는 측정변수라고 할 수도 있다. 식 (1)과 관련되는 기본차원을 $\mathbb{X}_1, \mathbb{X}_2, \cdots, \mathbb{X}_m$ 이라고 하자. 기본차원의 개수 m이 변수의 개수보다 큰 경우는 일단 제외하고 $m \le n$ 인 경우만 생각하기로 한다.

그러면 변수들의 차원은 다음을 따른다고 할 수 있다.

$$[x_k] = \mathbb{X}_1^{a_1^{(k)}} \mathbb{X}_2^{a_2^{(k)}} \cdots \mathbb{X}_m^{a_m^{(k)}}. \tag{C.2}$$

기준단위계와 임의의 단위계 사이의 기본차원 $\mathbb{X}_\alpha$ 에 대한 환산인자를 λ_α 라고 하자. 그러면 새로운 단위계에서의 변수 값과 기준단위계에서의 변수 값 사이에는 다음의 관계가 성립된다.

$$x_k' = \Lambda_k x_k; \quad \Lambda_k \equiv \lambda_1^{a_1^{(k)}} \lambda_2^{a_2^{(k)}} \cdots \lambda_m^{a_m^{(k)}}. \tag{C.3}$$

물리공식이 단위계 변환에 대해서 불변이라는 성질을 수학적으로 표현하면

$$F(x_1', x_2', \cdots, x_n') = F(x_1, x_2, \cdots, x_n) \tag{C.4}$$

가 된다. 그러면 식 (3)을 식 (4)에 대입하면

$$F(\Lambda_1 x_1, \Lambda_2 x_2, \cdots, \Lambda_n x_n) = F(x_1, x_2, \cdots, x_n) \tag{C.5}$$

로 대체할 수 있다.

환산인자 λ_α 는 항상 양의 실수이며 임의적이다. 모두 m개의 환산인자가 식 (5)에 관여되므로 식 (3)에 의해 모든 n개의 Λ_k 가 독립적으로 변화될 수는 없다. 식 (3)의 두 번째 식으로부터

$$\log \Lambda_k = \sum_{\alpha=1}^{m} a_\alpha^{(k)} \log \lambda_\alpha, \quad (k = 1, 2, \cdots, n) \tag{C.6}$$

이 성립하므로 n개의 Λ_k 중에서 $n-m$ 개의 Λ_k 를 골라서 나머지 Λ_k 를 표현할 수 있을 것이다. 일반성의 위배 없이

$$\log \Lambda_{m+\beta} = \sum_{\gamma=1}^{m} b_\gamma^{(\beta)} \log \Lambda_\gamma \tag{C.7}$$

라고 할 수 있을 것이다. 물론 여기서 $1 \le \beta \le n-m$ 이다. 식 (7)의 지수 $b_\gamma^{(\beta)}$ 는 $(n-m) \times m$ 행렬의 계수가 되며 $a_\alpha^{(k)}$ 들로부터 계산할 수 있다. 식 (7)은 다시

$$\Lambda_{m+\beta} = \Lambda_1^{b_1^{(\beta)}} \Lambda_2^{b_2^{(\beta)}} \cdots \Lambda_m^{b_m^{(\beta)}} \tag{C.8}$$

로 다시 쓸 수 있다. 그러면 식 (5)는 다음이 된다.

$$F(x_1, x_2, \cdots, x_n) = F\left(\Lambda_1 x_1, \Lambda_2 x_2, \cdots, \Lambda_m x_m, \left\{\Lambda_1^{b_1^{(\beta)}} \Lambda_2^{b_2^{(\beta)}} \cdots \Lambda_m^{b_m^{(\beta)}} x_{m+\beta}\right\}_{\beta=1}^{\beta=n-m}\right) \tag{C.9}$$

그러면 복합환산인자 Λ_k $(1 \le k \le m)$ 중에 하나만 즉 $\Lambda_1 = \Lambda$ 로 임의의 실수가 되게 남겨두고 나머지는 1이 되도록 단위계를 설정해 보자. 즉 Λ_1 만 임의의 실수고 $\Lambda_{i \ne 1} = 1$ 이 되도록 해보면 식 (9)는 다음이 된다.

$$F(x_1, x_2, \cdots, x_n) = F\left(\Lambda x_1, x_2, \cdots, x_m, \left\{\Lambda^{b_1^{(\beta)}} x_{m+\beta}\right\}_{\beta=1}^{\beta=n-m}\right) \tag{C.10}$$

이 식은 임의의 Λ에 대해서도 성립되므로 $\Lambda = 1/x_1$ 를 식 (10)에 대입하면

$$F(x_1, x_2, \cdots, x_n) = F\left(1, x_2, \cdots, x_m, \frac{x_{m+1}}{x_1^{b_1^{(1)}}}, \frac{x_{m+2}}{x_1^{b_1^{(2)}}}, \cdots, \frac{x_n}{x_1^{b_1^{(n-m)}}}\right) \tag{C.11}$$

이 얻어진다. 식 (11)은 모든 변수에 대한 항등식이므로 다시 이와 같은 작업을 x_2 에 대해서 수행하면 다시 다음이 얻어진다.

$$F(x_1, x_2, \cdots, x_n) = F\left(1, 1, x_3, \cdots, x_m, \frac{x_{m+1}}{x_1^{b_1^{(1)}} x_2^{b_2^{(1)}}}, \frac{x_{m+2}}{x_1^{b_1^{(2)}} x_2^{b_2^{(2)}}}, \cdots, \frac{x_n}{x_1^{b_1^{(n-m)}} x_2^{b_2^{(n-m)}}}\right) \tag{C.12}$$

이러한 작업을 x_m 까지 수행하게 되면

$$F\left(x_1, x_2, \cdots, x_n\right) = F\left(1, \cdots, 1, \left\{\frac{x_{m+\beta}}{x_1^{b_1^{(\beta)}} x_2^{b_2^{(\beta)}} \cdots x_m^{b_m^{(\beta)}}}\right\}_{\beta=1}^{\beta=n-m}\right)$$
$$= G\left(\frac{x_{m+1}}{x_1^{b_1^{(1)}} x_2^{b_2^{(1)}} \cdots x_m^{b_m^{(1)}}}, \frac{x_{m+2}}{x_1^{b_1^{(2)}} x_2^{b_2^{(2)}} \cdots x_m^{b_m^{(2)}}}, \ldots, \frac{x_n}{x_1^{b_1^{(n-m)}} x_2^{b_2^{(n-m)}} \cdots x_m^{b_m^{(n-m)}}}\right) \tag{C.13}$$

이 얻어진다. 즉, n개의 변수에 대해서 $n - m$ 개의 복합변수에 대한 수식으로 전환된다. 식 (4)의 단위계 변환에 대한 불변성이 유지되려면

$$\pi_\alpha \equiv \frac{x_{m+\alpha}}{x_1^{b_1^{(\alpha)}} x_2^{b_2^{(\alpha)}} \cdots x_m^{b_m^{(\alpha)}}} \tag{C.14}$$

로 정의되는 새로운 복합변수는 무차원이어야 한다. 즉,

$$\begin{aligned}
\left[\pi_\alpha\right] &= \frac{\Theta_1^{a_1^{(m+\alpha)}} \Theta_2^{a_2^{(m+\alpha)}} \cdots \Theta_m^{a_m^{(m+\alpha)}}}{\left(\Theta_1^{a_1^{(1)}} \Theta_2^{a_2^{(1)}} \cdots \Theta_m^{a_m^{(1)}}\right)^{b_1^{(\alpha)}} \left(\Theta_1^{a_1^{(2)}} \Theta_2^{a_2^{(2)}} \cdots \Theta_m^{a_m^{(2)}}\right)^{b_2^{(\alpha)}} \cdots \left(\Theta_1^{a_1^{(m)}} \Theta_2^{a_2^{(m)}} \cdots \Theta_m^{a_m^{(m)}}\right)^{b_m^{(\alpha)}}} \\
&= \Theta_1^{a_1^{(m+\alpha)} - \sum_{\beta=1}^{m} a_1^{(\beta)} b_\beta^{(\alpha)}} \Theta_2^{a_2^{(m+\alpha)} - \sum_{\beta=1}^{m} a_2^{(\beta)} b_\beta^{(\alpha)}} \cdots \Theta_m^{a_m^{(m+\alpha)} - \sum_{\beta=1}^{m} a_m^{(\beta)} b_\beta^{(\alpha)}} \\
&= 1
\end{aligned} \tag{C.15}$$

이어야 하므로

$$a_\gamma^{(m+\alpha)} - \sum_{\beta=1}^{m} a_\gamma^{(\beta)} b_\beta^{(\alpha)} - 0 \tag{C.16}$$

이 $1 \le \gamma \le m$ 에 대해서 성립되어야 한다.

그렇다면 주어진 $a_\alpha^{(i)}$ 로부터 계산된 $b_\gamma^{(\beta)}$ 가 과연 π_k 를 무차원 변수가 되게 하는지를 밝힐 필요가 있다. 첫 단계는 $b_\gamma^{(\beta)}$ 를 구하는 것이다. 이 작업을 위해서 식 (6)으로부터 시작할 것이다. 표기를 간단히 하기 위해서 $Z_k = \log \Lambda_k$, $z_\alpha = \log \lambda_\alpha$ 라고 하자. 그러면 식 (6)은 다음이 된다.

$$Z_k = \sum_{\alpha=1}^{m} a_\alpha^{(k)} z_\alpha; \quad 1 \le k \le n. \tag{C.17}$$

그런데 $1 \le k \le m$ 에 대해서 $a_\alpha^{(k)}$ 는 역행렬이 존재하는 행렬의 성분으로 만들 수 있다. 이는 복합환산인자 Z_k 의 순서를 적당하게 바꾸면 되는 것이므로 일반성의 위배 없이 $1 \le k \le m$ 에 대해서 그렇게 된다고 가정하자. 이 행렬을 $\mathbf{A}_{m \times m}$ 이라고

하고 그 역행렬의 성분을 $c_\beta^{(i)}$ 라고 하자. 그러면

$$\sum_{\gamma=1}^{m} a_\gamma^{(\alpha)} c_\beta^{(\gamma)} = \delta_\beta^\alpha \tag{C.18}$$

이고

$$z_\alpha = \sum_{\beta=1}^{m} c_\beta^{(\alpha)} Z_\beta \tag{C.19}$$

라고 쓸 수 있다. 식 (19)를 식 (17)의 $m+1 \le k \le n$ 의 식들에 대입하면

$$Z_{m+i} = \sum_{\alpha=1}^{m} a_\alpha^{(m+i)} \sum_{\beta=1}^{m} c_\beta^{(\alpha)} Z_\beta = \sum_{\beta=1}^{m} \left(\sum_{\alpha=1}^{m} a_\alpha^{(m+i)} c_\beta^{(\alpha)} \right) Z_\beta \tag{C.20}$$

가 된다. 그러면

$$\Lambda_{k+i} = \Lambda_1^{\sum_{\alpha=1}^{m} a_\alpha^{(m+i)} c_1^{(\alpha)}} \Lambda_2^{\sum_{\alpha=1}^{m} a_\alpha^{(m+i)} c_2^{(\alpha)}} \cdots \Lambda_m^{\sum_{\alpha=1}^{m} a_\alpha^{(m+i)} c_m^{(\alpha)}} \tag{C.21}$$

이므로

$$b_\gamma^{(i)} = \sum_{\alpha=1}^{m} a_\alpha^{(m+i)} c_\gamma^{(\alpha)} \tag{C.22}$$

가 된다. 식 (22)를 식 (16)에 대입했을 때 만족되는지를 확인해 보면 다음과 같다.

$$\begin{aligned} a_\gamma^{(m+\alpha)} - \sum_{\beta=1}^{m} a_\gamma^{(\beta)} b_\beta^{(\alpha)} &= a_\gamma^{(m+\alpha)} - \sum_{\beta=1}^{m} a_\gamma^{(\beta)} \sum_{\phi=1}^{m} a_\phi^{(m+\alpha)} c_\beta^{(\phi)} \\ &= a_\gamma^{(m+\alpha)} - \sum_{\phi=1}^{m} \left(\sum_{\beta=1}^{m} a_\gamma^{(\beta)} c_\beta^{(\phi)} \right) a_\phi^{(m+\alpha)} \\ &= a_\gamma^{(m+\alpha)} - \sum_{\phi=1}^{m} \delta_\gamma^\phi a_\phi^{(m+\alpha)} \\ &= 0. \end{aligned} \tag{C.23}$$

최종적으로 식 (1)에 대해서 기본차원의 개수가 m이 되면 식 (14)를 만족하는 $n-m$ 개의 무차원변수를 만들 수 있고 식 (1)과 동치인 다음 관계가 존재한다.

$$\bar{\Pi}\left(\pi_1, \pi_2 \cdots, \pi_{n-m}\right) = 0. \tag{C.24}$$

그런데 식 (14)는 복합환산인자의 순서를 어떻게 정했는지에 따라서 결정된 식이므로 이를 일반화하면

$$\pi_k = x_1^{d_1^{(k)}} x_2^{d_2^{(k)}} \cdots x_n^{d_n^{(k)}}, (1 \le k \le n-m) \tag{C.25}$$

이 무차원 변수가 되게 하는 지수를 찾으면 식 (25)가 성립된다.

만약 $n-m=1$ 이라면 하나의 무차원 변수 π가 존재해서 $\bar{\Pi}(\pi)=0$ 이 된다. 이 경우 함수식 $\bar{\Pi}(x)$ 를 0이 되게 하는 해가 적어도 하나 이상 존재해야 식 (1)이 의미를 가진다. 따라서 이 경우 그 해 중의 하나를 c라고 하면

$$\pi \equiv x_1^{d_1} x_2^{d_2} \cdots x_n^{d_n} = c \tag{C.26}$$

이라고 할 수 있다. 게다가 $y = x_1$ 이라면

$$y = \left(\frac{c}{x_2^{d_2} x_3^{d_3} \cdots x_n^{d_n}} \right)^{1/d_1} \tag{C.27}$$

을 얻게 된다. 상수 c는 실험으로 구해야 하고 $\{d_k\}$ 는 차원분석으로 구할 수 있는 지수이므로 실험 오차를 무시하면 단 한번의 실험으로 함수관계를 찾게 된다. 반면에 실험계획법으로 함수관계를 찾는다면 실험회수가 $2^{n-1}+1$ 이 되어야 하지만 단 한번으로 주는 것이다. 만약 $n=4$ 라고 하면 보통의 실험회수는 9회가 된다.

[부록 D] 벡터의 표기

식 (9.16)에서 그래디언트(gradient)와 라플라시안(Laplacian) 다음과 같이 표기하였다.

$$\nabla f(\mathbf{x}) = \frac{\partial f}{\partial \mathbf{x}} = \frac{\partial f}{\partial x_1}\mathbf{e}_1 + \frac{\partial f}{\partial x_2}\mathbf{e}_2 + \frac{\partial f}{\partial x_3}\mathbf{e}_3; \tag{D.1}$$

$$\nabla^2 f(\mathbf{r}) = \nabla \cdot (\nabla f) = \frac{\partial}{\partial \mathbf{r}} \cdot \left(\frac{\partial f}{\partial \mathbf{r}}\right). \tag{D.2}$$

위와 같은 표기법은 두 개이상의 벡터에 의존하는 함수 $f(\mathbf{x}, \mathbf{r})$에 대해서 매우 유용하다. 즉, 다음을 유의하라.

$$\frac{\partial f}{\partial \mathbf{r}} = \frac{\partial f}{\partial r_1}\mathbf{e}_1 + \frac{\partial f}{\partial r_2}\mathbf{e}_2 + \frac{\partial f}{\partial r_3}\mathbf{e}_3; \quad \frac{\partial f}{\partial \mathbf{x}} = \frac{\partial f}{\partial x_1}\mathbf{e}_1 + \frac{\partial f}{\partial x_2}\mathbf{e}_2 + \frac{\partial f}{\partial x_3}\mathbf{e}_3. \tag{D.3}$$

벡터에 의존하는 실수값을 가지는 함수 $f(\mathbf{r})$에 대해서 그래디언트의 그래디언트는 다음과 같은 행렬로 표현이 가능하다.

$$\frac{\partial}{\partial \mathbf{r}}\frac{\partial f}{\partial \mathbf{r}} = \frac{\partial^2 f}{\partial \mathbf{r}\partial \mathbf{r}} = \begin{bmatrix} \frac{\partial^2 f}{\partial r_1^2} & \frac{\partial^2 f}{\partial r_1 \partial r_2} & \frac{\partial^2 f}{\partial r_1 \partial r_3} \\ \frac{\partial^2 f}{\partial r_2 \partial r_1} & \frac{\partial^2 f}{\partial r_2^2} & \frac{\partial^2 f}{\partial r_2 \partial r_3} \\ \frac{\partial^2 f}{\partial r_3 \partial r_1} & \frac{\partial^2 f}{\partial r_3 \partial r_2} & \frac{\partial^2 f}{\partial r_3^2} \end{bmatrix}. \tag{D.4}$$

따라서 식 (9.16)에서 다음을 나타낸 것이다.

$$\begin{aligned} \hat{\mathbf{n}} \cdot \frac{\partial^2 \psi}{\partial \mathbf{r}\partial \mathbf{r}} \cdot \hat{\mathbf{n}} &= \begin{bmatrix} \hat{n}_1 & \hat{n}_2 & \hat{n}_3 \end{bmatrix} \begin{bmatrix} \frac{\partial^2 \psi}{\partial r_1^2} & \frac{\partial^2 \psi}{\partial r_1 \partial r_2} & \frac{\partial^2 \psi}{\partial r_1 \partial r_3} \\ \frac{\partial^2 \psi}{\partial r_2 \partial r_1} & \frac{\partial^2 \psi}{\partial r_2^2} & \frac{\partial^2 \psi}{\partial r_2 \partial r_3} \\ \frac{\partial^2 \psi}{\partial r_3 \partial r_1} & \frac{\partial^2 \psi}{\partial r_3 \partial r_2} & \frac{\partial^2 \psi}{\partial r_3^2} \end{bmatrix} \begin{bmatrix} \hat{n}_1 \\ \hat{n}_2 \\ \hat{n}_3 \end{bmatrix} \\ &= \frac{\partial^2 \psi}{\partial r_1^2}\hat{n}_1^2 + \frac{\partial^2 \psi}{\partial r_2^2}\hat{n}_2^2 + \frac{\partial^2 \psi}{\partial r_3^2}\hat{n}_3^2 \\ &\quad +2\left(\frac{\partial^2 \psi}{\partial r_1 \partial r_2}\hat{n}_1\hat{n}_2 + \frac{\partial^2 \psi}{\partial r_2 \partial r_3}\hat{n}_2\hat{n}_3 + \frac{\partial^2 \psi}{\partial r_3 \partial r_1}\hat{n}_3\hat{n}_1\right). \end{aligned} \tag{D.5}$$

[부록 E] 기저함수의 미분

다항식 회귀분석에 사용되는 직교다항식인 제 1종 체비셰프 다항식과 B-스플라인 회귀분석에 사용되는 기저함수를 여기서는 통합해서 기저함수라고 하겠다. 여기서는 이 기저함수들의 도함수를 구하는 체계적인 방법에 대해서 공부하기로 한다.

E1. 체비셰프 회귀분석

먼저 체비셰프 다항식의 도함수를 구하기 위해서 식 (11.34)의 양변을 미분해 보자.

$$T'_{n+1}(x) = 2T_n(x) + 2xT'_n(x) - T'_{n-1}(x) \quad (n \geq 1). \tag{E.1}$$

여기서 $T'_n(x) \equiv \mathrm{d}T_n/\mathrm{d}x$ 이다. 만약에 식 (1)의 우변이 모두 $T'_n(x)$ 와 $T'_{n-1}(x)$ 로 이루어졌다면 초기조건 $T'_0(x) = 0$ 과 $T'_1(x) = 1$ 을 이용하여 쉽게 임의의 n에 대한 $T'_{n+1}(x)$ 를 구하는 것을 $T_{n+1}(x)$ 를 구하는 것처럼 할 수 있을 것이다. 하지만 $T_{n+1}(x)$ 는 $n+1$ 차 다항식이기 때문에 $T'_{n+1}(x)$ 는 n차 다항식이 되므로 $T'_n(x)$ 와 $T'_{n-1}(x)$ 만으로 구성하려면

$$T'_{n+1}(x) = (a_n x + b_n)T'_n(x) + (c_n x + d_n)T'_{n-1}(x) \tag{E.2}$$

의 형대를 가져야 할 것이다. 반복식을 얻으려면 네 개의 수열 $\{a_n\}$, $\{b_n\}$, $\{c_n\}$, $\{d_n\}$ 을 구해야 한다. 이는 매우 복잡한 작업이 될 것이다. 보다 간단한 방법을 찾기 위해서 제 2 종 체비세프 다항식에 대해서 공부할 필요가 있다.

제 2종 체비세프 다항식은 다음과 같은 반복식으로 생성할 수 있는 다항식 이다.

$$\begin{aligned} &U_0(x) = 1; \quad U_1(x) = 2x; \\ &U_{n+1}(x) = 2xU_n(x) - U_{n-1}(x) \ (n \geq 1) \end{aligned} \tag{E.3}$$

제 1종과 2종 체비셰프 다항식은 초기조건만 다르지 반복식이 같다. 그런데

$$T'_1(x) = U_0(x); \quad T'_2(x) = 2U_1(x) \tag{E.4}$$

가 된다. 그렇다면 초기조건의 성질을 일반화하여

$$T'_n(x) = nU_{n-1}(x) \tag{E.5}$$

라고 할 수 있을까? 식 (11.34)를 이용하면 $T_3(x) = 4x^3 - 3x$ 이고 식 (3)을 이용하면 $U_2(x) = 4x^2 - 1$ 이다. 식 (5)가 $n = 3$ 에서도 성립한다. 그러면 수학적 귀납법(mathematical induction)을 이용해서 식 (5)를 증명할 수 있을 것이다. 즉, 식 (5)가 성립된다면

$$T'_{n+1}(x) = (n+1)U_n(x) \tag{E.6}$$

이 성립됨을 보이면 된다.

이를 증명하기 위해서 $S_n(x) \equiv T_n(x) - U_n(x)$ 라고 정의하면 다음이 얻어진다.

$$\begin{aligned} S_0(x) &= 0 \\ S_1(x) &= -x = -xU_0(x) \\ S_2(x) &= -2x^2 = -xU_1(x) \\ S_3(x) &= -4x^3 + x = -xU_2(x) \end{aligned} \tag{E.7}$$

따라서 $n \geq 1$ 에 대해서

$$S_n(x) = -xU_{n-1}(x) \tag{E.8}$$

이라고 추정할 수 있다. 그런데 식 (3)과 식 (11.34)로부터 $n \geq 1$ 에 대해서

$$S_{n+1}(x) = 2xS_n(x) - S_{n-1}(x) \tag{E.9}$$

이 성립된다. 그러면 식 (8)의 가정으로부터 $n \geq 2$ 에 대해서

$$\begin{aligned} S_{n+1}(x) &= -2x^2U_{n-1}(x) + xU_{n-2}(x) \\ &= -x\left[2xU_{n-1}(x) - U_{n-1}(x)\right] \\ &= -xU_n(x) \end{aligned} \tag{E.10}$$

이 얻어지니 수학적 귀납법에 의해서 식 (8)은 $n \geq 1$ 에 대해서 항등식이 된다. 즉

$$T_n(x) = U_n(x) - xU_{n-1}(x) \tag{E.11}$$

이 $n \geq 1$ 에 대해서 항상 성립된다. 식 (11)을 이용하게 되면, 식 (5)가 수학적 귀납법으로 증명되게 된다.

식 (11)의 중요성은 체비셰프 회귀분석을 이용하여 데이터의 수치미분을 구하는데 도움이 된다. 식 (3)을 이용하여 $U_n(x)$ 를 구하고 이를 이용하여 $T_n(x)$ 를 구해

서 회귀분석하여

$$f(x) \approx \sum_{k=0}^{N} c_k T_k(x) \tag{E.12}$$

의 계수 $\{c_k\}$를 모두 결정하였다면 데이터의 수치미분은

$$\begin{aligned} f'(x) &\approx \sum_{k=0}^{N} c_k T_k'(x) = \sum_{k=1}^{N} c_k T_k'(x) = \sum_{k=1}^{N} k c_k U_{k-1}(x) \\ &= \sum_{k=0}^{N-1} (k+1) c_{k+1} U_k(x) \end{aligned} \tag{E.13}$$

이 된다.

참고로 2차미분은 다음의 항등식을 이용할 수 있다.

$$\frac{\mathrm{d}^2 T_n}{\mathrm{d}x^2} = n\frac{nT_n(x) - xU_{n-1}(x)}{x^2 - 1} = n\frac{(n+1)T_n(x) - U_n(x)}{x^2 - 1} \tag{E.14}$$

E2. B-스플라인 회귀분석

여기서는 n차 B-스플라인의 기저함수 $B_k^{(n)}(x)$의 미분에 대해서 공부하기로 한다. 식 (11.66)의 양변을 미분하게 되면

$$\begin{aligned} \frac{\mathrm{d}B_k^{(n)}}{\mathrm{d}x} &= \frac{1}{\xi_{k+n} - \xi_k} B_k^{(n-1)}(x) - \frac{1}{\xi_{k+n+1} - \xi_{k+1}} B_{k+1}^{(n-1)}(x) \\ &+ \frac{x - \xi_k}{\xi_{k+n} - \xi_k} \frac{\mathrm{d}B_k^{(n-1)}}{\mathrm{d}x} + \frac{\xi_{k+n+1} - x}{\xi_{k+n+1} - \xi_{k+1}} \frac{\mathrm{d}B_{k+1}^{(n-1)}}{\mathrm{d}x} \end{aligned} \tag{E.15}$$

가 얻어진다. 그런데 $B_k^{(1)}(x)$의 미분은

$$\frac{\mathrm{d}B_k^{(1)}}{\mathrm{d}x} = \frac{B_k^{(0)}(x)}{\xi_{k+1} - \xi_k} - \frac{B_{k+1}^{(0)}(x)}{\xi_{k+2} - \xi_{k+1}} \tag{E.16}$$

이 됨을 쉽게 알 수 있다. 왜냐하면

$$\frac{\mathrm{d}B_k^{(0)}}{\mathrm{d}x} = 0 \tag{E.17}$$

이기 때문이다. 식 (15)에 $n = 1$ 를 대입하여도 식 (16)이 얻어진다. 이차 B-스플라

인 기저함수에 대한 미분을 수행하면

$$\frac{\mathrm{d}B_k^{(2)}}{\mathrm{d}x} = \frac{2}{\xi_{k+1} - \xi_k} B_k^{(1)}(x) - \frac{2}{\xi_{k+2} - \xi_{k+1}} B_{k+1}^{(1)}(x) \tag{E.18}$$

이 얻어진다. 따라서

$$\frac{\mathrm{d}B_k^{(n)}}{\mathrm{d}x} = n\left[\frac{B_k^{(n-1)}(x)}{\xi_{k+n} - \xi_k} - \frac{B_{k+1}^{(n-1)}(x)}{\xi_{k+n+1} - \xi_{k+1}}\right] \tag{E.19}$$

가 성립할 것으로 추정된다. 이에 대한 증명은 앞에서와 마찬가지로 수학적 귀납법을 사용하면 된다.

그러면 식 (11.52)를 따르는 데이터에 대한 수치미분 y'_α 은 식 (C.19)를 이용하여 다음과 같이 계산할 수 있다.

$$y'_\alpha \approx n \sum_{k=-n}^{M-1} b_k \left[\frac{B_k^{(n-1)}(x_\alpha)}{\xi_{k+n} - \xi_k} - \frac{B_{k+1}^{(n-1)}(x_\alpha)}{\xi_{k+n+1} - \xi_{k+1}}\right]. \tag{E.20}$$

참고문헌

박성현, 2007, 회귀분석, 3판, 민영사.

송희성, 1984, 양자역학, 교학연구사.

장하석, 2015, 장하석의 과학, 철학을 만나다, 지식플러스.

정민영, 2024, "Enhancing mechanical properties in sustainable ternary blended system, poly(lactic acid)/amorphous poly(hydroxyalanoates)/ poly(butylene adipated-co-terephthalate) via interfacial compatibility," 경북대학교 고분자공학과 석사학위논문.

Aris, R., 1990, Vectors, Tensors and the Basic Equations of Fluid Mechanics, Dover Publications.

Arfken, G. B., Weber, H. J. and Harris, F. E., 2012, Mathematical Methods for Physicists, 7th Ed., Elsevier.

Atkinson, K., 1978, An Introduction to Numerical Analysis, John Wiley & Sons.

Atkinson, K. and Han W., 2009, Theoretical Numerical Analysis, A Functional Analysis Framework, 3rd Ed., Springer.

Azzalini, A., 1985, "A class of distributions which includes the normal ones," Scandinavian Journal of Statistics, 12, 171-178.

Bae, J.-E. and Cho, K. S., 2016, "A systematic approximation of discrete relaxation time spectrum from the continuous spectrum," Journal of Non-Newtonian Fluid Mechanics, 235, 64-75.

Bae, J.-E., Choi, J.-S. and Cho, K. S., 2018, "An empirical model for the viscosity of reactive polymeric fluids," Macromolecular Research, 26, 484-492.

Barenblatt, G. I., 1996, Scaling, Self-Similarity, and Intermediate Asymptotics, Cambridge University Press.

Barenblatt, G. I., 2003, Scaling, Cambridge University Press

Bird, R. B., Armstrong, R. C. and Hassager, O., 1987, Dynamics of Polymeric Liquids Vol. 1. Fluid Mechanics, John Wiley and Sons.

Bošković, D. and Loebbecke, S., 2008, "Modeling of the residence time distribution in micromixers," Chemical Engineering Journal, 135S, S138-S146.

Cho, K. S. and Bae, J.-E., 2011, "Geometric insights on viscoelasticity: Symmetry, scaling and superposition of viscoelastic functions," Korea-Australia Rheology Journal, 23, 49-58.

Cho, K. S., 2016, Viscoelasticity of Polymers, Theory and Numerical Algorithms, Springer.

Cho, G., Choi, J., Lee, J. and Cho, K. S., 2024, "Application of Post-Widder inversion formula to the calculation of relaxation spectrum from relaxation modulus," Korea-Australia Rheology Journal, 36, 79-88.

Cohen, A. M., 2007, Numerical Methods for Laplace Transform Inversion, Springer.

Crank, J., 1975, The Mathematics of Diffusion, Clarendon Press.

De Groot, S. R. and Mazur, P., 2011, Non-Equilibrium Thermodynamics, Dover Publications.

Edgar, T. F. and Himmelblau, D. M., 1987, Optimization of Chemical Processes, McGraw-Hill College.

Fulchiron, R., V. Verney, P. Cassagnau, A. Michel, P. Levoir and J. Aubard, 1993, "Deconvolution of Polymer Melt Stress Relaxation by the Padé-Laplace Method," Journal of Rheology, 37, 17-34.

Hogg, R. V. and Craig, A. T., 1978, Introduction to Mathematical Statistics, 4th Ed., Macmillan Publishing Co., Inc.

Honerkamp, J. and Weese, J., 1993, "A note on estimating mastercurves," Rheological Acta, 32, 57-64.

Jensen, E. A., 2002, "Determination of discrete relaxation spectra using Simulated Annealing," Journal of Non-Newtonian Fluid Mechanics, 107, 1-11.

Jou, D., Casas-Vazquesz, J. and Lebon, G., 2011, Extended Irreversible Thermodynamic, 3rd Ed., Springer.

Kalos, M. H. and Whitlock, P. A., 1986, Monte Carlo Methods, Vol. 1 Basics, John Wiley and Sons.

Kim, M., Bae, J.-E., Kang, N. and Cho, K. S., 2015, "Extraction of viscoelastic functions from creep data with ringing," Journal of Rheology, 59, 237-252.

Kim, S., Lee, J., Kim, S. and Cho, K. S., 2018, "Applications of Monte Carlo method to nonlinear regression of rheological data," Korea-Australia Rheology Journal, 30, 21-28.

Kirkpatrick, Gelatt and Vecchi, 1983, "Optimization by simulated annealing," Science, 220, 671-680.

Lai, W. M., Rubin, D. and Krempl, E., 2009, Introduction to Continuum Mechanics, 4th Ed., Elsevier.

Lang, S., 1968, A First Course in Calculus, 2nd Ed., Addison-Wesley Publishing Company.

Lee, B. I. and Kesler, M. G., 1975, "A generalized thermodynamic correlation based on three-parameter corresponding states," AIChE Journal, 21, 510-527.

Noda, I., Kato, N., Kitano, T. and Nagasawa, M., 1981, "Thermodynamic properties of moderately concentrated solutions of linear polymers," Macromolecules, 14, 668-676.

Park, J. U., Choi, Y. S., Cho, K. S., Kim, D. H., Ahn, K. H. and Lee, S. J., 2006, "Time-electric field superposition in electrically activated polypropylene /layered silicate nanocomposites," Polymer, 47, 5145-5153.

Pitzer, K. S., 1955, "The volumetric and thermodynamic properties of fluids. I. Theoretical basis and virial coefficients," Journal of the American Chemical Society, 77, 3427-3433.

Pitzer, K. S., Lippmann, D. Z., Curl, R. F., Huggins, Jr., C. M. and Petersen, D. E., 1955, "The volumetric and thermodynamic properties of fluids. II. Compressibility factor, vapor pressure and entropy of vaporization," Journal of the American Chemical Society, 77, 3433-3440.

Press, W. H., Teukolsky, S. A., Vetterling, W. T. and Flannery, B. P., 2002, Numerical Recipes in C++: The Art of Scientiffic Computing, 2nd Ed., Cambridge University Press.

Reddy, J. N., 1987, Applied Functional Analysis and Variational Methods in Engineering, McGraw-Hill Book Co.

Rubinstein, M. and Colby, R. H., 2003, Polymer Physics, Oxford University Press.

Sandler, S. I., 2006, Chemical, Biochemical, and Engineering Thermodynamics, 4th Ed., Wiley.

Silbey, R. J., Alberty, R. A. and Bawendi, M. G., 2005, Physical Chemistry, 4th Ed., John Wiley & Sons, Inc.

Su, G.-J., 1946, "Modified law of corresponding states for real gases," Industrial and Engineering Chemistry, 38, 803-803.

Süli, E. and Mayers, D. F., 2003, An Introduction to Numerical Analysis, Cambridge University Press.

Tuckerman, M. E., 2010, Statistical Mechanics: Theory and Molecular Simulation, Oxford University Press.

Van Kampen, N. G., 1992, Stochastic Processes in Physics and Chemistry, Elsevier Science B. V.

Yeramian, E. and Claverie, P., 1987, "Analysis of multiexponetial functions without a hypothesis as to the number of components," Nature, 326, 169-174.

Zarei, H. A. and Shahvarpour, S., 2008, "Volumetric properties of binary and ternary liquid mixtures of 1-propanol (1) + 2-propanol (2) + water (3) at different temperatures and ambient pressure (81.5kPa)," Journal of Chemical and Engineering Data, 53, 1660-1668.